"大国工匠年度人物"颁奖辞

从地表向地心，他让探宝"银针"不断挺进，一腔热血，融进千米厚土；一缕微光，射穿岩层深处。朱恒银，让钻头行走的深度，矗立为行业的高度。

——大国工匠 2018 年度人物颁奖典礼

朱恒银劳模工匠创新工作室领衔人朱恒银简介

朱恒银，男，汉族，1955年11月生，中共党员，安徽省舒城县人，安徽省地质矿产勘查局探矿工程首席专家，安徽省地质矿产勘查局313地质队二级教授级高级工程师，全国知名钻探专家，享受国务院政府特殊津贴。安徽理工大学教授，中国地质大学（武汉）客座教授，安徽工业经济职业技术学院、安徽国防科技职业学院客座教授，安徽省学术和技术带头人，是由中华全国总工会、安徽省总工会、全国能源化学地质工会和中国长三角地区三省一市联盟等授予的劳模和工匠人才示范性创新工作室的领衔人。

朱恒银从事地质钻探第一线野外工作46年，先后主持和参加国家、省部级科研项目10余项，领衔开展了"深部矿体勘探钻探技术方法及设备研究"，建立了入地3000 m深部岩芯钻探技术体系，将我国地质找矿深度从1000 m以内推进至3000 m以下，并突破5000 m的国际先进水平。研究成果成功应用于国家深部探测科学钻探、地热、地下水资源、页岩气勘探开发、矿山尾砂充填孔、地面沉降防治、地震监测等多个领域，取得了显著的经济和社会效益。

获国家科技进步二等奖1项，省部级科技进步一等奖2项、二等奖4项、三等奖1项，厅、局级一等奖6项，获国家专利24项、计算机软件著作权3项。发表论文50余篇，出版专著3部。11项地质钻探技术填补了国内空白，创造了新的"中国深度"，在业内被誉为"安徽地质神兵"。

荣获安徽省优秀专家、安徽省优秀科学家、安徽省创新争先奖、安徽省十大新闻人物、感动安徽"最美人物"、安徽省道德模范、国土资源部优秀科技工作者、全国优秀科技工作者、全国地勘行业"十佳最美地质队员"、李四光地质科学奖、全国创新争先奖、全国劳动模范、全国道德模范、2018年大国工匠年度人物、中国好人称号等荣誉。荣获中共中央、国务院、中央军委颁发的庆祝中华人民共和国成立70周年纪念章，并特邀参加在北京举行的庆祝中华人民共和国成立70周年暨中国共产党成立100周年观礼等系列活动。

朱恒银劳模工匠创新工作室
钻探技术创新与实践

朱恒银　王　强　刘　兵 ◎ 编著

中南大学出版社
www.csupress.com.cn
·长沙·

图书在版编目(CIP)数据

朱恒银劳模工匠创新工作室钻探技术创新与实践 /
朱恒银,王强,刘兵编著. —长沙:中南大学出版社,
2022.9

ISBN 978-7-5487-5005-5

Ⅰ. ①朱… Ⅱ. ①朱… ②王… ③刘… Ⅲ. ①工业
技术－文集 Ⅳ. ①T-53

中国版本图书馆 CIP 数据核字(2022)第 132858 号

朱恒银劳模工匠创新工作室钻探技术创新与实践

ZHUHENGYIN LAOMO GONGJIANG CHUANGXIN GONGZUOSHI ZUANTAN JISHU CHUANGXIN YU SHIJIAN

朱恒银　　王强　刘兵　编著

□出 版 人	吴湘华
□责任编辑	刘石年
□责任印制	李月腾
□出版发行	中南大学出版社
	社址:长沙市麓山南路　　　　邮编:410083
	发行科电话:0731-88876770　　传真:0731-88710482
□印　　装	长沙鸿和印务有限公司

□开　　本	787 mm×1092 mm 1/16　□印张 26.5　□字数 659 千字
□版　　次	2022 年 9 月第 1 版　　□印次 2022 年 9 月第 1 次印刷
□书　　号	ISBN 978-7-5487-5005-5
□定　　价	120.00 元

　　"上天不易，入地更难，初心如钻，使命在肩，攻坚克难，让探宝银针，不断向地球深部挺进。"这是全国劳动模范、全国道德模范、大国工匠朱恒银的工作箴言。他从事野外地质钻探工作46年，走遍了皖西的崇山峻岭，安徽的大江南北，踏过了祖国边远地区、荒无人烟的草原和茫茫的戈壁滩，为国家地质找矿历经了千辛万苦，累计有10000余天坚守在野外工作。他从一名地质钻探工人，逐渐成长为全国知名的钻探专家、二级教授级高级工程师，荣获地质科学最高奖——李四光地质科学奖。

　　朱恒银46年来，主持和参加国家和省部级大型工程项目和科研项目10余项，11项研究成果填补了国内空白，荣获国家及省部级科学技术奖8项。领衔开展的"深部钻探矿体勘探钻探技术方法及设备研究"，建立了入地3000 m岩芯钻探技术体系，将我国地质找矿深度从1000 m以内推进至3000 m深的国际先进水平，并将研究成果推广于全国和应用于深部地质资源勘探、国家深部探测科学钻探、地热、地下水资源勘探、矿山特种钻井工程、地质灾害与地面沉降防治、地震监测等多个领域，取得了巨大的社会和经济效益。年过花甲，他仍然作为首席专家带领团队承担了安徽省科技重大专项"5000米新型能源勘探智能钻探装备与技术"的研究。通过项目技术创新，解决了诸多的技术瓶颈。所取得的系列成果，极大地提升了我国地质钻探装备与技术的自动化、信息化、数字化水平，推动了我国钻探技术向智能化方向迈进。

　　习近平总书记指出："在长期实践中，我们培育形成了爱岗敬业、争创一流、艰苦奋斗、勇于创新、淡泊名利、甘于奉献的劳模精神，崇尚劳动、热爱劳动、辛勤劳动、诚实劳动的劳动精神，执着专注、精益求精、一丝不苟、追求卓越的工匠精神。劳模精神、劳动精神、工匠精神是以爱国主义为核心的民族精神和以改革创新为核心的时代精神的生动体现，是鼓舞全党全国各族人民风雨无阻、勇敢前进的强大精神动力。"中共中央已把劳动、劳模、工匠三种精神纳入中国共产党人伟大的精神谱系中。朱恒银46年的工作历程，正是践行了这"三种精神"的具体体现。

朱恒银以他领衔创建的由中华全国总工会命名的全国示范性劳模工匠人才创新工作室为平台，培养了一大批高端技能人才，为地质钻探人才培养和岗位技术创新做出了重要的贡献。朱恒银等同志编辑的《朱恒银劳模工匠创新工作室钻探技术创新与实践》一书记录了朱恒银及其所带领的团队多年来野外地质钻探工作的足迹和创新成果，是真正把论文写在了祖国的大地上。为了更好地将技术传承，特出版该书，给年轻人留下珍贵的第一手技术资料，对推动我国地质钻探科学技术的发展、奋进新征程、建功新时代具有重要的意义。

中国工程院院士

安徽理工大学校长

2022 年 5 月 30 日

劳模工匠创新工作室的创建在充分发挥劳模工匠引领作用，打造企业先进团队精神，激发广大职工的创新热情，创建一个学习型、知识型、技能型、创新型、专家型的职工人才队伍方面起着积极的推动作用。朱恒银劳模工匠创新工作室，在上级工会的正确领导和倡导下以及安徽省地质矿产勘查局 313 地质队的支持下，于 2010 年 11 月创建。2014 年分别被安徽省总工会和中国能源化学地质工会命名为示范性劳模创新工作室；2019 年被长三角三省一市联盟命名为劳模工匠创新工作室，2020 年被中华全国总工会命名为全国示范性劳模和工匠人才创新工作室，2022 年被安徽省科协、科技厅等七部门评为安徽省科学家精神教育基地。

朱恒银领衔的全国示范性劳模和工匠人才创新工作室，主要由安徽省地质矿产勘查局 313 地质队在岗的地质钻探工程技术人员、技术工人骨干等 30 余人组成。创新工作室设立 4 个研究室（即钻头研究室、定向钻进研究室、泥浆研究室和综合研究室）和 4 个钻探施工机台，同时建立了钻探科普厅、成果展示厅、劳模工匠事迹展示厅、学术报告厅。创新工作室结合国家及安徽省国土资源发展规划战略需求和钻探工程施工难题，进行钻探工程技术前瞻性和针对性研究。通过创新研究，以提高钻探效率，改善劳动环境，推动地质岩芯钻探技术向纵深精尖端方向发展为目标，为国家深部能源、资源勘探和揭示地球奥秘提供技术支撑。同时，为地质钻探工程技术人才的培养提供平台。

创新工作室在全国劳模、大国工匠朱恒银领衔下，通过创新团队的共同努力，自 2010 年以来，所研发的深部岩芯钻探系列关键技术，将我国地质找矿深度从 1000 m 以浅推进至 3000 m 以深的国际先进水平，并将所研究的成果推广应用于全国深部找矿、科学钻探和特种工程领域，取得了巨大的社会和经济效益。所研发的 5000 m 新型能源勘探智能钻探装备与技术，推动了我国钻探技术向智能化方向迈进，并领跑于国际先进水平。研究成果获得了国家科技进步二等奖 1 项，省部级科学技术奖一等奖 2 项、二等奖 4 项、三等奖 1 项，厅、局级科学技术奖一等奖6项,获国家专利24项(其中发明专利6项),计算机软件著作权3项,出版专著3部。

利用创新工作室这个平台,除领衔人朱恒银荣获了多项国家级奖励和荣誉外,团队其他成员中3人获安徽省政府津贴,1人获安徽省学术和技术带头人称号,1人获安徽省学术和技术带头人后备人选,2人获江淮工匠(其中江淮工匠标兵1人)称号,2人被评为行业能工巧匠,2人获安徽省五一劳动奖章,1人获中国地质学会野外青年地质贡献奖——金罗盘奖、安徽青年科技奖、安徽青年五四奖章,1人获全国钻探技能大赛银奖,1人获安徽技能大奖,安徽地质钻探技能大赛水文地质工程钻探个人一等奖、二等奖、单项技能第一名各1人。创新团队中破格晋升正高级工程师3人、高级工程师4人、技师5人、工程师多人,创新工作室现已成为培养、输送人才的重要平台。

创新工作室领衔人及其团队利用这个平台,把岗位创新、研究成果和工作经验等进行总结提高,多年来陆续在国内专业期刊上发表论文60余篇,为了便于学习和传承,防止年久技术文献遗失,创新工作室团队成员已发表的论文由朱恒银、王强、刘兵三位同志收录整理,遴选出47篇,汇集成《朱恒银劳模工匠创新工作室钻探技术创新与实践》一书。本书所涵盖内容分别为:"五小"创新与定向钻探技术、地面沉降防治与特种钻探技术、深部钻探与科学钻探、新型能源勘探钻探技术等。同时将安徽探矿工程技术发展历程及人生历练,砥行致远两篇收入书中。本书是凝练创新工作室团队成员岗位创新和科研成果的结晶,是多年来从事地质钻探及找矿工作的心血集成,也是我国地质钻探技术发展的缩影,更是为促进社会经济发展做出微薄贡献的见证。本书的出版,对弘扬劳动精神、劳模精神、工匠精神具有重要的意义。

本书的编辑和出版,得到了安徽省总工会、地质工会及安徽省地质矿产勘查局313地质队工会的大力支持,同时中南大学出版社给予精心的设计、策划和审稿。在本书出版之际,安徽理工大学校长、中国工程院袁亮院士在百忙中为本书作序,使我们备受鼓舞。在此一并表示衷心的感谢。

创新工作室团队成员发表的论文时间跨度较大,收录难免完全,对少数内容类似的论文做出了筛选。编辑过程中,存在不足之处,恳请读者、原论文作者给予指正。

编著者

2022年5月30日

Contents **目录**

1

第四篇　深部钻探与科学钻探

第五篇　新型能源勘探钻探技术

第六篇　安徽探矿工程技术发展历程

第一篇

人生历练　砺行致远

朱恒银：初心如钻　匠心筑梦

方鸿琴

朱恒银安徽舒城人，安徽省地质矿产勘查局探矿工程首席专家、安徽省地质矿产勘查局313地质队二级教授级高级工程师，中国地质大学（武汉）客座教授，安徽理工大学、皖西学院特聘教授，安徽工业经济职业技术学院、安徽国防科技职业学院客座教授，安徽省学术和技术带头人，中华全国总工会、安徽省总工会、全国能源化学地质工会等命名的全国示范性劳模和工匠人才创新工作室的领衔人。先后主持和参加国家、省部级科研项目10余项，

图1　朱恒银近照

获国家科技进步二等奖1项、省部级科技奖一等奖2项、二等奖4项、三等奖1项，厅、局级一等奖6项，获国家专利24项、计算机软件著作权3项；发表论文50余篇，出版专著3部。11项地质钻探技术填补了国内空白，创造了新的"中国深度"，在业内被誉为"安徽地质神兵"。曾获安徽省优秀专家、安徽省优秀科学家、安徽省创新争先奖、安徽省十大新闻人物、感动安徽"最美人物"、安徽省道德模范、国土资源部优秀科技工作者、全国创新争先奖、全国优秀科技工作者、全国地勘行业"十佳最美地质队员"、李四光地质科学奖、全国劳动模范、全国道德模范、2018年大国工匠年度人物、中国好人等荣誉称号和奖励，享受国务院特殊津贴（参见图1）。

工匠格言/心语

坚守平凡岗位，一辈子干好一件事。

一个人无论做什么工作，都应从小事做起；只有做好今天，才能梦想明天。不畏艰难，持之以恒，用汗水累积成长智慧，把职业当作享受和乐趣，就能从平凡成就非凡。

技能铸就匠心，创新成就梦想。

上天不易，入地更难，初心如钻，使命在肩，攻坚克难，让探宝银针，不断向地球深部挺进！

——朱恒银

扣好人生第一粒扣子

1955 年，朱恒银出生在安徽省舒城县高峰乡乌沙街的一个普通市民家庭。著名红军将领高敬亭将军，曾在这里带领新四军第四支队创造了辉煌的战绩。在这片红色土地长大的他，从小就听了不少红色传奇，对这些英雄人物充满了敬仰和向往。他居住的乌沙街，是四周环山、小渠流水穿街而过的小古镇。中华人民共和国成立后，朱恒银的父亲在这里开了一家餐饮店，生意很红火，全家过得还算安逸。

1958 年，国家要在乌沙街下游修建龙河口水库(现名万佛湖)，其目的是蓄洪防旱，以解决汛期山洪暴发、下游平原区万顷良田被洪水肆虐及旱季无水灌溉的问题。因新修水库，上游部分居民就得移民，乌沙街就是重点的移民区。朱恒银的父亲带领全家积极响应国家号召，放弃生意和久居的家园，决定移民到五桥乡。

就这样，政府在一块空地上建起了一条不到 50 户人家的新街道，朱恒银的父亲在这里组织了一个餐饮合作社，合作社重操旧业(参见图 2)。但是，由于新的环境特别是地理位置偏僻，生意经营惨淡，只能勉强维持生计。在朱恒银 10 岁那年，父亲突然因病去世，没有工作又上了年纪的母亲(56 岁)带着 3 个未成年的孩子相依为命。因家住街道是城镇户口，没有一分土地，全家每月仅仅靠着 12 元的国家救济款生活，日子过得非常拮据、困窘。朱恒银从小学到高中的学业，都是在国家的资助下完成的。

图 2　1964 年朱恒银父亲所在的合作社员工及家属合影
(前排右四为朱恒银父亲，右一为朱恒银)

回首过往，那段时光对于朱恒银来说，依然历历在目。

从小学至高中，他没有穿过一件洋布衣服、一双商品鞋。衣服，是母亲用土布染上黑粉自己缝的；鞋子，是母亲一针针纳出的鞋底做成的布鞋；雨鞋，是在布鞋底和鞋帮上用鸡蛋清涂抹，再刷一层桐油制成的。读高中住校时，母亲在家养鸡，每周靠卖鸡蛋作为他上学的生活费，一周带上一罐自家腌制的咸菜作为每周的下饭菜。天气热的时候，咸菜一到周四、周五就会发霉变质，他便无菜可吃了。

为了减轻母亲的负担，每逢暑假，他就到外地打零工或到山里砍柴；寒假时，就收集同学丢弃的空墨水瓶制作小油灯，用麻秸秆和竹篾制作不同造型的纸糊小灯笼卖，挣点钱以补贴家用。

那时，家庭条件虽然很艰苦，但朱恒银的母亲对孩子们管教很严，她有一个坚定的信念，"我们这辈子没有机会上学读书，斗大的字不识一个，现在再穷，我就是要饭也要把你们送到学校读书，只有知识才能改变命运。"她还经常教导孩子们，"要做到人穷志不穷，要有骨气，不允许拿人家的一针一线，为人做事要坚守本分，要有感恩之心。"

每当朱恒银回忆起母亲，眼泪就会夺眶而出。他说，母亲在那艰苦的岁月里，体弱多病，靠种菜、养鸡、纺棉纱，把我们姐弟 3 人抚养成人，生活无论如何艰难，她在我们面前从未流过泪，总是用一种期盼的目光注视着我们。她的坚强，为我们树立了一个很好的榜样，也培育了我们不怕困难、坚韧不拔的性格以及感恩报国之心。

朱恒银儿时的经历，特别是母亲含辛茹苦的教育培养，正是扣好人生第一粒扣子的开始，这对他的人生观、价值观和对未来道路的选择起着潜移默化的作用。

人生的选择与初心

1974 年，朱恒银高中毕业，正值 18 岁，恰是风华正茂时。他积极响应国家"知识青年上山下乡"的号召，下放到安徽舒城五桥茶林场，成为一名农民，从此走向社会，开始了自食其力的生活。从那时起，干农活、洗衣、做饭和学习全靠自己，他在农村学会了插秧、割麦、除草、种菜、种茶、采茶等农活。下放农村两年多，他在这片广阔的土地上，学会了许多书本上学不到的东西。他说："在农村艰苦的环境下，与农民朝夕相处，农民的淳朴、善良、节俭、勤劳、乐观的品质和人生态度，在我的脑海里留下了深深的印记。"

1976 年底，朱恒银从农村招工到安徽省地矿局 337 地质队（现 313 地质队），成为了一名地质钻探工人。地质钻探是地质行业中最艰苦的工种，劳动强度大，安全风险大，风餐露宿，经常工作在荒郊野外和崇山峻岭中，坚守于 100 平米左右的钻机平台上，昼夜三班作业，整天都是一身泥浆一身油污。过去曾有人这样形容钻探工作者："远看像个要饭的，近看像个捡破烂的，细看是个搞钻探的。"20 世纪 70 年代前后，他们住的房子是用土夯筑墙建成的，有时候因为工作需要，就只能住在老百姓家，晚上点着煤油灯，唯一的娱乐就是和作业班的同事们一起听收音机，生活十分枯燥乏味。

刚招工那几年，有部分新的学徒工不适应这种工作环境，有的调出了单位，有的辞职离开了单位或改换了工种。

曾经一度，朱恒银感到彷徨和苦闷。面对一望无际的荒山野岭和孤零零的几台钻机，他无数次地问自己，干这行有出息吗？直到后来，发生了一件让朱恒银印象深刻的事：地质队组织开展了"以献身地质事业为荣、以找矿立功为荣、以艰苦奋斗为荣"的"三光荣"精神和铁人王进喜事迹的教育活动。活动过程中，有一位地质队领导语重心长地对大家说："你们别看现在这里一片荒凉，可是这里地下埋藏着大量的宝藏，靠你们青年人把它勘探出来，在不远的将来，这里就是一座城市。像我省的铜陵、马鞍山、淮南、淮北等城市都是得益于地下矿藏的开采，才建立起来的都市。地质勘探是国家建设的'地下尖兵'，从事地质找矿是我们的无上光荣。"正是这样一番话，触动了朱恒银的心灵，改变了他徘徊不定的想法。

朱恒银在学徒工期间，接触了很多的钻探老工人，他们大部分都是部队转业的同志，有些还是抗美援朝的老兵，老工人们在战场上和工作中曾受过伤，但他们那种不怕苦、不怕累、一心扑在工作上的爱岗敬业精神和行为，深深感染了朱恒银。他说："我不仅跟他们学习了钻探作业技术，更重要的是，还在他们身上学到了一种无怨无悔、为国家找矿的崇高理想，对我后来的工作态度影响很大，坚定了我干地质钻探工作的初心和信心。"

一次事故，迸发奋斗热情

朱恒银在当工人期间（参见图3），一次偶然的事故使他至今难以忘怀。那是 1977 年 10 月的一个晚上，朱恒银和工友们在安徽霍邱铁矿勘探施工钻机上夜班（当日 0 点到次日 8：00）。接班时，钻头被孔内掉的碎岩块卡住，班长用钻机强力上提钻杆，把钻机底脚螺丝拉断了，钻机被拉倒了，把班长弹出了 2 米多高，落在钻塔的一个拐角。此时，钻机机房内柴油发电机也熄火了，机房漆黑一片。朱恒银点亮小马灯，找到了班长。班长的头部被撞

图3　1977 年朱恒银在钻机当学徒工

裂，流血不止，已处于半昏迷状态。朱恒银立即背起班长，另一个学徒工手提小马灯引路，艰难地走了约 3 公里的田埂路，把班长背到了能通车的土公路边，然后联系车辆把班长运送到地质队医院进行抢救。朱恒银脱下工作服时，才发现整套衣裤都被班长的鲜血和自己的汗水浸透了。经抢救回来的班长，因身体受伤的原因，再也不能从事野外钻探工作了。这桩突如其来的事故，对朱恒银触动很大。

当时，我国钻探设备技术十分落后，找矿的孔深通常只有 600 米左右，安全事故时有发生。但是，那一次的事故使朱恒银至今仍心有余悸。朱恒银暗下决心：要想在地质队继续干下去，就要改变这种设备和技术落后的状况！

从此，朱恒银上班的时候，常常留意设备存在的不足，并萌发了革新的想法。他在老师傅们的指导下，利用业余时间，研发了一台水力泥浆搅拌器。使用后，发现这台水力泥浆搅拌器搅拌的泥浆不仅均匀，速度还很快，大大减轻了钻机工人的劳动强度，提高了劳动效率，深受工人们的欢迎。单位给予了他表扬和奖励。这种鼓励对 20 岁刚出头的他，起到了很好的激励作用，更激发了他在岗位进行"五小"（小发明、小改造、小创新、小论文、小建议）创新的热情。随后，朱恒银在钻探施工岗位上，先后研制成功了 8 项"五小"成果，这些成果在钻探施工中得到了充分的应用，并分别获得了国家、省、厅局级"五小"成果奖。正是这"五小"活动，使朱恒银逐渐对自己的工作产生了兴趣，更加坚定了他干地质钻探这行的信心和决心。这样一干，就干了 46 个春秋。

在岗位技术创新过程中，朱恒银遇到了很多难题，这也使他意识到自身基础理论知识的欠缺。如果想更加深入研究，攀登技术高峰，必须要有一定的理论知识。1978 年底，朱恒银怀着初心和梦想，考入安徽地质职工大学学习探矿工程专业。经过三年多的大学专科学习，1982 年毕业时，他明明可以要求分配到距爱人单位近一点或条件好些的城市地质队，但他还是选择了十分偏僻、交通不便的淮河边原工作单位 337 地质队，主动要求到野外第一线钻探机台，担任技术员，继续进行钻探施工及本专业技术工作。

坚守初心，不断创新攀高峰

从 1983 年开始，朱恒银相继参与了原地矿部"六五""七五"时期的"小口径受控定向钻探技术研究"等科技攻关项目，在 1000 米深度钻孔中施工出多分支羽状孔、全方位伞形孔，首创国内地质勘探 1 个钻孔中分支 6 个不同方向的钻孔，实现了地下钻孔轨迹"导航"钻进。这项技术先后在安徽铜陵冬瓜山铜矿区、安庆龙门山矿区、滁州琅琊山铜矿区、霍邱铁矿区等大型矿区进行应用，解决了陡矿体、异型矿体、地面障碍物下部矿体无法勘探等技术难题，并在全国进行了推广应用。同时，这些成果还应用于水库大坝安全位移监测、矿山尾砂充填、救援、瓦斯抽排、盐田开采等领域钻探中。至今，这些技术仍处于全国领先水平。

为了推广运用受控定向钻探技术，朱恒银承接了国家《定向钻进技术规范》起草工作。此时，正赶上 1987 年过春节，因居住的房屋是不到 15 平方米的平房和一个小厨房，为了不影响爱人和孩子过春节，朱恒银只好到只能放一张桌子的小厨房里，用煤球炉烤火取暖完成了初稿(参见图 4)。1993 年，该规范正式出版，作为国家行业标准，为地质岩芯钻探定向钻进技术的全国推广起到了重要作用。

(a)朱恒银曾在这里编写《定向钻进技术规范》；(b)跟随朱恒银在野外工作 40 多年的自制资料箱；(c)朱恒银等研制的 JSD-36 型随钻仪；(d)朱恒银等研发的 3000 m 分体塔式全液压动力头钻机。

图 4　朱恒银曾工作过的地方及其发明创造

朱恒银坚守野外第一线地质钻探技术工作数十年，勤奋、好学、勇于创新。辛苦和汗水终究换来了丰硕成果，他在技术岗位上先后完成了技术革新 10 余项，参加和主持国家、省部级科研项目 10 余项，有 11 项成果填补了国家地质岩芯钻探技术空白，荣获国家科学技术进步二等奖 1 项，省部级科研成果奖一等奖 2 项、二等奖 4 项、三等奖 1 项，厅局级科学技术奖一等奖 6 项，获得国家专利 24 项，国家计算机软件著作权 3 项。

朱恒银带领团队取得的创新成果，分别入选了 2010 年、2012 年、2015 年、2016 年、2021 年度探矿工程"十大新闻"。朱恒银说："探索地球奥秘是无止境的，只有不断创新，才能攀登科技高峰。"

直面低谷，无私奉献谋发展

20 世纪 90 年代后期，因国家战略调整，地勘任务逐年减少，地勘单位处于低谷期，地质队面临着工资发不出的困境。此时，朱恒银没有彷徨和迷茫，为了单位的生存和发展，克服了"等、靠、要"和"吃大锅饭"的思想，大胆走出去开拓市场，率先成立了一支专业技术强、精干的施工队伍——特种钻探工程处。凭借着国内领先的定向钻探技术优势和良好信誉，这支队伍南下广州，北上京城，东进浙沪，西挺鄂北，中守南京，在激烈的市场竞争中，树立了自己的品牌，创下了辉煌业绩，累计为单位创造了价值数亿元的经济效益。

朱恒银还利用所获得的创新科研成果，服务于社会，承接了国家多项高难度的大型建设项目。如：长三角地区及北京市城市地面沉降监测工程项目、城市地质调查、地震断层地质勘探以及上海浦东国际机场、外高桥造船厂、磁悬浮铁路、东海大桥等地面沉降监测标孔施工工程等，承接了一些大型矿山充填孔、排水孔、冷冻孔和大坝位移安全监测等特种钻探工程，解决了一个又一个重大工程技术难题。

这个阶段，由于朱恒银精湛的钻探技术，很多同行企业和单位看中他的技术特长，向他伸出了橄榄枝，如上海和广东地勘单位和研究所以月薪万元、可解决全家户口和一套住房为条件邀请他调入。当时的朱恒银所在单位每月只能发 200 元的工资，每月万元和 200 元之比，这样的待遇确实有很大的诱惑力，他也曾犹豫不决。但是深思熟虑之后，他考虑到了单位的利益、职工的利益。他心里默默地想：如果我调走了，单位员工在市场上就难以承接工程，职工的生活咋办？这些职工跟我奋斗多年，我实在不忍心丢下他们，自己去赚钱。所以，朱恒银毅然决然地放弃了调入大城市高薪单位的机会，而是选择继续带领团队闯市场，为单位创效益。

对于那段困难时期，朱恒银回忆说："有部分职工选择了调出地质队；有的停薪留职自谋职业；有的辞职下海，利用自己的专业技术干个体，经过几年的发展他们大多数成了千万或亿万富翁。当时，如果我走出去单干，像我这样有特殊技能在手的人，现在也许创下了至少数千万的个人财富。"当然，也有人问他："朱恒银，你怎么这么傻？"朱恒银答复说："做人要有道德基准，不能一味地为了自己去赚钱。是单位培养了我，所取得的技术和成果也是单位给我提供的平台，为了单位整体的富强，为社会多做一点贡献，意义更大，更能体现人生的价值。"朱恒银常常以江苏省华西村吴仁宝老书记所说的一段话自勉："家有黄金数吨，一天也只能吃三顿；豪华房子独占鳌头，一人只占一个床位。"

攻坚克难，啃下这块硬骨头

上天不易，入地更难，地质勘探工作是隐蔽工程，地下的地层千变万化，向地下钻进时常遇到特殊情况，给施工带来很大难度，没有金刚钻，不揽瓷器活。多年来，朱恒银在国家特种钻探工程领域方面，展现了追求卓越、精益求精的工匠精神。

安徽省淮河支流许多大型水库始建于 20 世纪 50 年代，运行多年的坝体需要进行安全监测，以观测大坝坝体安全位移情况。这是一项用于观测的对钻孔垂直精度要求十分严格的垂线孔施工技术。1993 年，安徽响洪甸水库大坝有一倒垂孔施工项目，曾有一个施工单位在此进行施工，忙了三年，以失败告终。事后，大坝管理部门找了很多单位，大都因施工精度要求太高，望而却步。1995 年，大坝管理处慕名邀请朱恒银承接此项工程，他带领团队接受了这一施工任务。建设方也担心能否施工成功，朱恒银当时胸有成竹地立下军令状："若不成功，分文不取！"施工中也遇到了种种技术难题，但都被一一克服。当孔钻进到 32 米处时，钻头遇到了前施工单位遗留的钢管，导致孔斜超差，朱恒银与团队一起设计了一种微量纠斜器、垂直钻孔监测装置和特种灌浆固井装置，把这一难题解决了。他采用独特的垂直钻探技术，实行跟踪控制钻孔垂直精度，使得百米钻孔水平位移控制在 2.5 cm 以内。最终，保证了该孔达到预定孔深、成孔有效净径完全满足甲方技术的要求。安徽省电力局还特地在响洪甸水库召开了现场会，庆贺该项目圆满成功。

这个工程技术突破后，先后在安徽省陈村水电站、佛子岭水电站、磨子潭水电站、梅山水电站、响洪甸水电站推广应用，解决了水库大坝安全位移监测重大技术难题。值得一提的是，在施工实践中发现了测量垂线靠壁"短路"现象，这一发现排除了多年来大坝位移安全监测数据的假象，使全国乃至国际上对垂线孔监测精度的提高起到重大作用。原地矿部资深探矿专家刘广志院士和河海大学吴中如院士都对此给予了很高的评价：其成果为水库坝体监测位移提供了科学依据，达到国内领先和国际先进水平。

2003 年 7 月 2 日，上海外滩董家渡地铁 4 号线地面塌陷事故现场，有两座 8 层高大楼发生了沉降和倾斜，沉入地下两层深度，旁边的黄浦江防波堤和 20 层高的税务大厦，形势十分险峻，当时好几波施工队伍进入现场进行抢险，都没有成功。这时，在现场指挥抢险的上海市地质调查院院长陈华文想到了朱恒银团队，好像看到了一线希望。

7 月 3 日 13 时许，朱恒银接到了陈院长的求援电话。险情就是命令，朱恒银分析了抢险不力的技术原因，立即提出新的抢险施工方案和措施。他处事坚决果断，立即通知在其他地方施工的队伍停止手中的作业，迅速抵沪参加抢险。当晚 8 时和次日中午，施工人员先后奔赴抢险现场，根据拟定的施工方案，立即投入抢险工作。盛夏季节，施工队员们冒着高温酷暑，在工地住活动房、吃盒饭、洗凉水澡，夜里睡觉前，在身上涂抹风油精以避蚊虫叮咬。在抢险过程中，采用了先进的技术，从地表钻穿了 29 个通向地铁内涌砂段，控制流砂的灌浆通道，并且采用灌浆措施遏制了地面继续沉降的险情。朱恒银带领的团队与上海地质调查院相关工作人员相互配合、共同努力，经过 10 个昼夜的紧急施工，终于出色地完成了主要地段的抢险任务。当时，媒体在报道这一事件时，称朱恒银团队为"安徽地质神兵"。

2004 年 3 月，朱恒银带领着他的团队承接了别人不敢涉足的南京师范大学委托的《江淮下游新生代晚期环境变化研究》钻探项目。施工地点位于江苏省泰州市兴化周庄，那里地层条件复杂，钻孔所揭示的地层从上到下依次为耕土、腐殖土、淤泥、黏土、砂层、砂砾夹层、砾卵石层和第三纪砂砾岩，属较典型的特殊地层。而该校方要求全孔岩芯采取率不低于90%，且保持岩芯的原状结构，无扰动、无污染。为保证工程质量要求，南京师范大学派出两名研究生进驻机台，实行 24 小时质量监控。这次的施工并没有那么顺利，取芯质量无法达到要求，一度陷入束手无策的境地。此时，朱恒银正处于生病动手术住院期间，南京师范大学教授向他说明了现场情况，他躺在病床上仍然坚持修改取芯钻具设计和施工方案。为了解决钻探样原状取芯难题，手术刀口还未拆线，他就偷偷溜出了医院。他爱人知道后便责备他："你要工作不要命了！"朱恒银回答说："请你不要担心，小手术已开过刀了，没有什么问题，我注意一点就行了，钻机施工现场已经停了下来，一天就要一万多元的开支，如果不及时把技术问题解决了，损失会更大！"就这样，朱恒银说服了他的爱人，他躺在车上从六安赶到约500公里之外的江苏泰州施工现场，住在工地里，继续攻克难关，把问题解决后，才返回医院住院。

由于钻探样原状取芯技术的突破，最终钻孔终孔深度为754.76 m，全孔原状不扰动岩芯样采取率达97%，钻孔终孔顶角仅0.90°。顺利地完成了这个取样工程，为地学研究提供了可靠的实物资料。南京师范大学的萧家仪教授紧握着朱恒银的手说："谢谢你，不是你们把地下岩芯原状取出来，我们的研究项目就难以完成。"

2008年"5.12"汶川地震后，国家正式启动了"汶川地震断裂带科学钻探"项目。通过钻探对岩芯、岩屑和流体样品进行多学科观测和研究，揭示汶川地震断裂带的深部物质组成、结构和属性；恢复汶川地震过程中的岩石行为、流体行为、能量状态与破裂过程以及逆冲断裂发震机理。在完成钻探后，在钻孔内安装地震探测仪器，建立了中国深孔长期地震观测站，为未来地震监测和预警提供基本数据。

2009年，朱恒银带领团队承担了汶川地震断裂带科学钻探3号孔施工任务。他说，当时四川汶川地震后，满目疮痍，建筑、道路交通、通信设备大多都被破坏。钻探设备进场时，全靠人工抬上山；无电无水，全靠自己解决，住的是临时搭建的简易工棚；驻地无信号，要想给家人打个电话报个平安，只有爬到山顶才能通话。其中，2010年8月中旬，因连续降雨，施工工地上游山谷的小堰塞湖被山洪冲垮，电缆被当场冲断，配电柜被冲走，驻地房屋进了水。幸好正赶上工人上夜班，他们发现险情后及时叫醒其他熟睡的工人，紧急跑到山顶避险。就这样，工人们在黑暗和雨水中等到了天亮，待雨停后，组织力量添补器具，恢复供电，重整复工。

科学钻探3号孔布置在四川汶川龙门山地震断裂带上，所钻地层历经多次强烈地震，岩层支离破碎，地层应力大，易造成钻孔缩径、坍塌、涌水、漏失等情况，属国内外罕见的复杂地层。钻孔钻进至1175.40 m处与1186.77 m处均发生了重大孔内事故，处理数月，进展缓慢，他们一时举步维艰。

此时，另一个施工单位也承担了一个钻孔的施工任务，却因地层复杂无法钻下去，终止了合同，退出了施工工地。同样地，摆在朱恒银面前有两种选择：是放弃还是前进？朱恒银大胆果断地做出决策：我们一定要下决心，无论如何，也要钻下去，啃下这块硬骨头，决不能做逃兵！于是，他带领团队冒着4~5级余震的危险，重整士气，攻克了极其复杂的地层钻进、大直径取芯和高应力下钻孔护壁等一系列技术难关，克服了重重困难，确保了岩芯的原状样和94.6%的岩芯采取率，实际钻进深度超过原设计孔深的1200 m，达到了1502.30 m，高质量地完成了施工任务，受到了中国地质调查局的高度评价和表扬。

从事地质勘探工作，就是挑战未知，只有把埋藏在地下的实物岩芯取出来，才能揭示地壳的真实面目。虽然汶川地震断裂带科学钻探3号孔钻探施工的结果是完美的，但施工中付出了很多的艰辛。为了国家工程项目，朱恒银带领团队在工地上过了两个春节，有些职工两年都没有回家。谈及此事，朱恒银面带笑容地说："干地质工作，大家的理想都是丰满的，但是实际施工过程却是很骨感的。"

砥砺前行，深部钻探领跑者

2006 年，国务院颁发的《关于加强地质工作的决定》给地质工作带来了新的春天。

在新一轮地质找矿中，"攻深找盲，摸底探边"成为工作的重点，要进行深部找矿，钻探技术是关键。当时我国地质找矿深度在 1000 m 左右徘徊，钻探的装备、工艺是无法满足进一步深部勘探的要求的。2007 年，朱恒银以敏锐的前瞻性思维，在国内率先提出了深部矿体勘探钻探关键技术方法的研究项目，带领团队研发了分体塔式全液压动力头钻机和高强度绳索取芯钻杆、钻具及工艺技术。2010 年，在安徽霍邱铁矿首创我国小口径绳索取芯钻探 2706.68 m 最深纪录(参见图 5)。随之，突破了大于 3000 m 的找矿深度，建立了入地 3000 m 深部岩芯钻探技术体系，将我国地质找矿深度从 1000 m 以浅推进至 3000 m 以深的国际先进水平，成为我国深部岩芯钻探的领跑者。

该成果在全国 10 余个省、30 余个矿区推广应用，为我国深部地质找矿提供了重要技术支撑。在霍邱深部找矿中，增加了铁矿储量约 10 亿吨，累计储量达到 26 亿吨，使之成为储量位居全国第五的特大型铁矿。在安徽金寨找到了单矿体储量世界第一的金寨沙坪沟特大型钼矿，产生了千亿元的经济价值。

同时，朱恒银将成果应用于国家深部探测科学钻探、地热、地下水资源、页岩气勘探中。2011~2018 年间，朱恒银带领团队承接了国家深部探测技术与实验研究专项华南于都—赣县矿集区 3000 m 科学钻探选址预研究 NLSD-1 孔、华东庐枞盆地 3000 m 科学钻探选址预研究 LZSD-1 孔、浙江临安和皖南页岩气等勘探工程，为我国深部岩芯钻探技术的发展起到了重要的引领和推动作用。

图 5　2010 年朱恒银带领团队创我国小口径金刚石绳索取芯钻探最深纪录

匠技匠心传承，家国情怀担当

在地质勘探现场，人们经常会看到这样的场景：身穿红色工作服，手戴一双白色手套，头戴橙红色安全帽的朱恒银，用手指着摊在工作台上的设计图纸给身边的年轻人讲解着设备、机具结构及作用原理。

朱恒银带领团队 30 余年，自己率先垂范，传授技艺，为国家培养了一批优秀的行业精英。他常跟年轻人说："我们在自己岗位上应该做到：对待职业要有爱岗敬业的精神，干一行爱一行；对待工作要有精益求精的精神，把事情做到极致；对待难题，要有创新精神，不断追求卓越，解决问题；对待共事者，要有协作共进的团队精神，发扬大局意识；对待利益，要有淡泊名利的奉献精神，控制私欲，不计较个人得失。"在他带领的团队中，被破格晋升为探矿

11

工程正高级工程师的有 3 人，有 5 人晋升为高级工程师，有 10 余人晋升为工程师，培养研究生数人，钻探机班长 20 余人，其中有 6 名钻探技师，2 名省部级能工巧匠，1 名获全国钻探技能大赛银奖，1 人获中国地质学会野外青年地质贡献奖——金罗盘奖、安徽青年科技奖、安徽青年五四奖章，2 人被评为安徽省江淮工匠(其中 1 人获江淮工匠标兵)，2 人获安徽省"五一"劳动奖章，3 人享受安徽省政府特殊津贴，1 人获安徽省学术与技术带头人称号，1 人获安徽省学术与技术带头人后备人选(参见图 6)。

（a）2012 年，朱恒银同志(右)在钻头研究室指导高效长寿命金刚石钻头研制工作；（b）2018 年朱恒银在皖南页岩气勘探现场；（c）朱恒银创建的钻探科普展厅；（d）朱恒银劳模工匠创新工作室。

图 6　朱恒银工作集锦

2010 年，创建了以朱恒银命名的劳模工匠创新工作室，相继被中国能源化学地质工会和安徽省总工会、中国长三角地区三省一市联盟、中华全国总工会等给予授牌。近年来，朱恒银作为首席专家创建了安徽深部钻探技术及应用实验室，利用这些平台，传艺育徒。用精益求精、踏实专注和坚守执着的工匠精神，培养教育和引导更多的地质青年，为地质事业做出更大贡献，成为国家栋梁之才。

曾有句顺口溜："嫁汉不嫁地质郎，一年四季到处忙，春夏秋冬不见面，回家一包脏衣裳。"这是对干地质勘探工作顾不上家的地质工作者的调侃。朱恒银从事钻探工作 46 年，由于特殊的工作性质，他的大部分时光都在山野间度过，把家当成"招待所"，随到随走。朱恒银的家人都称他是工作狂，连他的小孙女都叫他"工作狂"爷爷。每当听到钻探施工出现孔内事故时，无论何时何地，他都会立马奔赴现场处理，有时甚至睡在钻机旁，24 小时坚守，直到事故处理好了才离开。他常说，一个钻孔少则几十万，多则上百万，上千万元，如果报废了，给国家造成的损失太大了，不能掉以轻心啊！正是这种高度的责任感，使他对待工作一直秉持着一丝不苟、一刻不懈怠的原则。

46 年来，朱恒银为了工作倾注了全部的心血和汗水，白天守工地，晚上搞设计、写报告等，放弃了很多节假日的休息。从 2010 年开始，他为了编著《深部岩芯钻探技术与管理》和《深部地质钻探金刚石钻头研究与应用》两部钻探技术著作，夜以继日、呕心沥血。每天晚上在办公室工作至深夜，他牺牲了 3 年的节假日时间，终于完成了约 100 万字的著作，书中的400 多张表格、600 多幅图件都要逐个精心绘制、校对和检查，为我国钻探行业留下了宝贵的第一手技术资料。

朱恒银常年在野外一线从事钻探施工，为了钻孔的安全，只要钻机一开动，就不能停钻。所以，在工地陪钻机过年也是常有的事，有 10 多个春节他都是在施工地和钻机旁度过的。每当春节鞭炮轰鸣、新年钟声敲响之时，朱恒银的心里其实很不是滋味，也很难受。妻子生产时，他无暇回去照料；孩子成长路上，他无暇陪伴。

最让他难以释怀的是，1983 年母亲病重时，他正在进行霍邱李楼铁矿定向钻探技术攻关，施工地点十分偏僻，等到他接到母亲病逝的电报时，已经是几天后了，没有见到母亲最后一面是朱恒银一生中最大的痛。每当想起这些事，他都觉得愧对家人、愧对从小相依为命、含辛茹苦把他抚养大的母亲。朱恒银说："由于我的职业性质关系和对职业的热爱，我不得不舍小家、为大家。在工作上是家人一直在背后支持我、鼓励我、理解我，才让我取得了如今的成绩。我觉得只有把工作做得更好，才能让她们的辛苦付出没有白费，才让这一切更有意义和价值。"朱恒银每次把取得的找矿成果和创新荣获的奖励证书拿回家时，全家人都非常高兴。他有时也带家人去饭店吃一顿饭，给小孙女买些东西，小孙女一高兴就竖起大拇指："爷爷很棒，我长大了要向爷爷学习，学习您的奉献精神。"朱恒银对自己的孩子也有着严格的要求，时常教导孩子："工作学习上要向高标准看齐，生活上要向低标准看齐，不要好高骛远，要多干事、干实事，踏踏实实做人。"（参见图 7）

舍小家、为大家，他把青春奉献给了他所热爱的地质事业，把岁月奉献给了不断创新的地质研究，把脚踏实地的实干精神传承给了下一代，这是一个大国工匠的家国情怀。

2019 年 3 月，在中央电视台"大国工匠 2018 年度人物"颁奖典礼上，朱恒银的"匠心记忆"是一枚取自地下 1000 m 以下的矿芯。

这枚矿芯来自于安徽省滁州市琅琊山铜矿。这个铜矿区是已经开采了 50 多年的老矿山，600 m 深度以上的矿开采已接近枯竭，600 m 以下有无矿床的存在还是未知数。矿山企业想向深部进行勘探，但是由于矿山地表房屋等建筑物密集，无法布孔安装钻机勘探，同时已开采的老矿区地下地层复杂，造成钻探施工难度很大。矿山企业曾经找过一个勘探队钻探，因无法勘探施工而告终。直至 2004 年，矿山企业急需探到接替资源，便找到了朱恒银所在的单位。当时，朱恒银察看了矿区现场，分析了矿区勘探条件和状况后，设计了人工受控定向钻孔施工方案，在矿区较空旷的地方布置钻孔，将钻孔在地下进行弯曲分支，避开地表密集障碍物勘探深部矿体，同时解决了钻孔复杂地层坍塌，岩矿芯采取困难等技术难题。最终，在

600 m 以下找到了铜矿体，经勘探新增铜矿储量约 10 万吨，解决了矿山后续的接替问题，延长矿山寿命 30 年，解决了矿山 3000 名职工面临的转岗待业难题。

当问到朱恒银为何要选择这块 1000 米深处取出的矿芯作为"匠心记忆"时，他说："到现在我记忆犹新，当我们在矿山深部钻探取出黄灿灿矿芯时，所有的人都激动地流下了眼泪，这眼泪包含着一种期望和一种成功的喜悦。"

朱恒银常说："从事地质工作是我选择的初心，为国家提供资源保障是我们的使命。"他这样说的，也是这样做的，46 年来他走遍了皖西的千山万水、安徽的大江南北，参加了安徽霍邱、铜陵、滁州、安庆及大别山等多个地区的铁、铜、钼、金、铅、锌等大矿的地

图 7　朱恒银全家福

质勘探工作。每当从地下深处取出矿芯时，他就感到无比的高兴和激动。他说："能为国家找到大矿和富矿再辛苦也值得，我一辈子干这项工作无怨无悔。"

初心如钻，大爱无言

2019 年 10 月 1 日，朱恒银受邀参加中华人民共和国成立 70 周年的国庆观礼活动（参见图 8）。在天安门广场观礼台上，他流下了激动的泪水，内心久久不能平静。作为一名来自基层的地质勘探工作者，受邀参加国庆观礼对他来说，这是莫大的荣誉、鼓舞和鞭策，同时也让他感到自己肩负着重大的责任和使命。朱恒银站在观礼台上，挥舞着手中的五星红旗，心里默默念着："祖国——伟大的母亲，我们是吸着您的乳液成长起来的，我们与您同频共振，我们见证了您在中国共产党领导下的发展与强大。祖国，我爱您，五星红旗永远在我心中，衷心地祝福您，让我们手拉手、肩并肩，砥砺前行迈向新时代。"

朱恒银说：以前我每次都是在电视上观看，如今到了天安门城楼西侧观礼台，亲临现场、亲眼目睹、亲身体验，看着气势如虹的阅兵式、分列式，创意多彩的群众游行，国之重器展示在我们面前，犹如新中国 70 年阔步前进、意气风发的历史回响。这次观礼带给我的震撼让我热血沸腾、心潮澎湃，作为中国人我感到无比地自豪和幸福。

每次领奖时（参见图 9），朱恒银总说："这崇高的荣誉，不仅仅是我个人的荣誉，

图 8　2019 年朱恒银参加建国 70 周年国庆观礼活动

更是对我们从事地质工作者的认可，也体现了党和国家、全国人民对我们地质工作者的关心

和重视。这些光环虽然戴在我身上，但我深知，成绩是大家共同努力的结果，是团队的力量，是集体智慧的结晶。作为其中一名代表，我是幸运的，也是幸福的。荣誉和成绩只能代表过去，这些荣誉只能看作是一种责任和动力，鞭策我更加努力地工作，向更高、更远的地方攀登和迈进。"

今年 66 岁的朱恒银说，"只要我身体不垮，我就还要继续为国家地质事业和家乡发展建设贡献自己的力量，抓紧时间多做些工作，同时发挥劳模创新工作室的作用，为年轻一代钻探技术人才培养和钻探技术可持续发展，尽自己的微薄之力。"

习近平总书记指出，"伟大梦想不是等得来、喊得来的，而是拼出来、干出来的"。朱恒银的人生历程就是一个很好的见证，他总说："一个人无论做什么工作，都应从点滴做起，只要持之以恒，不懈努力，在平凡的岗位上，也可以实现自己的人生价值。而作为一名共产党员，更应该以身作则，服从党和国家的需要，勤勉敬业，不忘初心，牢记使命，传承红色基因，弘扬老区精神，让党徽在平凡的岗位上闪光、生辉。"

他说，人生必然在似水年华中渐渐老去，人的一生是十分短暂的，我们也许成不了伟人，纵使我们一生平凡，但是在平凡的岗位上有我们的无私奉献，在平淡的生活中有我们的努力付出，如果能尽自己的力量真诚地回报社会，释放出自己的正能量，这样的平凡其实也是一种伟大。

"从地表到地心，他让探宝'银针'不断挺进。一腔热血，融进千米厚土；一缕微光，射穿岩层深处。朱恒银，让钻头行走的深度，矗立为行业的高度。"这是中央电视台"大国工匠 2018 年度人物"颁奖典礼上，给钻探专家朱恒银的颁奖词。

46 年来，他每年有 200 多天从事野外钻探工作，走遍了大江南北、踏遍了山川河流。他设计施工近千个钻孔，完成地下钻探工作约 50 万米，创造了没有报废一个钻孔的奇迹；46 年来，他凭借自己顽强的毅力和不懈的努力，从一名普通的钻探工人成长为知名的钻探专家和大国工匠，攻克了一个又一个技术难关，用行动诠释"向地球深部进军"的信念和为人民为祖国找矿的初心；46 年来，他对这个团队、这个行业有了很深的感情和难以割舍的情怀。这一年，他已年过花甲，单位连续三次破例，为他办理了延迟退休的手续。2019 年，朱恒银作为首席专家承担了安徽省科技重大专项"5000 米新型能源勘探智能钻探装备与技术"项目，他仍然默默无闻、辛勤耕耘在钻探技术岗位上，为中国的地质事业而奋斗。

2019 年底，安徽省六安市委宣传部（市文明办）为了进一步弘扬劳模工匠精神，传承红色基因，号召全社会学习全国道德模范、大国工匠朱恒银的宝贵精神，特地组织了中国音协会员等专业人员进行词曲创作，邀请了省影视家协会理事、六安电影协会会长拍摄制作了歌曲MV，精心为朱恒银量身打造了原创歌曲《初心如钻》。为更好地表现朱恒银工匠精神的丰富内涵，词曲作者精益求精，数易其稿，导演不厌其烦，反复修改，力求完美。歌曲通过电视、网站、微信微博等各种媒体广为传播，朱恒银的奉献精神和杰出业绩令人敬佩不已，很多观众在现场都听得热泪盈眶。

如今，在安徽省和六安市的许多大型演出现场，常常会听到这首歌："……初心如钻，动力无限，你向中国深度发起新的挑战。初心如钻，珍贵又璀璨，大爱情怀，深沉无言。"准确生动的歌词，满含深情的旋律，舒缓激越的节奏，唱出了朱恒银 46 年从事地质钻探工作的人生风采，也唱出了一代中国地质人的青春之歌、奋斗之歌，更唱出了一个新时代大国工匠技能报国的真挚情怀和璀璨匠心！

（a）获第七届全国道德模范；（b）2017 年朱恒银（第一排左六）荣获全国地勘行业十佳最美地质队员；（c）2010 年朱恒银同志在北京参加全国劳动模范及先进工作者表彰大会；（d）全国劳模朱恒银参加大国工匠进校园活动。

图 9　朱恒银获奖及活动图片

第二篇

"五小"创新与定向钻探技术

喷射式水力泥浆搅拌器及其应用

朱恒银

摘要：喷射式水力搅拌器是一种用于混合搅拌泥浆及水泥浆的有效器具。它具有结构简单、制造容易和使用方便等特点，经现场使用，收到了较好的效果。

关键词：喷射式；水力搅拌器

Jet Hydraulic Mud Agitator and Its Application

ZHU Hengyin

Abstract：Jet hydraulic agitator is an effective tool for mixing mud and cement slurry. It has the characteristics of simple structure, easy manufacture and convenient use.

Keywords：jet type；hydraulic agitator

一、结构和工作原理

(一)结构

搅拌器(图1)由漏斗、闸门、短节、三通、混合管、喷嘴、输水管、容器、出浆管组成。

漏斗(1)用1.5 mm厚的铁皮焊成，呈圆锥体；闸门(2)是普通1½英寸水管阀门，上与漏斗相接，下与短节(3)用丝扣相连；三通(4)为1½英寸水管三通接头，三个通道分别与短节(3)、混合管(7)和喷嘴(8)相连；喷嘴(6)形状选择收缩型的，喷嘴锥角为14°，喷嘴直径选为9 mm(图2)，混合管(5)和输水管(7)均用1½英寸水管；混合管(5)一端与三通相连，另一端与容器(8)切线方向相焊；容器(8)用废油桶做成，容积为400 L；出浆管(9)是用1½英寸水管焊在容器上部，也可串联一个旋流除砂器联合使用。

(二)工作原理

搅拌器工作原理如图1，当水泵送水从输水管流经喷嘴时，产生高速射流使漏斗下部三通管内形成负压，从而将黏土粉从漏斗中吸入三通管内进行混合，接着沿切线方向射入搅拌容器中，自下而上产生旋转液流。黏土颗粒在液流的冲击和旋转力作用下在容器内得到充分

刊登于：《探矿工程》1985年第4期，获安徽省青工"五小(小发明、小创造、小革新、小建议、小论文)"成果一等奖。

的搅拌分散，然后从出浆管流出。

二、使用效果

(1)效率高。一般情况下泵量为 200 L/min 时，每 5~6 min 可造浆 1 m³。并且劳动强度大大降低，搅拌后的泥浆分散均匀，黏土粉浪费少。

(2)应用范围广。不但能搅拌一般普通泥浆，还能搅拌化学泥浆和水泥。

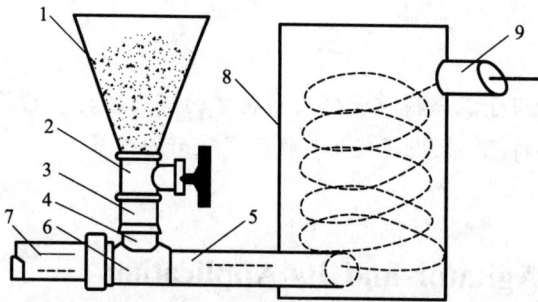

1—漏斗；2—闸门；3—短节；4—三通；5—混合管；
6—喷嘴；7—输水管；8—容器；9—出浆管。

图 1　喷射式水力搅拌器示意图

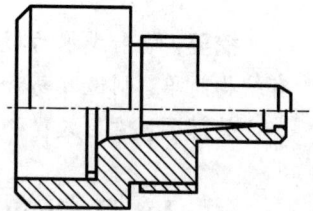

图 2　喷嘴

(3)可调节喷嘴的水量(泵量)和漏斗中黏土粉量，可控制泥浆搅拌速度及泥浆的比重，使用效果见表 1。

表 1　喷射式水泥搅拌器使用情况

流量/($L \cdot min^{-1}$)	泥浆密度/($g \cdot cm^{-3}$)	搅拌速度/($m^3 \cdot min^{-1}$)	黏土粉进量/($kg \cdot m^{-3}$)
90	1.054	0.10	100
145	1.038	0.14	70
200	1.027	0.20	50
250	1.021	0.25	40

(4)使用方便，不受条件限制，不管是电力驱动还是柴油机驱动均可使用，只要在泥浆泵高压输出管路中接个三通即可。

(5)零件少，结构简单。制造方便，各野外队修配间(组)均可加工制作。

三、操作注意事项

(1)搅拌器在 200 L/min 泵量下工作，泵压约为(0.3~0.5)MPa，如重复循环搅拌泥浆时，泵压随着泥浆泵黏度的上升而增高，直径 9 mm 的喷嘴循环喷射搅拌，泥浆黏度不得大于 80 s(漏斗黏度计)，否则搅拌器无法正常工作。

(2)如泥浆中需要加处理剂时，可在漏斗处加入，然后将原浆在此进行循环搅拌。

（3）搅拌器在未工作时应关闭漏斗下部闸门，工作时先开泵送水，然后打开闸门使黏土粉吸入三通混合管内。

（4）在漏斗上部要加一个过滤筛，以防大的黏土粉团块堵塞漏斗喉管。

（5）受潮或结成大块的黏土粉，不宜使用。

（参考文献略）

ZD-40型单点定向仪及其使用效果

朱恒银　汪乃堂

摘要：为了适用于小口径定向钻进的需要，设计了一种简易的钟摆式单点定向仪，井下仪直径为 40 mm，可满足钻杆内径大于 45 mm、钻孔顶角大于 3°的情况下，造斜工具的定向。经使用取得了良好的效果。

关键词：ZD-40 型单点定向仪；结构原理；使用效果

ZD-40 Single Point Orientation Tool and its Use Effect

ZHU Hengyin，WANG Naitang

Abstract：In order to meet the needs of small-caliber directional drilling, a simple bell pendulum single point directional instrument is designed. The diameter of downhole instrument is 40 mm, which can meet the orientation of deflecting tools when the inner diameter of drill pipe is more than 45 mm and the top angle of drilling hole is more than 3°. Good results have been obtained.

Keywords：ZD-40 single point directional apparatus；structure principle；use effect

一、结构及技术参数

（一）结构与作用

ZD-40 型单点定向仪主要由井下仪和地表讯号仪等组成。

（1）井下仪（图 1）：由上密封接头、摆锤室、外壳体、下密封接头、斜口管鞋定位机构及导线等组成。当井下仪从钻杆内投入后，斜口管即坐落在定向接头的定向键上，从而达到给造斜工具定位之目的。定位电刷（20）用于斜口管入键定向到位显示，安装在定位导向槽绝缘棒（21）中，通过导线（15）与摆锤室框架（16）导通，当斜口管坐落在定向接头定位键上时，定位电刷与定位键接触，即钻杆柱与导线 b 形成一闭合回路，通过地表讯号仪而准确获得井下仪入键到位的讯号。

刊登于：《探矿工程》1992 年第 3 期，获全国青工"五小（小发明、小创造、小革新、小建议、小论文）"成果二等奖。

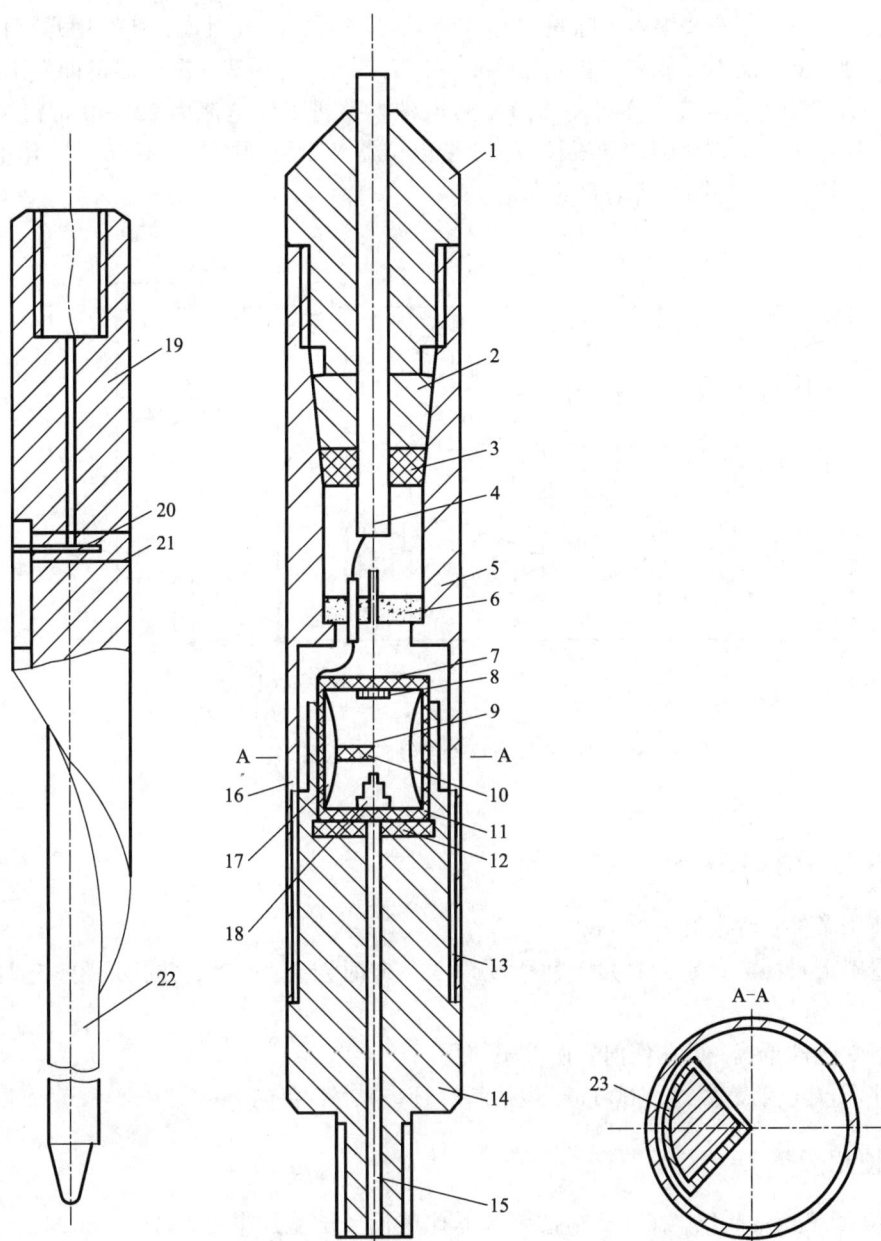

1—压紧螺帽；2—卡瓦；3—橡胶密封套；4—导线；5—壳体；6—绝缘板；7—框架上绝缘板；8—上轴承；
9—轴；10—摆锤；11—框架下绝缘板；12—铜片；13—密封圈；14—下接头；15—导线；16—框架；
17—张丝，18—下轴承；19—斜口管；20—电刷；21—绝缘棒；22—芯杆；23—张丝。

图 1　单点定向仪之井下仪结构示意图

（2）地表讯号仪：由电压表、扬声器、稳压电源及开关、插头等组成，整机装在一仪表箱中，线路图见图2。它主要由多谐振荡电路和音频电路两大部分组成，其作用是定向、定位过程中，一旦定向或定位，则整个电路中形成一闭合回路，电压表、扬声器迅即发出声讯号。该机电源可用220 V交流电，亦可用4节1号电池。整机工作电流为22~40 mA，电压为6 V。在实际使用中可根据所配的导线长短，改变电位器W的电阻值，以调节其工作电流。改变 R_s 阻值使其起振，并调至所需要的音量。

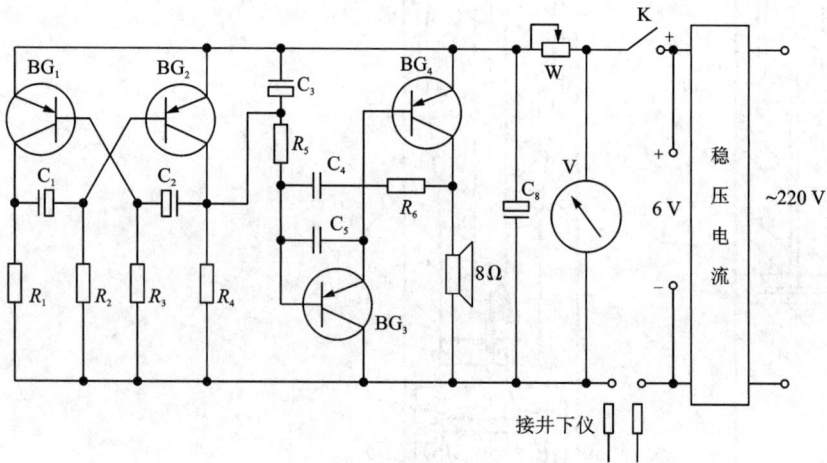

图 2　地表讯号仪线路示意图

（二）主要性能及技术参数

（1）使用条件：钻孔顶角3°~60°。

（2）造斜工具面向角定向精度：钻孔顶角3°~5°时误差为±7°，钻孔顶角>5°时误差为±5°。

（3）不受磁性干扰，可在任何岩矿层中使用。

（4）井下仪几何尺寸：长600 mm（包括斜口管鞋），外径 ϕ40 mm。

二、使用效果

ZD-40型单点定向仪，在我队李楼矿区下孔进行了试验，并在ZK163、ZK241、ZK321 3个受控定向钻孔中，钻孔顶角≥3°时，造（纠）斜均用该仪器进行定位定向，共计下孔给液动螺杆钻造斜工具定位定向19次，最大定向孔深300 m（因设计造斜段在300 m以上），成功率达100%。由于定向准确和可靠，这3个孔施工较为顺利，钻孔的设计轨迹与实际钻孔轨迹基本一致，中靶精度较高，完全达到了设计要求。

关于用螺杆钻施工小口径定向钻孔的若干问题

朱恒银

摘要：本文介绍应用螺杆钻具及配套工具进行定向钻进的技术、定向方法及其选择，工具面向角的确定，反扭转角的控制与消除，造斜工具及钻头的选择，钻孔轨迹的控制。结合生产实践，为在小口径金刚石钻进中打定向孔提供了有益的经验。

关键词：螺杆钻；小口径定向孔；施工技术

Some Problems of Small Directional Hole Drilling with Positive Displacement Motor

ZHU Hengyin

Abstract：In this paper following problems of small directional hole drilling with positive displacement motor are discussed：the selection of orientation methods, the determination of the assembly angle of the drilling stool with the pipe, the control of reactive torsion angle, the selection of deflection tools and drilling bits, and the control of hole trajectory. Some practical examples are cited for illustration.

Keywords：screw drill；small diameter directional drilling；the construction technology

用小直径液动螺杆钻和与之配套的器具进行受控定向钻探，是一项先进的钻探技术。这项技术现已在安徽地矿局 337 队李楼矿区推广。自 1983 年以来，共施工 5 个钻孔，完成工作量 2800 m，最深孔深 803 m，中靶精度都较高，突破了李楼矿区多年来存在的陡矿体施工技术难关，取得了良好效果。本文结合几年来的生产实践，就有关施工技术问题做初步探讨。

一、定向方法及其选择

（一）直接定向

直接定向是按需要，将造斜工具的对称面对于子午线或坐标已知点进行定向。常用经纬

基金项目：地矿部"六五"科技重点攻关项目"小口径螺杆钻随钻测量定向钻探配套器具及施工工艺研究"。

刊登于：《地质与勘探》1987 年第 23 卷第 6 期，获中国地质学会探矿工程专业委员会优秀论文奖。

仪、定向钻杆、定向夹板或导向滑架等装置，使连接造斜工具的钻杆不发生扭转，把每根钻杆的定向母线相连，并一一重合，下到孔内预定位置，达到定向目的。

在螺杆钻造斜钻具定向过程中，应先在孔口和其附近定出几个定向方位桩。开钻后，在预定位置造斜，将带有母线的螺杆造斜钻具与钻杆连接，每接一根，用肉眼瞄准将母线往上引一次，在立根上端画上标志线，直到下到预定位置。然后，根据方位桩，扭转孔口钻杆，使钻杆母线与定向方位一致。

（二）间接定向

（1）直孔间接定向：在直孔的预计造斜孔段，用造斜工具进行不定向造斜，使顶角增大到 3°～5°，并测量方位角，然后再用斜孔间接定向方法进行纠方位稳顶角的定向钻进。此方法在李楼矿区 ZK05 孔进行了试验。该孔为直孔，设计在 150 m 开始不定向造斜，实际在 155 m 自然弯曲顶角 5°。方位 302°，设计方位 90°，相差 148°。后来用间接定向，顺时针纠方位，稳顶角，在 155～179.36 m 孔段用螺杆钻造斜钻具纠斜 4 次，钻进 12 m，方位由 302° 纠至 65°，顶角基本保持在 5°，方位变化率 10.5°/m，达到设计要求。

（2）斜孔间接定向：在顶角大于 3° 时使用。通常借助于测斜仪或指示器、偏心块、定位座等。非磁性矿区的定向方法较多，磁针式测斜仪、定向指示器均可选用。磁性矿区的定向就受到一定限制，可用小径陀螺测斜仪或定向指示器。定向指示器定向是一种综合定向法，定向前需用测斜仪测出钻孔的顶角和方位角，再将造斜工具下到预定位置，用定向指示器定向。李楼矿区选用 DD-1 型水银触点式单点定向仪及与之配套的斜口管鞋装置(图 1)。

定向时，从孔口顺时针扭转钻杆，用单点定向指示器找出钻孔倾斜面的最低点，再根据需要将钻杆扭转一定角度(也可不扭转，但事先要使斜口管鞋的母线与定向接头母线有一装合角)，此时，定向接头母线的方向，就是所要定的工具面向角。定向完毕后，取出孔内定向指示器，检查斜口管鞋上定位打印块，如发现变形即可判明定向可靠。在李楼矿区施工中定向 30 余次，成功率达 100%。

此法适应性广，操作方便，仪器简单，造价低，在钻孔轨迹可控程度要求不很高时，值得推荐。

（三）随钻定向

随钻定向是在孔底动力机配合造斜工具造斜时，把随钻定向仪或指示器装在钻具中，钻进时，将孔底钻具方向的信息传送到地表，然后根据此信息将钻具调整到预定方位。传送信息的通道可以是电线、钻杆或液柱。在石油钻井方面，美国已研制出 DOT 方向定位器和 EYE 随钻定向系统。我国近年来已研制出 ZS-1 型和 YS-1 型有缆小口径随钻定向监测仪，并在李楼矿区下孔试验，获得成功。

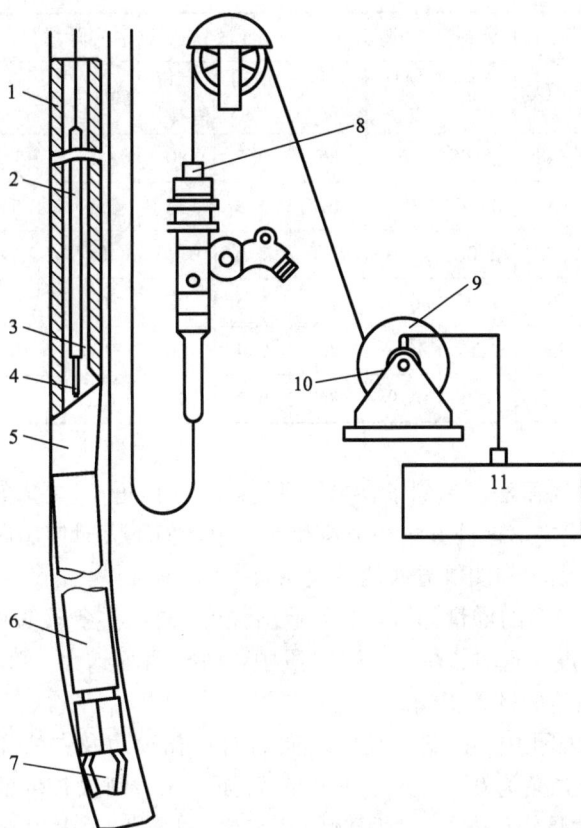

1—φ53 绳索取芯钻杆；2—孔内定向仪探管；3—斜口管鞋；4—键；5—定向弯接头；6—螺杆钻；
7—钻头；8—TMS 水龙头；9—电缆卷筒；10—集流环；11—地面仪表。

图 1　单点定向系统示意图

二、工具面向角的确定

钻孔顶角和方位角的变化不仅与工具面向角、工具造斜强度有关，而且与造斜段长度等因素有关。实际造斜施工中，采用以下计算公式：

$$\Delta\theta = K \cdot \cos\beta \cdot \Delta L \tag{1}$$

$$\Delta\alpha = K \cdot \frac{\sin\beta}{\sin\theta} \cdot \Delta L \tag{2}$$

式中：ΔL 为造斜段长度；$\Delta\theta$ 为顶角增量；$\Delta\alpha$ 为方位角增量；θ 为造斜后钻孔顶角；K 为造斜工具的造斜强度；β 为工具面向角。

运用上述关系式确定连续造斜参数与实际相差较小，具体情况见表 1。

表1　连续造斜的计算参数与实际数值的比较

造斜工具	造斜工具角度/(°)	造斜强度/(°/m)	安装角/(°)	造斜长度/m	造斜前		造斜后		实际增量		计算增量		岩层
					顶角/(°)	方位角/(°)	顶角/(°)	方位角/(°)	Δθ/(°)	Δα/(°)	Δθ/(°)	Δα/(°)	
弯接头	1.5	0.27	348	11.98	6	85	9.3	80	3.3	-5	3.16	-5.02	灰岩
	1.5	0.27	5	4.64	3.4	76.5	4.3	77	0.9	1.5	1.24	1.53	灰岩
	1.5	0.118	280	2.06	7.6	93.6	7.6	91.3	0	-2.3	0.04	-1.81	片岩
弯外壳	1.5	1	100	1.99	6.5	15	6.5	37	0	22	-0.34	17.31	灰岩
	1.5	0.8	220	2	10.6	76	9.4	66	-1.2	-10	-1.23	-5.9	片岩
	1.5	0.8	25	1.5	4.9	86	6.1	90	1.2	4	1.08	5.2	片岩

也可用拉格兰向量图解法求造斜诸参数，但偏心楔的顶角 γ，要以螺杆钻造斜工具在 ΔL 孔段全角变化 $K \cdot \Delta L$ 代之。这种方法在顶角和方位角增值不大时使用误差较小。

通过实践及公式计算、作图等方法均可表明：

（1）钻孔顶角和方位角的增量都与工具的造斜强度、连续造斜段长度成正比。

（2）当工具造斜强度一定时，在同一造斜段中，钻孔顶角越大，则改变的方位角增量越小；钻孔顶角大小对顶角增量无影响。

（3）在不同顶角的钻孔中，造斜工具的面向角对钻孔顶角及方位变化的影响是不同的。对于垂直孔来说，由于顶角为0°，造斜工具的造斜强度和造斜段长度的乘积即为新孔顶角，造斜工具的定位方向就是新孔方位；对于倾斜孔来说，由于顶角大于0°小于90°，其工具面向角与钻孔顶角和方位角的变化关系见图2。

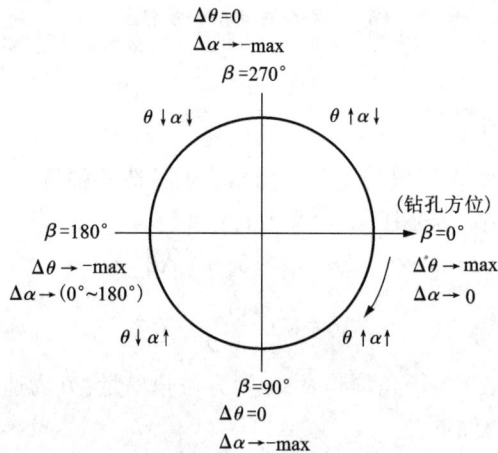

图2　工具面向角与钻孔造斜角度的关系

注：图中工具的面向角按顺时针方向旋转；↑↓符号分别表示增加与减小的变化趋势；max，-max分别表示增斜和降斜的最大量

三、反扭转角的控制与消除

孔底动力机工作时所产生的反扭矩，使钻柱发生扭转变形，产生扭转角。控制和消除这一反扭转角对工具面向角的影响的最好办法，是使用随钻定向测量仪来监测，并在造斜钻进中给予控制和消除。

目前，小口径随钻定向测量仪尚未普及，采用单点定向测量仪是无法监测的，要解决这个问题，只有利用实际经验数据，来确定反扭转角的大小，也可用(3)、(4)、(5)式计算。

$$\phi = \frac{57.3 \times \left(M_t L - 57.3 u q d_1 \dfrac{L^2}{2\theta} \sin\dfrac{\theta}{2} \right)}{G J_p} \tag{3}$$

$$\phi' = \frac{57.3 \times \left(M_t L_0 - 57.3 u q d_1 \dfrac{L_0^2}{2\theta} \sin\dfrac{\theta}{2} \right)}{G J_p} \tag{4}$$

$$L_0 = \frac{M_t \theta}{57.3 u q d_1 \sin^2 \dfrac{\theta}{2}} \tag{5}$$

$$J_P = \frac{\pi}{32}(d_1^4 - d_2^4)$$

式中，ϕ、ϕ' 为反扭转角(°)；M_t 为孔底力钻具反扭矩(N·m)；L 为钻杆柱长度(m)；L_0 为钻杆柱临界长度(m)；u 为钻柱与孔壁摩擦系数(0.1~0.3)；q 为钻柱单位长度重量(N/m)；d_1、d_2 为钻杆外径和内径(m)；θ 为造斜段平均钻孔顶角(°)；G 为钻柱剪切弹性模量，(N/m^2)；J_p 为钻柱截面极惯性矩(m^4)。

钻柱长 L 在钻进中不断增加。M_t 不随 L 变化，而钻柱的摩擦力矩 M' 随 L 加长而加大。当 L 达到某一值时，必有 $M' = M_t$，此时钻柱长度为 L_0。当 $L > L_0$，则 L_0 以上钻柱不受外扭矩作用，所以扭转角不再增加。在实际工作中，可先求出 L_0，如果 $L < L_0$ 按(3)式计算，如果 $L \geqslant L_0$ 则用(4)式计算。

在李楼矿区 ZK06 孔用 YL-54 螺杆钻造斜时，采用了 ZS-1 型随钻定向监测仪，实测数据见表2。

表2　实测的钻柱反扭转角值

钻杆直径 /mm	孔深 /m	钻孔顶角 /(°)	泵量 /(L·min⁻¹)	泵压 /MPa	钻杆反扭转角 /(°)
53	292	4	120	3.0~3.5	2.18~7.99
53	292	4	160	3.8~4.2	10.13~24.30

由表2看出，反扭转角的大小与泵量、泵压等有关，当泵量、泵压恒定之后，即可认为反扭转角为一定值。在定向时，只要把初始定向方向顺时针扭转 ϕ 或 ϕ' 角度，就能消除反扭转角对工具面向角的影响。反之，也可利用反扭转角的变化来调节、控制工具面向角的大小。

四、造斜工具及钻头的选择

（一）造斜工具的选择

定向钻探中，螺杆钻只是孔底动力，造斜还须另有造斜工具与之相配合，才能使钻头产生偏斜力，实现定向造斜。与螺杆钻配合的常用造斜工具主要有弯接头、弯外壳、造斜靴。

造斜工具的选择，首先以定向孔的孔径及设计要求为依据，还要考虑每一种工具所能达到的造斜强度。造斜工具的造斜强度，一般应根据矿区的造斜经验数据来确定，也可用公式计算，但与实际相差较大。

李楼矿区使用的是 DW-54 型小径弯接头，弯曲角有 0°、0.5°、1°、1.5°、2°等五种，同时对 1.5°弯外壳和弹簧片式造斜靴也进行了多次试用，其造斜效果见表3。

表3　不同工具造斜强度比较表

螺杆钻类型	造斜工具	工具角度	孔径/mm	岩石名称	岩石级别	造斜工作量/m	平均造斜强度/(°/m)
YL-54 型	弯接头	2°	110	亚黏土	2~3	23.55	0.19
	弯接头	1.5°	59	灰岩	4~5	60	0.27
	弯接头	1.5°	59	片岩	5~7	51	0.118
	弯外壳	1.5°	59	灰岩	4~5	30	1.00
	弯外壳	1.5°	59	片岩	5~7	35	0.80
LGZ * -55	造斜靴	弹簧片	59	灰岩	1~5	5	0.60

＊ LGZ-55 是安徽省地矿局探矿处研制的单头液动螺杆钻。

通过实践可初步总结以下几点认识：

（1）在 ϕ59 mm 口径钻孔中造斜，用 1.5°弯接头，在 ϕ91~110 mm 的钻孔中，用 2°的弯接头较为合适。

（2）在相同条件下，弯外壳造斜强度较大，适应范围广，在较硬的岩层中可在较短的进尺内获得效果。

（3）造斜靴位于钻头上部驱动轴的外壳处，造斜时，借助造斜靴弹簧片的张力，可得到不同的造斜强度。用造斜靴，其凸起面半径不得超过钻头半径 0.3~0.5 mm。

（二）造斜钻头的选择

（1）要保证钻头唇部外侧刃及钻头中心孔的质量。

（2）钻头唇部过水断面要大，水眼、水槽分布要合理，以有利于排粉和冷却钻头。

（3）钻头底唇部面积要小，同时采用优质金刚石，尽量减少金刚石的覆盖面积，增强比压，提高效率。

（4）钻头底唇外侧棱的形状以不带弧度为好。否则对孔壁侧向剀取岩石能力差，造斜时易下滑。

（参考文献略）

全方位多分支深孔受控定向钻探施工工艺

顾慕庆，朱永宜，朱恒银，喻荣华

摘要：定向钻探是一门新技术，是提高钻探质量、节约钻探进尺、加快勘探施工速度、降低成本、提供精确而可靠的地质资料、减少对自然环境破坏的很有发展前途的钻探方法。

关键词：全方位；多分支；深孔；定向钻探

All-round Multi-branch Deep Hole Controlled Directional Drilling Construction Technology

Gu Muqing, Zhu Yongyi, Zhu Hengyin, Yu Ronghua

Abstract：Directional drilling is a new technology, is to improve drilling quality, save drilling footage to speed up exploration and construction speed, reduce costs, provide accurate and reliable geological data, so as to reduce the damage to the natural environment of the very promising drilling method.

Keywords：all-round; multi-branch; deep hole; controlled directional drilling

一、概述

近年来，随着国产 YL-54、YL-55D 液动螺杆钻具和 LZ 系列连续造斜器及其配套工具的研制成功，受控定向钻探在国内固体矿产岩芯钻探中开始应用，特别是全方位多分支深孔受控定向钻探在冬瓜山铜矿床试验成功，这在国内还属首次。

本文根据冬瓜山铜矿床受控定向钻探的施工实践，在总结了在一个主干孔为直斜孔，在不同方位打了 5 个分支孔（钻孔立体和平面分布如图 1 和图 2 所示）所取得的成果、经济效益和施工经验的基础上，就如何实现全方位多分支受控定向深孔的施工工艺作一论述。

基金项目：地质矿产部"七五"科技攻关项目"安徽铜陵冬瓜山铜矿床深部矿体勘探定向钻探技术方法研究"。

刊登于：1988 年《全国探矿工程学术会议论文集》。

注：顾慕庆、朱永宜、喻荣华作者工作单位分别为：安徽省地矿局 326 地质队、321 地质队、327 地质队。

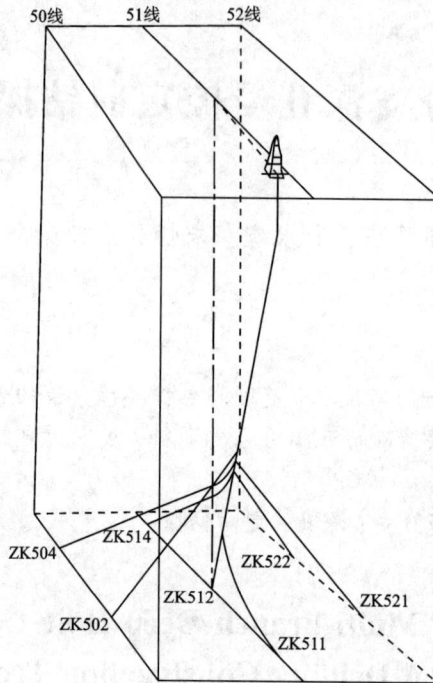

图 1　钻孔立体示意图

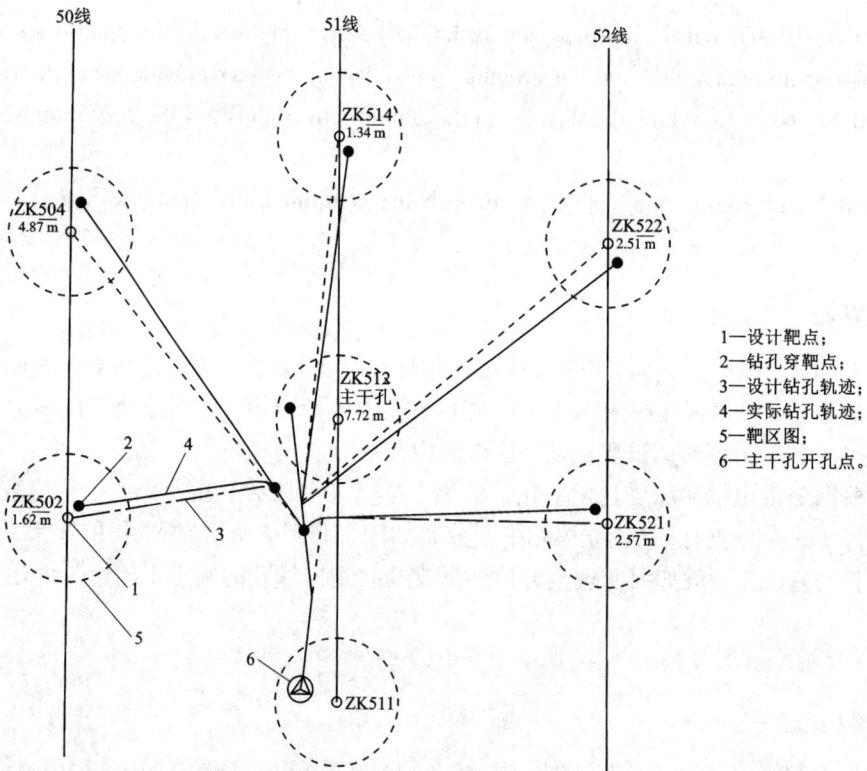

1—设计靶点；
2—钻孔穿靶点；
3—设计钻孔轨迹；
4—实际钻孔轨迹；
5—靶区图；
6—主干孔开孔点。

图 2　钻孔靶区平面图

二、受控定向钻探的配套设备和器具

实现全方位多分支深孔受控定向钻探的关键是提高钻孔的受控深度和程度；提高定向的精度。

目前国内适用于受控定向钻探的主要机具有 YL-54、YL-55D 液动螺杆钻具和 LZ 系列连续造斜器。根据以往施工经验和设备状况，选用 YL-54 和 YL-55D 液动螺杆钻具作为主要造斜机具。

与螺杆钻具配套的造斜件有 30′、45′、1°、1.5° 4 种规格的弯外管和 0°、1.5°、2° 3 种规格的弯接头组件。

螺杆钻具配套水泵为 BW-200 或 BW-320 两种。

定向仪器：直孔定向可用 JTL-50 型、KXT-1(外径 38 mm)型陀螺测斜仪和 KXP-1 型测斜仪，属直接定向仪器。前一类仪器不受磁性干扰，后一类仪器需配用无磁性钻杆。

斜孔定向测量可用 JXK-2 型测斜仪，适用于间接定向法。

造斜金刚石钻头：

冬瓜山定向造斜钻头使用情况如表 1 所示。

表 1 冬瓜山定向造斜钻头使用情况表

制造单位	钻头类型	规格/mm	单价/(元/个)	使用个数/个	累计进尺/m	平均时效/(m/h)	平均寿命/(m/个)	单位成本/(元/m)	岩石名称等级	磨损情况	备注
武汉地院*	电镀	φ59	514.50	1	2.9	0.56	2.9	177.41	7~8 级闪长岩	内径过度磨损、脱层	*现为中国地质大学(武汉)
无锡钻探工具厂	天然表镶	φ59	2200	1	6.5	0.74	/	/	7~8 级闪长岩、角岩	外侧刃金刚石磨平，掉粒	仍能使用
工程所	热压混镶	φ59	803	1	3.66	1.22	3.66	219.40	8 级闪长岩	外圆边刃拉槽	未偏出新孔、在水泥中钻进
成都工艺所	电镀	φ59	450	9	12.28	0.66	1.36	330.88	6~9 级闪长岩、角岩、矽卡岩	内径磨损过度	
安徽省地科所	电镀	φ59	420(内部价)	5	90.21	0.99	18	23.30	6~8 级闪长岩、矽卡岩、角岩	正常	在处理事故时用坏 2 个

由表 1 可以看出，安徽地质局地科所制造的钻头使用效果较好，具有下列特点。

(1)与施工矿区地层的适应性较好。

(2)金刚石品级较高，解决了内孔和外圆刃的补强。

(3)与同类造斜钻头相比，缩短了外径规的高度，有利于造斜分支。

(4)钻头底唇、外侧刃过渡弧半径大小恰当，避免直角或大弧度过渡两种形式的缺点，

增强了侧向钻进效果，磨损小，寿命长。

三、钻孔结构

（一）主干孔结构

主干孔使用周期很长，又是分支孔施工的前提。因此，主干孔的顺利施工，对保证孔内安全，尤其是孔壁的稳定是极其重要的。为了随时调整钻孔轴线轨迹的需要，保证螺杆钻杆能顺利下入孔内正常工作，终孔口径不得小于 59 mm；同时为方便分支造斜，分叉点以上的孔径最好不小于 66 mm。

（二）分支孔的结构

确定分支孔结构时应考虑下列一些因素。
（1）满足螺杆钻及其他造斜工具能顺利下入孔内的最小孔径的要求；
（2）分支孔要有合理的级配，以利于施工。

四、定向造斜工艺

（一）分支孔的分叉点和造斜段

分叉点的位置由设计初步确定，实际位置可在主干孔结束后，根据所穿过的岩性情况而调整。根据冬瓜山施工实践，一般的原则是：
（1）根据造斜钻具的性能及装备的适应能力，选择相应的造斜段的孔深；
（2）在保证安全钻进的前提下，尽可能使分支孔长度最短，造斜工作量最少；
（3）分叉点和造斜段应选择在岩石完整，孔壁稳定的层位，避开复杂地层；
（4）造斜段的岩石级别应选在 5~7 级为宜。

（二）造斜件的选用与造斜强度

冬瓜山试验中主要使用的造斜件有弯接头和弯外管。其使用效果如表 2 所示。

表 2　造斜件使用效果情况表

造斜件名称	弯曲角/(°)	钻头外径/mm	造斜初始孔径/mm	岩石级别	平均造斜强度/(°/m)	备注
弯接头	1.5	ϕ59	ϕ75	7~8	0.15	只用于 YL-54 螺杆钻
	2	ϕ59	ϕ75	7	0.21	
弯外管	0.5	ϕ59	ϕ62	7~8	0.32	
	0.75	ϕ59	ϕ62	8~9	0.55	
	1	ϕ59	ϕ62	6~8	0.75	
	1.5	ϕ59	ϕ62	8	1.02	

使用情况表明：

（1）造斜强度受钻进的岩石级别、孔径大小、弯曲点以下钻具的长度、钻头、轴心压力等因素制约。

（2）在同等条件下，弯外管比弯接头造斜强度大，调节和使用范围广。

（3）在分叉或硬岩层中造斜，可使用较大弯曲角的造斜件，增加造斜强度，以利于分支，减少硬岩造斜工作量。

在钻孔分叉点和靶点既定的条件下，造斜强度的大小决定了造斜段的长短。

冬瓜山定向孔的施工前期采用了较大的造斜强度。主干孔的造斜强度局部达到 0.6～1.1°/m，套管能顺利下入，至今为止，套管也未发生事故。ZK514 分支孔造斜强度局部也已达到 1.4°/m，钻进中钻杆虽有折断，但次数不多，仅有 3 次，而多数不在造斜段内。因此，采用合理的造斜段的设计方法和有效的措施，造斜强度可以适当提高，这对加快造斜速度，降低成本具有现实意义。但这是对分叉和硬岩的局部造斜强度而言，对连续造斜的孔段，造斜强度以 0.6°/m 左右为宜。

冬瓜山造斜主要采用连续造斜方法，只是个别孔段为避开坚硬岩层而间断造斜。实践表明，连续造斜有下列优点：

（1）造斜段可为连续的圆弧曲线；

（2）容易实现造斜工具面向方位不变，即可保证分支孔轨迹在同一平面上弯曲，避免空间曲线时钻杆的扭曲变形；

（3）造斜强度较均匀；

（4）减少修孔次数，缩短造斜周期。

（三）反扭转角的确定及其消除

螺杆钻工作时，存在一个与钻头转动方向相反的扭矩，使钻杆柱发生扭转变形，形成反扭转角。在定向时应给予消除，使螺杆钻工作时，工具面向角符合设计预定的要求。

试验时采用了理论公式计算，结合经验系数修正的方法来确定。其计算公式：

$$\phi = 57.3 \frac{M_t \times L}{G \times J_P}$$

式中：ϕ 为反扭转角理论值（°）；M_t 为螺杆钻反扭矩（N·m）；L 为钻杆柱长度（m）；G 为钻杆剪切弹性模量（N/m²）；J_P 为钻杆截面的极惯性矩（m⁴）。

由上式计算可得钻杆柱在无摩擦力矩理想状态下产生的最大反扭转角。在实际钻进时，因钻杆柱与孔壁受摩擦力矩和钻进参数等因素的影响，实际反扭转角要小于理想计算值，所以需用经验系数进行修正，其表达式为：

$$\phi' = \mu \times \phi$$

式中：ϕ' 为实际反扭转角（°）；μ 为经验修正系数 0.4～0.8。

经验修正系数 μ 的取值大小，应根据钻孔与钻柱环状间隙、钻孔的弯曲强度、造斜件弯曲角的大小、螺杆钻定子与转子配合松紧程度以及钻进参数等因素综合考虑。

试验中所使用的两种螺杆钻具，正常泵量为 125～164 L/min，在 $\phi76$ mm 口径小顶角条件下，μ 取 0.8；在 $\phi62$ mm 孔径、钻孔顶角 ≥5°、造斜强度为 0.4～0.6°/m 条件下，μ 取 0.4～0.6。通过 6 个孔的施工证明，这种方法确定反扭转角的大小，比较切合实际。

（四）安装角的确定

在造斜件的造斜能力确定以后，安装角的大小就是控制钻孔顶角和方位角的决定因素。实际施工中，起始安装角按倾斜平面设计法进行计算求得（详见空间任意平面定向钻孔轨迹设计方法的研究一文），然后根据每回次造斜效果，跟踪设计安装角。

（五）螺杆钻具钻进技术参数和修孔

螺杆钻具的钻进技术参数根据钻具的特性，结合钻进地层的性能和以往的施工经验加以确定。冬瓜山矿床钻进技术参数见表3。

表3　冬瓜山矿床钻进技术参数表

钻进方法	泵量/(L·min⁻¹)	泵压/MPa	钻压/kN	备注
造斜钻进	125~165	4.5~7.0	5.00~12.00	φ59 mm绳索取芯钻杆

在造斜钻进过程中，由于泵量、泵压和岩石可钻性级别的变化，造斜强度也会有所变化，以致造成孔壁局部的不平滑，为保证下一回次造斜的方便，并有足够的孔径，每回次造斜后可用锥形钻头修孔。为使长直钻具顺利下入，在造斜结束后和稳斜钻进前需用同径长直钻具带锥形钻头修孔。

五、定向技术

定向是受控定向钻探的基本工序之一。冬瓜山施工中直接定向使用的仪器为JTL-50、KXT-38陀螺仪和KXP-1测斜仪；间接定向的仪器是JXK-2测斜仪。

JTL-50和KXT-38陀螺仪用于定向时，将井下仪器方位角和顶角电位计所处的框架（即垂直测量框架）与外管固定为一体，利用陀螺马达的定轴性原理来实现定向，它主要解决了直孔段和小顶角的定向问题。实际应用表明，该仪器定向准确，精确度高（工具面向角定向误差为±2°），不受钻孔顶角大小的限制和磁性体的影响，可在一般绳索钻杆内定向，应用范围广；同时也可在造斜回次钻进过程中不提钻随时可测量工具面向角和钻孔方位角，是目前较为理想的定向、测斜两用仪器。

JXK-2型测斜仪作定向仪时，是将井下仪器部分与造斜定位机构相连，利用仪器终点角的测量功能，可测出造斜工具面向相对于钻孔终点平面的夹角，从而达到定向目的。它适用于顶角大于3°的钻孔定向，具有结构简单，操作方便，不需无磁性钻杆，地表可直接读数确定工具面向的特点；且定向迅速、直观、不易出错。经5个钻孔的使用，累计定向40余次，成功率100%，定向精度高，误差不大于±1°，完全能满足顶角≥3°钻孔定向的要求。

定向时，从孔口顺时针旋转钻杆，通过定向仪地表面板的读数，调整工具面向到所需的安装角的位置。在定向作业时还应注意下列几点：

（1）正确组装造斜钻具与定向装置，准确测量定向接头与造斜件、定向仪与斜口管鞋之间母线装合差，以便在定向过程中一并消除。

（2）在定向前要认真校验定向仪的定向精度，检查斜口管鞋与仪器探管连接是否牢固。

(3)为了保证定向仪准确到位，仪器下到定向接头处要反复提放数次，并测量每次到位后的仪器面板读数，如每次读数误差不大于±2°，即确认仪器已键入，此时，方可顺时针扭转钻杆。

六、稳斜钻进

以"满、直、刚"的钻具组合，达到稳斜的目的。

稳斜钻具组合从下至上是：ϕ59 mm绳索取芯(或普通双套)金刚石钻头→扩孔器→ϕ58 mm绳索取芯岩芯管(1 m左右)→扩孔器→ϕ58 mm绳索取芯岩芯管(2.5~3 m)→扩孔器→钻杆柱(ϕ53 mm绳索钻杆或ϕ43 mm普通钻杆)。

采用上述钻具，在长孔段稳斜钻进中取得了较好的效果，使钻孔顶角、方位角平均变化率分别不超过0.1°/100 m和0.9°/100 m，为提高中靶精度创造了条件。

七、实际施工效果

采用上述施工工艺，在冬瓜山施工中取得了良好的效果。

(1)突破了施工全方位多分支受控定向深孔的技术难关，在冬瓜山完成了一组以主干孔为直斜孔，5个不同方位的分支孔，钻孔分布见图2。

(2)完成的一组钻孔节约工作量2415 m左右，比地表钻节约费用25.93万元，节约施工时间38%，即5.98个台月，主干孔台效219 m，分支孔平均台效317 m，综合成本250元/m。

造斜成本和周期不断下降和缩短，主干孔造斜费用720元/m，第一分支孔下降到296元/m，第二分支孔仅182元/m，最后降到每米不超过130元；造斜施工周期从一个月缩短到15天，最后不超过6天。

(3)完工钻孔施工精度较高，各孔的偏距在1.352~7.223 m之间(图2)，钻孔设计轴线和实际轴线均接近。钻孔间构成的网度较为均匀，在(43.63~57.51)m×(45.19~56.34)m间，达到求取B级储量的目的。

(4)5个分支孔，造斜点一般在500 m以下，最大造斜深度655 m，最大造斜顶角14.3°，一个浩斜段最大方位变化量为60°。

(5)二级分支孔(即分支孔中再分支)的工艺技术方法试验成功。

(参考文献略)

关于螺杆钻用金刚石造斜钻头结构性能问题的讨论

朱恒银

摘要：本文简述了配合小直径液动螺杆钻使用的金刚石造斜钻头的工作状态，并对目前几种造斜钻头结构性能进行了分析，总结出螺杆钻造斜钻头的特点及结构设计基本要求。同时，对造斜钻头技术经济效果，提出了综合指标指数的评价方法。

关键词：造斜钻头；综合指标指数

On the Structure and Performance of a Diamond Whipstock Bit Used in PDM Drilling

ZHU Hengyin

Abstract：In this paper, operating conditions of a diamond whipstock bit for using in small diameter hydraulic driven positive displacement mud drill are briefly described and an analysis of the structure and performance of some whipstock bits in current use is also given. Features and basic requirements for their structural design of such bits are summed up. The author puts forward a method of comprehensive index to evaluate the technical and economical effectiveness of a diamond whipstock bit.

Keywords：whipstock bit；comprehensive index

与液动螺杆钻及造斜件配合使用的金刚石造斜钻头（以下简称造斜钻头），是定向钻进技术的组成部分之一。钻头的结构性能好坏，直接影响造斜效果及钻进效率。所以，对造斜钻头的研究是十分必要的。

一、造斜钻头工作状态与特点

螺杆钻配合造斜件（弯外壳或弯接头）造斜时，钻头作用原理如图 1 所示。

当钻具下入钻孔后，因受孔壁限制，造斜件的弯曲点与孔壁接触，钻具在钻压 P 的作用下，使钻头处产生两个分力：一是钻头轴线方向的力 P_z；一是钻头侧向力 P_t。在其作用下钻

基金项目：地质矿产部"七五"科技攻关项目"安徽省冬瓜山铜矿床深部矿体勘探定向钻探技术方法研究"。

刊登于：《地质与勘探》1990 年第 26 卷第 3 期，获中国地质学会探矿工程专业委员会优秀论文奖。

头一方面沿自己的中心线方向钻进,另一方面同时又沿垂直钻头中心线方向侧向钻进,其结果使钻孔轨迹偏离钻具原轴向,达到定向造斜之目的。

造斜钻进时,造斜强度的大小主要与钻头侧向力 P_t 有关,P_t 越大,造斜强度越大,反之则小。而 P_t 的大小则与轴压、造斜件弯曲角成正比;与造斜件以下钻具长度成反比。同时,还受钻孔顶角、环状间隙、弯曲点以下钻具的重量,以及造斜钻具的刚性等因素影响。若假定 P_t 为一定值时,其造斜效果主要取决于造斜钻头的性能。

但是,一定形式的钻头,又要求有一定的钻进工艺与之相适应。由于螺杆钻具的马达属于容积式的孔底液压马达,它把从地面水泵输送的高压液体,转化成带动钻头转动的机械能,来剥取岩石。因此,螺杆钻工作时,常要求冲洗液排量大、泵压高,致使钻头唇部流速增大,同时,钻具振动厉害(有纵向振动,又有横向振动),并兼有一定频率脉冲流态。众所周知,液体流速增大、脉冲大,对携带岩粉、冷却钻头的能力增强,能减少岩粉黏附和重复破碎。可是,对钻头有冲蚀作用。此外,螺杆钻的纵向振动产生冲击负载,有利于碎岩,提高机械钻速。横向振动产生摆动力,易造成钻头失稳,引起钻头异常损坏。

综上所述,用螺杆钻具定向钻进所用造斜钻头,不仅要具备普通造斜钻头的特点,而且要满足螺杆钻工作的特殊要求。

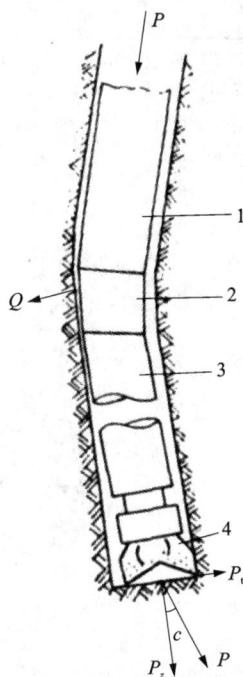

1—钻杆;2—造斜件;3—螺杆钻;
4—造斜钻头;5—弯外壳对孔壁侧向力。

图1 螺杆钻造斜时钻头作用原理示意图

二、造斜钻头结构性能

1) 钻头类型选择

钻头类型主要是依据所钻岩石的硬度、可钻性级别和螺杆钻性能来选择,方法如下:

(1)在 4~6 级岩层中造斜宜选用表镶钻头或混镶钻头;在 7~8 级岩层中则选用人造孕镶热压钻头和电镶钻头。

(2)采用单头螺杆钻具钻进时,尽量选用孕镶钻头。使用多头螺杆钻钻进时,尽可能选用表镶钻头和混镶钻头。

2) 唇部形式

为了适应定向钻进特点要求,一般设计造斜钻头为不取芯全面钻头,常见唇部形状如图2所示。主要有凹面状(内锥角为 $140°\sim160°$),平面状及外边刃带圆弧形($R = 3\sim8$ mm)和无圆弧形。其使用对比情况见表1。

表1 不同形状造斜钻头使用情况对比表

钻头规格与类型	底唇形状	外边刃形状	钻头数量/个	岩石级别	平均寿命/m	平均时效/(m·h^{-1})	弯外壳角度/(°)	平均造斜强度/(°/m)
ϕ59 电镀	凹面	圆弧形，$R=3$ mm	2	6~7	12.8	0.54	1.5	0.85
ϕ59 电镀	平底	直角	3	6~7	4.65	0.48	1.5	1.00
ϕ59 热压*	凹面	圆弧形，$R=8$ mm	1	6~7	4.13	0.75	1.5	0.60

*ϕ59 热压钻头进尺 4.13 m，磨损甚微，仍可继续使用。

1—唇面呈凹面形，边刃圆弧 $R=3$ mm；2—唇面呈平面状，外边刃无圆弧；
3—唇面呈凹面状，外边刃圆弧 $R=8$ mm。

图2 不同唇部形状的造斜钻头

通过实际使用表明，唇面呈凹面状优于平面状，外边刃带有一定弧度较好。分析其原因主要是：

（1）凹面状增强了钻头底唇部的自由剥取面，充分发挥碎岩作用及提高偏斜钻进效果。但凹面锥形要浅，锥角应选择在 140°~160° 之间，硬岩锥角可选小些，软岩锥角可选大些。

（2）钻头外边刃无圆弧过渡，钻头外边刃侧向接触孔壁的面积较小，侧向比压大，可提高造斜强度，但钻头边刃工作负载重，磨损较快；钻头外边刃带有圆弧的，外边刃面积相应增大，可增加边刃的金刚石投入量，减轻边刃切削负担，钻头寿命增长，但侧向偏斜能力减弱。为了两者兼顾，笔者认为，钻头外边刃弧度选择在 $R=3~5$ mm 为宜。

3）水路设计要求

根据螺杆钻工作特点，钻头水路设计基本要求：底唇部过水断面要大，水眼、水槽分布要均匀合理。钻头外壁应适当增加胎体外径和钢体外径之差，以便加大外径部分水槽的深度。

目前，配合 YL-55D 型和 YL-54 型两种小径螺杆钻使用的 ϕ59 mm 造斜钻头唇部水路设计主要形式见图3。

经计算，钻头唇部总过水面积为 3.84 cm^2，以实际工作流量 2160 cm^3/s（130 L/min）算，即流过钻头的速度为 5.64 m/s。钻头压力降为 0.0162 MPa，唇部金刚石覆盖面积仅为钻头投影面积的 50% 左右。

通过使用认为：①该水路设计使钻头唇面与岩石的接触面积减小，满足低钻压下钻进的要求；②冲洗液流过唇面水眼、水槽阻力小，流速低，相应地减小了对胎体的冲蚀性磨损；

③钻头压力降低，减小了孔底背压，改善了螺杆钻在孔底的工作状态，有利于发挥有效功率。

4) 外径规保径与长度

外径规金刚石不仅起保径作用，而且具有剥取孔壁岩石的作用。因而，外径规必须要用聚晶及优质金刚石保强。

现使用的钻头外径规长度大多设计为 15～20 mm。经 3 种类型(表镶、热压孕镶、电镀)12 个钻头使用后，对外径规的磨损进行分析，显示均在钻头底唇 7～10 mm 长度磨损较快，这个范围以外磨损很小。所以，钻头外径规设计不必过长，一般在 7～10 mm 即可。这样既可满足保径、

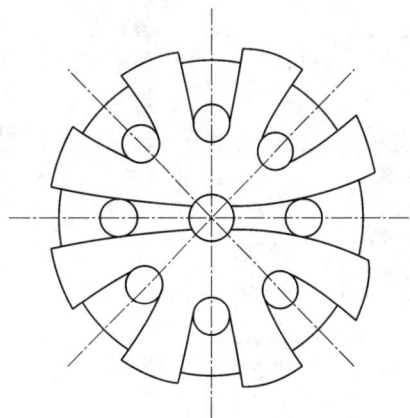

图 3 ϕ59 mm 造斜钻头底唇水路设计示意图

侧钻需要，亦能节约金刚石，同时外径规矩，钻头导正性差，对造斜有利。

5) 中心"死点"的处理

造斜钻头均设计为不取芯全面钻头。因钻进时，钻头中心部分线速度为零，称为中心"死点"。尤其在硬岩中钻进时，极易造成钻头中心部分金刚石和胎体损坏。因此，造斜钻头的设计必须考虑避开这个"死点"。目前，避开"死点"所采用的方法有两种(图 4)。

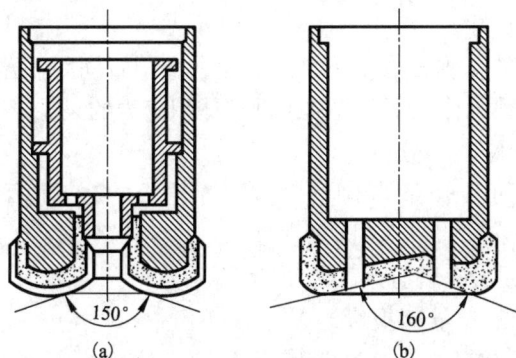

图 4 造斜钻头底唇避开中心"死点"形式

图 4(a)钻头中心部分留有小孔，钻进中可形成细小岩芯，回避"死点"。但中心孔设计要合适。太大，形成的岩芯过粗，钻进中难以折断，对钻头起导正作用，妨碍钻头侧向切削岩石，影响造斜效果；太小，起不到保护钻头作用。实际使用表明，中心孔直径以 8～10 mm 为宜。中心孔形状尽量不要采用同径圆柱孔，最好设计外小内大的圆锥孔，并有保径措施，便于小岩芯顺利进入。此外，钻头内要设有岩芯篮，钻进时，将小岩芯收集其中，以免小岩芯堵塞钻头水眼。

图 4(b)底唇呈凹面形，锥角的顶点偏离钻头中心轴线，既可避开"死点"，又不取岩芯。凹面锥角顶点偏离钻头中心轴线距离一般在 10～15 mm 之间。钻头的中心轴线处和锥角顶点，仍要用优质金刚石补强。

上述两种形式避开钻头中心"死点"的方法，在安徽李楼矿区试用，证明是可行的。但在中硬岩层中钻进，各项技术指标前者略高于后者，对比情况见表 2。

表2 避开中心"死点"两种形式钻头使用效果对比

钻头类型	试用钻头数/个	总进尺/m	平均寿命/m	平均时效/(m·h⁻¹)	岩石可钻性级别	中心"死点"的处理	弯接头角度/(°)	平均造斜强度/(°/m)	钻头磨损情况
表镶（工程所）	2	77.49	38.75	0.67	6~7	取ϕ7 mm小岩芯	1.5	0.23	边刃金刚石磨钝
表镶（美国长年）	1	22.33	22.33	0.57	6~7	不取芯	1.5	0.21	边刃及中心金刚石均磨钝

注：表中均为天然表镶 ϕ59 金刚石造斜钻头。

6）金刚石参数的选择

螺杆钻用造斜钻头对金刚石参数的选择应着重考虑以下几点：

（1）钻头唇部外边刃和中心"死点"处，工作条件恶劣，应选用品级高的金刚石，其他部位可稍次。

（2）小径螺杆钻，扭矩小，轴压低，所以钻头应尽量减少金刚石的覆盖面积，ϕ59 mm 钻头底唇金刚石覆盖面积应不大于钻头投影面积的 50%。

（3）螺杆钻工作时，振动较大，金刚石粒度的选择不宜过大，初步认为，孕镶为 60~80 目，表镶 40~50 粒/克拉较好。

（4）为使钻头唇面上的金刚石数量不至于太多，金刚石间距不至于太小，金刚石浓度最好在 60%~80%，这样在动载作用下，有利于创造体积碎岩的条件。

7）唇部磨耗状况与金刚石的分布

因造斜钻头唇部各部位工作条件不同，所以，金刚石的磨耗也不一致。现常用的造斜钻头，整个唇部金刚石的分布均以三等（即等强度、等浓度、等粒度）方式排列，往往引起钻头磨耗失调，形成"边刃不足、底唇有余"或"底唇不足、边刃有余"的状况，导致钻头早期报废。据李楼矿区15 个报废的造斜钻头统计，只有 3 个钻头属正常比例磨损，8 个钻头因外边刃磨损较快，而失去造斜能力，4 个钻头因中心小孔底成外喇叭状，岩芯顶死而无法进尺。这些早衰钻头中，寿命长的能进尺 5 m，短则 1 m。可见，加强对造斜钻头保径措施和唇部金刚石分布方式的研究，是改善钻头性能的重要环节。

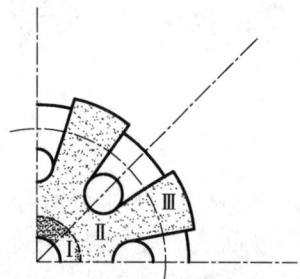

图5 造斜钻头底唇磨耗区域示意图

由 12 个早衰钻头分析认为：造斜钻头唇部磨损状况可大致分为 3 个区域（图5）。

这 3 个区域面积比为 $S_I : S_{II} : S_{III} = 1 : 5 : 3$，Ⅰ、Ⅲ区域分别为线速度为零的"死点区"和"侧钻负荷区"，金刚石磨耗较快。Ⅱ区域为"过渡区"，金刚石磨耗较慢。所以Ⅰ、Ⅲ区域应选择品级较高的金刚石，孕镶钻头可提高金刚石的浓度和粒度，Ⅱ区域可降低金刚石的品级及浓度。亦可减少孕镶层的高度。这样可使整个钻头各个区域金刚石都能得到充分利用，并保持相应的磨耗比，避免钻头早衰现象，提高钻头的技术经济效益。

三、造斜钻头技术经济效果

定向钻探所用的造斜钻头，在钻进过程中，有加深钻孔和造斜双重作用，而造斜又是钻进的主要目的，因而，评价造斜钻头的技术经济效果不同于普通钻进用的钻头。据有关资料介绍，应以造斜钻头造斜总弯曲角度数和每造斜1°钻头成本这两项指标来衡量。笔者认为，这种提法值得商榷。

众所周知，造斜钻头的寿命、机械钻速、钻头每米成本这3项指标是受造斜强度影响的，但钻头造斜的总弯曲角度数和造斜1°钻头成本，只能表明钻头的侧向钻进效果，而无法反映钻头综合经济效果。

所以，对造斜钻头的经济效果评价，不仅要以钻头造斜总弯曲角度数、钻头造斜1°成本两项指标作衡量标准，同时还应考虑钻头寿命、时效、钻头每米成本。为了便于分析，对比造斜钻头技术经济效果，现提出以下综合指标表达式：

$$n = \frac{R \cdot h \cdot v}{m}$$

式中：n为造斜钻头综合技术经济效果指数；R为钻头每米造斜强度；h为钻头寿命；v为机械钻速；m为造斜每米钻头成本。

利用上述公式评价造斜钻头，在同一岩层和造斜钻具条件下，n值越大，钻头性能越好。举例见表3。

表3　造斜钻头技术经济效果综合指标评价

序号	钻头价格 /元	造斜强度 /(°/m)	钻头寿命 /m	全弯曲角 /(°)	机械钻速 /(m·h⁻¹)	综合指数
1	300	0.3	15	4.5	1.8	0.405
2	300	0.5	10	5	1.2	0.200
3	350	0.2	25	5	2	0.714
4	450	0.8	10	8	0.6	0.106

四、小结

(1)小直径螺杆钻工作时，扭矩小，承载低，冲洗液排量大，泵压高，振动、脉冲厉害，要求造斜钻头具有耐冲蚀、抗振动性能。同时，要求减小唇部金刚石的覆盖面积，增强比压。

(2)造斜钻头外径规要短，底唇呈凹面锥形，锥角为140°～160°，唇部外边刃圆弧半径为3～5 mm较好。

(3)根据造斜钻头唇部工作条件不同，可分三个磨耗区域，应加强对"侧钻负载区"和中心"死点区"的金刚石补强，使各区域保持一定的磨耗比，避免钻头出现早衰。

(4)造斜钻头应根据螺杆钻性能、岩石可钻性级别合理地选择。在使用上要选择适当的造斜强度，使钻头获得最佳的磨耗状态。在钻头设计上要力求广谱性。

(5)造斜钻头技术经济效果评价，在同等条件下，应以包含造斜强度、钻头寿命、时效、钻头造斜总弯曲角等几项指标的综合技术经济效果指数，来衡量较为合理。

(参考文献略)

龙门山铜矿区施工多向分支定向孔的效果与方法

摘要：1989 年我队在龙门山铜矿区承包了一组高精度多向分支定向孔，历时 10 个月，在主孔中向不同方向施工了 4 个分支孔，累计完成工作量 2345 m，取得良好的地质、经济及技术效果，现将施工效果与方法介绍如下。

关键词：龙门山；铜矿区；多向分支定向孔

Effect and Method of Multi-directional Branch Hole Construction in Longmenshan Copper Mine Area

ZHU Hengyin

Abstract：In 1989, our team contracted a group of high-precision multi-directional branch directional holes in Longmenshan Copper mining area. It lasted for 10 months. Four branch holes were constructed in different directions in the main hole, and the accumulative work amount was 2345 m, which achieved good geological, economic and technical effects.

Keywords：Longmen mountain; copper mining area; multiple branching directional holes

一、工程概况与施工效果

(一)工程概况

龙门山铜矿床的勘探按协议要求，设计了钻孔 15 个，工作量 10770 m，施工周期 1 年。该矿床规模较小，矿体形态和结构比较复杂，厚度变化大，埋藏深（平均见矿孔深 680 m）。据以往施工的钻孔统计，顶角递增 1°～1.5°/100 m，方位角有一定的规律性，趋于 140°～170°，较稳定，勘探网度 50 m×50 m，平均孔深 715 m。矿区地层发育，部分层位较破碎，漏失严重，主要岩层为角岩、角砾岩、闪长岩、矽卡岩、铜矿层等，平均可钻性 7～8 级。

刊登于：《探矿工程》1990 年第 17 卷第 3 期。获安徽省青工"五小（小发明、小创造、小革新、小建议、小论文）"成果三等奖。

基于上述信息，如采用直孔或初级定向孔施工，见矿精度和施工周期难以保证。经分析论证，决定设计受控定向孔，由我队和 326 地质队各开 1 台钻机联合施工。除 2 个大口径水文孔外，将余下 13 个孔分为两组。我队施工的一组设计在 1 个主孔中打 5 个分支孔(图 1)，计划工作量 2710 m。

工程质量要求：偏斜范围不超出以地质设计见矿靶点为中心，半径为 12.5 m 的靶区。其余质量指标仍按岩芯钻探规程执行。终孔口径不得小于 56 mm。

(二)施工效果

我们采用以螺杆钻具为主的定向钻探配套技术，经 10 个月的努力，比原计划提前一个月完成了 1 个主孔和 4 个不同方向的分支孔(因矿体变化，比设计减少 1 个分支孔)，获得了令人满意的效果。

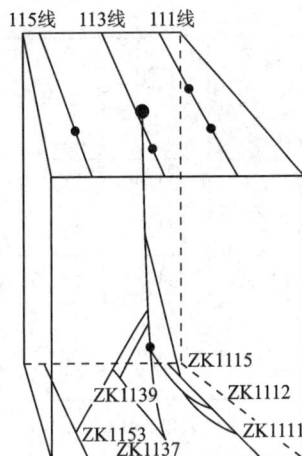

图 1　设计轴线立体示意图

1)钻孔质量高

5 个钻孔，平均孔深 752.54 m，最大孔深 784.35 m，平均见矿靶点孔深 691.6 m，中靶精度高(表 1)，钻孔轴线距设计靶心合成偏距最小，仅 1.18 m，最大为 4.37 m，平均 2.72 m。经甲方验收，各项质量指标全部达到地质和合同要求，均被评为一类孔。

表 1　各孔实际中靶精度

孔号	孔深 /m	分支点 孔深/m	靶点垂深 /m	靶点顶角 /(°)	靶点方位 角/(°)	距靶心合成 偏距/m
ZK1137(主)	733.98		669	6.5	152	1.18
ZK1111(支)	723.90	420	672	18.5	103	4.32
ZK1112(支)	784.35	370.82	700	12.7	74	1.24
ZK1115(支)	769.60	341.21	720	13.7	35	2.49
ZK1139(支)	750.88	285.29	697	7.1	335	4.37

2)经济效益好

累计完成工作量 2345.39 m，比常规设计减少工作量 1417.23 m，节约费用 20.54 万元，少开动 2.5 个台月。该工程为我队创纯利润 19.24 万元。

3)各项技术指标完成情况较好

5 个钻孔平均台效为 417 m，最高达 1054 m。主孔施工周期 91 天，分支孔最长 83 天，最短 27 天，详见表 2。

表 2 各项技术经济指标完成情况

孔号	孔深 /m	完成工作量 /m	台效/m		台年进尺 /[m/(台·a)]		时间利用率/%				
技术指标			实际	折合	实际	折合	纯钻	辅助	孔内	设备	其他
ZK1137（主）	733.98	733.98	265		2929		39	46	10	2	3
ZK1111（支）	723.90	303.90	258	355	1330	1572	34	60	5	1	
ZK1112（支）	784.35	413.53	586	817	3544	4125	38	52	9	1	
ZK1115（支）	769.60	428.39	1054	1507	4659	5411	38	59	2	1	
ZKI139（支）	750.88	465.59	835	1155	6227	7072	42	55	1	2	

注，工程承包综合平均单位成本为：221 元/m（其中支孔 238 元/m，主孔 145 元/m）。

二、施工技术与方法

（一）钻孔剖面、结构及钻进方法

主孔开孔为垂直孔，0～6.68 m 孔径为 110 mm，下入 ϕ108 mm 单层套管。换 ϕ59 mm 金刚石钻进至 364 m，并扩孔至 ϕ62 mm。采用螺杆钻造斜至 390 m，以 ϕ59 mm 金刚石钻进至终孔。

分支孔，造斜钻进口径为 59 mm，并将造斜段修孔扩径到 62 mm，稳斜段采用 ϕ59 mm 金刚石钻进至终孔。

（二）造斜工艺

（1）施工顺序：为了解矿区的地层，以利于选择分支点与造斜段，先施工主孔，然后架桥，建造人工孔底，再施工分支孔。

（2）人工孔底的建造：主要用高强度水泥建造。方法是，在设计分支点以下 10～15 m 处架桥，选用 525# 优质水泥配成水泥浆，加入适量的速凝早强剂（配比是：水泥：食盐：三乙醇胺＝100：0.5：0.05），采用孔口导管灌注，液压平衡法替浆。24 h 后，透孔至分支点以上 2～3 m，停待 48 h，扫孔至分支点，取水泥心样，然后分支造斜。

（3）分支点、造斜段及造斜强度：本组钻孔实际情况见表 3。

表 3 分支点、造斜段选择情况

孔号	分支点孔深/m	分支点要素			靶点参数			造斜段			岩石级别	备注
		垂深 /m	方位 /(°)	顶角 /(°)	X /m	Y /m	Z/m	长度 /m	造斜进尺 /m	全弯曲角 /γ°		
ZK1137（主）	723.90	420	103	2.5	−25.39	13.93	669	26	12.15	6.00	7～8	造斜段：364～390 m
ZK1111（支）	420	419.98	140	5	−21.80	70.20	672	45.67	27.53	13.28	7～8	

续表3

孔号	分支点孔深/m	分支点要素			靶点参数			造斜段			岩石级别	备注
		垂深/m	方位/(°)	顶角/(°)	X/m	Y/m	Z/m	长度/m	造斜进尺/m	全弯曲角/γ°		
ZK1112（支）	370.82	370.70	122		13.90	53.00	700	44.61	12.28	8.10	7	
ZK1115（支）	341.21	341	216	1	59.40	31.40	720	59.51	22.03	12.80	7	
ZK1139（支）	285.29	285	230	0.7	37.40	-17.20	697	39.42	12.50	8.00	7	

造斜强度的选择：连续造斜时强度 0.4°~0.5°/m，交替造斜、局部造斜时强度可达 0.8°~1.2°/m，造斜段的平均弯曲强度控制在 0.5°/m 以内。

(4)定向方法：钻孔顶角小于3°时，用我队改装的 KXP-1 型测斜仪直接定向；大于3°时，使用 JXK-2 型测斜仪和我队研制的 JSD-36 型随钻定向监测仪间接定向。5 个钻孔直接定向 11 次，间接定向 55 次，随钻定向监测 7 次，成功率为 100%。

由我队研制的 JSD-36 型随钻监测仪，在 ZK1112、ZK1115、ZK1139 三个分支孔中，静态定向 30 回次，随钻定向监测 7 回次，累计随钻时间 24 h 零 8 min，未发生任何故障，最长连续随钻时间为 7 h。JSD-36 型随钻监测仪可测得螺杆钻工作时的反扭转角。同时，还可监控造斜过程中，钻杆柱回扣和螺杆钻工作状态。仪器外径为 36 mm，全长 950 mm，定向到位率 100%。具有结构简单、操作维修方便、定向灵敏可靠、可连续信号取样、数码显示读数、抗震性好、讯号稳定、密封性强等特点，适用于野外工作环境。

(5)分支、造斜主要工序：修整、清理孔壁→磨平孔底→复核孔深→确定造斜参数→组合造斜钻具→下入造斜钻具→定向→分支或造斜钻进→锥形钻头修孔→测斜→确定下回次钻进方法及造斜参数。

(6)造斜钻进方法：在硬岩中为了缩短造斜时间，提高造斜效果，选用交替钻进(方式即用高造斜强度的造斜机具造斜 2 m 左右，再用常规钻进一回次交替进行)，在软岩中采用连续造斜钻进方式，同时采用螺杆钻与连续造斜器配合使用，即在小顶角情况下，用螺杆钻集中纠方位，方位合适以后，用连续造斜器提顶角。

(三)稳斜钻进

稳斜钻进是造斜钻进后，保证钻孔中靶精度、减少造斜次数、安全生产、提高效率、降低成本的重要环节。稳斜钻进应主要注意以下几点：

(1)造斜钻进转入稳斜钻进，必须用锥形钻头或狼牙棒钻头全面修孔。初始钻进适当降低钻压和转速。

(2)选用"满、刚、直"钻具。

(3)做好钻孔轨迹延伸监控工作。

(4)提高孔壁的润滑性，在冲洗液中加入减阻剂。稳斜钻进，钻孔润滑条件不可忽视。

定向钻孔造斜后的钻孔轨迹多为曲线形，使钻杆柱弯曲变形，与孔壁的摩擦力矩增大，钻杆易折断。因此，提高钻孔的润滑、减阻性十分重要。施工过程中，在同一钻进参数条件下，钻孔的润滑条件不同，其钻进效果与断钻杆的频率不同，见表4。

表4 不同润滑剂使用效果统计

孔号	进尺数/m	润滑剂类型	断钻杆次数/次	断钻杆频率/(次·100 m⁻¹)	备注
ZK1137（主）	733.98	润滑膏	118	16.1	
ZK1111（支）	303.90	润滑膏	48	16	
ZK1112（支）	413.53	YZ-84	6	1.5	均为 φ50 mm 内扣外平钻杆
ZK1115（支）	428.39	YY-84	6	1.4	
ZK1139（支）	465.59	癸脂酸钠	11	2.3	

从上表分析，润滑膏相对清水来说具有一定的减阻和润滑作用，但润滑膏主要原料为沥青，润滑效果差。通过对比看出，使用润滑膏断钻杆频率为 YZ-84 润滑减阻剂的 10.7 倍，为癸酯酸钠的 7 倍。由此可见，选用优质减阻剂、改善钻孔的润滑条件是减少稳斜钻进断钻杆的关键之一。

三、几点体会

加强组织与技术管理是搞好多向分支定向孔施工的重要保证，我们的体会如下。

（1）受控定向孔的施工，技术内容多，涉及面广，没有较好的组织管理形式，将会影响施工进度和工程质量。

（2）认真把好钻孔设计关。

（3）严格按设计组织施工。

（4）施工过程中做好跟踪监控，必须做到"三及时"（及时测斜、及时推算预测、及时调整处理），以确保钻孔施工质量。

（5）搞好钻孔施工准备与总结工作。

（参考文献略）

JSD-36 型随钻定向仪及应用效果

朱恒银　尚元玲　周锐斌

摘要：JSD-36 型随钻定向仪是利用偏重原理制造的有缆式定向仪，不受磁性干扰。井下仪器直径 36 mm，长度 1 m，工具面向角测量范围 0~358°，测量误差：顶角 3°~5°时，误差≤±7°，顶角大于 5°时，误差<±5°。

关键词：JSD-36 型随钻定向仪；研制；应用效果

JSD-36 Directional Instrument while Drilling and Its Application Effect

Zhu Hengyin, Shang Yuanling, Zhou Ruibin

Abstract：JSD36 directional instrument while drilling is a cable type directional instrument manufactured by the principle of bias. It is not affected by magnetic interference. Downhole with a diameter of 36 mm and a length of 1 m, the tool angle measurement range is 0~358°, and the measurement error is less than ±7° when the angle is 3°~5°, and less than ±5° when the angle is greater than 5°.

Keywords：JSD-36 directional while drilling instrument; the development; application effect

为了进一步完善和发展受控定向钻探技术，我队于 1988 年研制了一种适应野外工作条件的 JSD-36 型随钻定向仪，经安徽省计量研究所全性能测试，各项技术指标均达到或优于设计任务书要求，并在安庆龙门山矿区一组多分支定向孔中，进行生产试验获得成功。实现了造斜钻进过程中的随钻跟踪监测，取得了良好的效果。1990 年 6 月通过了省级鉴定。

一、仪器工作原理与基本结构

（一）工作原理

JSD-36 型随钻定向仪，是利用偏重原理测量造斜器具的面向角（以钻孔高邦为始点，转

基金项目：安徽省地质矿产局科技项目"JSD-36 型随钻定向仪的研制"。

刊登于：《探矿工程》1992 年第 19 卷第 3 期。评为安徽省地质学会优秀论文。

换成电信号,通过电缆传输至地面),经 A/D 转换,由显示器显示出工具面向角读数。其工作原理如图 1 所示。

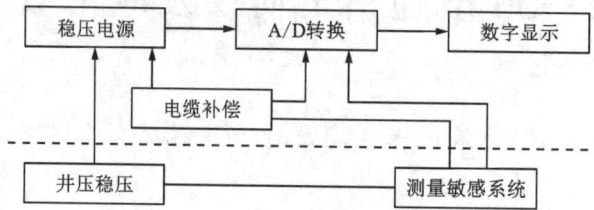

图 1　仪器工作原理方框示意图

（二）基本结构

仪器主要由井下探管和地面控制箱两部分组成,如图 2 所示,信号传导为三芯电缆。

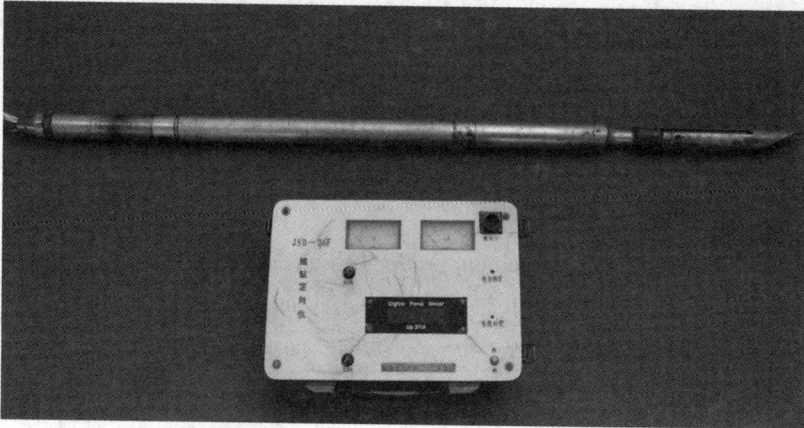

图 2　JSD-36 随钻定向仪实物图

井下探管由电缆密封接头、稳压装置及测量敏感系统、外壳、下密封接头及防震装置、定向斜口管鞋等组成。

地面控制箱:由稳压系统、信号处理、电缆补偿、A/D 转换及数字显示器等组成。

井下探管采用了多种防震装置,使仪器有较好的抗震性。另外敏感系统还设置了浮力装置,以减小在重力作用下,传感器转动时的摩擦力矩,以提高仪器的灵敏度。

地面控制箱的线路采用了集成电路,设置了信号处理系统,有效地解决了信号衰减和信号稳定问题。

二、主要技术指标与适用范围

（一）主要技术指标

有缆式(三芯)信号传递方式,井下探管外径 36 mm;长度 1.00 m;井下探管重 4 kg,地面控制箱 4.8 kg；工具面向角测量范围为 0~358°；测量误差：顶角 3°~5° 时≤±7°，顶角大于 5° 时小于±5°；数码显示精度有两档即 0.1°和 1°；仪器工作环境温度 0~50℃；井下探管密封性能：耐压 15 MPa；井下探管抗震性能：横向震动为 300 m/s²，纵向震动为 90 m/s²；地面控制箱抗震性能为 30 m/s²；外接电源：交流 220V±10%，50 Hz；消耗功率 3 W。

（二）适用范围

（1）不受磁性干扰，任何矿区均可使用；

（2）钻孔顶角≥3°时，各类造斜器具的静态定向监测，以及对孔底液动螺杆钻工作过程中的随钻监测；

（3）水平孔的定向监测。

三、生产试验效果

（一）试验条件

BW-200 型变量泵，YL-54 型液动螺杆钻具，造斜钻具组合方式：（从上至下）通缆式水龙头→φ53 mm 绳索取芯钻杆→定向接头→YL-54 螺杆钻→弯外壳→φ59 mm 金刚石造斜钻头，试验孔深为 300.84~421.88 m，孔径为 59 ~62 mm；钻进 7~8 级岩石。

（二）试验效果

JSD-36 型随钻定向仪，于 1989 年 7 月—10 月在安庆龙门山铜矿床施工的一组多分支定向孔中进行了生产试验，当螺杆钻具为静态时，定向 30 回次，随钻定向监测 7 回次，累计造斜进尺 46.81 m，其中随钻进尺 7.19 m。完成了不同方向的三个分支孔的定向造斜任务，定向成功率 100%。所施工的钻孔实际轨迹与设计轨迹基本一致，中靶精度较高，均被评为优质孔。试验情况见表 1。

表 1 试验施工情况

孔号	孔深 /m	分支孔 孔深/m	靶点垂 深/m	靶点顶角 /(°)	靶点方位 /(°)	造斜进尺 /m	全弯曲角 /(°)	距靶心合成 偏距/m
ZK1112	784.35	370.82	700	12.80	71	12.28	8.1	1.20
ZK1115	769.60	341.21	720	13.80	81	22.03	12.8	2.48
ZK1139	750.88	285.29	697	7.06	337	12.50	8.0	4.37

通过生产试验表明

（1）仪器静态定向，入键方便。因井下探管短，可适应于高造斜强度的钻孔定向。在 3 个分支孔定向造斜中，最大钻孔顶角为 10.5°，最大造斜强度为 1.2°/m，仪器仍能顺利入键。

（2）定向可靠。钻孔顶角在 3°~5° 情况下，仪器入键重复读数误差为±4°（包括键与键槽间隙所造成的误差），钻孔顶角大于 5° 后，仪器入键重复读数误差为±2°。

（3）操作方便。在定向时，只需从孔口扭转钻杆，仪器随时采样，地面控制箱立即显示读数，定出工具面向角。

（4）随钻监测信号稳定。在 ZK1115 和 ZK1139 两个分支孔中，随钻 7 回次，随钻孔深分别在 421~421.88 m 和 300.84~313.36 m 孔段，累计随钻监测时间 24 h 零 8 min，最长回次随钻时间 7 h，累计进尺 7.19 m。随钻过程中，面板数码读数动态变化幅度为±2°，且数码跳动频率很低。

（5）可直接读出螺杆钻启动时的反扭转角。实践表明，螺杆钻工作时，反扭转角的大小，受多种因素影响。但并非线性变化，其变化有一定规律。

（6）仪器密封、抗震性能好。在上述随钻监测时最大瞬时泵压达 10~12 MPa，均未发现任何元件损伤和探管漏水现象。

（7）结构紧凑，重量轻，携带方便。

（8）井下探管外径及过水断面，能满足在 ϕ53 mm 绳索取芯钻杆内随钻的要求。

（参考文献略）

多功能定向钻探软件系统设计与开发

吴翔　陆洪智　朱恒银　陈卫明　贺冰新

摘要：计算机软件辅助设计钻孔轨迹及其跟踪定位与监控是现代定向钻探工程和深部资源勘探发展的需要，针对地质勘探钻探工程特点和技术要求，多功能定向钻探软件开发以钻孔轨迹设计与分析监控为主，兼顾地质钻探工程技术成果生成。软件系统功能包括钻孔弯曲规律分析、钻孔轨迹坐标定位计算、初级定向钻孔设计、受控定向钻孔轨迹设计、三维空间钻孔轨迹动态演示和钻孔地质设计书生成、钻孔地质柱状图生成、钻探工程技术综合图生成。软件系统经实例验证并应用于工程实践。

关键词：定向钻探；计算机软件；轨迹设计与定位；钻孔地质柱状图

Design and Development of a Multifunction Software System for Directional Drilling in Geological Exploration

WU Xiang, LU Hongzhi, ZHU Hengyin, CHEN Weiming, HE Bingxin

Abstract：Computer aided design of borehole trajectories with tracking location and control is indispensable for modern directional drilling and deep-resources exploration. Aiming at the characteristics of geological exploration and the requests of drilling technology, the development of the multifunction software focuses on the trajectory design and supervisory control of the directional drilling, while the representation of the geology advancement and drilling technology has been taken in to consideration. Functions of the software system include regularity analysis of borehole curving, coordinate calculation of borehole trajectory, path design of directional drilling on the natural curving and controlled curving, 3D dynamic demonstration of borehole trajectory, and the automatic drawing of borehole geological design and geology histogram, and the comprehensive chart generation of drilling technology. The software system has been tested and verified nicely in practical engineering.

Keywords：directional drilling：computer software；trajectory design and location；geology histogram

基金项目：安徽省科技重点攻关项目"深部矿体勘探钻探技术方法及设备研究(编号：09010301015)"。

刊登于：《地质科技情报》2014 年第 33 卷第 3 期。

定向钻探工程的实施除了需要配备必要的仪器、机具以外，还必须对钻孔轨迹在地下空间精确定位并根据矿体勘探技术要求精确设计钻孔轨迹形态及中靶目标控制参数，由于设计计算过程比较烦琐，人工计算往往需要很长时间，且中间任何一个步骤的计算差错都会导致轨迹定位与定向设计错误，而采用计算机软件设计定向钻孔则具有速度快、精度高等优点，是定向钻探工程重要的技术平台[1-2]。目前，在石油工程领域，定向井的设计及井眼轨迹的定位均已实现计算机辅助设计，研究开发的软件系统较多且较完善，但是，由于油气定向井设计原则及其方法与地质勘探定向钻孔有着显著的差异，油气定向井设计软件难以适用地质勘探定向钻孔设计，有必要结合地质勘探工程特点及技术要求研究开发集多项功能为一体的定向钻探工程专业化软件系统[3]。

一、软件总体结构及功能设计

定向钻探软件系统以钻孔轨迹分析监控和定向钻孔轨迹控制参数设计为主，兼顾钻孔结构设计和钻孔地质等综合技术文件的自动生成。软件系统功能设计主要包括钻孔轨迹在地下空间的坐标定位、钻孔弯曲规律分析、初级定向钻孔设计、受控定向钻孔轨迹及定向造斜控制参数设计（包括钻孔纠斜、主干孔与分支孔设计等）、钻孔轨迹平面图和三维空间钻孔轨迹动态演示等，参照地质勘探规范文本，软件系统另外增设了钻孔地质设计书、钻孔地质柱状图的自动生成和包括钻孔地层描述、孔身结构设计及钻进技术方法的综合技术图表的自动生成。多功能定向钻探软件系统总体结构及功能设计[4-5]见图1。多功能定向钻探软件系统以Windows 2003、Microsoft Office 2003和AutoCAD 2004为开发平台，支持高级别版本。为方便野外基层工作人员使用，软件功能模块总体结构采用外部彼此独立、内部紧密联系的方式，系统各模块功能目标明确，操作步骤采用文字空格光标和功能键提示方式。各功能模块均设计有数据录入界面，并可以保存在统一的数据库文件中便于相互调用。

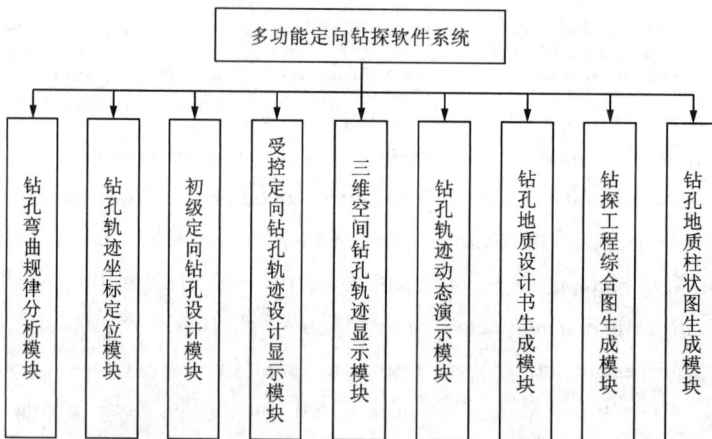

图1　多功能定向钻探软件系统总体结构图

二、软件系统各功能模块

在软件主界面上点击功能模块按钮，可分别进入各功能模块操作界面，操作界面以人机对话方框方式提示录入相关数据，图2所示是钻孔弯曲规律分析模块的数据录入操作提示界面[6]，左上区域是矿区、钻孔及开孔角度基本数据录入，右边是钻孔测斜数据录入区域，点击空白区域即可录入数据，点击保存即可保存数据。如果软件系统数据库文件中已有部分钻孔资料，也可点击任意一个钻孔，则显示出该孔全部数据并可在此基础上继续录入或修改，数据录入结束后，点击钻孔弯曲规律分析按键即可得到结果。多功能软件系统各功能模块操作界面的模式风格基本相同，所不同的只是各功能需要录入的数据类型和结果输出形式的差异。

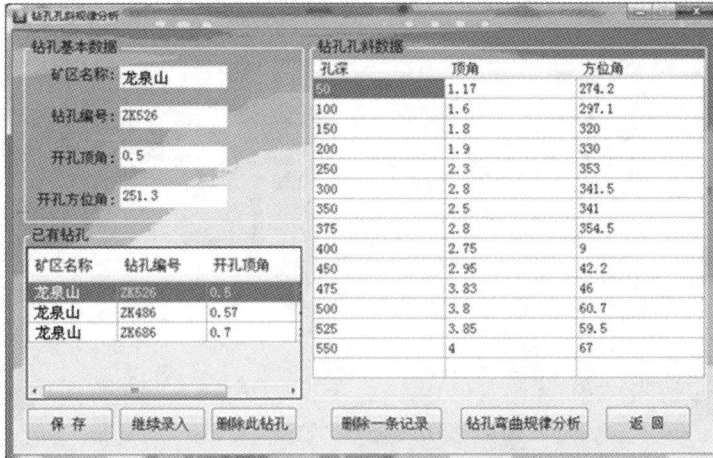

图 2　钻孔弯曲规律分析数据录入界面

（1）钻孔弯曲规律分析模块

钻孔弯曲规律分析的数学模型主要有几何作图法、相关分析法等[7]。该模块是依据相关分析方法寻求钻孔弯曲规律回归方程，采用人工选择（或录入）同类型具有代表性的钻孔和计算机智能分析相结合，支持任意多个钻孔的统计分析，回归方程依据多项式最高信度原则确定[8]。图 3 是钻孔弯曲规律分析模块的结果界面[6]，界面上部分别是钻孔顶角 θ 和方位角 α

图 3　钻孔弯曲规律分析结果界面

随孔深 L 变化的回归方程，下部是该弯曲规律在各孔深点对应的顶角、方位角数值和相对于孔口所造成的 X、Y 坐标偏差值与垂深 Z。点击绘制图形按键，系统自动调用 AutoCAD 软件，可绘制得到钻孔弯曲规律轨迹投影图(图 4)[6]。

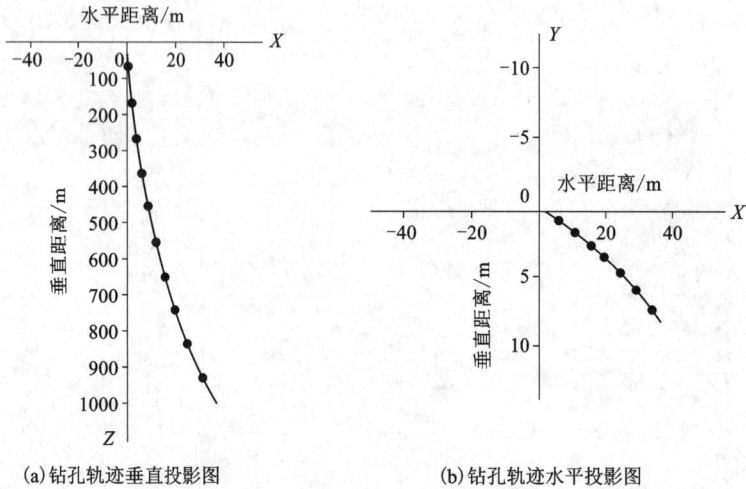

(a)钻孔轨迹垂直投影图　　　　　　(b)钻孔轨迹水平投影图

图 4　钻孔弯曲规律轨迹投影图

(2)钻孔轨迹坐标定位模块

模块功能设计是根据钻孔弯曲资料来实现钻孔轨迹在地下空间坐标的高精度快速计算定位[9]，模块设计考虑了钻孔轨迹坐标不同的计算方法、不同的坐标系及磁偏角修正等问题[10]，按照目前地矿行业相关标准，可选择均角全距、全角半距和最小曲率 3 种方法[11-12]。在钻孔轨迹坐标定位模块计算结果界面中，X 坐标、Y 坐标、Z 坐标是选择坐标系的绝对坐标，ΔX、ΔY、ΔZ 是相对于孔口的坐标偏差值，如果数据录入时输入钻孔设计靶点坐标，结果输出时可评价钻孔实际中靶偏距[6, 12]，点击绘制图形按键可绘制类似于图 4 的钻孔轨迹投影图，点击保存数据则可将钻孔孔斜数据和计算结果数据保存。

(3)初级定向钻孔设计模块

基于同类型钻孔统计得到的弯曲规律方程，以平移法确定设计钻孔开孔点坐标[7]。模块主界面设计与钻孔弯曲规律分析模块基本类似，所不同的是在数据录入界面设计有待钻钻孔靶点坐标录入对话框，设计结果界面自动提示设计靶点对应地表位置所需移动的方向和距离以确定开孔点坐标。

(4)受控定向钻孔轨迹设计模块

该模块采用三维定向孔轨迹设计数学模型，设置有单个钻孔纠斜、主干孔造斜、分支孔造斜轨迹设计及造(纠)斜控制参数设计，另外，增设了一种以靶点和中靶顶角、中靶方位角为设计目标控制参数的定向孔轨迹设计[7, 13-14]。主干孔可在软件系统数据库文件中调入编辑，也可在数据录入界面录入新的钻孔数据，造斜起点和造斜强度可根据钻孔实际情况人工选择。点击计算按键。则可在几秒钟内完成定向孔轨迹设计控制参数计算，并以图 5 所示界面显示结果[6]。界面上部是设计钻孔轨迹各孔深点的顶角、方位角及对应的坐标，下部是该孔设计时录入的已知参数和据此设计的造斜段及过程控制参数。

鹿台山ZK403定向设计计算结果（均角全距法）

孔深	顶角	方位角	X坐标	Y坐标	Z坐标	ΔX	ΔY	ΔZ
0	4.54	20	3857525	39580147	50	0	0	0
50	4.54	20	3857528.795	39580148...	0.157	3.795	1.124	49.
100	4.36	21.97	3857532.495	39580149.29	-49.692	7.495	2.29	99.
150	4.3	21.73	3857536.078	39580150...	-99.55	11.078	3.478	149
200	4.15	21.13	3857539.583	39580151...	-149.414	14.583	4.612	199
250	4.2	20.67	3857543.056	39580152...	-199.281	18.056	5.701	249
300	3.52	19.85	3857546.279	39580153...	-249.163	21.279	6.671	299
350	3.02	19.35	3857549.02	39580154...	-299.086	24.02	7.462	349
400	2.98	16.75	3857551.552	39580155.12	-349.018	26.552	8.12	399
450	2.84	17.7	3857554.018	39580155...	-398.953	29.018	8.722	448
500	2.83	23.2	3857556.384	39580156...	-448.892	31.384	9.443	498
525	2.97	22.7	3857557.577	39580156...	-473.86	32.577	9.864	523
535	4.38	22.93	3857558.181	39580157...	-483.84	33.181	10.076	533
555	10.48	24.28	3857560.61	39580157...	-503.672	35.61	10.965	553
575	13.21	23.5	3857564.458	39580159...	-523.246	39.458	12.395	573
595	13.42	23.4	3857566.633	39580160...	-532.977	41.633	13.191	592

已知条件
开孔坐标X: 3857525.000
开孔坐标Y: 39580147.000
开孔坐标Z: 50.000
开孔顶角: 4.540
开孔方位角: 20.000
靶点坐标X: 3857691.000
靶点坐标Y: 39580207.000
靶点坐标Z: -926.500
造斜强度: 0.200
造斜起点孔深: 624.000

设计计算结果
稳斜段长度: 341.261
造斜段长度: 35.372
造斜段终点顶角: 19.552
造斜段终点方位角: 24.290
造斜段全弯曲角: 7.074
安装角: 5.688
中靶孔深: 1000.633

绘制图形
保存结果数据
保存数据到Excel
返回

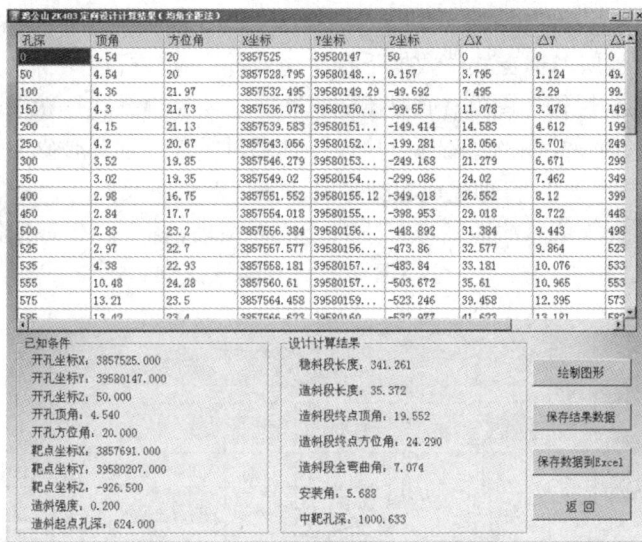

图 5　定向钻孔轨迹设计结果界面

（5）三维空间钻孔轨迹显示模块

定向钻进中必须实时监测实际钻孔轨迹与设计轨迹的偏差，针对中靶目标进行对比分析、预测和控制[15-16]。为增强直观效果和便于轨迹的对比分析，该模块的主要功能是在三维空间表现钻孔轨迹形态及相对位置的发展与变化情况，可调入或录入单孔设计与实际钻孔数据，也可调入或录入分支孔群组多个钻孔设计与实际钻孔数据进行对比分析。为进一步增强立体直观效果，通过透视、着色、光照、阴影、纹理贴图、雾化、混合等一系列渲染特效功能产生类似照片的逼真效果[17]，点击三维动画库按键，系统则演示对应的动画文件，以三维动画的方式演示钻孔轨迹的形态及动态发展变化情况（图 6）[6]，并可旋转不同视角。

图 6　钻孔轨迹三维空间动画演示

（6）钻探工程综合图生成模块

该模块将钻孔地质设计与钻探工程技术结合为一体，模块设计有所钻地层、钻孔结构及钻进技术方法图表，地层名称在软件数据下拉菜单选择，计算机按照所录入的数据提取出钻孔层位数据和对应的岩性符号图例，通过绘制算法自动绘制出钻孔柱状图[18]。此外，在钻孔地层一般性描述和柱状图绘制的基础上，增设了地层可钻性级别和破碎漏失情况等数据选择列框，完成数据录入后，软件自动生成包括钻孔深度、地层图及描述、套管结构、孔斜变化、岩石可钻性、钻孔漏失等信息的地质与工艺综合成果图表（图7）（仅截取部分层段并调整了比例，实际图幅为A3纸打印规格，可根据需要任意缩放比例）。

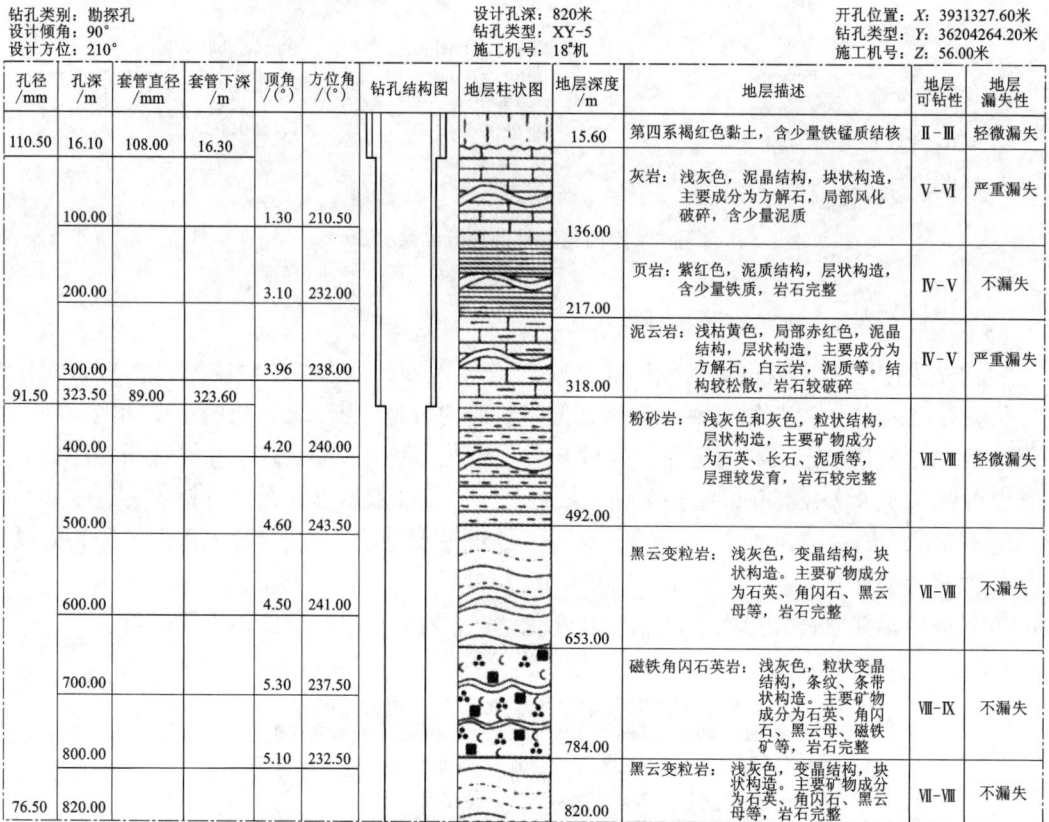

钻孔类别：勘探孔　　　设计孔深：820米　　　开孔位置：X：3931327.60米
设计倾角：90°　　　　钻孔类型：XY-5　　　 钻孔类型：Y：36204264.20米
设计方位：210°　　　 施工机号：18#机　　　施工机号：Z：56.00米

孔径/mm	孔深/m	套管直径/mm	套管下深/m	顶角/(°)	方位角/(°)	钻孔结构图	地层柱状图	地层深度/m	地层描述	地层可钻性	地层漏失性
110.50	16.10	108.00	16.30					15.60	第四系褐红色黏土，含少量铁锰质结核	II-III	轻微漏失
	100.00			1.30	210.50				灰岩：浅灰色，泥晶结构，块状构造，主要成分为方解石，局部风化破碎，含少量泥质	V-VI	严重漏失
	200.00			3.10	232.00			136.00			
	300.00			3.96	238.00				页岩：紫红色，泥质结构，层状构造，含少量铁质，岩石完整	IV-V	不漏失
								217.00			
91.50	323.50	89.00	323.60						泥云岩：浅枯黄色，局部赤红色，泥晶结构，层状构造，主要成分为方解石、白云岩，泥质等。结构较松散，岩石较破碎	IV-V	严重漏失
	400.00			4.20	240.00			318.00			
	500.00			4.60	243.50				粉砂岩：浅灰色和灰色，粒状结构，层状构造，主要矿物成分为石英、长石、泥质等，层理较发育，岩石较完整	VII-VIII	轻微漏失
								492.00			
	600.00			4.50	241.00				黑云变粒岩：浅灰色，变晶结构，块状构造。主要矿物成分为石英、角闪石、黑云母等，岩石完整	VII-VIII	不漏失
								653.00			
	700.00			5.30	237.50				磁铁角闪石英岩：浅灰色，粒状变晶结构，条纹、条带状构造。主要矿物成分为石英、角闪石、黑云母、磁铁矿等，岩石完整	VIII-IX	不漏失
	800.00			5.10	232.50			784.00			
76.50	820.00							820.00	黑云变粒岩：浅灰色，变晶结构，块状构造。主要矿物成分为石英、角闪石、黑云母等，岩石完整	VII-VIII	不漏失

图7　钻探工程地质与工艺技术综合图

三、实例验证

软件调试阶段，选择16个钻孔的设计与实际数据对软件系统的可靠性、准确性进行了测试验证，其中包括安徽某矿区一组全方位定向分支孔群组。该分支孔群组由一个主干孔和6个分支孔组成，主干孔和分支孔方位角分别位于0～360°不同的象限（图8）[19]，且分支孔群组钻孔轨迹控制涉及增顶角、减顶角、增方位、减方位，具有典型代表性，软件系统在不同象限空间位置针对不同钻孔轨迹形态的设计和轨迹的定位计算数据与工程实例数据完全吻合。软件系统开发成功之后，应用于安徽、山东等地的定向钻探实际工程中，图9是山东某矿区应用软件系统实施的一个定向设计钻孔轨迹与实际控制钻孔轨迹。该钻孔为一分支孔，按照设计要求和实际钻孔层位变化,钻孔分支造斜孔段535~615 m,稳斜钻进至孔深825 m,钻孔顶角、方位角跑偏,再次跟踪设计与纠偏,至设计靶点垂深处。中靶精度:X 轴坐标偏离设计靶点5.42 m,Y 轴坐标偏离设计靶点3.65 m,综合偏距6.53 m,达到设计中靶精度要求。应用结果表明,该软件系统具有很好的适用性,设计计算速度快,精度高,图件绘制简便,图形基本单元叠加连续光滑,自适应比例无溢出与错位,绘制的图表美观且符合钻探工程标准。

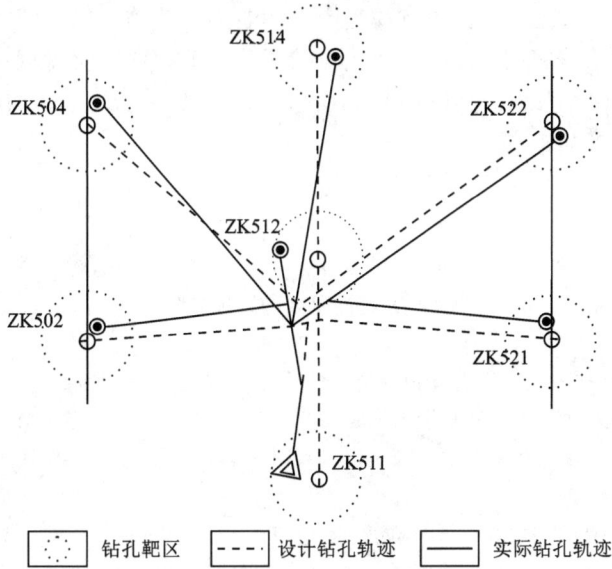

图 8 全方位分支孔群组轨迹水平投影图

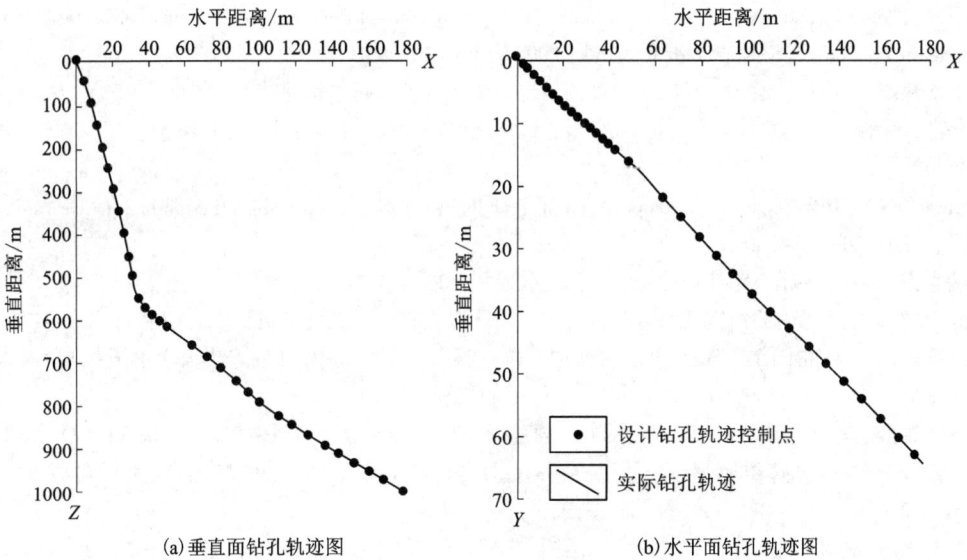

(a)垂直面钻孔轨迹图   (b)水平面钻孔轨迹图

图 9 设计钻孔轨迹与实际控制钻孔轨迹对比图

四、结语

随着我国钻探工程事业的逐渐深入，钻孔轨迹控制已成为高精度勘探地下矿体尤其是深部资源不可缺少的重要技术支撑，传统的手工设计计算方法难以适应现代钻探工程技术的发展要求，多功能定向钻探软件系统是为适应我国地勘单位深部钻探工程定向钻孔的实际需要而研制开发的，国内外尚未见有集钻孔弯曲规律分析、定向轨迹设计计算、轨迹形态三维动画演示、钻孔地质与工艺技术综合图自动生成等功能于一体的软件系统。该软件系统不仅可以作为钻探工程设计软件使用，也可作为地质勘探钻探工程数字化管理系统和钻孔电子档案的一部分。此外，该软件系统的功能模块和所包含的数据库、地层库均设置为开放式结构，可根据需要进一步拓展和丰富。

参考文献

［1］王礼学，陈卫东，贾昭清，等.井眼轨迹计算新方法[J].天然气工业，2004，23（增刊）：57-59.

［2］陈源，鄢泰宁.钻孔轨迹跟踪与预测微机系统的研究[J].地球科学：中国地质大学学报，1997，22（4）：432-435.

［3］胡远彪.钻探工程计算机辅助设计系统的研究与开发[D].北京：中国地质大学，2006：4-8.

［4］唐亮.定向井井眼轨迹可视化技术研究[D].成都：西南石油大学，2011：32-41.

［5］王俊良，李海峰，袁学峰，等.定向井水平井轨道设计和轨迹计算分析三维可视化技术[J].钻采工艺，2005，28（1）：25-28.

［6］朱恒银，吴翔，陆洪智，等.钻孔设计与轨迹动态监控技术研究成果报告[R].六安：安徽省地质矿产勘查局313地质队，2011.

［7］吴翔，蒋国盛，杨凯华.定向钻进原理与应用[M].武汉：中国地质大学出版社，2006：44-48.

［8］陈希孺.概率论与数理统计[M].合肥：中国科技大学出版社，2009：297-305.

［9］David J，Marko J，RomanK，et al. Calibration and datafusion solution for the miniature attitude and heading reference system[J]. Sensors and Actuators，2007，138：411-420.

［10］刘修善.定向钻井轨道设计与轨迹计算的关键问题解析[J].石油钻探技术，2011，39（5）：1-7.

［11］鲁港，商维斌，张琼，等.最小曲率法测斜计算中的数值方法[J].石油工业计算机应用，2009，63（3）：16-19.

［12］Sawaryn S J，Thorogood J L. A compendium of directional calculations based on the minimum curvature method[J].SPE，2005，84246.

［13］韩志勇.定向井的靶心距计算[J].石油钻探技术，2006，34（5）：3.

［14］陈军.基于地质导向的给定井眼方向待钻轨道设计[J].石油天然气学报，2008，30（1）：232-236.

［15］刘涛，王伯雄，崔园园，等.水平定向钻进的轨迹误差分析与优化[J].清华大学学报（自然科学版），2011，51（5）：592-596.

［16］王清江，毛建华，曾明昌，等.定向井井眼轨迹预测与控制技术[J].钻采工艺，2008，31（4）：150-152.

［17］Angel E.交互式计算机图形学：基于OpenGL的自顶向下方法[M].北京：清华大学出版社，2007：26-262.

［18］迟文学，陈建强，许哲平，等.钻孔柱状图中缓冲线绘制技术[J].地质科技情报，2006，25（5）：87-91.

［19］江天寿，周铁芳，刘励慎，等.受控定向钻探技术[M].北京：地质出版社，1994：272-273.

一种新型电动定向取芯器及定向取芯技术研究

王　强　朱恒银　卜长根

摘要：研发团队开展了适用于深部钻探小口径钻孔的孔底电动定向打印取芯技术研究，克服了传统定向取芯器的一些弊端，岩芯定向标记清晰、可靠，解决了在垂直孔和斜孔中坚硬岩层进行岩芯定向的技术难题，扩大了应用范围。研制的新型电动定向取芯器，在国家科学钻探及深部找矿钻孔应用中，取得了良好的应用效果。本文重点介绍研发的新型电动定向取芯器的结构、工作原理、定向取芯工艺及应用效果等，以供广大钻探技术人员参考。

关键词：定向取芯；电动；技术研究

Study on a New Type of Electrical-driven Directional Coring Unit and Relevant Coring Technique

WANG Qiang, ZHU Hengyin, BU Changgen

Abstract：This paper studied the technology of electric directional printing and coring for small hole drilling in deep drilling. The coring tool overcame some drawbacks of the traditional orientational coring tool, the directional marker are clear and reliable. It also solved the technical problems of core orientation in the hard rock in vertical hole and an inclined hole, expanded the scope of application. The new electric directional coring tool had been applied in National scientific drilling hole and deep drilling hole, and achieved good results. This paper introduces the structure and working principle of the new electric directional coring tool, directional coring technology and its application, in order to offer a reference for the drilling technicians.

Keywords：orientational coring; electric; research

1　概述

众所周知，一般在地质找矿中，至少需要三个钻孔的测斜资料和所采岩芯才能推断出岩矿层的结构面产状。如果矿区产状复杂，施工若干个孔也很难准确推断，往往浪费了大量的钻探工作量，也延缓了矿区勘探速度。定向取芯正是基于单孔岩芯解决这一难题的关键技术

刊登于《安徽地质》2017 年第 27 卷第 2 期。

之一。定向取芯技术通过孔底原状定向取芯、地表复位求解的方法来实现上述目的，具有重要的地质找矿意义和工程意义。具体表现在：确定地下岩矿层产状、判断地下结构面产状、了解沉积物移动方向、获得地应力场信息、预报钻孔弯曲趋势。此外，利用定向岩芯还可以了解岩浆岩流向，确定岩体中潜在的分离面和滑动面方向等。总之，定向岩芯用途广泛，几乎遍及固体矿产钻探、水文地质工程地质钻探和油气田钻探等各个领域。

2　定向取芯的技术现状

定向取芯技术是 20 世纪 70 年代发展起来的，它采用机械式专用工具和仪器对岩芯实时定向取芯，在地表复位，取得岩矿层结构面产状。定向取芯主要有岩芯侧面刻痕、岩芯端面钻孔和打印三种标记方法。

岩芯侧面刻痕法是指当刻刀刀刃磨损或岩芯过硬时，岩芯表面定向标记不清晰，甚至无法刻出，或当工艺或地层因素造成岩芯过细或岩芯冲蚀时，也会造成岩芯顶面刻痕不清晰，因而采用在岩芯侧面刻痕。岩芯端面钻孔法是指在岩芯形成前所打定向标记清晰，不会因岩芯折断、扭动而造成定向错误，其缺点是孔底涡轮机结构复杂、体积大、造价昂贵，涡轮产生的震动达到一定程度时易引发孔壁坍塌，影响标记的效果，不能满足小口径深孔要求。打印法的优点是定向和打印机构比较简单，缺点是偏心重锤工作可靠性差，钻孔顶角小于 5°时定向效果欠佳，不能用于垂直孔，在坚硬岩层中难以获得清晰的标记。

上述三类岩芯定向器均是以钻孔下帮为起始点来推算岩矿层结构面产状，在钻孔有一定顶角情况下方可使用。由于该技术还存在一些不成熟的问题，至今未能广泛应用。为了解决利用单孔岩芯确定岩矿层产状的难题，必须研究和改进岩芯定向技术，以提高其可靠性和定向精度，简化操作程序，降低施工费用。安徽省地矿局 313 地质队与中国地质大学(北京)合作开展了能用于深部找矿小口径钻孔的孔底电动定向打印取芯技术研究，克服了传统岩芯定向器的一些弊端，岩芯定向标记清晰、可靠，解决了在垂直孔和斜孔中坚硬岩层进行岩芯定向的技术难题，扩大了应用范围。研制的孔底电动定向取芯仪获国家发明专利(专利号：ZL200910170005.8)。下面重点介绍该仪器及定向取芯技术。

3　孔底电动定向取芯仪

3.1　结构与功能特点

孔底电动定向取芯仪主要由岩芯定向测量仪器、岩芯电动打印器组成，如图 1 所示。其结构与功能特点如下：

(1)不以钻孔倾斜平面为基准，直测岩芯标志方位角；

(2)改装现有框架结构测斜仪器(磁针式或陀螺式)，实现垂直孔中直读式岩芯定向；

(3)顶角大于 5°时，实测定向岩芯标志面向角，推算出岩芯定向方位角；

(4)满足小直径钻孔岩芯定向的需要；

(5)岩芯打印装置用微机电系统供电，实现井底微钻打印电源的自动控制；

(6)保证深孔中转轴与微钻头的可靠密封，实现孔内微钻恒压钻进；

(7)保证定向测量仪器的准确性和可靠性。

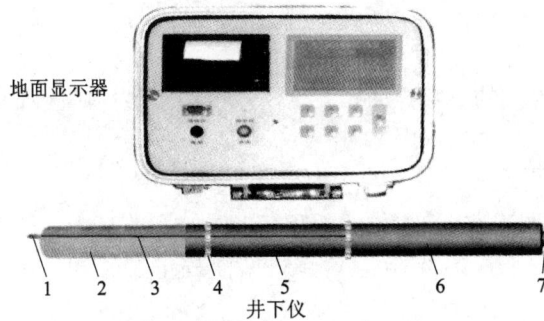

1—微型钻头；2—电动打印器；3—定向母线；4—扶正器；
5—井下定向测量仪；6—加长管；7—电缆接口。

图1　孔底电动定向取芯仪主要组件

3.2　主要参数设计

3.2.1　钻孔参数

适用孔深：2000 m，孔径：≥60 mm，钻孔顶角：0~70°；岩石级别：≥4 级。

3.2.2　定向测量仪器参数

仪器外径：$\phi36~50$ mm，定向精度：±5°；仪器类型：钻孔顶角 0~5°时用陀螺仪或磁针式；钻孔顶角大于 5°时采用终点角式。

3.2.3　电动定向打印器参数

(1)钻头额定转速：220 r/min，钻头空载转速：300 r/min；

(2)额定扭矩：0.13 N·m，最大扭矩：0.4 N·m；

(3)输出功率：2.9 W；

(4)微型钻头直径：$\phi5$ mm；

(5)电动取芯器外径：$\phi56$ mm、$\phi46$ mm；

(6)电池仓电压：14.4 V，容量：4.4 A·h；

(7)电机类型：微型直流减速电机(电压 12 V，转速 300 r/min，空载电流 $I≤140$ mA，负载电流 $I≤800$ mA)。

3.3　测量系统设计

3.3.1　直接定向测量

直接定向是将孔底岩芯打印标记方向相对于磁北方向进行定向。直接定向大多用于直孔或小顶角直孔定向取芯。

(1)磁针式直接定向仪

磁针式直接定向仪用普通磁针式钻孔测斜仪(如 JXK 型、KXP-1 型测斜仪等)改装而成，由地表仪器、井下仪两部分组成。地表仪器显示井下仪所测顶角和方位角参数。该仪器适用于非磁性矿区。

（2）陀螺式直接定向仪

由陀螺测斜仪改装而成的直接定向仪，该仪器可用于磁性矿区和非磁性矿区。

3.3.2 间接定向测量

间接定向测量是在已知定向取芯位置的顶角和方位角基础上，利用钻孔倾斜面实行孔底岩芯定向打印标记。多用于斜孔（钻孔顶角≥5°）岩芯定向。

3.4 岩芯定向标志电动打印系统

3.4.1 打印系统结构设计

目前国内外的取芯器大都结构复杂，装拆困难，并且受制于钻进孔深、孔径和岩芯破碎状况等地质工艺条件，为此必须为孔底电动定向取芯仪设计研制一种新型的电动定向岩芯打印器。该打印器主要由电池仓和机械仓两大部分组成。

（1）机械仓与电池仓

考虑到该定向岩芯打印器将用于小口径钻孔，因此把机械仓和电池仓分开设计。电池仓通过螺纹连接、可插接式电极及密封圈实现对机械仓的供电和密封，确保定向岩芯打印器在孔内的续航能力。

（2）机械回转钻进部分

该打印器的机械回转钻进部分用于驱动微型金刚石钻头在岩芯上回转钻进。选择微电机+减速器动力装置，通过十字滑块联轴节和轴带动钻头旋转。

（3）恒压导向钻进部分

该打印器设计了恒压导向钻进部分。在电机的上方安装弹簧，通过电机座调整弹簧的预压缩力提供钻头钻进所需要的钻压，不管下方孔内随钻测量系统的重量如何变化，均可实现恒压打标钻孔。同时为了保证可靠的导向回转钻进，设计了可随钻机上下移动的导向柱，一端用螺纹与电机底部连接，另一端插入支撑螺母导向槽内，并设有导流结构，实现恒压导向回转钻进。

（4）压力平衡部分

为确保电动定向取芯器在深孔中的水下密封性，必须设计压力平衡装置。由于机械仓内部尺寸有限，故把压力平衡套安装在与支撑螺母连接的平衡螺母上。压力平衡套的任务是使泥浆与内部密封的平衡液隔开，在安装时要挤出一部分空气，尽可能减少因机械仓未充满机械油带来的影响。通过压力平衡装置可解决深孔定向取芯器的密封和压力平衡问题，保证钻进中主轴的旋转密封可靠性。

（5）打标钻孔控制装置

该控制装置用螺钉加弹簧作为开关控制器，初始状态时螺钉与导电铜环不连接，当微型钻头与孔底岩芯接触时，微型钻头、轴、电机一起上移，螺钉与导电铜环接触，整个电路连通，电机驱动钻头工作；达到预定孔深时，螺钉与导电铜环脱离，整个电路断开，从而实现打标钻孔的自动控制。由于钻头打完标记孔后自动断电，故可延长定向取芯打印器在孔内的工作时间。

3.4.2 打印系统工作原理

电动定向岩芯打印器主要由电池仓 1、导电钢环 2、电极座 3、导电铜环 4、弹簧 5、开槽圆头螺钉 6、套管 7、开关弹簧 8、电极座 9、电机 10、销轴 11、联轴节 12、轴 13、电极连接柱压力平衡套 14、平衡螺母 15、支撑螺母钉 16 和钻头 17 组成。结构如图 2 所示。

电动定向岩芯打印器的工作原理：当定向打标装置中的微型金刚石钻头 17 未接触岩芯端面时，作为开关控制的螺钉 6 与导电铜环 4 不接触，整个电路断开，电机 10 不工作；当微型钻头 17 接触岩芯端面时，钻头 17、轴 13、电机 10 一起上移，电极座 3 通过开关弹簧 8 把螺钉 6 压回电机座 9 的导向槽内，使螺钉 6 与导电铜环 4 一直接触，电路接通，弹簧 5 对钻头 17 施加钻压，电机 10 通过联轴节 12 带动微型钻头 17 旋转，随着钻孔加深，电机 10、轴 13、微型钻头 17 一起下移，直到螺钉 6 与导电铜环 4 再次分离，电路断开，电机 10 停止转动，此时钻孔完成，定向标记打印结束。

下孔作业前将电动定向岩芯打印器与定向测量仪器相连接，并使定向测量仪外壳母线与打印器外壳母线(偏心钻头中心线引至外壳)相对齐，即可在孔内完成定向取芯岩芯标志打印与测量过程。

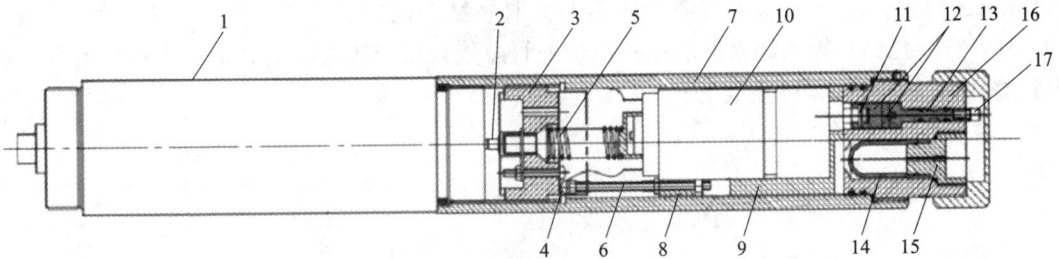

1—电池仓；2—导电钢环；3—电极座；4—导电铜环；5—弹簧；6—开槽圆头螺钉；7—套管；8—开关弹簧；9—电极座；10—电机；11—销轴；12—联轴节；13—轴；14—电极连接柱压力平衡套；15—平衡螺母；16—支撑螺母钉；17—微型钻头。

图 2 电动定向岩芯打印器结构图

4 定向取芯工艺及应用效果

4.1 定向取芯工艺

4.1.1 工艺流程

定向取芯技术工艺流程：组装孔底电动打印器和定向测量仪器→校正电动打印器与测量仪器母线→定向取芯仪地表校正→下入磨孔钻具磨平孔底→冲孔→提出磨孔钻具→下入定向取芯仪→岩芯端面打印测量→提出定向取芯仪→下取芯钻具→取芯钻进→取出定向岩芯→检查钻痕效果→做出岩芯标志线→定向岩芯原状地表复位(或公式求解)提供地层倾角和倾向。

4.1.2 作业要点

(1)定向取芯孔段的选择

原则上应选择在较完整岩层孔段中进行定向取芯，岩石硬度应大于 4 级，并于同一岩性完成 1~2 个回次定向取芯。

（2）定向取芯孔内情况判定

定向取芯之前应对孔内情况进行判定，主要内容：上回次钻孔残留岩芯长度，岩芯完整性，钻孔沉渣厚度。若钻孔残留岩芯大于 0.3 m 应单独捞取；钻孔沉渣超过 0.3 m 应进行清渣处理；岩芯完整度差时须另选定向取芯位置。

（3）孔底电动定向取芯仪的组装与校正

①组装孔底电动打印器及定向测量仪；

②校正仪器定向母线，使孔底打印器微型钻头母线与测量方位母线一致；

③消除定向母线间（孔底电动打印器与定向测量仪母线）的装合差并校验测量精度；

④检查孔底电动打印器工作状况（微型钻头转动是否正常，是否损坏等）。

（4）磨孔作业

为保证定向岩芯标志的准确性，定向取芯仪下孔前须用全面金刚石钻头磨孔，将上回次岩芯桩及少量残留岩芯磨掉，并进尺 0.1~0.2 m。

单管金刚石磨孔钻头和绳索取芯内管磨孔钻头如图 3 所示。常规钻进可在取芯钻具外管上连接金刚石磨孔钻头。绳索取芯钻进时是不提钻磨孔，需在岩芯内管短节处连接一个小径的金刚石磨孔钻头，该钻头要与绳索取芯外管取芯钻头内径相匹配，如图 3（b）所示。磨孔时，将内管磨孔钻具投入绳索取芯钻杆内至外管总成处即可进行磨孔作业（图 4）。磨孔后把内管磨孔钻具打捞上来即完成磨孔工序。

(a) 单管金刚石磨孔钻头

(b) 绳索取芯内管磨孔钻头

图 3　磨孔钻头

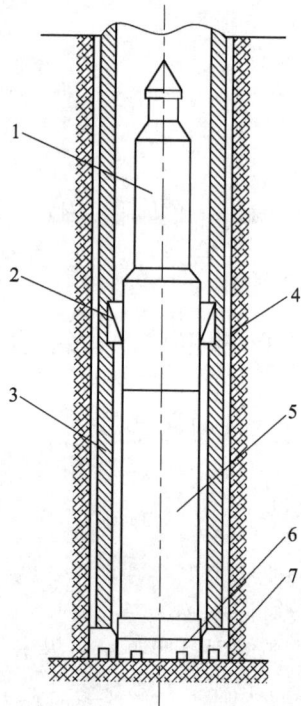

1—打捞器；2—弹卡挡头；3—绳索取芯钻杆；4—孔壁；5—内管；6—内钻头；7—外钻头。

图 4　绳索取芯磨孔作业示意图

（5）清洗孔底

完成磨孔后应采用大泵量冲孔，排出孔内沉渣，以利于电动定向打印器在孔底岩层中打印标识。

（6）孔底岩芯定向打印

完成上述工序后，即下入孔底电动定向取芯仪。孔底岩芯定向打印作业系统示意图如图5所示。

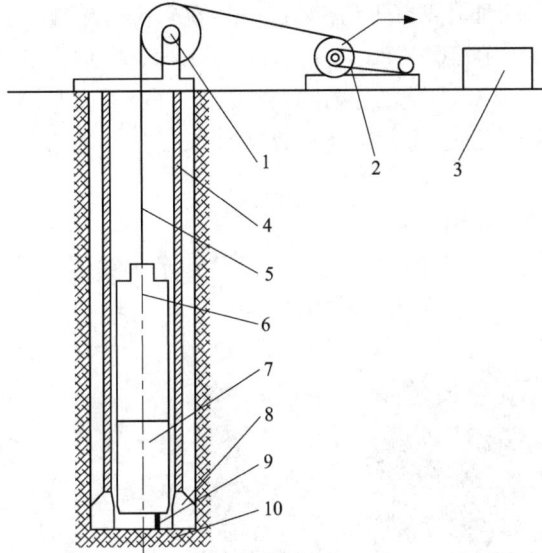

1—滑轮；2—电缆绞车；3—地表仪器；4—绳索取芯钻杆；5—电缆；
6—定向测量仪；7—电动打印器；8—绳索取芯外钻头；9—偏心打印微型钻头；10—打印孔底。

图5 孔底岩芯定向打印作业系统示意图

（7）定向取芯钻进

孔底电动定向取芯仪提出后，即可下钻到底进行定向取芯钻进。定向取芯钻进初始要采用小规程参数，即轻压、慢转，减小钻具振动，以免损坏定向打印的岩芯，待进尺0.5 m后再转入正常参数钻进。

（8）定向岩芯的地表复原与保存

取出定向岩芯后应立即进行地表复原，认真记录得出的岩芯产状、孔深位置、定向方位角、岩石名称、定向取芯回次等信息，填写岩芯卡片，并将定向岩芯以回次顺序编号放入岩芯箱中保存。同时将所获定向岩芯拍照存入电子文档。

4.2 定向取芯应用效果

4.2.1 应用概况

定向取芯技术在安徽寿县正阳关 ZK04 孔和国家"地壳深部探测计划"预研究项目江西于都银坑"赣州南岭科学钻探 NLSD-1 孔"中进行了生产应用。目的是验证研制的电动定向取芯仪、电动打印系统密封性及岩芯打印测量定向系统的可靠性，对取出的定向岩芯进行地表复位求解，以解决单孔解析岩矿层产状的地质难题，为深部地质勘探提供技术支撑。

两钻孔试验最深孔段为1058.63 m，累计定向取芯6回次，定向取芯岩石可钻性6~8级。生产应用表明，所研制的孔底电动岩芯定向仪工作可靠，利用所取定向岩芯求解得出的地层产状结果真实、准确。

4.2.2　应用效果

寿县正阳关铁矿异常验证孔 ZK04 孔在 577.38~609.53 m 孔段定向取芯4回次。江西赣州南岭科学钻探 NLSD-1 孔在 1051.88~1058.63 m 孔段定向取芯2回次。取出的定向岩芯如图6、图7所示。ZK04 孔3、4号岩芯属同一种岩石、同一层位，NLSD-1 孔1、2号岩芯属同一种岩石、同一层位。两孔定向取芯原始数据及取芯孔底地层的倾角、倾向计算结果见表1。

分析表1中的结果可以看出：

（1）ZK04 孔1、2号定向岩芯通过地表复位及公式求解获得岩层倾向，两岩芯的岩层倾向有一定的差异，主要是由于层位有一定变化。

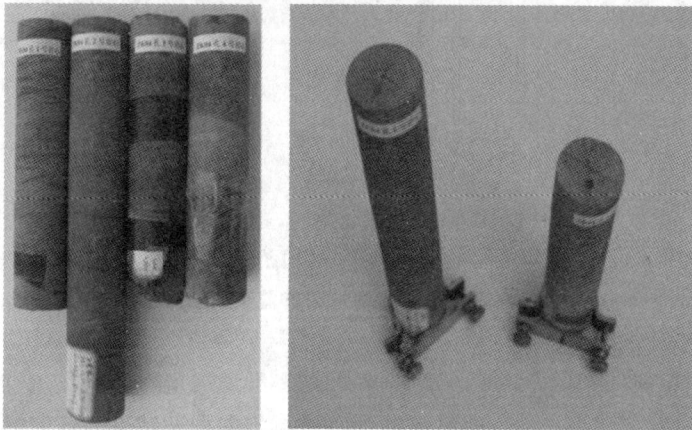

图6　ZK04 孔定向岩芯实物图

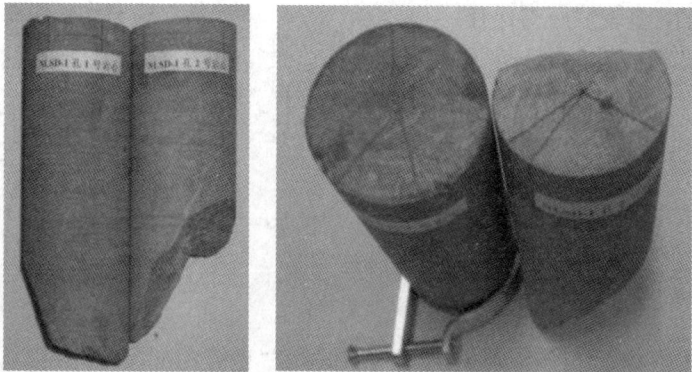

图7　NLSD-1 孔定向岩芯实物图

（2）用地表复位及公式求解法处理 ZK04 孔 3、4 号定向岩芯所获数据，发现两者的岩层倾向基本一致。实际上 3、4 号定向岩芯属于同一岩石、同一层位，因此应用定向取芯技术所获得的产状数据与实际情况较为吻合。

（3）用地表复位及公式求解法处理 NLSD-1 孔 1、2 号定向岩芯所获数据，发现两者的岩层倾向基本一致。实际上 1、2 号岩芯属于同一层位，同属花岗闪长斑岩，因此应用定向取芯技术所获得的数据与实际情况较为吻合。

由此可以看出：孔底定向取芯技术所获资料正确可靠；地表复位和公式求解结果基本一致；通过定向取芯可以了解同一层位岩层产状趋势。

表1　定向岩芯原始数据及产状求解结果

孔号	岩芯编号	定向孔深/m	孔径/mm	钻孔顶角/(°)	钻孔方位角/(°)	岩芯定向方位/(°)	定向仪器名称	结构面倾向/(°)	
								地表复位	公式求解
ZK04	1	577.38	77	4.6	73.4	54	陀螺仪	171.5	166.8
	2	583.23	77	4.7	68.9	261	陀螺仪	189.5	185.6
	3	603.73	77	4.7	72.2	190	陀螺仪	341.0	336.8
	4	609.53	77	4.7	71.1	57	陀螺仪	348.5	345.6
NLSD-1	1	1051.88	97	13.4	263.7	88	LHE-2200 随钻测斜仪	79.0	75.8
	2	1058.63	97	13.5	262.8	338	LHE-2200 随钻测斜仪	75.0	71.3

4.2.3　应用效果评价

（1）安徽寿县正阳关 ZK04 孔和江西赣州南岭科学钻探 NLSD-1 孔的应用结果表明，研制的岩芯定向仪密封性能良好，工作可靠，定向标志清晰，定向岩芯产状求解方法简单，所获岩矿层产状信息与实际较为吻合。

（2）定向取芯技术在小口径倾斜孔及直孔中均可应用，亦可在泥浆护壁的钻孔中进行，仪器结构简单，操作方便，利于推广应用。

（3）在深部找矿中应用定向取芯技术成功地解决了单孔确定岩矿层产状、结构面及矿脉延伸方向的预测难题，可以为矿区普查和初探提供较为准确的岩矿层产状趋势信息，对特殊异形矿体结构分析、地质勘探布孔、深部地质找矿及矿区钻孔自然弯曲规律分析具有指导意义。

（4）定向取芯技术不仅可用于深部找矿，在水文地质、工程地质、基础工程、地质灾害治理质量监测和探矿工程事故监测等领域亦有良好的应用前景。

（5）为扩大定向取芯技术应用范围，提高定向取芯效率，还需进一步研制无缆式岩芯定向打印储存系统、可靠的随钻定向取芯仪器、简便的岩芯复位装置等。

参考文献

[1] 朱恒银，王强.深部岩芯钻探技术与管理[M].北京：地质出版社，2014.

［2］楼日新，吴光琳.SDQ-91 型定向取芯器的研制［J］.探矿工程(岩土钻掘工程)，2003(Z1)：153-157.

［3］朱恒银，蔡正水，张文生，等.深部矿体勘探钻探技术方法研究［J］.探矿工程(岩土钻掘工程)，2012，39(Z2)：95-100.

［4］朱恒银.钻孔摄像及定向取芯技术在地质勘探中的应用成果报告［R］.安徽省地质矿产勘查局 313 地质队，2011.

［5］林志强，杨甘生，张建，等.定向取芯技术在松科 1 井中的应用［J］.探矿工程(岩土钻掘工程)，2007，34(10)：69-71.

［6］吴光琳.利用定向岩芯确定地下岩层产状的方法［J］.成都地质学院学报，1984(4)：82-89.

［7］马克新.YCO- Ⅱ型岩芯定向钻具的工作原理及应用［J］.地质与勘探，1999(2)：59-60.

［8］吴光琳，齐瑞忱，胥建华，等.YDX-1 型岩芯定向器的研制和应用［J］.探矿工程，1997(1)：49-52.

［9］胥建华，张品萃，肖阳春，等.随钻定向取芯器研究［J］.成都理工大学学报(自然科学版)，2002，29(4)：465-467.

南岭科学钻探 NLSD-1 孔螺杆钻具造斜数值模拟分析

程红文 朱恒银 程锦华 刘 兵

摘要：螺杆钻具造斜时的应力状态复杂，其造斜机理难以通过数学公式定量计算及分析，可采用 Abaqus 软件模拟螺杆钻具碎岩过程。选取南岭科学钻探 NLSD-1 孔造斜段典型地层：花岗闪长斑岩、凝灰质板岩、粉砂岩及含碳质泥岩，根据 NLSD-1 孔造斜工艺设计模型相关参数，分别模拟螺杆钻具在上述单一岩性地层和不同岩性交界面地层的碎岩状态，得出岩石应力和应变等值线分布图，从而分析研究螺杆钻具的造斜机理和造斜规律。螺杆钻具在单一岩性地层造斜时，其工具面低边侧岩石先于工具面高边侧岩石破碎，使钻孔轴线沿螺杆钻具高边侧工具面方向进行导向钻进。螺杆钻具在不同岩性交界面造斜时，受岩石交界面的影响，螺杆钻的导向功能较差，且上下地层岩石强度相差越大，导向功能越差。

关键词：螺杆钻具；造斜；数值模拟；南岭科学钻探

Numerical Simulation and Analysis of Deviation Drilling by Screw Drill in NLSD-1 Hole of Nanling Scientific Drilling

Abstract：Screw drilling tool is subject to complex stress state during deviation drilling, and its deviation mechanism is difficult to be quantitatively calculated and analyzed by mathematical formula. The rock breaking process of screw drill is numerically simulated by Abaqus software, and the typical strata of NLSD-1 hole of Nanling scientific drilling：granodiorite porphyry, tuffaceous slate, siltstone and carbonaceous mudstone are selected. According to the relevant parameters of NLSD-1 hole deflecting process design model, the rock breaking state of screw drill in the above single lithology strata and different rock interface strata is simulated respectively. The isoline distribution of rock stress and strain is obtained, so as to analyze and study the deviation mechanism and deviation law of screw drill. When the screw drill deviates in a single lithologic formation, the rock at the low side of the tool face is broken before the rock at the high side of the tool face, so that the drilling axis can guide drilling along the direction of the high side of the screw drill. When the

刊登于：《地质装备》2022 年第 32 卷第 2 期。

注：作者之一程锦华工作单位为吉林大学。

screw drill deviates at different rock interfaces, the guiding function of the screw drill is poor due to the influence of the rock interface, and the greater the difference in rock strength between the upper and lower strata, the worse the guiding function.

Keywords: screw drill; deflecting; numerical simulation; Nanling scientific drilling

引言

不同岩性的岩石由于其矿物成分和结构构造不同，导致岩石的物理力学性质具有较大的差异[1]，且螺杆钻具在孔内造斜时的应力状态极其复杂[2, 3]，因此其造斜机理难以通过数学公式定量计算及分析。采用软件模拟螺杆钻具碎岩过程，是研究螺杆钻具造斜机理及造斜规律的有效方法。

南岭科学钻探 NLSD-1 孔为"大陆科学钻探选址与钻探实验综合研究"课题的一部分[4, 5]，位于武夷山与南岭成矿带交汇处——赣南银坑多金属矿田、于都县银坑镇[6, 7]，终孔孔深 2967.83 m。根据该项目的实际试验情况，螺杆钻具造斜主要发生在 1691.98 m 以上孔段，钻遇的岩层主要有变质沉凝灰岩、岩屑石英砂岩、细砂岩、中层状粉砂岩、含炭质粉砂岩及含炭质泥岩等，且多处岩浆岩呈脉状产出，分别为花岗斑岩、流纹岩、辉长闪长玢岩和花岗闪长斑岩[8-10]。

从上述岩层中选取代表性岩石，采用 Abaqus 软件模拟螺杆钻具碎岩过程。分别模拟螺杆钻具在软、硬程度不同的单一岩石中的碎岩状态，研究螺杆钻具造斜机理及规律，并分析岩石硬度对造斜的影响；模拟螺杆钻具由软岩进入硬岩、硬岩进入软岩界面时的碎岩状态，研究螺杆钻具造斜机理及规律，并分析岩石软硬界面处的各向异性对造斜的影响。

本次数值模拟简化螺杆钻具的外部受力环境，直接施加轴向压力、转速、泵量至造斜钻头，以模拟造斜钻头碎岩时在岩层中产生的应力及应变状态[11, 12]，从而定性分析螺杆钻具造斜机理及规律。

1　模型相关参数

根据南岭科学钻探 NLSD-1 孔螺杆钻具造斜工艺，选取如下模型参数：①钻孔结构为直孔，孔径 97 mm；②孔深 100 m；③上覆岩层压力 2.3 MPa；④造斜螺杆钻具外径 73 mm，弯外管 1°，弯外管及以下部分长 1 m，造斜钻头直径 80 mm；⑤钻头承受的轴向钻压为 8 kN，与铅垂线夹角 1°，钻头转速 250 r/min，扭矩 460 N·m，冲洗液泵量 300 L/min，冲洗液密度 1.0 g/cm³；螺杆钻具力学参数见表 1；岩石力学参数见表 2。

表 1　螺杆钻具力学参数

外径/mm	弹性模量/GPa	泊松比	单位质量/(kg·m⁻¹)	重力加速度/(m·s⁻²)
73	2.1	0.3	23.2	9.8

表 2　岩石力学参数

岩石名称	垂直变形模量/GPa	垂直剪切模量/GPa	密度/(kg·m⁻³)	水平剪切模量/GPa	水平变形模量/GPa	泊松比
花岗闪长斑岩	15.0	5.90	2.68	10.00	25.2	0.25
凝灰质板岩	12.0	2.50	2.64	7.40	19.2	0.27
粉砂岩	3.0	0.92	2.61	1.60	3.8	0.32
含碳质泥岩	1.2	0.48	2.53	0.48	1.2	0.36

2　模型设计

选取南岭科学钻探 NLSD-1 孔代表性岩石花岗闪长斑岩、凝灰质板岩、粉砂岩及含碳质泥岩。①模拟螺杆钻具在花岗闪长斑岩、凝灰质板岩、粉砂岩及含碳质泥岩 4 种单一岩性地层中碎岩状态；②模拟螺杆钻具在凝灰质板岩—花岗闪长斑岩、粉砂岩—花岗闪长斑岩、含碳质泥岩—花岗闪长斑岩、花岗闪长斑岩—凝灰质板岩、花岗闪长斑岩—粉砂岩、花岗闪长斑岩—含碳质泥岩 6 种不同岩性交界面地层的碎岩状态。其示意简图见图 1。

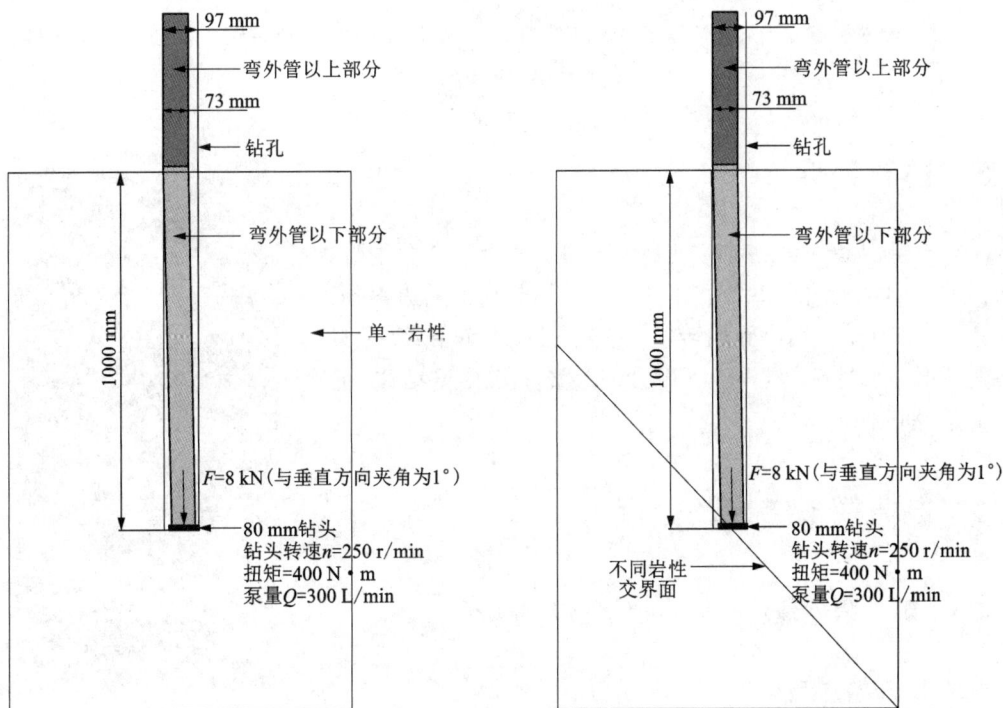

图 1　螺杆钻具在单一岩性地层和不同岩性地层交界面钻进示意简图

采用 Abaqus 软件进行模型设计，由于两种岩石交界面处存在尖角，六面体单元划分困

73

难，故岩体采用 c3d4 单元，螺杆钻具和钻头采用 c3d8 r 单元(图2)。由于螺杆钻具上部钻柱只传递钻压，不传递扭矩，故钻头与螺杆钻具间采用 connector 单元中的 Cartesian 连接(图3)，只耦合平行于z轴方向的力和位移。为了加快 connector 单元的建立，运用 Python 语言对 Abaqus 进行了二次开发。

假设条件如下：①不考虑岩石和钻柱、钻头的塑性，不考虑钻柱和孔壁的接触；②考虑钻头和孔底的接触，冲洗液只考虑对井壁和孔底的压力；③忽略摩擦生热和散热的影响。

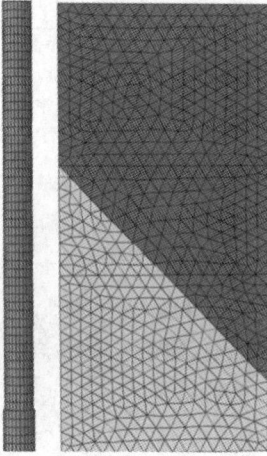

图2　Abaqus 软件建立的螺杆钻具及岩体模型

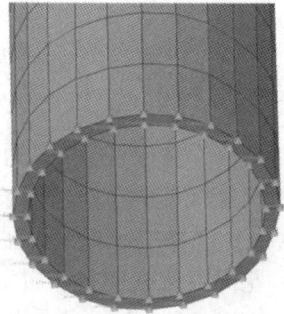

图3　钻头与螺杆钻具的 Cartesian 连接

3　边界条件

①岩石边界条件：上端施加上覆压力，其余五个面垂直于该面的方向施加固定边界条件(图4)。②造斜工具边界条件：上端施加压力，钻头施加转速，钻柱 x、y 方向和绕 x、y 的转角固定；造斜工具下部和孔底摩擦；接触类型采用 Abaqus 自带的面面接触。

4　数值模拟结果及分析

4.1　单一岩性地层数值模拟结果及分析

4.1.1　应力分析

造斜钻具在单一岩性地层钻进时，由于螺杆钻具的弯外

图4　岩石边界条件示意图

管为 1°，螺杆钻具在孔内处于倾斜状态(图5)，因此其孔底岩石最大主应力分布具有明显偏向性。

模拟造斜钻具在含碳质泥岩、粉砂岩、凝灰质板岩及花岗闪长斑岩中钻进时的应力等值线图见图6。由图6可知,对于上述4种岩石,最大主应力极大值相差并不大,但孔底钻头左侧(工具面低边)接触处的最大主应力数值均明显大于右侧(工具面高边)[13],因此左侧岩石将会先于右侧破碎,钻孔将会向右偏斜,即钻孔轴线将发生沿螺杆钻具高边工具面方向的偏斜,从而产生导向钻进[14]。因此无论岩石类型如何,

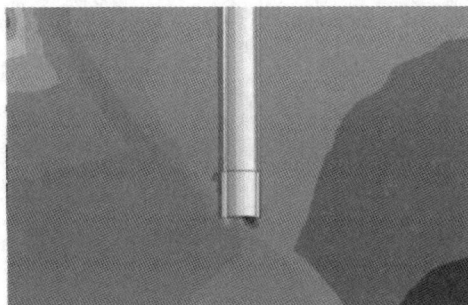

图 5　模拟螺杆钻具在孔内碎岩示意图

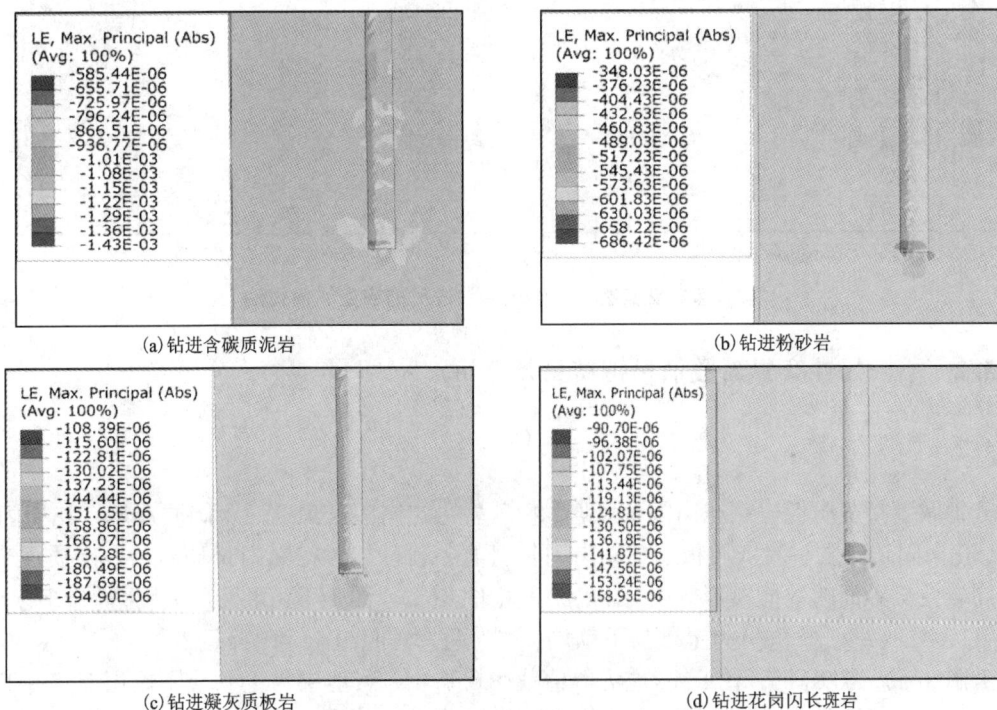

对于同一岩性,螺杆钻具将会有明显的导向性,最大主应力极大值相差并不大。

(a)钻进含碳质泥岩

(b)钻进粉砂岩

(c)钻进凝灰质板岩

(d)钻进花岗闪长斑岩

图 6　造斜钻具在不同岩层中钻进时的应力等值线图

4.1.2　应变分析

模拟造斜钻具在含碳质泥岩、粉砂岩、凝灰质板岩、花岗闪长斑岩中钻进时的应变等值线图见图7。对于4种岩石,其最大主应变处都为钻头接触的左侧(工具面低边),与应力分析所得结果一致,但应变数值大小相差较大。由于花岗闪长斑岩和凝灰质板岩岩石强度较大,其应变较小,粉砂岩和含碳质泥岩强度较小,其应变较大。粉砂岩最大主应变为花岗闪长斑岩的近4倍,强度最弱的含碳质泥岩的最大主应变是花岗岩的近9倍。所以,尽管分布规律相同,在相同钻压下,软质岩石会出现更大的变形,更容易发生破碎,螺杆钻具导向钻进速率也更大。

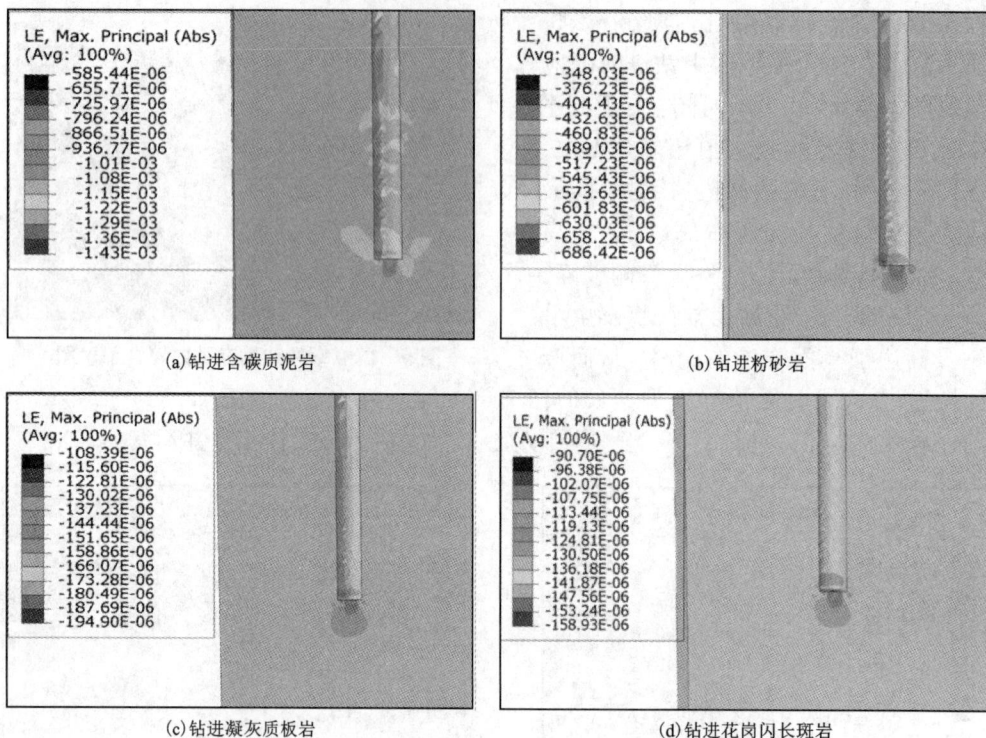

(a)钻进含碳质泥岩

(b)钻进粉砂岩

(c)钻进凝灰质板岩

(d)钻进花岗闪长斑岩

图7 造斜钻具在不同岩层中钻进时的应变等值线图

4.2 不同岩性交界面数值模拟结果及分析

4.2.1 应力分析

分别做了凝灰质板岩—花岗闪长斑岩、粉砂岩—花岗闪长斑岩、含碳质泥岩—花岗闪长斑岩、花岗闪长斑岩—凝灰质板岩、花岗闪长斑岩—粉砂岩、花岗闪长斑岩—含碳质泥岩6个不同岩性交界面的数值模拟分析(图8)。其中图8(a)、图8(b)、图8(c)为上软层下硬层,图8(d)、图8(e)、图8(f)为上硬层下软层,作为两大对照组。

由图8(a)、图8(b)、图8(c)应力等值线图可看出,当地层为上软层下硬层时,由于上覆岩层的压力以及岩石边界的倾角,应力会集中于左上角交界处的较硬地层处,上下地层强度相差越大,该处应力值越大。钻头附近由于相较岩层上覆压力钻压较小,螺杆钻对于钻孔底部附近的应力分布影响较小,而且通过图8(a)、图8(b)、图8(c)的对比可以看出,当上下地层软硬相差越大时,其对最大主应力总体分布影响越小,螺杆钻具的导向功能就越差,可见使用螺杆钻进行导向钻进时上下地层强度相差不能太大。由图8(d)、图8(e)、图8(f)应力等值线图可看出,当地层为上硬层下软层时,最大主应力出现在地层交界处右下角的较硬地层中。对于钻头附近,螺杆钻对钻孔底部最大主应力场的分布有较大影响。由应力图中可看出,在钻孔底部的左下角(工具面底边),其应力值相比周围有明显增大,这种情况下,本就强度较小的下部地层,岩石破碎将更加迅速,使得钻孔轴线会更快地沿岩层交界面方向弯曲[15, 16],而受到螺杆钻具工具面向角影响较小,同样使螺杆钻导向功能大打折扣。上下地层强度相差越大,螺杆钻具导向功能越差。

76

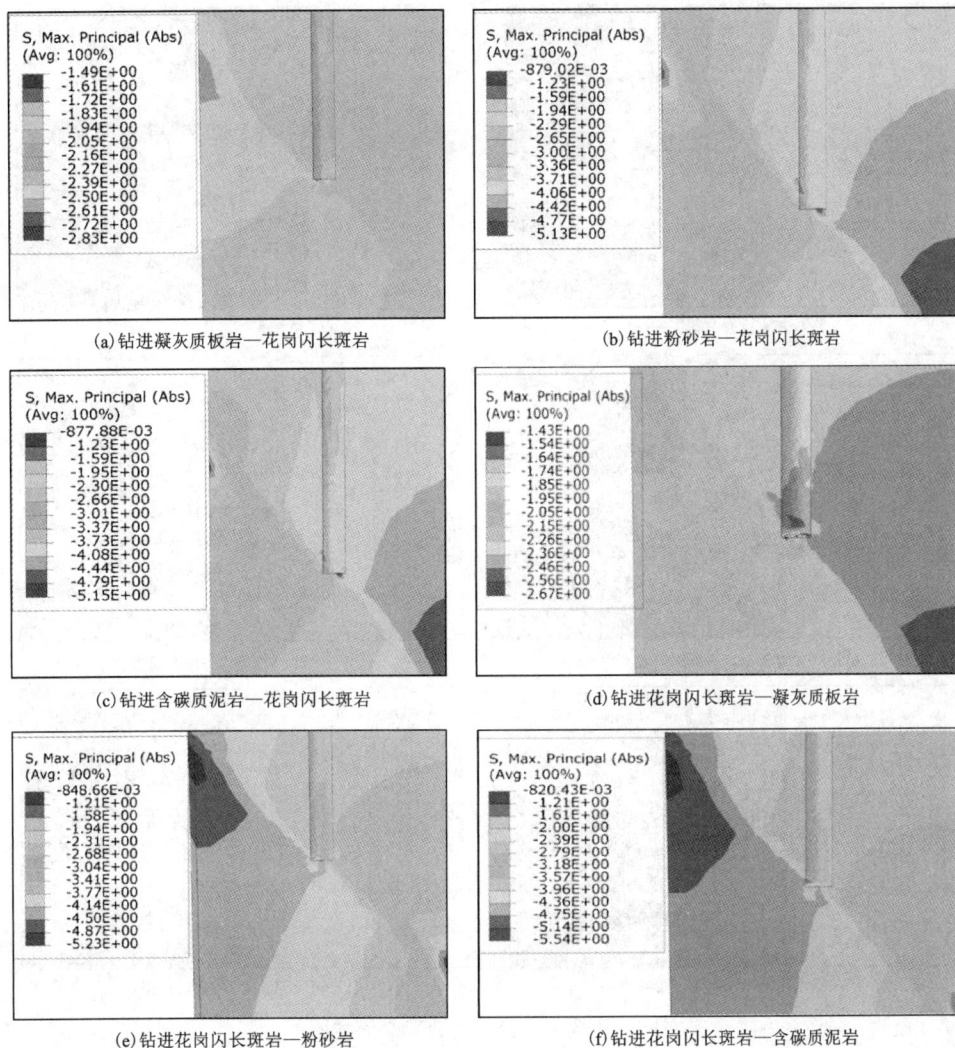

(a)钻进凝灰质板岩—花岗闪长斑岩

(b)钻进粉砂岩—花岗闪长斑岩

(c)钻进含碳质泥岩—花岗闪长斑岩

(d)钻进花岗闪长斑岩—凝灰质板岩

(e)钻进花岗闪长斑岩—粉砂岩

(f)钻进花岗闪长斑岩—含碳质泥岩

图 8　不同岩性交界面应力等值线图

4.2.2　应变分析

应变分析见图 9，图 9(a)、图 9(b)、图 9(c)为上软层下硬层，图 9(d)、图 9(e)、图 9(f)为上硬层下软层。

由图 9(a)、图 9(b)、图 9(c)应变等值线图可看出，最大主应变也出现在左上角，不同的是，其出现在左上角较软地层中。其原因在于较软地层强度较小，受力更容易发生变形，故应变较大。对于钻孔底部，从应变关系上看，在 8 kN 的钻压下，螺杆钻并未对孔底的应变场产生较大影响，其原因在于钻压较小，而下层岩石较硬，难以产生较大变形。因此，从应变的角度分析，螺杆钻对于下部较硬、上部较软的地层，依然难以取得较好的导向钻进，当下部地层强度与上部地层强度相差越大，其效果越差，当下部地层与上部地层强度相差越小，导向效果稍好，其结果与应力分析相符。

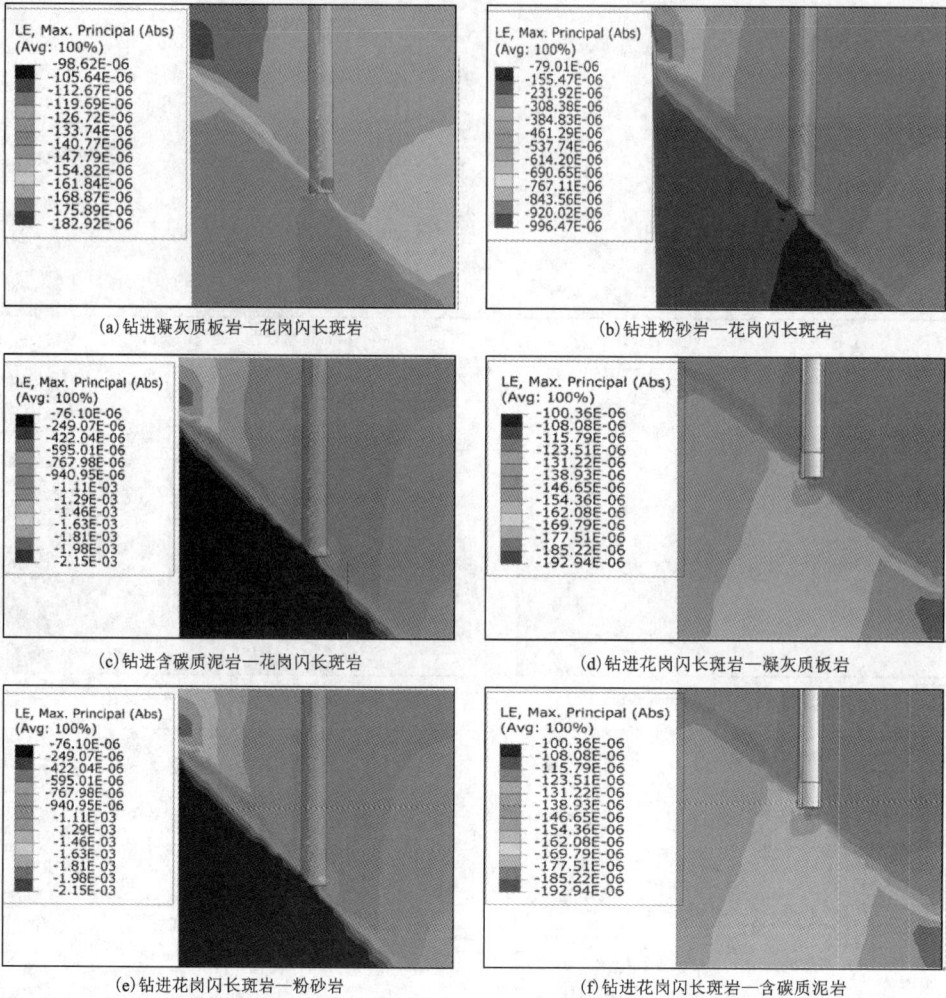

(a)钻进凝灰质板岩—花岗闪长斑岩

(b)钻进粉砂岩—花岗闪长斑岩

(c)钻进含碳质泥岩—花岗闪长斑岩

(d)钻进花岗闪长斑岩—凝灰质板岩

(e)钻进花岗闪长斑岩—粉砂岩

(f)钻进花岗闪长斑岩—含碳质泥岩

图9 不同岩性交界面应变等值线图

图9(d)、图9(e)、图9(f)应变等值线图中，最大主应变出现在右下角，与应力不同的是，其出现在右下角较软地层中，原因同样是较软地层更易发生变形。与最大主应力所得结论相似，在8 kN的钻压下，以本例中螺杆钻施加的角度，钻头与孔底接触偏左部分应变较大，且地层越软，应变越大，下部地层与上部地层强度相差越大，应变在孔底左侧越集中，最终也会导致钻孔沿岩层交界面方向弯曲，而不受螺杆钻具工具面角影响，使螺杆钻具导向效果减弱。

5 结论

本文选取了南岭科学钻探NLSD-1孔造斜孔段中花岗闪长斑岩、凝灰质板岩、粉砂岩、含碳质泥岩等典型岩石，通过Abaqus软件对螺杆钻具在单一岩性和不同岩性交界面碎岩进行数值模拟研究，得出了如下主要结论。

螺杆钻具在单一岩性地层造斜时，其工具面低边侧岩石先于工具面高边侧岩石破碎，使钻孔轴线沿螺杆钻具高边工具面方向进行导向钻进。在相同钻压下，软质岩石会出现更大的变形，更容易发生破碎，螺杆钻具导向钻进速率也更大。

螺杆钻具在不同岩性交界面造斜时，当地层为上软层下硬层时，螺杆钻具对于钻孔底部附近的应力、应变分布影响较小，螺杆钻的导向功能较差，且上下地层软硬相差越大，导向功能越差；当地层为上硬层下软层时，强度较小的下部岩石最先破碎，使钻孔轴线沿岩层交界面方向弯曲，而受到螺杆钻具工具面角影响较小，使螺杆钻导向功能变差，上下地层强度相差越大，螺杆钻导向功能越差。

本文数值模拟分析及得出的结论，一定程度上揭示了螺杆钻的造斜机理和造斜规律，可为螺杆钻具在岩层导向钻进提供相关的指导依据。但在实际的工程中，地层复杂多变，螺杆钻具受力环境也错综复杂，后续应进一步加强在不同地层及受力环境下螺杆钻具造斜的研究。

参考文献

[1] 赵军丽.岩石矿物成分的测定与分析方法研究[J].世界有色金属，2018(14)：233，235.

[2] 刘璐，王瑜，王镇全，等.全金属螺杆钻具研究现状与关键技术[J].钻探工程，2020，47(4)：24-30.

[3] 黄玉文，张德龙.ϕ89 mm 等壁厚螺杆钻具实验分析[J].钻探工程，2016，43(11)：63-66.

[4] 朱恒银，蔡正水，王强，等.赣州科学钻探 NLSD-1 孔施工技术研究与实践 [J].探矿工程(岩土钻掘工程)，2014，41(6)：1-7.

[5] 董树文，李廷栋，陈宣华，等.我国深部探测技术与实验研究进展综述[J].地球物理学报，2012，55(12)：3884-3901.

[6] 陈毓川.南岭科学钻探第一孔选址研究[J].中国地质，2013，40(3)：659-670.

[7] 朱忠，宋鸿林，鲍洪均，等.江西于都—宁都一带印支期构造特征[J].东华理工大学学报(自然科学版)，2004，27(2)：153-157.

[8] 施明兴，高贵荣.江西于都银坑矿田银金铅锌矿床地质特征[J].资源调查与环境，2006，27(2)：164-172.

[9] 郭娜欣，陈毓川，赵正，等.南岭科学钻中与两种岩浆岩有关的矿床成矿系列——年代学、地球化学、Hf 同位素证据[J].地球学报，2015，36(6)：742-754.

[10] 赵正，陈毓川，郭娜欣，等.南岭科学钻探 0~2000 m 地质信息及初步成果[J].岩石学报，2014，30(4)：1130-1144.

[11] 王俊.螺杆钻具的静态及动态特性分析[D].沈阳：沈阳工业大学，2013.

[12] 豆旭谦，王力，金新.硬岩定向钻进螺杆钻具性能分析及应用[J].煤矿机械，2020，41(1)：133-135.

[13] 张红，向正新，钱利勤，等.井眼轨迹控制工具主轴载荷与造斜能力关系研究[J].力学与实践，2017，39(2)：152-157，134.

[14] 刘修善.导向钻具定向造斜方程及井眼轨迹控制机制[J].石油勘探与开发，2017，44(5)：788-793.

[15] 王清江，毛建华，曾明昌，等.定向井井眼轨迹预测与控制技术[J].钻采工艺，2008(4)：150-152.

[16] 冯定，卢昌，张红，等.井眼轨迹控制工具导向运动控制研究[J].石油矿场机械，2017，46(1)：6-10.

第三篇

地面沉降防治与特种钻探技术

地面沉降监测标孔施工技术研究

朱恒银　张文生　王海洲

摘要：本文概述了地面沉降监测标概念和作用原理，系统地介绍了地面沉降监测标孔的施工技术、方法及应用成果。

关键词：地面沉降；监测标孔；基岩标；分层标

Research on Construction Technology of Ground Subsidence Monitoring Standard Hole

ZHU Hengyin, ZHANG Wensheng, WANG Haizhou

Abstract: The concept and function principle of ground subsidence monitoring beacon are summarized, and the construction technology, method and application results of ground subsidence monitoring beacon are systematically introduced.

Keywords: land subsidence; monitoring standard hole; bedrock standard; stratification standard

1　概述

地面沉降在世界各国均是一个较为普遍的环境地质问题，在城市所在区域表现尤为明显，如果地面沉降得不到有效的控制，可导致城市积水，地下管线拱起或断裂，地面建筑物变形、下陷、倒塌等严重后果。地面沉降是指在外部条件影响下，由于地壳表部松散覆盖层的压密而引起地面标高降低的现象。已发生地面沉降现象的国家和地区，均是在地面水准测量中发现的，但仅通过地面水准点是难以掌握沉降发生及发展的内在规律的，因此，在深厚的第四系松散覆盖层地区应设立监测标。监测标主要由基岩标和分层标组成。基岩标作为高程控制测量的基准，可减小传递误差，提高测量精度；分层标可获取地面下土层在外界作用影响下的变形量。因此，基岩标与分层标是进行地面沉降监测的重要技术手段，是地面沉降分析研究与制定相应控制对策的基础。

所谓基岩标是通过钻探方法而埋设在地下完整基岩上的特殊观测点。标点直通地面，是

基金项目：上海市科技攻关项目"上海市地面沉降监测原理与施工技术"。刊登于《探矿工程（岩土钻掘工程）》2001年第28卷增刊、《第十一届全国探矿工程（岩土钻掘工程）学术交流年会论文集》，被评为中国地质学会探矿工程专业委员会优秀论文。

进行地面沉降的水准测量的起始点或高程控制点。

所谓分层标是根据土层的性质,通过钻探方法分别埋设在地下不同深度土层或含水砂层中的特殊观测点。标点直通地面,随土层的压缩、膨胀而升降变化,由此观测此点到地面的总沉降量或回弹量。通过与基岩标的联测,以此掌握不同地层在监测周期内的变化及其变形特征。

由监测标的作用原理可知对标孔的施工质量要求十分严格,同时对标体结构设计应做到合理性,灵敏性(指分层标),稳定性(指基岩标)和可靠性。自 1996 起到 2001 年 5 年间,我队与上海市地质调查研究院合作,在上海市区域承担了大量的监测标施工任务,并探索出一套较为完整的监测标孔施工技术与方法。

2 标孔施工质量要求

2.1 钻孔质量要求

2.1.1 孔深

为准确划定地层位置和确定钻孔结构,在下列钻进情况下应测量孔深及进行孔深校正:①每钻进 50 m;②钻孔换径和扩孔部位;③到达埋设标底位置;④风化基岩和完整基岩交界面;⑤终孔后下管前。校正孔深误差<1‰,发现误差要及时纠正。

2.1.2 孔斜

应选用电测斜仪器连续测量,每 25 m 及钻孔终孔时各测斜一次,下入保护管回填、灌浆后全孔测一次。钻孔顶角≤0.5°/(100 m),且累计钻孔顶角≤1°。

2.1.3 孔径

鉴别孔开孔口径≥130 mm,基岩标、分层标钻孔孔径与标的外层保护管直径之差值一般应在 150 mm 为宜,大直径基岩标孔径经专门设计而定。

2.1.4 取芯

取样、取芯工作通常在鉴别孔(可兼基岩标孔)内进行,要求连续取芯至终孔。岩芯采取率:黏性土≥90%,砂性土≥70%,完整基岩≥90%。连续落心时,黏性土≤2 m,砂性土≤3 m,基岩≤1 m。达不到要求时应在其他标孔钻进时补取。

2.1.5 取原状土

为进行不同土层的物理力学性质试验,可用 ϕ89 mm 或 ϕ108 mm 薄壁取土器对深度100 m 以上土层,每 2 m 采原状土样一个,落土补取。所取原状土样应标明上、下端,贴好标签蜡封,24 h 内送试验室。

2.1.6 取扰动土样

对无法取到原状土地层,可取扰动土样。黏性土每 2 m 取一个,砂性土每 3 m 取一个。

2.1.7 录井编录

做好钻具钻进情况量测及现场地层分层、岩性描述等录井工作，按地层揭露顺序，标明深度、层厚，安放岩芯入箱。终孔后及时做出地层柱状图，作为确定埋标位置依据。

2.2 标体的安装及埋设要求

2.2.1 标体的安装

为了简化标体结构，将过去的多层保护管结构设计成单层，用刚性较强的厚壁无缝管作为保护管。保护管采用丝扣连接，内外无台阶。标深>150 m采用ϕ168 mm保护管，标深≤150 m采用ϕ127 mm保护管。

视埋设深度选择标杆口径及结构，深标(>150 m)采用ϕ89、ϕ73、ϕ42 mm钢管自下而上组成宝塔式结构。下部ϕ89 mm标杆长度为总长的5/9，中间为ϕ73 mm标杆，其长度为余长部分的5/9，上部为ϕ42 mm标杆。标杆与保护管间采用三向转动滚轮式扶正器扶正，扶正器之间的间距为5 m左右，扶正器外径与保护管内径之间的间隙设计为1.5~2 mm。地表浅标采用ϕ50 mm不锈钢薄壁管作标杆。

2.2.2 标体的埋设要求

按地质设计要求，标点埋设位置要准确无误。基岩标保护管要求埋入完整基岩内2 m，管与孔壁间用水泥固牢。标杆埋入新鲜完整基岩内深度≥5 m。埋入基岩内标杆与基岩间定量注入水泥浆，使之与基岩成为整体，切忌不能与保护管连成一体。分层标要埋入目的层界面上，标底设置误差≤0.5 m；标杆压入土层深度≥0.30 m，滑筒向下滑动距离≥1 m，向上为0.5 m。保护管与孔壁之底部用干黏土球封闭，上部用水泥浆封孔。标杆与保护管间灌入清水，离地面2~3 m处灌注防锈油。

2.3 回填灌浆

2.3.1 保护管与孔壁封闭

基岩标采用水泥浆封闭，分层标底部用黏土球封闭，上部用水泥浆或水泥浆加黏土混合封闭。特殊钻孔应按地质设计进行。

2.3.2 孔口回填

孔口部分，下部应用黏土块回填捣实，上部铺垫1 m厚砂料，平整地面。

2.4 原始资料记录及成果提交

(1)对标孔的地层、岩性、测深、测斜、注入水泥浆、回填等现场与施工情况应详细记录整理。

(2)保护管、标杆必须丈量准确，并按顺序编号、记录。

(3)标体安装记录齐全。

（4）竣工报告。根据钻孔班报表、埋标工艺、标点结构图等原始资料编写竣工报告，待有关部门验收，交付使用。须提交的成果主要有：①钻孔地质柱状图及标孔竣工结构图；②标组及标孔平面位置图；③钻孔说明书；④原始记录、验收报告书。

3 施工设备及器具选择

3.1 主要施工设备

钻机：XY-4型液压钻机，主要用于鉴别孔、基岩标孔、分层标孔导向孔及浅标孔的施工，以确保钻孔的垂直度及岩芯采取率；SPJ-300型水文水井钻机或GPS-15型转盘钻机，主要用于深标孔、大直径基岩标扩孔施工。

水泵：BW-200或BW-250型变量泵，用于鉴别孔及标孔导向孔施工；BW-850型变量泵，用于标孔扩孔钻进；3PN、2PN型泥浆泵，主要用于现场排污及搅拌水泥浆。

钻塔：G-23型管子塔和12 m自制四脚塔。

发电机组：功率75 kW，现场备用。

3.2 主要仪器

测斜仪：KXP-1型测斜仪。

泥浆性能测试仪：比重秤、标准漏斗黏度计、电动切力计、失水量仪、含砂量测定仪、pH试纸等。

4 施工工艺

4.1 标组孔布置及施工顺序

4.1.1 标组孔布置

监测标一般都应配套成组埋设，一组标孔中除基岩标、分层标外，还设有水文观测孔和测头孔。一组标孔占地200 m²，布孔10~15个，孔距不足3 m，标孔的布局大多呈扇形或放射状，基岩标位于标组孔中心，分层标深浅错开，既有利于施工又减少测量系统误差。监测标组孔平面布置图如图1所示。

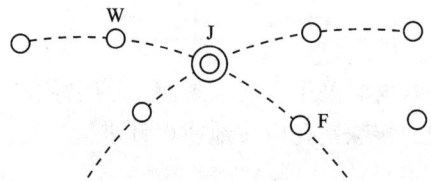

J—基岩标；F—分层标；W—水文观测孔。

图1 监测标组孔平面布置示意图

4.1.2 标组孔施工顺序

施工顺序原则：先鉴别孔后标孔，先深后浅，先基岩标后分层标。

4.2 基岩标施工工艺

4.2.1 钻孔结构

基岩标类型按施工口径可分为：大直径(ϕ1000 mm)和常规直径(ϕ300 mm 左右)2 种。

单层保护管基岩标孔结构见图 2：开孔 ϕ600 mm 钻穿填土层下入 ϕ500 mm 孔口定向管；第四系采用 ϕ300~350 mm 口径钻具钻至较完整基岩 1~2 m，下入 ϕ168 mm 保护管；固井后，在 ϕ168 mm 保护管内用 ϕ130 mm 口径钻具钻进新鲜基岩 5 m 左右。大口径基岩标采用 ϕ1000 mm 口径钻具钻进至风化基岩后，用 ϕ350 mm 口径钻具钻入新鲜基岩 2 m，再下入 ϕ219 mm 无缝钢管保护管；固井后，在 ϕ219 mm 管内用 ϕ130 mm 口径钻具钻入新鲜基岩 5 m。

4.2.2 施工工艺流程

施工工艺流程见图 3。

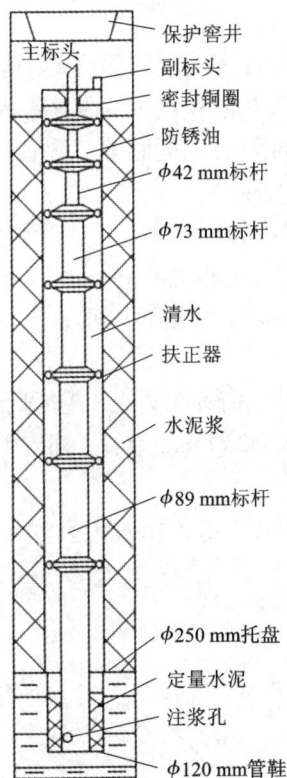

图 2 基岩标结构示意图

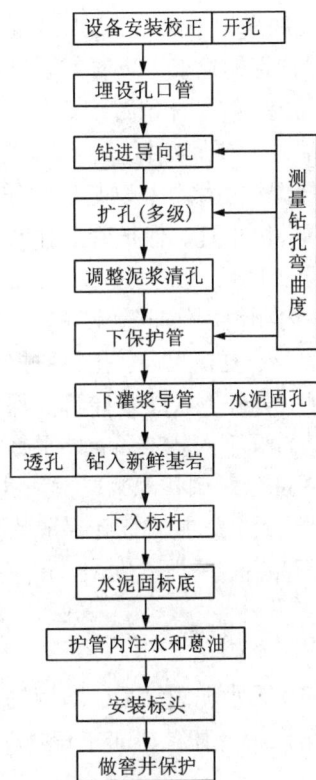

图 3 基岩标施工工艺流程

4.2.3 钻进方法

钻孔开孔时一般预先在孔口埋设比基岩标设计口径大 1~2 级的护管。先施工导向孔，导向孔钻进采用 ϕ130 mm 硬质合金钻头取芯钻进至风化基岩，再用 ϕ130 mm 金刚石钻头钻进至新鲜完整基岩 2 m 左右。导向孔达到设计孔深后，采用带导向的 ϕ300~350 mm 硬质合金扩孔钻头钻进至导向孔深度。大口径基岩标采用 ϕ1000 mm 带导向刮刀钻头扩孔钻进至导向孔深。

4.2.4 钻进用冲洗液的选择

标孔施工第四系覆盖层均较厚，砂层多，易坍塌、缩径，所以选用优质膨润土泥浆作为钻孔冲洗液，以保证孔壁的稳定性和钻进的安全性。室内试验及现场使用结果表明：KHm 低固相泥浆对第四系松散层适应性较强，护壁性能较好，施工中主要使用该类型泥浆。

KHm 低固相泥浆的配比：黏土加量为泥浆体积的 4%，处理剂加量为黏土∶纯碱（Na_2CO_3）∶腐殖酸钾（KHm）= 100∶（2~3）∶0.2。泥浆原浆主要性能指标为：密度 1.05~1.10 g/cm^3，黏度 23 s，pH 9~10，失水量 5~7 mL/（30 min），泥皮厚 0.5~1 mm。

4.2.5 下保护管

导正孔在扩孔达到孔底后，下入保护管。下保护管、磨平孔底的程序和下入方法如下。

（1）扫孔、换浆。钻孔扩到底后，用带导正的加长钻具进行全孔扫孔，在扫孔的同时，逐步调整泥浆性能，主要是降低泥浆密度、含砂量及黏度（18 s 左右），清除孔底沉渣。

磨平孔底采用平面钻头，以保证管座底部平整。

（2）保护管的检查。下管前要全面检查保护管质量，丝扣不好、管圆度差、弯曲的管子严禁下入孔内，按设计位置配好管长，逐根丈量编号，清除管内垃圾，不使其带入孔内。保护管最底端外沿要焊接托盘，大小视钻孔口径而定，以保证管底部同心度。管底部用锥形木制导向或烧焊铁板堵住，以起导向作用和避免灌浆时向管内回浆。

（3）下入保护管。保护管下孔时，要慢、稳，下管过程中如浮力大，可在管内灌入清水。保护管下至孔底后，要上拉绷紧使之垂直，并将管子居中，用夹板夹牢。

（4）管内测斜。保护管下好后，要进行管内全孔测斜一次，验证管内垂直度。事后对测斜仪进行复核，复核无误，孔斜数据有效。

（5）保护管外下入灌浆导管。保护管下完后，为了灌浆，需在管外与孔壁间下入灌浆导管，普通基岩标下入 ϕ50 mm 外平钻杆，大直径基岩标下入 ϕ200 mm 导管，都应下至离保护管底部 0.3 m 处。调整泥浆二次清孔。

（6）灌浆固井。基岩标孔一般均灌注 425 普通硅酸盐水泥，水灰比为 0.5；大口径基岩标灌注 C30 商品砼，砼坍落度 18 cm。一般均注至孔口。

4.2.6 透孔钻进

待 7~10 天水泥固结后，即用钻具在管内底部透孔扫木塞，或封堵铁板，再用 ϕ130 mm 口径钻具钻至新鲜基岩 5 m 左右并取完整岩芯。

4.2.7 标杆下入及埋设

在保护管内按设计要求下入标杆。下标前标杆必须丈量准确，按比例配好各段长度，并逐根记录、编号，以便按顺序下入，同时按照配制的位置配备好标杆扶正器具。标杆底部一般须焊一个略小于孔底直径的扶正托盘，于托盘上部标杆 0.5 m 处钻 2~3 个灌浆出口孔。

标杆下入孔底后，在标杆内灌入计算准确的定量水泥浆，水灰比为 0.5，送入替浆水，将水泥浆挤入孔底，使标杆底部 3~4 m 与孔底岩层固结在一起。切忌将标杆、保护管、岩石三者固为一体。标底水泥固结后，用钻机对标杆施以 20 kN~30 kN 顶力，测试标杆是否牢固。

4.2.8 标头安装

标杆固牢后，在保护管与标杆间注入清水，上部 1~2 m 注入防锈油。同时按设计要求将标头进行整理，安装孔口装置等做窨井保护。

4.3 分层标施工工艺

4.3.1 钻孔结构

分层标钻孔结构与基岩标钻孔结构基本相同。开孔下入 ϕ500 mm、长 1~2 m 孔口护管。深标先钻导向孔，孔径为 130 mm，后扩孔至 ϕ300~350 mm，下入 ϕ168 mm 保护管；浅标一般均为一径到底，常用口径为 250 mm，下入 ϕ127 mm 或 ϕ108 mm 保护管。分层标结构见图 4。

4.3.2 分层标施工工艺流程

分层标施工工艺流程见图 5。

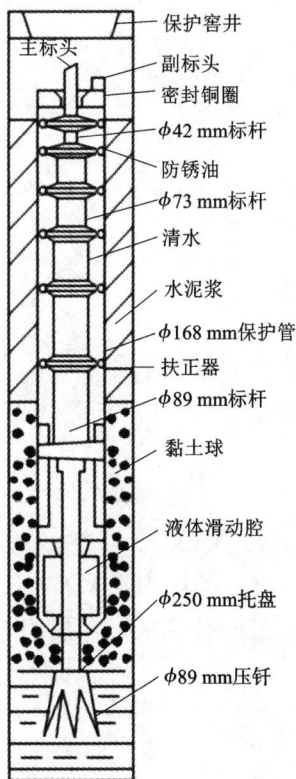

图 4 分层标结构示意图

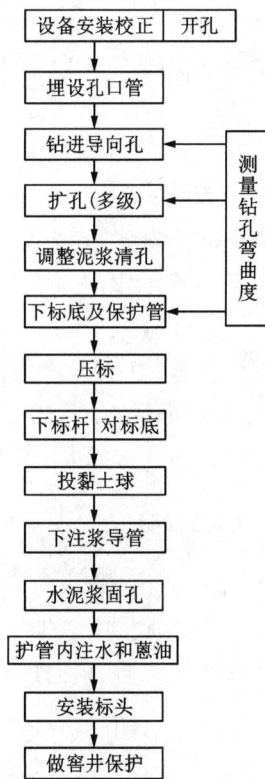

图 5 分层标施工工艺流程

4.3.3 钻进方法

先采用 ϕ130 mm 硬质合金钻头钻进至设计孔深前 2 m，再次取芯钻进，以鉴别岩性，确定层位。后采用 ϕ300~350 mm 上下带导向的刮刀式硬质合金钻具扩孔至设计孔深。浅标孔

钻进一般采用 ϕ200 mm 硬质合金钻头一径到底,需取芯部位换 ϕ130 mm 取芯硬质合金钻具钻进。

4.3.4　钻进用冲洗液

分层标孔钻进用冲洗液与基岩标孔钻进用冲洗液相同。

4.3.5　标底的装配

分层标标底一般在加工车间加工,装配好,送至现场使用,在现场应做好如下几点:
(1)将标底液压油腔内加满机油(或机械油),加油口用防漏螺栓拧紧。
(2)在标底爪形插钎中间,放置圆锥形木塞,其外径略大于插钎内径,长度≤100 mm。
(3)标底用铁丝固定,防止下坠。

4.3.6　下标底及保护管

(1)将标底连接在保护管底部,逐根下入孔内,直至预定孔深。为克服泥浆浮力,边下管边往管内注入清水。
(2)保护管和标底下到位后,用夹板将保护管夹牢,放置在孔口板中心。

4.3.7　压标

(1)在保护管内下入 ϕ50 mm 钻杆,下部接 ϕ65 mm 母锁接头,平口朝下,至底部滑筒 ϕ57 mm 接头上部,必须准确到位。
(2)对主动钻杆,用钻机加压油缸向下压标,压标深度≥300 mm,将插钎压入土层内(托盘至埋标地层面上)。
(3)上提保护管,上提长度为能使标底托盘至液压滑筒底部的距离保持 1 m。提起保护管时,压标钻杆放置于保护管内,保护管上提时,压标钻杆应保持静止不动。
(4)利用压标钻杆送清水清洗保护管内壁及标底内腔。

4.3.8　下标杆对标底

提起压标钻杆,下入按设计要求安装好扶正器的标杆,标杆的结构及下入方法与基岩标相同。标杆下入到标底的接头处,将标杆顺时针旋转,使标杆与标底接头对接扭紧,注意上扣长度。并轻拉标杆,检查标杆对接情况。

4.3.9　保护管外围填及灌浆

(1)在保护管外下入灌浆管,将泥浆黏度调稀至18 s。
(2)提起灌浆管,投入黏土球至孔底以上 40 m,在投黏土球时要注意防止中途架桥。
(3)再下入灌浆管至黏土球面上 1 m,将搅好的水灰比为 0.5 的水泥浆泵送至保护管与孔壁的环状间隙中,直至孔口。
(4)将保护管拉直,使之居中于钻孔,以保证保护管处于垂直状态。
(5)待水泥凝固后,再在孔口补一次浆至孔口以下 1 m 处。

4.3.10　安装标头装置，做窖井保护

5　标孔施工质量监控措施

5.1　施工前的质量控制

（1）下达并明确地质设计要求。
（2）审核施工方案，施工组织设计。
（3）察看现场施工环境及施工条件。
（4）检查施工设备及工具等。
（5）进行施工人员素质教育和技术交底。

5.2　施工过程中的质量控制

5.2.1　把好设备安装、开孔质量关

（1）标组施工场地要平整，并做好砼基础，钻机安装水平。
（2）采用液压、立轴式钻机，保证立轴不晃动、主动钻杆垂直，立轴有上、下卡盘。
（3）做到天车、立轴和孔口三点一线。
（4）使用孔口定向管时，孔口管的安装必须牢固与垂直，其中心要与立轴中心一致。
（5）开孔用的粗径钻具要刚、满、直，其长度随钻孔加深而加长。
（6）开孔要轻压慢转，采用小规程钻进参数。

5.2.2　把好钻进工艺关

（1）遇到地层软硬互层时，采用小规程参数钻进。
（2）采用硬质合金钻头钻进时，应保证钻头有良好的出刃。
（3）采用小径打导向孔、大径扩孔的施工方法，以保证钻孔的垂直度。
（4）扩孔或换径时，钻具上、下带导向，并具有良好的导向功能，以防扩偏或扩出新孔。
（5）采用钻铤孔底加压。
（6）力求做到各类粗径钻具组合均具有刚、满、直的防斜保直特性。施工中，钻进用粗径钻具均设计为三单元组合式钻具（从下至上）：钻头→扶正器→岩芯管→扶正器→岩芯管→扶正器→钻铤→钻杆。
（7）采用合理的取芯、取样工具。钻孔取原状土样，使用薄壁取样器、液压钻机静压取样；钻孔取芯使用单动双管和无泵反循环钻具；岩石层取芯采用金刚石卡簧钻具。
（8）发现钻孔孔斜超差，采用刚性满眼钻具及时扩孔纠偏，至满足要求为止。

5.2.3　把好钻进用泥浆质量关

（1）使用优质膨润土，并按程序配比配制泥浆。
（2）每一作业班配有专人测试泥浆性能参数，并维护泥浆性能以满足地层护壁要求。

91

（3）在关键工序上及时调整泥浆性能，如下保护管和灌水泥前，均要降低泥浆密度、黏度、含砂量等，以保证孔壁稳定和孔底干净，利于压标和保护管外注浆。

（4）在钻进过程中采用旋流除砂器进行除砂。

5.2.4　把好标的埋设质量关

（1）标埋设前严格检查保护管本身质量和丝扣、扶正器、标底加工质量，严禁不合格产品下入孔内。

（2）钻孔达到目的层埋设位置后，准确校正孔深，丈量保护管、标杆长度及扶正器位置，并编号下入。

（3）基岩标的标底固定，做到准确计算水泥浆量及替浆水量，慎防保护管、标杆固为一体。

（4）分层标压标做到准确到位，并按程序进行复核、验证。压标前做到孔底无沉渣。

（5）水泥固孔采用导管灌注，导管上提不得脱离水泥面。按水灰比 0.5 准确计算水泥用量。

（6）标体各构件下人孔内，尤其是标杆与扶正器的下入，操作要慢，防止构件损坏事故，影响标的质量。

5.2.5　把好钻孔孔斜测量关

（1）采用磁针式（KXP-1 型）电动连续孔斜测量方法，测斜仪在下孔前须在校验台上进行校正。严禁测量误差超过允许范围的测斜仪下孔测量。

（2）采用同种 2 台仪器对比测量。

（3）测量间距为 25 m 测一次，特殊地层和换径时加密测点。

（4）每钻一级口径孔均进行孔斜监测，每次测量要求对上次所测 2~3 点进行复测对比。

（5）每测点孔斜测量不少于 3 次，如发现同点测量重复性差，要找出原因，进行误差消除，以提供准确的测斜数据，指导施工。

（6）钻孔终孔及下保护管后，进行全孔测斜，并由质量监控人员（建设方指派）现场检验签字。

5.2.6　把好施工过程原始资料记录整理关

（1）有专门地质人员进行及时的地质编录描述，按规定完成岩芯、岩样装箱和原状土装筒送验，在鉴别孔终孔 2 天后提交钻孔地层描述及地层柱状图。

（2）除每班记录班报表外，对下标压标、封孔、固孔、测斜等要有专门详细记录并有专职人员把关。

5.3　标孔施工质量控制与评定

在每个标孔施工结束后，进行现场质量初验收，若发现问题及时处理。整个标组孔全部施工结束后，施工单位提交施工竣工报告，由建设方组织人员对整体进行质量验收。验收内容主要为：钻孔质量、岩芯采取率及取土质量、现场地质描述质量、标的安装质量及其他质量等 5 大项内容。并逐项进行评分，定出优良、合格、不合格 3 个质量等级。

6 施工效果

近几年来，我队参与了上海市新一轮地面沉降监控网络1995—2000年规划实施工作，与上海市地质调查研究院合作，完成了基岩标10座，分层标7组46个，浅式分层标30个，水文观测孔21个的施工任务，维修基岩标4座，完成钻探工作量22000余米。施工最深基岩标孔深366 m，最大口径为1 m。所施工的标孔钻孔终孔顶角均小于1°，各项技术经济指标完全满足设计要求，均评为优质标(孔)。同时还参与了上海浦东国际机场、外高桥造船基地、磁悬浮铁路等市政重大基础工程基岩标的施工任务，工程质量和工程进度等均受到建设方的一致好评。

所竣工的标孔大部分已投入监测运行，监测结果表明：各标组运行正常，监测数据准确可靠，基岩标稳定性好，分层标灵敏度高，取得了良好的监测效果。

7 结语

(1)几年的施工结果证明：施工中所探索研究的一整套工艺方法，完全能满足地面沉降标孔施工要求。对今后类似工程施工具有指导意义。

(2)所设计的标体结构简单、合理、科学，能大大地提高测量精度和资料的可靠性，值得推广与借鉴。

(3)监测标除应用于地面沉降监测外，基岩标对于深厚第四系覆盖层地区的高程控制网与重大工程的水准点建设，以及地震、地裂缝、构造活动等地质灾害监测防治具有不可替代的作用；分层标可为地下水资源的合理开发利用和系统管理服务，为江河及海堤防汛工程的土层内部变形提供监测保证。因此，监测标具有广泛的应用前景。

(参考文献略)

地面沉降监测标结构设计及施工技术要点探讨

朱恒银　王幼凤

摘要：本文阐述了地面沉降监测标结构设计原理、原则和要求，指出了保证监测标施工质量技术要点，介绍了施工技术效果，并对相关技术问题进行了探讨。

关键词：地面沉降；监测标；结构设计；技术要点

Discussion on Structural Design and Construction Technology of Ground Settlement Monitoring Beacon

ZHU Hengyin, WANG Youfeng

Abstract：This paper expounds the structural design principle, principle and requirement of ground settlement monitoring beacon, points out the key technical points to ensure the construction quality of monitoring beacon, introduces the construction technical effect, and discusses the related technical problems.

Keywords：land subsidence; monitoring standard; structural design; the construction technology

由于地壳表部松散覆盖层的压密而引起地面标高降低的现象，通常称为地面沉降。地面沉降可造成地表下陷、内涝、城市积水、管线(输水、输气、输油管线)断裂、江河库坝变形等严重灾害。国内所出现地面沉降较严重的地区有上海、北京、天津、西安、阜阳和宁波市、苏锡常、杭嘉湖长江三角洲等区域。为了监测地面沉降量，目前的主要手段是建立地面沉降监测标(基岩标、分层标)，来获取地表下土层在外界作用影响下的变形量，以分析研究地面沉降规律，从而制定相应控制措施和对策。

地面沉降监测标的设立及监测精度的可靠性、灵敏性，关键取决于监测标的结构设计和施工工艺。本文通过几年来我队在上海、北京、浙江等地所设计和施工的近30000 m工作量、130个监测标孔的施工实践，就上述两方面技术问题进行探讨及浅谈几点认识，以供同仁参考。

基金项目：上海市科技攻关项目"上海市地面沉降监测原理与施工技术"。

刊登于：《探矿工程(岩土钻掘工程)》2003年第30卷增刊，《第十二届全国探矿工程(岩土钻掘工程)学术交流年会论文集》。

1 监测标作用原理及结构设计

1.1 监测标作用原理

地面沉降监测标主要由基岩标和分层标组成。基岩标是通过钻探的方法而埋设在地下完整基岩上的特殊监测点。即从地下基岩引至地表的标志点(水准点),是进行地面沉降的水准测量的起始点或高程控制点(是分层标监测的基准点)。分层标是根据土层的性质,通过钻探方法分别埋设在地下不同深度土层中的特殊监测点。标点直通地表,随土层的压缩、膨胀而升降变化,由此可监测该点到地面的总沉降量或总回弹量。

1.2 监测标结构设计原则

根据监测标的作用原理,其结构设计原则:要求标体结构简单、可靠、耐久。基岩标具有良好的稳定性,分层标具有高度的灵敏性,能客观反映土层变形的微量变化。

监测标的标体结构主要由保护管、引测装置(标杆)、扶正装置、标底装置和地面装置5大部分组成。基岩标与分层标结构区别在于标底结构,基岩标标底须与基岩固结成一体,保证其稳固、可靠、永久。而分层标标底要与土层紧密接触,并随土层变形,能上下灵活运动。典型的基岩标、分层标结构示意图如图1、图2所示。

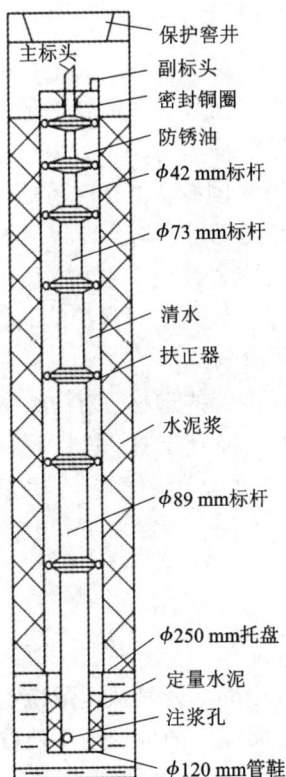

图 1 基岩标结构示意图

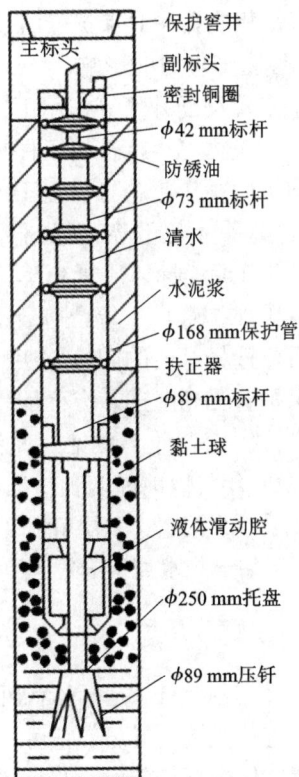

图 2 分层标结构示意图

1.3　监测标结构设计要求

监测标的五大结构具有各自不同的作用，因而标的结构设计应能保证其各司其职，协同配合，以此提高标体质量，并保证其正常运行。保护装置的作用主要是隔离周围土层摩阻、水动力及动态变化对标的影响；引测装置处于保护装置之中，是标的主体关键部件；导正装置用于扶正引测装置，保证标杆垂直，减少保护装置对引测装置的影响；标底是保证引测装置底部与周围地层紧密接触的最重要构件；地面装置则是测量作业的依据。监测标结构设计是否合理，是衡量监测标运行质量优劣的关键。

1.3.1　保护装置

保护装置又称保护管，由于保护管外壁在与地层接触中要承受地层压力、土层变化应力及保护管自重作用等，故在设计保护管时，须对材质、口径及结构类型进行综合考虑。

（1）地层压力的影响

保护管一般都放置于第四系地层，要求有较高的抗压能力。若地层最大挤压应力为：$P = rH$（其中，r 为泥浆密度；H 为孔深），保护管所能承受的挤压力为：$P_{cm} = C\delta^2/D_m^{1.75}$（其中，$C$ 为管材质量系数；δ 为管材壁厚；D_m 为管材直径）。则必须设计保护管抗挤压力 $P_{cm} > (1.5{\sim}2)P$。

（2）保护管自重压力的影响

保护管的选择要考虑自重压力，应具有较大的抗弯强度和管连接部位的危险断面抗断裂强度，以满足相应孔深对保护管材质、壁厚的要求。

（3）地层变形应力的影响

在地下水位反复升降等作用下，不同深度松散土层随之发生压缩、回弹变形，这种土层变形所产生的应力将直接作用于保护管外壁。地层变形的附加应力对保护管壁产生摩阻，其有向上与向下两种作用趋势。由于保护管下入后要回填，填料固结，将有向下的作用力；抽用地下水(或地下水位下降)后，土层效应力增加、土层固结压缩等，均会导致保护管向下运动。而标孔施工后，标体质量小于原钻孔内土柱重力，土层应力释放；地下水位上升、土层回弹应力克服保护管自重等，则会使保护管向上运动。要考虑该因素对保护管的影响，在下入保护管后要选择有效的固管方法，以减少地层变形应力的影响。

由于保护管受到上述多方面因素的影响，所以要求在保护管的选材、结构类型及管外回填材料上进行优化设计。常见的监测标保护管材料主要采用混凝土管、铸铁管、无缝钢管等，20 世纪 90 年代以前前两种材质在上海用得较多，之后均改为无缝优质高强度钢管；结构类型上主要采用多层管、二层管和单层管；管外回填材料与方法：主要采用黏土球(块)、灌注素混凝土、黏土与水泥混合材料等进行灌注。

1.3.2　引测装置

引测装置亦称标杆，是标体构件中的主体部分。基岩标中的标杆是从埋藏稳定的基岩内引申至地面进行观测的导杆，它可直接作为测量基准点；分层标中的标杆则反映被测土层面的升降变化。保证标杆的刚直稳定性是设计的关键。

对于标杆来说，由于其直径与长度相差悬殊，长细比过大，易发生挠曲，因而要求提高杆材的刚度、强度来增加其稳定性。防止标杆挠曲失稳的对策：采用优质高强度材质的无缝钢管作为标杆；减小长细比，选用直径、壁厚较大的标杆或采用上细下粗异径组合，连接成宝塔型标杆来提高稳定性，同时在标杆间设置扶正器来提高标杆的刚直稳定性。

1.3.3 导正装置

由于标杆长度实际上大大超过了其稳定的极限长度，故标杆会在保护管内发生自由挠曲。导正装置作用即在于克服这种挠曲现象，扶正标杆，增加标杆的稳定性。导正装置有柔性与刚性2种构件类型。

(1)柔性导正结构

柔性导正结构即是采用锚固在孔底，利用穿在标杆中的钢丝绳在杆内的张直，从而使标杆扶直的构件系统。这种柔性导正构件必须在地面对钢丝绳施以足够的拉力，使其呈绷紧状态才能有效。一般用于基岩标标杆的导直。20世纪60~70年代上海曾用此方法。

采用此种方法时，用标杆半波长与张力计算结果可以看出，300 m长度的不同规格标杆完全导直时，对 $\phi73$、60、50 mm 三种型号标杆所需拉力分别为178、135和123 kN。由此，对于深度较大的标体。深孔中的钢丝绳须长期承受巨大拉力，对普通钢丝绳来说，其绝对伸长量较大，导直效果不理想，而对于60 m以浅的标体标杆导直所需的张力仅为3~4 kN，故具有实际应用价值，但其张拉装置较烦琐。

(2)刚性导正结构

采用相对刚性的导正构件——扶正器进行导正的结构，它能更有效地起到导正作用，且比柔性导正结构的使用时间长。扶正器安装在标杆上，并按纵弯曲理论计算半波长部位。扶正位置放置要科学合理，扶正器间距过大，起不到良好的扶正作用，过小则导致阻力增大。扶正器的性能设计要求：

①结构简单、合理，具有较好的导正作用；

②具有较高的支撑强度，不会因标杆与保护管之间的挤压或下标时的撞击而造成构件损坏；

③必须具有较好的灵活性，既能在标杆轴向上、下移动自如，又能径向转动。

扶正器不仅起导正作用，还能使标杆导直和在保护管内居中，同时也使保护管与标杆的作用相互独立。常见扶正器类型如图3所示。

1.3.4 标底装置

标底结构是标底部特殊装置，它连接标杆底部，直接埋入被监测地层。基岩标与分层标在结构上的区别，主要是在标底结构和标底作用的不同。基岩标必须固定不动，标底结构比分层标底结构简单。标底须埋入新鲜基岩中。

基岩标标底可在标杆上焊一个托盘，对钢丝绳扶正标则在标底标杆上焊接若干根倒刺，将标杆连同标底下入孔底埋入10 m左右新鲜基岩中，并用定量水泥将标底与基岩固结成一体。

分层标标底结构类型主要分为固定托盘式和活动式2类。固定式是用于浅层标(30 m以浅的)，活动式则用于深层分层标。分层标标底的设计对性能要求：结构简单，压标方便，上下活动灵敏度高，活动部件密封性好，密封件具有防腐性、耐久性。分层标标底结构主要由连接件、滑筒件2部分组成。连接件的作用是使标与被测土层连接紧密，并与上部标杆相连；

滑筒件的作用是隔开周围土层对滑筒活动的影响(阻力),同时保证保护管的向下活动不对标底的稳定产生影响。整个标底可分解为4个部分。分层标标底结构如图4所示。

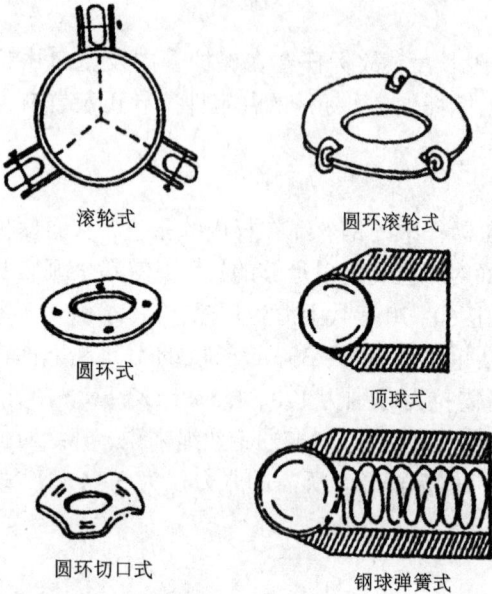

图3 扶正器类型

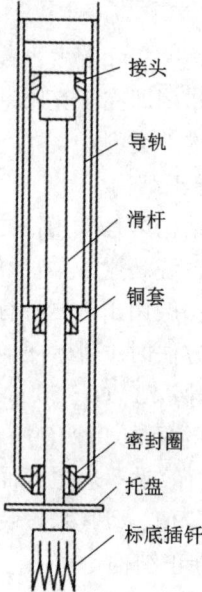

（滚轮式　圆环滚轮式　圆环式　顶球式　圆环切口式　钢球弹簧式）

图4 插入托盘式分层标标底结构示意图

（接头　导轨　滑杆　铜套　密封圈　托盘　标底插钎）

（1）插钎与托盘

插钎与托盘位于标的最底部,是与滑杆、标杆、土层三者直接连接部件,按照预定设计深度,压入被测地层,它能随着被监测地层的下沉或回弹而一起升降。通常采用托盘或套筒底部配爪形结构,压标时其底部爪形结构能向外扩张并插入土层内,与被监测土层牢固地结合为一体,被监测土层的沉降或回弹由它做出第一反应,并带动滑杆、标杆作上下移动,因而要求其具有较高的刚度和抗压强度,在较高压力(5~8 kN)下,爪体能伸开,又不折断。

（2）保护套

在保护管下端连接保护套筒,保护滑筒在套内的活动,埋设时因保护套筒被周围土层所包,它能随周围土层沉降而滑动,因而可防止保护管下沉对标底的影响。其必须要有一定的强度(抗压、抗挤、抗弯),以抗衡地层的侧压力,同时要求其上、下两端有较好的能长期工作的密封性能。

（3）滑筒

滑筒是标底的密封装置,常用的是塞线筒和液压滑筒2种,它既保证了保护管与标杆之间的密封性能,又能使保护管自由滑动。必须要具有良好的密封性和滑动性,密封装置应具有长期(50年左右)耐腐蚀性。

（4）滑杆

滑杆是下与插钎、托盘相连,上与标杆相连的敏感活动部件,地层的微量变化即通过其部件传递至地表测量标头。滑杆的有效长度设计要考虑该地区地层的年沉降量及标的使用寿命。

1.3.5 标头装置

监测标施工结束后，要求将各标点标头安装至地表，标头即为地表的监测点。标杆为主测点，保护管为副测点，测点要求用不锈钢材料制成，标头装置要有良好的密封性及灵敏性，不能使标杆和保护管一起联动。各标点要进行坐标测量及高程测量。

2 保证监测标施工质量技术要点

监测标作为地质灾害监控防治的重要手段与基础设施，地面沉降监测具有隐蔽工程、长期工程的性质，因而除要求监测标标体结构在设计上应具有科学性、合理性外，监测标的施工技术与方法也是保证施工质量重要的环节。

为保证监测标的监测质量，在施工工艺上必须做到监测标埋设地层层位的准确性、钻孔结构的合理性、钻孔轴线的垂直性和标体安装的可靠性。

2.1 监测标埋设层位的准确性

监测标在施工标孔之前必须先施工1个鉴别孔进行全孔取芯，岩芯采取率均要求较高（80%以上），直至完整基岩为止；并进行现场岩芯描述，做出地层地质剖面图。在全面、详细了解建标位置的地层情况后，再确定各标标底的埋设位置。基岩标必须埋设在新鲜完整基岩上，分层标埋设在主要含水层的顶板和底板土层上。除鉴别孔取岩芯外，各标孔在到达目的层前也要提前3~5 m进行取芯，以检验地层是否有变化。

2.2 监测标的配置、分布及施工顺序的科学性

2.2.1 标组孔的配置与分布

根据鉴别孔所揭示的地层，标组孔配置一般原则：基岩标1个，主要含水层顶、底板各设1个分层标，设地面浅标（1 m左右）1个，主要含水层各设1个水文观测孔，孔隙水测头孔视情况而设。

监测标孔分布主要有扇形（或弧形）和矩形2种形式。标孔一般均配套埋设，孔距3~4 m，基岩标位于标组孔中心，分层标深浅错开，水文观测孔、孔隙水测头孔分布于标孔外侧，这样既有利于施工，又能减小测量系统误差。

2.2.2 监测标组孔施工顺序

监测标组孔施工顺序原则：先施工鉴别孔，后施工标组孔；标组孔先深后浅，先基岩标后分层标，最后施工水文观测孔及孔隙水测头孔。此施工顺序安排有利于因施工中少数标孔质量达不到要求时进行调整换型（如分层标孔可改成水文孔），避免报废工作量。

2.3 标孔结构与钻进方法的合理性

2.3.1 标孔结构

标孔结构设计是依据标体结构确定标孔结构,原则上力求简单,尽量采用一径到底结构式。标孔孔径要能满足投放回填材料和管外固孔需要,设计钻孔口径应大于保护管最大外径(150 mm以上)。因为分层标固孔均从保护管外下入钻杆注浆,为了安全起见,钻孔环空间隙设计不宜太小。

2.3.2 钻进方法

监测标施工所钻进的地层多为第四系松散层,只有基岩标下部需钻进少量基岩。在钻进方法上,以牙轮钻头及硬质合金钻头正循环泥浆钻进为主,取芯孔(段)必须采用双管钻进,以保证岩芯采取率。岩层取芯尽量采用金刚石钻进。分层标孔施工应选用液压立轴式钻机钻进,便于压标(压标时需6~8 t轴压),使标底插钎能准确压到位。钻进时要求选用优质膨润土作为泥浆材料,并具有良好的护壁性能和携屑性能,以保证钻进中孔内的安全性。

2.4 监测标孔轴线的保直性

监测标孔对钻孔轴线垂直度要求十分严格。钻孔垂直度是衡量标孔施工质量的关键指标,一般规定钻孔顶角≤0.3°/100 m。若钻孔垂直度超标,则不能作为标孔使用。标孔施工轴线垂直度控制要点主要有以下几个方面。

(1)把好开孔关

施工场地必须用水泥固化平整,钻机安装做到三点一线(孔口、立轴、天车三点为一直线);孔口安装定向管;采用小规程钻进;逐渐加长导正钻具。

(2)把好钻具级配关

钻进钻具组合必须具有刚、满、直,防斜保直特性;采用钻铤孔底加压,上部钻杆始终处于拉伸状态;采用小打大扩(小径打导向孔后大径扩孔)施工方法。扩孔时,钻具必须上带扶正器,下带导正装置,使之沿导向孔延伸。

(3)把好钻进参数关

钻进过程中,若遇软硬互层时,采用小规程参数钻进,不使用磨钝的切削具钻进。

(4)把好钻孔轴线监控关

施工过程中要做到三及时,即及时测孔斜(每25 m测一次);孔斜有超差趋势时及时调整施工工艺;孔斜超差过大时及时纠偏。

测斜仪器下孔测斜前、后均要进行校验,仪器测量精度超出允许误差范围时,严禁下入孔内;同点测斜数据重复性差、出现异常时,要进行同点反复测量,找出原因,进行误差消除,以提供准确的测斜数据,指导施工;钻孔终孔及下保护管后,要求全孔测斜,以提供最终孔斜资料。

2.5 监测标标体下入与固管的可靠性

2.5.1 下保护管

基岩标下保护管前必须用平面钻头磨平孔底,分层标要清除孔底沉渣;全面检查保护管质量和标底质量,用通径规检查各管内径,以防下标杆时,扶正器下不去;下管前要精确丈量及配置管串;管串下孔后要绷直、居中。

2.5.2 管外固孔

为了减小地应力和管自重对标的影响,保护管下入后管外须进行回填和固管。目前,基岩标采用全孔用水泥固管,方法是:浅孔(500 m以浅)管外下入钻杆作为导管,用泥浆泵送水泥浆固孔,深孔(500 m以深)选用固井车管内送浆固孔。分层标先采用标底以上投黏土球的方式填充30~40 m,后管外注入水泥浆或黏土和水泥混合浆。

2.5.3 下标杆、压标、固标

基岩标固孔后透孔钻入完整基岩10 m左右,即可下入标杆,在标杆内注入定量水泥浆将孔底标杆与基岩固牢,切忌将基岩、保护管、标杆三者固为一体。

分层标压标(固孔前进行)必须压入目的层200~300 mm,后下标杆对接标底,再上提保护管0.8 m左右,使标底滑杆与滑筒有一定距离。标杆与标底对接要牢固,测定其吃扣量,顺时针拧紧为止。

3 施工技术效果

1996—2003年,安徽省地矿局313地质队在上海、嘉兴、北京等地共施工基岩标15座,分层标130个,累计完成钻探工作量30000余m,施工最深基岩标为835 m(北京天竺标),终孔顶角为0.73°。所施工的全部监测标组钻孔顶角均小于1°,各项技术指标完全满足设计要求,均被评为优质标(孔)。313队同时还参与了上海浦东国际机场、外高桥造船基地、磁悬浮铁路、芦潮港跨海大桥等国家重点工程基岩标的施工任务。所竣工的监测标大部分已投入了运行,监测结果表明:各标组运行正常,监测数据准确可靠,基岩标稳定性好,分层标灵敏度高,取得了良好的监测效果。

4 几点认识

(1)监测标保护管应选用高强度无缝钢管,壁厚为7~8 mm为宜,不宜采用水泥管及铸铁管,此类管自重大,下管麻烦且不安全。

(2)引测装置(标杆)采用下粗上细宝塔型结构,以ϕ89、ϕ73、ϕ42 mm三种标杆组合为宜,即ϕ89 mm的标杆长度为总标杆长的5/9,ϕ73 mm的标杆长度为剩余长度的5/9,其余为ϕ42 mm的标杆长度,进行九五分割较为科学、合理,稳定性好,刚性强。

(3)引测装置导正宜采用刚性导正结构,其结构类型选用滚轮式扶正器较好,既能轴向

上下移动,又能径向转动,安全可靠。扶正器最大外径与保护管内径间隙为 1.5~2 mm 为宜。

(4)分层标标底结构宜选用插入托盘式,标底滑杆长度和密封装置部分设计要考虑大于 50 年(寿命)的总沉降量较合适。

(5)保护管结构力求简化,宜采用单层管和双层管结构,若浅表层有淤泥、液化地层或杂填土地层,则上部为双层,下部采用单层结构,以减少上部地层对保护管的影响。

(6)基岩标保护管固管宜采用水泥全孔固结,分层标保护管固管底部用黏土球,中部最好采用黏土水泥浆混合灌注,上部 10~20 m 用水泥固管。这样对整个标组地层保持原状有利,以避免灌注水泥浆时,把水泥注入周边地层,影响其他标孔的沉降(因为标孔之间孔距只有 3~4 m)。

(7)监测标施工质量要求高,必须根据地质设计、地层情况,认真编写施工组织设计,编制切实可行的质量保证措施方案,选择责任心强的施工队伍,才能保证标孔施工质量,否则将难以达到预想效果。

参考文献

[1] 朱恒银,张文生,王海洲.地面沉降监测标孔施工技术研究[J].探矿工程,2001(增刊):24-29.
[2] 刘飞,慎乃齐,陈华英.上海市地面沉降的发展过程与危害[J].探矿工程,2001(增刊):94-96.

控制地面沉降回灌井施工技术研究

朱恒银　张文生　王玉贤

摘要：本文阐述了地面沉降及控制原理，介绍了回灌井施工工艺、地下水回灌技术方法和地面沉降控制效果。

关键词：地面沉降；地下水回灌井；地质灾害

Study on Construction Technology of Recharging Well to Control Land Subsidence

ZHU Hengyin, ZHANG Wensheng, WANG Yuxian

Abstract：This paper expounds the ground subsidence and its control principle, introduces the construction technology of recharge well, groundwater recharge technology and ground subsidence control effect.

Keywords：land subsidence; groundwater recharge well; geological disasters

1　概述

地面沉降一般发生在沿海、江河平原及内陆构造盆地地区，其共性就是第四系松散覆盖层深厚，由于地壳表部松散层的压密而引起地面标高降低现象。这是一个较为普遍的环境地质问题。地面沉降可导致城市积水，地下管线拱起、断裂，地面建筑变形、下陷、倒塌等严重后果。世界已有50多个国家出现不同程度的地面沉降现象，美国、日本、墨西哥等国家最为严重。我国已发现地面沉降的地区有近50处之多，其中最大累计沉降量大于1 m的城市和地区有上海、天津、苏州、无锡、常州、沧州、西安、阜阳、太原、安阳、台北等，上海与天津分别是我国地面沉降发现最早也最为严重的城市。多年来地面沉降监测资料研究表明，造成区域性大面积的地面沉降的主要原因：过度无序地大量开采地下水，使开采与补给达不到平衡，地下水位逐年下降，地下水头压力变小，造成采水层位上部地层固结变形，从而引起地面沉降。这一地质灾害的防治，目前主要方法：一是严格控制在第四系松散地层开采地下水；二是对地面沉降严重的区域进行地下水人工回灌，以恢复或提高地下水位，增加孔隙水

刊登于：《探矿工程(岩土钻掘工程)》2005年第32卷增刊，《第十三届全国探矿工程(岩土钻掘工程)学术交流年会论文集》，被评为安徽省自然科学优秀论文、中国地质学会探矿专业委员会优秀论文。

压力，减缓土层压缩。本文就控制地面沉降进行地下水人工回灌若干施工技术做一探讨，供同仁参考。

2 地面沉降与控制原理

2.1 地面沉降原理

根据地面沉降的研究资料分析，许多工业城市的地面沉降，主要是由于过量抽取第四系松散地层中的地下水而引起的。众所周知，第四系松散地层是由固结的黏性土与砂砾石组成的。它们往往相互叠置或相互交叉。在砂砾石层中蕴藏着丰富的承压地下水，承压含水层顶部或两个承压含水层之间的隔水层，大多由弱透水的、压缩性大的黏土层组成。

含水层含有一个向上作用的水头压力。在原始地下水位尚未受到人为变动或变动不大时，含水层以上土层的总压力（或地层压力）P 与土层中颗粒之间所承受的压力（土层的有效压力）P_s，土层颗粒孔隙中的水压力（中和压力）P_w 之和相平衡。其表达式为：

$$P = P_s + P_w$$

当从承压含水层中过量抽取地下水时，如果抽取量大于补给量，含水层的承压水位发生明显下降，向上作用的水头压力也随之减小，破坏了原土层中的压力平衡状态。在承压含水层与黏土层之间产生水力梯度，使易压缩的黏性土层中的孔隙水大量向外流出，即孔隙水压力 P_w 减少。而地层总压力 P 是不变的，为了保持土层中力的平衡状态，土层颗粒之间的压力 P_s 必然要增大，其结果就造成黏性土层进一步固结而大量压缩。

另外，含水砂层本身由于承压水位下降，水的浮力托力减小，因而产生压密。砂层脱水所引起的压密是在水被抽走后立即发生的。上述黏土层的大量压缩与砂层压密，其叠加结果就产生了地面沉降。

2.2 地面沉降控制原理

通过上述地面沉降机理可知，要想控制地面沉降，就得改变地下水天然补给不足这个条件。除控制地下水的开采外，我们可采用人工补给地下水，促使水位回升，增加水压，造成含水砂层回弹。这时含水层向上的水头压力增大，使上部易压缩的黏土层大量充水，孔隙水位回升，孔隙水压增大，黏性土膨胀。砂层的回弹和黏性土层膨胀的叠加结果，就可达到控制地面不沉降或地面回升的目的。

3 地下水回灌井作用机理与设计要求

3.1 抽水井作用机理

无论在潜水含水层或承压含水层中，当抽水井抽水时，含水层中的地下水就往抽水井中流动汇集，此时承压静水位或潜水静水位 H 就逐渐下降，形成以抽水井为中心的地下水位下降漏斗，下降后的水位称之为动水位 h。当抽取水量与地下水补给量基本保持平衡时，动水位就稳定下来，水位下降漏斗就不再继续向四周扩大。在抽水井中水位的下降值最大，愈向外则水位下降值逐渐减小, 直至与静水位相重合, 由重合点到抽水井中的轴线的距离称为影响半径 R。静水位 H 与动水位 h 之差, 称为水位降深(或降幅)S, 见图1。

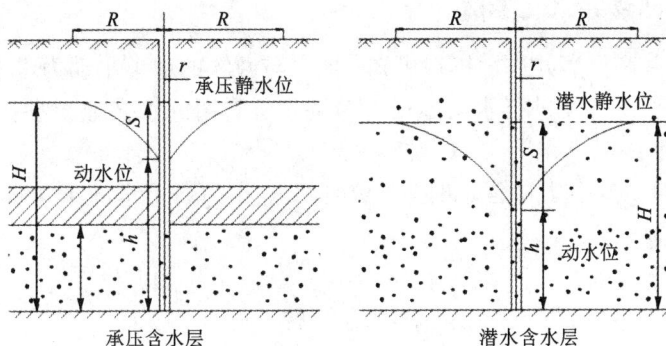

图1 抽水井作用机理示意图

3.2 地下水回灌井作用原理

地下水回灌时的情况正好相反, 把水位注入回灌井里, 井周围的地下水位 H' 就会不断地上升, 上升后的水位称之为回灌水位 h', 由于回灌井中的回灌水位与地下水位的静水位(承压的和外承压的)之间形成一个水头差, 注入回灌井里的水才有可能向含水层里渗流。当渗流量与注入量保持平衡时, 则回灌水位就不再继续上升而稳定下来, 此时在回灌井周围形成一个水位的上升锥, 其形状与抽水的下降漏斗十分相似, 只是方向正好相反。在回灌井中的回灌水位最高, 向四周回灌水位逐渐降低, 直至与静水位相重合, 由重合点到回灌井中心轴线的距离称为回灌影响半径 R'。回灌水位 h' 与静水位 H' 之差, 称为水位升幅 S', 如图2所示。

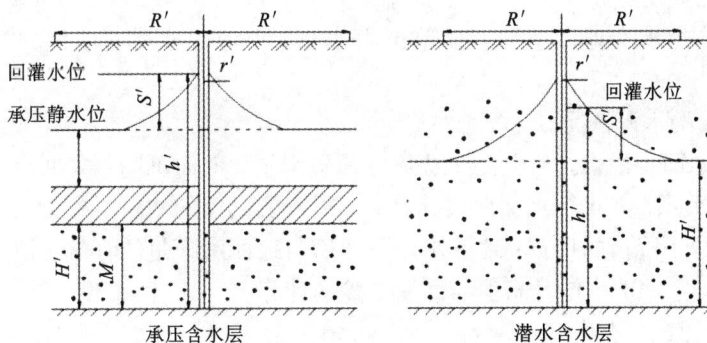

图2 回灌井作用机理示意图

众所周知, 抽水井的出水量($Q_{抽}$)与含水层的渗透系数(K), 水位降深(S)均成正比。也就是说, 含水层的渗透性能愈好, 抽水井的出水量愈多, 降深愈大, 水量也增加。对于不同渗透性能的含水层来说, 当出水量相同时, 渗透性愈好的, 其井中的降深(S)愈小; 反之, 渗透性愈差的, 井中的降深(S)就愈大。同样, 回灌井的回灌量与含水层的渗透性有密切关系,在不同渗透性能的含水层中，井的回灌量差别很大。为了保持一定的回灌量，渗透性好的含水层，井中的回灌水位较小；反之渗透性愈差的，井中所需的回灌水位就愈高。

3.3　地下水回灌井水文参数计算

根据上述抽水井和回灌井作用机理可知，抽水与回灌的地下水动力学原理是相同的，但其作用的方向正好相反。在进行水文地质计算时，所引用的水文地质参数计算公式也基本相同。

（1）单位回灌量 $q_{灌}$：往井中灌水时，单位时间内，地下水位每上升 1 m 所能灌入的水量。其计算公式为：

$$q_{灌}=Q_{灌}/S$$

式中：$q_{灌}$ 为回灌量，单位 t/h 或 L/s；S 为水位升幅，m。

（2）灌水率 $N_{灌}$：往井中灌水时，在含水层单位厚度内，地下水位每上升 1 m 时单位时间内所能灌入的水量。其计算公式为：

$$N_{灌}=q_{灌}/M$$

式中：M 为含水层厚度，m。

3.4　回灌井的设计要求与布设原则

3.4.1　设计要求

（1）水文地质条件：如含水层的分布、深度、厚度、岩性、渗透性和富水性、地下水的流向、补给来源、天然补给量、水位变化、水化学成分等。

（2）已有开采井的分布情况，开采深度（层次）、用途和开采动态，按不同开采层次，统计地下水年、季、月的开采量。

（3）地下水位的动态变化和区域地下水位降落漏斗的发展情况，包括漏斗的范围、深度，年、季、月的变化幅度等资料。

（4）已往管井的水文地质参数：如单位出水量、单位出水率、单位回灌量、单位回灌率等。

（5）人工补给的水源情况。

（6）引起地面沉降主要原因及层位以及与开采水量、地面沉降量、回灌水量、地面回升（或控制）之间的关系，并进行水文地质计算，求得需要回灌的水量。主要计算内容包括：开采水量与地下水位下降值的计算；地下水位下降值与地面沉降量的计算；地下水位升高值与地面回升量的计算；地下水位升高值与回灌水量的计算。

3.4.2　布设原则

（1）根据区域地面沉降量的大小，水位下降值的大小，来确定回灌井的数量与分布，水位下降值大或地面沉降量大要多布设回灌井，反之少布设。

（2）根据地下水的开采现状和具体的水文地质条件，分区域和层次分配回灌井的数量。在粗颗粒含水层中，回灌井应布设在地下水开采区的上游或地下水径流大的区域。在细颗粒含水层中，回灌井可以均匀分布。在开采井集中的地区，回灌井可设密些；在集中开采区的外围,则可布疏些。回灌井布设应在开采区降水漏斗影响半径范围内。

(3)在河流或海岸区域,因地下水位下降可能引起地下水污染时,回灌井应沿河流两岸布设排井。井的排数、排距,以及井距,视含水层的水动力条件和回灌水量、压力而定。

4 回灌井施工工艺

4.1 钻井结构

回灌井与抽水井结构基本相同。主要有单层鼓形滤水管、单层滤水管和双层笼状滤水管3种结构,每种主要由井壁管(实管)、滤水管、沉砂管、填砂层和止水层组成(图3)。

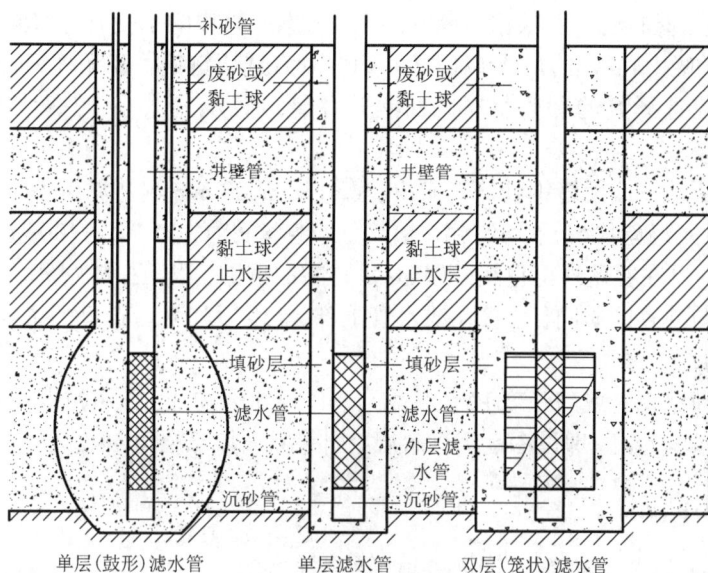

图3 回灌井结构示意图

4.2 钻井方法

开孔采用 $\phi150$ mm 外肋骨硬质合金取芯钻头进行全孔取芯钻进,以准确确定含水层(回灌层)厚度、砂层粒度和渗透情况。接着采用带上下导向的刮刀式硬质合金钻头(或牙轮钻头)进行扩孔钻进,扩孔直径视钻井设计结构而定。常见有鼓形结构,先将钻孔扩至 $\phi600$ mm 左右,再用偏心硬质合金刮刀钻头在回灌层(砂层)扩成鼓形(俗称"大肚皮",直径 $800\sim1000$ mm);若是单层或双层笼状结构,即可用导向刮刀(或牙轮)钻头直接扩至设计直径;一般单层结构井径为 $\phi600$ mm,双层笼状结构井径为 $\phi800\sim1000$ mm。

4.3 钻井用冲洗液

回灌井钻井过程中,所选用的冲洗液主要是低固相泥浆,泥浆中加入腐殖酸钾作为处理剂,以确保孔壁的稳定性,减少泥浆对地层的渗透性。在取芯和扩孔钻进中,泥浆一定要用振动筛或旋流除砂器进行除泥除砂处理，保证泥浆有良好的性能。

4.4 成井工艺流程

回灌井成井工艺流程：钻机就位校直→取芯钻进→复核、确定回灌层位→扩孔钻进→用偏心钻头在回灌层扩成鼓形(指鼓形结构孔)→钻孔换浆→扫孔壁泥皮→下入井管和滤水管及补砂管→换浆→动水投砾料→测砾料高度→送清水冲孔→投黏土球止水→投黏土块(或注水泥)→用活塞洗井→补砂→用空压机洗井→抽水试验→安装回灌装置→回灌试验→完井验收。

4.5 成井技术要点

4.5.1 井管的选择

回灌井管串主要由井管(实管)、滤水管(花管)、补砂管、沉淀管组成。管串材料有铸铁管、钢管、水泥管、塑料管等。根据回灌井的工作原理，管串既承受有井壁向内的压力，又承担抽水和回灌时的吸力和冲击力，所以回灌井用井管宜选用铸铁管和无缝钢管，尤其是 100 m 以深的钻井中更应选择好的井管材料。回灌井井管口径不宜太小，一般以 $\phi 250 \sim 300$ mm 为宜。

滤水管选择用铸铁或无缝钢管加工而成，管外用 $\phi 600$ mm 钢筋焊作垫筋，然后用紫铜缠丝(也可用镀锌铁丝缠丝代用)，均匀缠在垫筋上，缠丝间隙在 $0.75 \sim 1.00$ mm 之间。如果地层中夹有粉细砂，可在缠丝外再包扎一层 30 目左右的铜网，以阻拦粉细砂。

沉淀管一般与井管同质同径，接在滤水管下部，长度为 $6 \sim 8$ m，沉淀抽灌时水中的细颗粒杂物，以免滤水管淤塞。

补砂管选用薄壁钢管或高强度 PVC 管均可，口径 $50 \sim 70$ mm。用两根补砂管对称置于井管两旁，与井管同步下入，埋设深度至含水层上部，插入填砾层里 $1 \sim 2$ m，上部露出孔口。

4.5.2 砾料与填砾

填砾层或称回填层、围填层。回灌井填砾的颗粒大小、高度和厚度，对井的回灌量以及使用寿命的影响很大。填砾层实际是管井与含水层之间灌水的过水层，能减小水力坡度，避免产生紊流。如果填砾层的颗粒选择适当，厚度和高度适宜，灌水时，填砾层就能吸入足够的水量，均匀地向含水层内扩散，减少对地层的冲击力，避免地层冲坍。砾料的直径应按含水层的颗粒大小而定，即可按实验室颗粒分析的资料或在现场进行筛分确定。若含水层颗粒不均匀，选择砾料直径时可以考虑降低一级，或采用直径不同的混合砾料。砾料宜选天然粒圆的石英砂较好。

含水层填砾厚度，粗砂砾石层为 $80 \sim 100$ 目，中细砂层为 $150 \sim 200$ 目。填砾层高度一般可高出含水层 $8 \sim 10$ m。

4.5.3 钻孔止水与回填

钻孔下入井管及填砾后，务必在含水层上部顶板采用风干的黏土球投入孔内进行止水，投后并捣实黏土球，投入厚度一般为 $30 \sim 40$ m，上部再用黏土块回填捣实。以免回灌时，随着水头压力的增加，地下水仍沿着井壁的缝隙向上渗，影响回灌工作顺利进行。在地层缩径小，地层薄、隔水顶板土层坚硬的情况下，宜采用下部用黏土球上部用注水泥止水。

4.5.4 洗井方法

回灌井洗井作业是成井施工质量的关键。洗井的难易程度与施工中使用的泥浆质量、成井时钻孔替浆情况、钻孔施工周期长短、泥浆向地层渗透半径等因素相关。若洗井时，不能很好地清除阻碍含水层通道的异物，则影响回灌量(或抽水量)。一般情况下检验洗井质量的方法：抽水时，必须达到水清、砂净，间断抽水也不会出现浑浊现象。通过多年的施工实践可知：对于施工周期较长的回灌井，洗井前要用清水充分冲洗井壁并向孔内注入三聚磷酸钠溶液，浸泡24 h后，先用送水活塞洗井，再改用干活塞在井管内抽拉，待孔内水位上升，恢复较快且无浑水后，再换空压机洗井，这样可以得到满意的洗井效果。另外，应注意钻孔下井管填砾后不要放置时间过长，否则会造成洗井困难。

5　回灌井回灌技术方法

回灌井回灌方法主要有真空回灌和压力回灌两大类。后者又可分为正压回灌和加压回灌两种。不同的回灌方法其作用原理、适用条件、地表设施及操作方法均有所区别。

5.1　真空回灌法

5.1.1　真空回灌工作原理

在具有密封装置的回灌井中开泵抽水时，泵管和管路内充满地下水。停泵，并立即全部关闭控制阀门和出水阀门。此时，由于重力作用，泵管内的水体迅速回扬，在泵管内的水面与控制阀门之间拉成真空[图4(a)]。由于大气对泵管外面井管内的地下水面有压力，这个压力值为0.1 MPa(相当于10 m水柱高度)，所以泵管内的水柱只能下降至静水位以上10 m高度，这样才能与井管内的静水位保持压力平衡。此时压力真空表上将出现760 mm汞柱的真空度[图4(b)]。在这种真空状况下，启开进水阀和控制阀，因真空虹吸的作用，水就能迅速进入泵管内，破坏原有的压力平衡，产生水头差，在井的周围形成一个水力坡降，回灌水就能克服阻力向含水层中渗透，这即是真空回灌。

5.1.2　真空回灌的适用条件

(1)适用于地下水位较深(静水位埋深>10 m)，渗透性良好的含水层。
(2)真空回灌对滤网的冲击力较小，适用于滤网结构耐压和耐冲击强度较差的井和一些使用年限较长的老井。
(3)对回灌量要求不大的井。

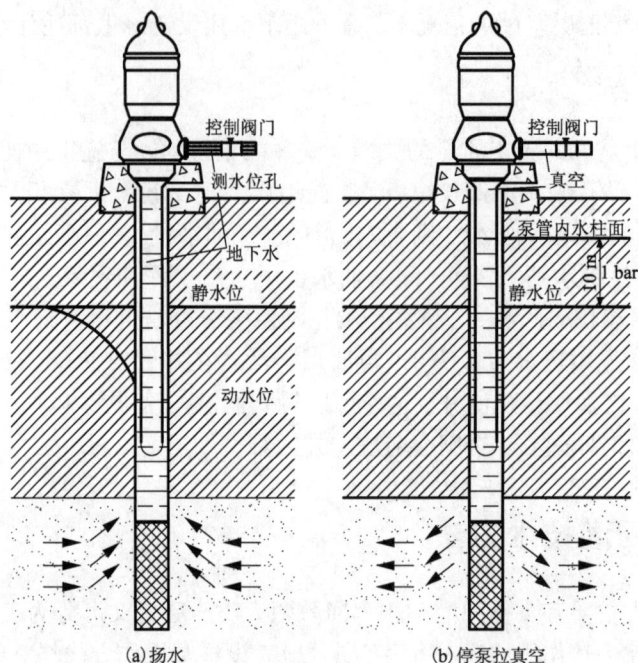

(a)扬水　　　　　　　　(b)停泵拉真空

图 4　深井回扬与停泵拉真空示意图

5.2　压力回灌法

5.2.1　压力回灌工作原理

压力回灌是将地表水源由机械动力加压(离心泵或自来水管网压力)，送入井内，产生较大的水头压力，以便与静水位之间产生较大的水头差，在井周围形成水力坡降，回灌水就能克服阻力渗入含水层，这即称为压力回灌。因此，压力回灌不受地下水埋深和含水渗透性的限制。压力回灌分为正压回灌和加压回灌两种方法。

正压回灌：回灌水源为自来水，是利用自来水的管网压力(0.1~0.2 MPa)产生水头差进行回灌的方法。正压回灌所产生的水头差实际上在地面之上，而真空回灌的水位与静水位之间的水头差在地面以下，所以真空回灌又称负压回灌。

加压回灌：为了增加回灌量，在正压回灌装置的基础上，使用机械动力设备(如离心泵)加压，产生更大的水头差进行回灌，这便称为压力回灌。

5.2.2　压力回灌的适用条件

压力回灌中用自来水管网压力进行回灌，压力较小，而利用机械动力对回灌水源加压，压力可以自由控制，其大小可根据井的结构强度和回灌量而定。因此，压力回灌的适用范围很大，特别是对地下水位较高和透水较差的含水层来说，采用压力回灌的效果较好。但是压力回灌因有压力，对滤水管网眼和含水层的冲击力较大，宜适用于滤网强度较大的深井。

5.3　回灌管路与设施

回灌井设施主要由井内和地表两大部分组成。

5.3.1 井内设施

回灌井井内设施主要有深井泵、泵管等装置。深井泵有长轴泵和潜水泵。长轴泵在回灌时不用改装可直接使用；但潜水泵因为泵体内顶端有一个逆止阀，水体只能向上流出，而不能向下流出，所以潜水泵用于回灌时，首先要改装逆止阀后，方可使用。

5.3.2 地表设施

回灌井地表设施主要有地表管路系统、控制系统、仪表系统、水源输送系统等。根据回灌方法的不同，设施各有差异。真空回灌设施上要增加出水表、真空压力表及扬水控制阀，各系统连接务必要密封好。而压力回灌则要增设加压泵和放气阀。回灌地表设施设计多种多样，在此不做详细介绍。

6 回灌水源的水质要求及参数指标

在使用管井回灌，人工补给地下水时，不但要有足够的回灌水量，而且要充分注意回灌水的水质。如果回灌水的水量充足，但水质很差，回灌后会使地下水遭受污染，或使含水层发生堵塞。地下水回灌工作必须与环境保护工作密切相结合，在选择回灌水源时必须慎重考虑水源的水质。如果不符合回灌水的水质标准，一定要加以妥善处理后，才能用以回灌。

6.1 回灌水源对水质要求

(1)回灌水源的水质要比原地下水的水质略好些，最好达到饮用水的标准。
(2)回灌水源回灌后不会引起区域性地下水的水质变坏和受污染。
(3)回灌水源中不含有能使井管和滤水管腐蚀的特殊离子和气体。
(4)采用江河及工业排放的水，要进行净化和预处理，达到回灌水源水质标准后，方可回灌。

6.2 回灌水源水质参数指标

依据回灌水源对水质的要求原则，各地可根据当地的含水地层水质情况，制定回灌水源的水质标准。下面推荐的是上海市制定的回灌水源水质允许标准，供参考(表1)。

表 1　回灌水源水质允许标准推荐参数表

	项目	允许标准
物理性质指标	温度	冬灌水<12℃；夏灌水>30℃
	嗅、味	无异臭、异味
	色度	<15°
	浑浊度	<5°

续表1

	项目	允许标准
化学性质指标	pH	6.5~8.5
	总硬度从 CaO 计	<250
	氯化物含量	<250
	溶解氢	<7 细
	耗氧量	<5
	铁含量	<0.3
	锰	<0.1
	铜	<1
	锌	<1
	砷	<0.04
	汞	<0.001
	铅	<0.1
	铬(六价)	<0.05
	镉	<0.01
	硒	<0.01
	氰化物	<0.05
	氟化物	0.5~1.0
	挥发酚类	<0.002
细菌类指标	细菌总数	1 mL 中不超过 100 个
	大肠杆菌	3 个大肠杆菌值
其他	放射性物质	无
	水生物(硅藻、绿藻、蓝绿藻)	无
	真菌、原生动物、昆虫动物	无

注：化学性质指标单位：mg/L。

7 地下水回灌对地面沉降控制效果

下面以上海市为例，根据该市地面沉降有关资料统计，由于地下水的大量开采，1921—1965 年市区最大累积沉降量达 2.63 m，平均地面沉降量 1.76 m。尤其在 1957—1961 年地下水开采达到高峰，年开采量达 $2000\times10^5 m^3$ 以上，致使同期地面沉降速率高达 110 mm/年。从 1965 年开始实行地下水控制开采，进行地下水人工回灌，从初始年回灌量 $337.5\times10^4 m^3$ 增加到年回灌量 $2000\times10^4 m^3$，市区年平均回灌量占年开采量的 124%。平均地下水位标高(第二含水层年均值)由 1965 年回灌前的 -27.4 m，到回灌后逐年上升，稳定在平均地下水位标高 -2 m。地面沉降平均速率由 50 mm/年，回弹量控制在 -10~+8 mm 之间，1966—1999 年间平均沉降速率仅 3.41 mm/年。近年来，该市又加大了对地下水回灌的力度，在市区又增补了数十口不同深度的回灌井，控制地面沉降效果将更为显著。

8　结语

（1）通过地下水回灌与地面沉降的效应关系的研究，证明地下水回灌可提高地下水位，增加孔隙水压力，减缓土层压缩，从而有利于对地面沉降的控制。

（2）地下水回灌井宜以鼓形和双层笼状结构为好，可以使含水层填砾层厚度增加，减小水力坡度，避免产生紊流，增加回灌量，提高滤水管寿命。

（3）地下水回灌方法宜采用压力回灌方法，其适用范围广，能增加回灌量，尤其对于渗透性差的含水层效果更好。

（4）地下水回灌不仅用于控制地面沉降，亦可作为地下水含水层储能作用。如在贫水区，可在富水季节回灌，枯水季节使用；在深井中夏灌冬用，冬灌夏用，提供冷、热水源，以节约能源。所以，因地制宜进行地下水回灌储能综合利用，具有良好的前景。

参考文献

［1］朱恒银，张文生，王海洲.地面沉降监测标孔施工技术研究［J］.探矿工程，2001（增刊）.
［2］上海市地质处，上海市地面沉降勘察研究报告（1962.1）［Z］.
［3］上海市地质矿产局，上海地下含水层储能技术与应用研究（1982—1986）［Z］.

特种钻凿技术在资源、环境和工程建设中的应用与展望

朱恒银　彭　智

　　摘要：本文总结了特种钻凿技术的发展研究成果、特种钻凿技术成果的转化和多领域应用实例，对特种钻凿技术在资源、环境和工程建设中发展趋势与展望提出了看法。

　　关键词：特种钻凿；应用；展望

Application of Sepecial Drilling Technique to Resources, Environment and Engineering Construction and Its Prospect

ZHU Hengyin, PENG Zhi

Abstract：The paper summarized the development and research and research results of special drilling technique, the technical result transformation and examples of its application in many fields. The authors also gave their opinions on the development trends of the technique in resources, environment and engineering construvtion.

Keywords：special drilling; application; prospect

1　特种钻凿技术研究概况

　　安徽省地矿局 313 地质队自 20 世纪 80 年代开始，根据地质找矿及地质市场施工的需要，在特种钻凿技术方面做了大量的研究与实践工作，并取得了一些研究成果，主要的特种钻凿技术成果有以下几个方面。

1.1　人工受控定向钻探技术的研究

　　为解决霍邱李楼铁矿陡倾斜镜铁矿体(75°~90°)钻探技术难题，1982—1986 年间与地矿部勘探技术研究所合作，完成了地矿部"六五"攻关项目"螺杆钻随钻测量定向钻探配套器具及工艺研究"，在国内首次用小口径螺杆钻打了一组单羽状分支人工受控定向钻孔，1989 年该成果获地矿部科研成果一等奖。随后，这项技术在该矿区得到了推广应用，并迅速推广至全国，成为近年来推广应用最快的钻探新技术之一。安徽省对该技术的应用研究处于国内先进行列，

　　刊登于：《安徽地质》2004 年第 14 卷第 3 期。

并取得了许多新成果。铜陵冬瓜山铜矿床应用定向技术进行深部矿体勘探，在一个主孔内完成了1个主干孔和6个分支孔的一组小口径全方位伞形定向孔，创造了全国纪录，其成果获地矿部科技成果二等奖；安庆龙门山铜矿应用定向技术进行深部矿体勘探，成功地在800余米的深孔施工了一组主干孔和分支伞状定向孔，创造了最高中靶精度0.36 m的全国纪录。

1.2 定向钻凿特种机具及监测仪器的研究

自行研制了"JSD-36型随钻定向仪"和"ZD-40单点定向仪"，并在3个矿区进行了应用，"JSD-36型随钻定向仪"通过了省科委技术鉴定，实现了钻孔轨迹跟踪监测的重大突破，并获省科技成果三等奖。同时，研究出了垂直孔磁性矿区陀螺定向方法，非磁性矿区磁针式垂直孔定向方法及垂直孔纠偏器等三项成果，率先在国内解决了小直径垂直孔定向纠偏的重大技术难题，目前已推广应用于全国。研制了大直径垂直孔高精度浮子重锤式测斜仪(钻孔偏距测量精度为±2 mm)和垂直孔纠偏器等，其机具已于1998年获得国家专利。

1.3 垂直孔施工技术研究

为钻凿高精度(孔斜率≤1‰)大直径垂直钻孔，通过三年的研究攻关，成功地解决了垂直孔定向、纠偏等工艺技术难题，完善了一套大直径垂直钻孔的施工工艺与方法，在响洪甸、陈村电站水库大坝垂线孔应用中获得成功，完成的钻孔其100 m以内的钻孔轴线偏距≤2.5 cm，该成果已通过了安徽省科委组织的专家技术鉴定，刘广志、吴中如两院士评价其成果达到了国内领先和国际先进水平。

2 特种钻凿技术成果的转化与应用

近十年来，团队致力于将特种钻凿技术的研究成果推广、延伸应用于工程建设、岩土工程等领域中，不仅取得了良好的社会效益和经济效益，而且提高了市场竞争能力和企业的知名度。

2.1 集束式多孔底水井施工技术

(1)作用原理
集束式多孔底水井施工技术是指应用人工受控定向钻探技术在深孔基岩水井主干井中，施工若干个分支孔并穿过含水层，以增大取水范围和过流面积，达到增加水井出水量的目的。
(2)施工工艺流程
集束式多孔底水井施工工艺流程：施工主井→主井取芯(确定含水层位置)→第四系(或岩层含水层以上)下入护管(或花管)→主井洗井抽水试验→选择分支点(由下而上)→主井"架桥"建立人工井底→下入定向管闭口式偏斜楔→用螺杆钻造斜钻进→分支孔下入花管并填砾→洗井抽水试验→上提定向管闭口式偏斜楔(2 m左右)→扭转定向管(改变偏斜楔面向角，与第一分支孔形成一定角度)进行第二分支孔定向→螺杆钻造斜钻进→分支孔下花管并填砾→洗井抽水试验→提出定向管闭口式偏斜楔→透主井人工孔底→冲孔、洗井→集束井抽水试验→完井。
(3)施工实例
在合肥市义兴轮窑厂施工一组集束式三孔底(1主井2支井)水井。主井深200 m，含水层在 160 m 处，主井口径为第四系 $\phi350$ mm，下入 $\phi219$ mm 护管 50 m，基岩口径为 $\phi150$ mm，主井出水量 180 m³/日。第一分支孔分支点在孔深 56 m 处，分支孔深 180 m，终孔顶角 15°。第二分支孔分支点在孔深 53 m 处，分支孔深 190 m，终孔顶角 18°。两分支孔成 180°，分支孔口径均为 $\phi110$ mm，下入 $\phi73$ mm 花管。集束井抽水试验结果总日出水量为 340 m³/日，比单井提高水量 89%。

2.2 高精度垂直钻孔施工技术在特种工程中的应用

2.2.1 水库坝体位移安全监测垂线孔施工技术

（1）作用原理

垂线孔是混凝土水库大坝的原位变形（如坝体位移、坝肩错动、不均匀沉陷等）一种安全监测方法。垂线孔分为正垂孔和倒垂孔。正垂孔是将基准点设在坝顶，重力垂线的动点设在坝基面上，以监测坝体本身变形位移量的大小。而倒垂线孔则是将重力垂线的动点设在地面，基准点设在不随大坝变形而位移的地方如在基坑下完整基岩中，当坝体发生位移时，上部动点发生位移，从坐标中观测位移量及方位的大小。垂线孔施工要求精度很高，钻孔的孔斜率要求 ≤1‰，有效净径要求 50 mm，测偏精度要求在 ±2 mm 以内。钻孔测偏装置如图 1 所示。

（2）施工工艺流程

垂线孔施工工艺流程见图 2。

（3）施工主要技术关键

①随钻人工定向微量纠偏技术方法；

②硬岩层钻进及护孔技术方法；

③控制垂线孔护管安装精度；

④垂线孔测偏（斜）技术方法。

（4）施工实例

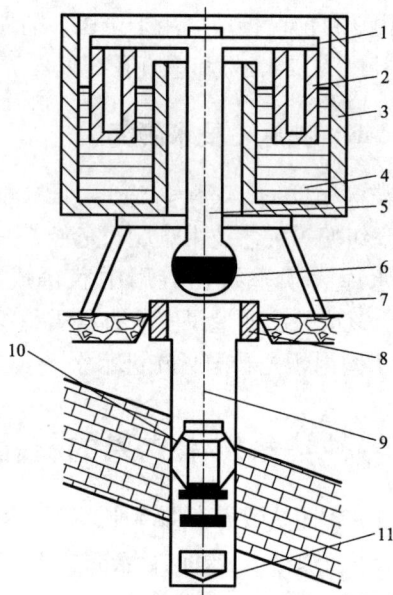

1—托盘；2—浮子；3—水箱；4—液体；5—导管；6—夹头；7—支架；8—定向管；9—垂线；10—可调测头；11—重锤。

图 1 钻孔测偏装置

近年来，在安徽响洪甸、陈村、佛子岭、磨子潭、梅山、雷公井等大型电站水库大坝施工倒垂线孔 16 个，正垂线孔 21 个，最深孔深 66.89 m，完成总工作量 600 余 m。钻孔穿透混凝土钢筋网最多 13 层，钻孔垂直度（水平位移）控制在 2.5 cm 以内，钻孔有效净径均大于 95 mm，钻孔的孔偏率均为 0.5‰，完全满足设计要求。所完工的垂线孔均已投入使用，安全监测运行正常。目前，国内能施工这类工程的单位极少。

```
┌──────────────┬────────────┐
│  设备安装校正  │    开孔     │
└──────────────┴────────────┘
              │
       ┌──────────────┐
       │   定孔口坐标    │
       └──────────────┘
              │
       ┌──────────────┐
       │   导向孔钻进    │
       └──────────────┘
              │
  ┌──────────────┬────────────┐
  │     监测      │    作图     │
  └──────────────┴────────────┘
              │
┌──────────┐  ┌──────────┐  ┌──────────┐
│  随钻纠偏  │←─│  确定孔偏量 │─→│  导向孔延伸 │
└──────────┘  └──────────┘  └──────────┘
     │
┌──────────┐
│  中径扩孔  │
└──────────┘
     │
  ┌──────────────┬────────────┐
  │     监测      │    作图     │
  └──────────────┴────────────┘
              │
       ┌──────────────┐
       │   完成导向孔    │
       └──────────────┘
              │
  ┌──────────────┬────────────┐
  │  计算导向孔净径 │  确定成孔口径 │
  └──────────────┴────────────┘
              │
       ┌──────────────┐
       │    大径扩孔     │
       └──────────────┘
              │
  ┌──────────────┬────────────┐
  │     监测      │    作图     │
  └──────────────┴────────────┘
  ┌──────────────┬────────────┐
  │    下保护管    │   水泥固管   │
  └──────────────┴────────────┘
  ┌──────────────┬────────────┐
  │     透水泥     │   管内测量   │
  └──────────────┴────────────┘
  ┌──────────────┬────────────┐
  │    埋设锚头    │   垂线安装   │
  └──────────────┴────────────┘
```

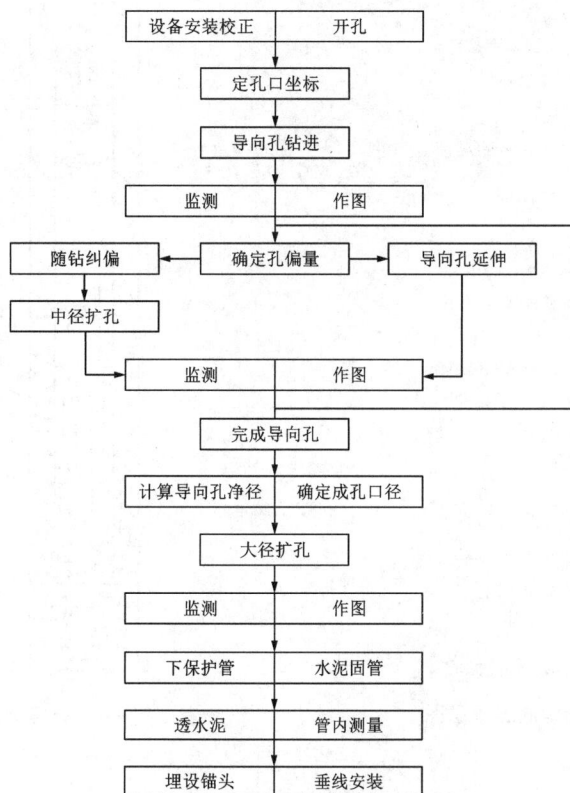

图 2　垂线孔施工工艺流程图

2.2.2　地面沉降监测标孔施工技术

（1）作用原理

由于地壳表部松散覆盖层的压密而引起地面标高降低的现象，通常称为地面沉降。地面沉降可造成地表下陷、内涝、城市积水、管线（输水、输气、输油管线）断裂、江河库坝变形等严重灾害。为了监测地面沉降量，目前的主要手段是建立地面沉降监测标，来获取地表下土层在外界作用影响下的变形量，以分析研究地面沉降规律，从而制定相应控制措施和对策。地面沉降监测标主要由基岩标和分层标组成。基岩标是通过钻探的方法而埋设在地下完整基岩的特殊监测点。即从地下基岩引至地表的标志点（水准点），是进行地面沉降的水准测量的起始点或高程控制点（也是分层标监测的基准点）。分层标是根据土层的性质，通过钻探方法分别埋设在地下不同深度土层中的特殊监测点。标点直通地表，随土层的压缩、膨胀而升降变化，由此可监测该点到地面的总沉降量或总回弹量。作用原理见图 3、图 4。

根据监测标的作用原理，其结构设计原则是要求标体结构简单、可靠、耐久。基岩标具有良好的稳定性，分层标具有高度的灵敏性，能客观反映土层变形的微量变化。监测标的标体结构主要由保护管、引测装置（标杆）、扶正装置、标底装置和地面装置 5 大部分组成，基岩标与分层标结构区别在于标底结构，基岩标标底须与基岩固结成一体，保证其稳固、可靠、永久。而分层标标底要与土层紧密接触，并随土层变化，能上下灵活运动。为了保证标的监测精度，要求标孔施工钻孔的孔斜度小于 $0.2°/100$ m。

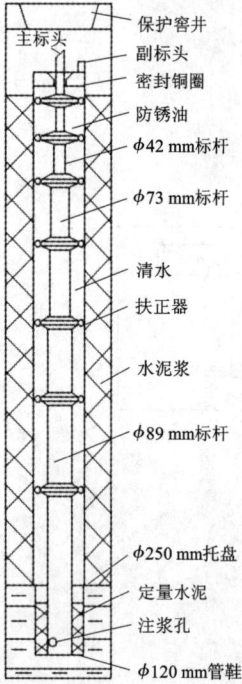

图3 基岩标结构原理示意图

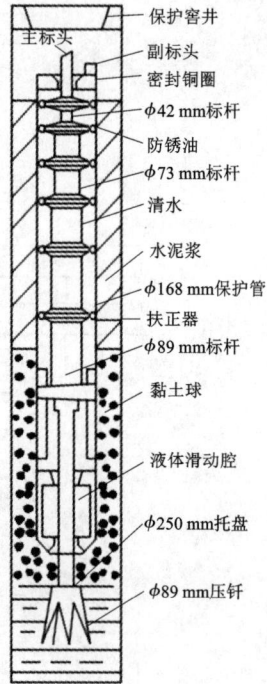

图4 分层标结构示意图

(2)施工工艺流程

基岩标,分层标施工工艺流程分别见图5、图6。

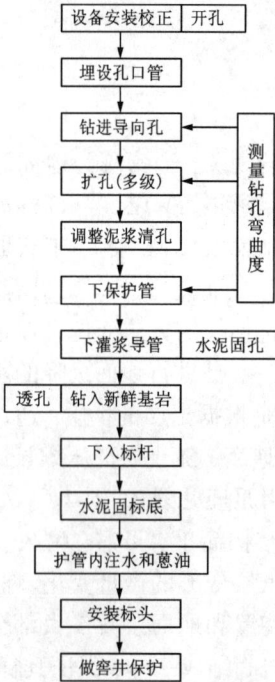

图5 基岩标施工工艺流程图

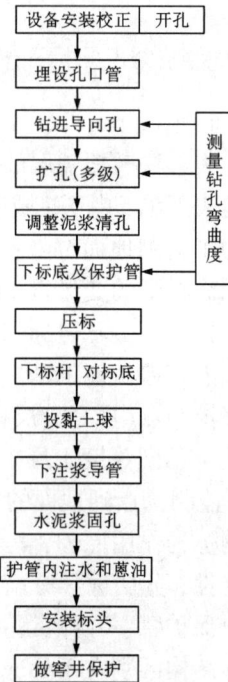

图6 分层标施工工艺流程图

（3）施工实例

累计施工地面沉降监测标组 12 个，基岩标 17 座，分层标 130 个，浅式分层标 42 个，水文观测孔 66 个，鉴别孔 12 个，维修基岩标 4 座，完成总工作量 39000 余米。施工最深标孔 833.60 m（北京天竺标孔），最大口径为 1 m（上海市小闸镇基岩标）。所施工的标孔顶角均小于（尤其是北京市天竺基岩标孔在 700 m 以下卵砾石地层中钻进，833.60 m 终孔，顶角只有 44′，也是北京市在该地区施工难度最大，钻孔精度最高的孔），各项技术质量指标完全满足设计要求，均被评为优质标组。在此期间，还承担了上海浦东国际机场、外高桥造船基地、磁悬浮铁路、东海大桥等国家重大基础工程基岩标的施工任务。另外，还参与了上海崇明岛难度极高的 500 m 深度的地震监测孔的施工。所竣工的标孔大部已投入监测运行，监测结果表明各标组运行正常，监测数据准确可靠，基岩标稳定性好，分层标灵敏度高，取得了良好的监测效果。

2.3 特种钻探技术在基础工程中的应用

2.3.1 深基桩抽芯取样

（1）作用原理

为了检验基桩桩身砼的灌注质量，最有效的方法就是采取钻孔取芯方法验证，通过砼样芯来直接检验桩身砼质量。但当基桩较深（大于 30 m）时，因普通取芯钻探难以控制孔斜度，取芯时常常会切断基桩的钢筋笼，甚至将钻孔穿出桩外，无法达到抽芯取样的目的，所以，在深基桩抽芯取样中，必须要求钻孔高垂直度。

（2）施工工艺流程

深桩基砼取芯孔施工工艺流程：钻机就位→校平、下入孔口定向管→金刚石双管取芯钻进→测斜→保直（纠偏）→整理砼心→判断桩身质量→下钻用砼封孔。

（3）施工实例

上海市东海大桥桥墩灌注桩工程，为检验桩基砼灌注质量，采用钻探取芯验证。桩深 73 m，桩长为 63 m，空头深 10 m，桩径 1.5 m，桩基平台距海岸 50 m 左右。该桩基中心取样难度较大，业主单位找了很多单位均不敢承担这个工程，后由我单位承担这一工程。用 XY-3 型钻机，采用 ϕ76 mm 单动双管金刚石钻进以及配套的保直纠偏、测斜等监控措施，仅在三天时间内即完成了桩长 63 m 取芯工作，砼心采取率达 98%，钻孔偏心距只有 0.8 cm，完全满足检验要求。

2.3.2 基桩断桩处理技术

（1）作用原理

桩基工程往往在施工过程中由于种种原因，造成基桩桩身质量缺陷，如砼离析、蜂窝、空洞、夹泥、夹砂、断桩等问题，如不采取补强措施处理基桩，轻的降低承载力，严重的将使基桩不能使用。目前较为有效的处理方法是在桩身上打孔至断桩位置，然后注浆补强。其作用原理是在桩身先钻 2~3 个小口径钻孔（桩径大时可多打几个孔），用清水高压冲孔，清除断桩部位杂物，再高压注水泥浆，使断桩部位充满水泥浆，重新与骨架材料固结，以达到补强之目的。

（2）施工工艺流程

施工工艺流程见图7。

（3）施工实例

安徽合肥市某生产调度楼工程，主楼23层，总高度99.80 m，框架结构，裙楼4层，主裙楼均有一层地下室。楼基础采用人工挖孔桩，共设计183根。平均桩深21 m，桩径900~1800 mm，扩底直径分别为1200~3500 mm。桩端置入中风化泥质砂岩中，为嵌岩端承桩。该桩基工程施工结束后，通过声波透射检测，发现75号桩在桩头以下12.25~12.55 m处，桩身砼有离析现象，实测波速只有500 m/s，与正常值相差较大。为了保证桩身砼质量，拟采用在桩身钻3个钻孔（图8）至离析段以下0.5 m处，分别用42.5级普通硅酸盐水泥进行高压注浆，后分别在3个孔中下入φ25 mm螺纹钢固结。补强处理28天后，再次声波透射法检测，检测结果波速为4200 m/s，同时进行了小应变反射法检测，其砼离析段补强后完全达到Ⅰ类桩指标，满足了设计强度要求。

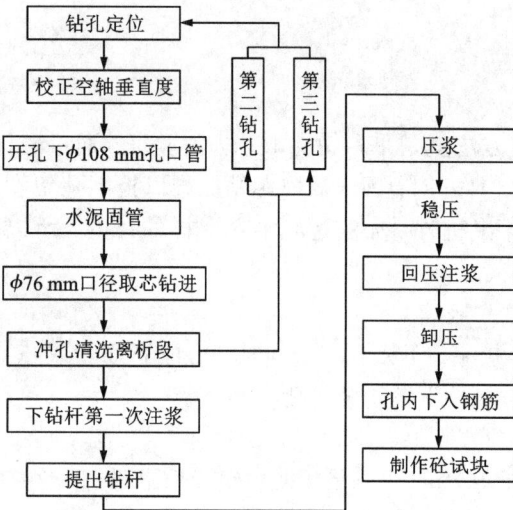

图7　砼离析段注浆孔施工工艺流程图　　　图8　75号桩注浆孔平面布置图

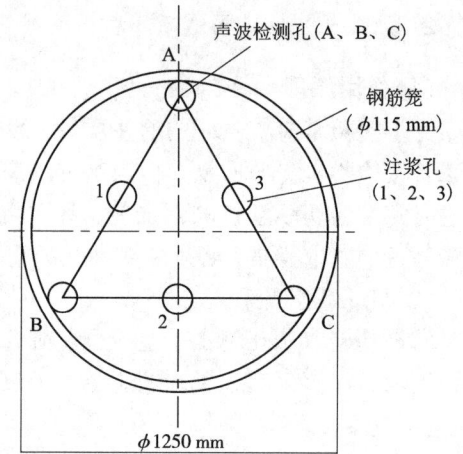

2.3.3　上海地铁4号线隧道塌陷抢险工程

（1）抢险工程概况

上海地铁4号线隧道（外滩董家渡段）采用冻结法施工，因在砂土层冻结未实的情况下，施工单位强行进行了开挖施工，导致发生向隧道内涌沙、涌水，造成地面大面积塌陷的重大事故。我单位根据抢险指挥部的指示，组织施工人员及设备进入主要塌陷段现场，采用定向钻进方法，配合优质泥浆护壁，双层套管隔离，金刚石钻进等技术方法，准确、快速地穿透了隧道顶部的钢筋混凝土，形成注浆通道，向涌沙、涌水段灌注混凝土和化学浆液，达到了堵涌、止沉降塌陷的目的。

（2）施工工艺流程

施工工艺流程：钻机就位→采用φ215 mm牙轮钻头钻进至隧道顶部混凝土面→下入

ϕ168 mm 无缝钢管→采用 ϕ152 mm 金刚石钻头钻穿混凝土→下入 ϕ146 mm 无缝钢管→地面灌浆堵涌止陷。

3. 特种钻探技术在多领域应用趋势

随着国民经济建设的快速增长，科学技术的进步，经济社会协调发展，以及大规模基本建设的需要，钻探技术服务领域已从单纯为地质找矿服务，逐步扩大到为整个地球科学发展服务，为地质灾害、环境整治及城建、交通、水电、通讯、堤防、港口、基础设施建造等多领域服务。因此，21世纪特种钻凿技术必将有长足的发展，应用范围将越来越广，概括其发展趋势有以下几个方面。

3.1 资源开发

①煤田原地气化。中小型煤田不适合井巷开采的，可采用钻探方法使煤在地下自燃取煤层气；

②钻孔对流溶蚀开采地下盐矿；

③探采深部油气；

④探采利用深部地热能源；

⑤红层等贫水区人畜饮用地下水的勘探。

3.2 地球科学勘探

①大陆科学钻探，探索地球奥秘；

②极地、沙漠等科学考察、勘探取样；

③海底含矿软泥、多金属结核以及天然气水合物钻探取样；

④地震监测钻探。

3.3 地质灾害整治

①泥石流、滑坡治理；

②地面沉降监测与治理；

③江、河、海堤防加固与治理；

④地下水污染的监测、防治与处理；

⑤地下瓦斯的超前排放；

⑥煤层燃烧地下灭火；

⑦尾矿砂坝的治理；

⑧矿山采空区的治理。

3.4 基础工程钻探技术

①各类桩基、复合地基处理技术；

②建筑物平移工程技术；

③建筑物不均匀沉降纠偏技术；

④基坑支护与降水技术;

⑤废弃桩基起拔处理技术;

⑥地下铺设管线非开挖技术;

⑦桩基加固及取样技术;

⑧孔底电视监测技术;

⑨高层建筑控制爆破技术;

⑩水库坝体位移安全监测技术。

(参考文献略)

水库坝体垂线孔施工技术研究

朱恒银　王幼凤　周锐斌

摘要：本文着重论述水库坝体垂线孔施工技术研究成果。介绍了垂线孔施工主要技术装备、工艺及施工效果，利用孔底随钻跟踪定向纠偏新技术实现了钻孔轨迹"导航"钻进。

关键词：水库坝体；垂线孔；纠偏；施工效果

Research on Construction Technology of Vertical Hole of Reservoir Dam Body

ZHU Hengyin, WANG Youfeng, ZHOU Ruibin

Abstract：The paper focuses on the research achievements of vertical hole construction technology of reservoir dam body. This paper introduces the main technical equipment, technology and construction effect of vertical hole construction, and realizes the "navigation" drilling of drilling track by using the new technology of directional correction of hole bottom tracking while drilling.

Keywords：reservoir dam; vertical hole; rectifying; the effect of construction

水库大坝的原位变形，如坝体位移、坝肩错动、不均匀沉陷等，都会给大坝的安全带来严重的威胁，所以需对大坝进行监测工作。垂线孔监测方法具有设备简单、精度高和直观等优点，目前大多数大坝采用这种监测方法。但这种方法要求钻孔有很高的垂直度，偏斜率不得超过1‰，这一要求对于钻孔施工来说，难度很大。为此我们于1996年底开始对垂线孔施工技术进行研究。并在安徽省电力局陈村、佛子岭两电站大坝进行实际施工试验，到1998年6月止，共完成垂线孔29个，累计工作量441.67 m。通过生产试验，取得了预期效果，各项技术指标达到设计要求。

1　垂线孔施工技术关键与技术指标

1.1　主要技术关键

根据大坝垂线孔施工特性和技术要求，主要技术关键概括起来有以下几方面：

(1)随钻人工微量纠偏技术方法；

基金项目：安徽省科学技术委员会科技项目"水库坝体垂线孔施工技术研究"。刊登于：《探矿工程》1999年第26卷增刊、《第十届全国探矿工程(岩土钻掘工程)学术交流年会论文集》，获中国地质学会探矿专业委员会优秀论文奖。

（2）硬岩层钻进及扩孔技术方法；

（3）垂线孔护管安装精度；

（4）垂线孔测斜技术方法。

1.2 主要技术指标

（1）孔深：根据用户要求而定；

（2）钻孔有效净径：≥护管外径；

（3）成孔护管内有效净径：$\phi70$ mm（施工时选择护管 $\phi127$ mm×7 mm～$\phi140$ mm×7 mm。《混凝土大坝安全监测技术规范》（SDJ336-89）要求垂线孔有效净径≥50 mm）。

测斜精度（孔偏移量）ΔS：±2 mm。

2 专用机具的选择与设计

2.1 测斜仪的选择与设计

以往使用的磁针式、悬锤式、钟摆式、陀螺式测斜仪均不能满足垂线孔测量要求，所以选择浮子重锤式测量方法。其原理是利用浮筒内液体（清水和变压器油均可）的浮力，将一根直径为 0.6~0.9 mm 的钢丝（或铁丝）与钻孔同径的重锤相连的浮子浮起。设计重锤自重等于浮子浮力，测量时垂线被拉直，重锤在孔内相对定位使浮子在浮筒里呈自由状态。以孔口标点为定点[孔口置一固定坐标系(X，Y)]，如钻孔坐标原点发生位移，其位移量即是钻孔的偏斜量。仪器结构原理见图1，可测出毫米级精度，能满足垂线孔测斜要求。

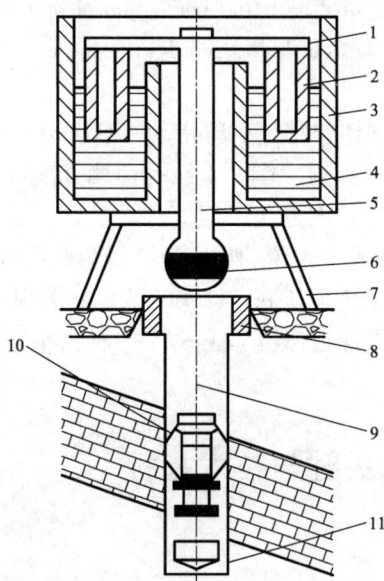

1—托盘；2—浮子；3—水箱；4—液体；5—导管；6—夹头；
7—支架；8—定向管；9—垂线；10—可调测头；11—重锤。

图1 浮子重锤式测斜仪示意图

2.2 定向纠偏系统的设计

我们结合垂线孔纠偏特性，设计了一种垂线孔微量定向纠偏系统(简称"定向纠偏系统")。该系统主要由钻杆、定向管、孔底液动马达、偏心器、纠偏钻头等部分组成(图2)。

"定向纠偏系统"是用来控制钻孔纠偏方向和纠偏量的，纠偏钻进则是借助于孔底液动马达来实现的。钻孔需要纠偏时，将定向纠偏系统下入孔底，把偏心器及定向管母线引至孔口，确定好纠偏方向，固牢定向管，然后在定向管内下入孔底液动马达，进行钻进。孔底液动马达钻进特点是钻杆柱不转动，钻机只起轴向加载作用，孔底马达利用液体来驱动钻头转动。这种工艺与其他纠偏工艺相比具有定向准确、可靠、成功率高，工艺先进且简单，纠偏时间短等优越性，实现了钻孔随偏随纠人工"导航"钻进。

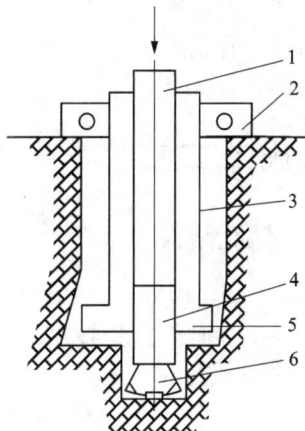

1—钻杆；2—孔口夹具；3—定向管；
4—孔底液动马达；5—偏心器；6—纠偏钻头。

图2 孔底随钻纠偏原理图

2.3 护管外注浆装置的设计

护管的安装重点是固管工艺，固管方法目前多采用水泥固管。垂线孔固管方法根据《混凝土大坝安全监测技术规范试行》SDJ336—89要求，需进行二次固管。第一次孔底护管在0.5~1 m处用水泥固牢后，上部将固管绷直，再进行第二次全孔固管。这样第二次固管就必须从护管外注浆固管。第二次固管设计了一种简单可靠的护管外无导管反向压水式注浆装置(简称"管外注浆装置")。

该装置是在下入孔内的护管下端2 m处设置，设计长约0.8~1 m，其工作原理：护管在下孔前按要求连接好管外注浆装置，下孔后，第二次固管，先从管口送清水使之管外注浆装置过水通畅。此时，即可停止送水，将搅拌好的水泥浆用人工从孔口护管与孔壁间隙中直接倒入，水泥浆将环状间隔中的水通过管外注浆装置送入护管内，排出孔口，待水泥浆全部灌满后，管外注浆装置自动封闭，阻止浆液进入管内，作用原理如图3所示。

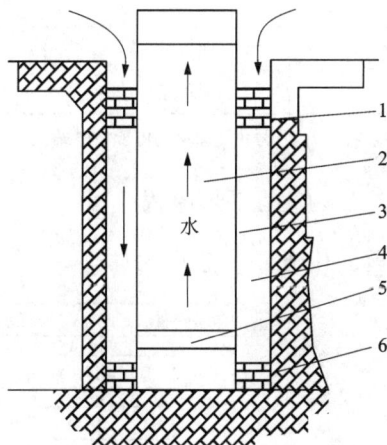

1—水泥浆；2、4—水；
3—护管；5—注浆装置；6—第一次固孔水泥

图3 管外注浆装置原理图

2.4 特种钻头的选择与设计

施工中所选用的钻进磨料主要为金刚石、硬质合金和钢砂3种，常规钻头为电镀金刚石取芯钻头、硬质合金取芯钻头、钢砂钻头等。特种钻头有薄壁金刚石钻头、金刚石纠偏钻头等。垂线孔所设计的专用特种钻头主要有金刚石扩孔钻头、合金扩孔钻头和钢砂扩孔钻头等。金刚石扩孔钻头主要用于钻进纠偏后中径扩孔；合金扩孔钻头主要用于7级以下地层中径及大径扩孔；钢砂扩孔钻头主要用于7级以上坚硬地层中的大径扩孔。

3 施工工艺

3.1 钻孔结构

开孔口径为110 mm，纠偏口径为60 mm后扩至110 mm。导向孔终孔口径为110 mm。成孔口径根据导向孔精度来确定，施工时，一般成孔口径为180~220 mm。各垂线孔成孔结构及护管结构见表1。

表1 各垂线孔成孔结构及护管结构

施工地址	孔号	孔深/m	成孔口径/mm	护管直径/mm	护管壁厚/mm
陈村电站	左坝肩4号	66.89	180	127	8
	右坝肩7号	46.10	210	127	8
	右坝肩29号	13.00	180	127	8
	廊道8号	40.00	200	140	10
	廊道18号	41.02	200	140	10
	廊道26号	34.54	200	127	8
	廊道29号	46.14	220	140	10
佛子岭电站	坝垛13号	51.40	180~240	127	8
	坝垛21号	32.51	200	127	8

注：右坝肩29号为正垂孔；佛子岭电站20个正垂孔口径均为110 mm。

3.2 施工工艺流程

垂线孔施工工艺流程见图4。

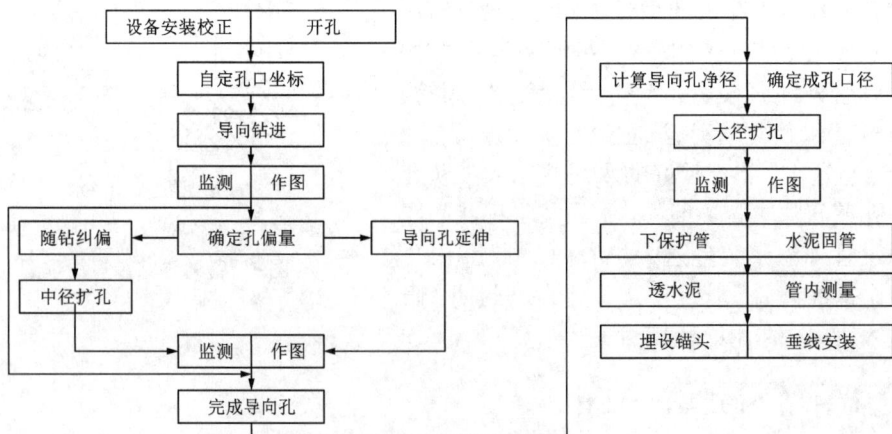

图4 垂线孔施工工艺流程图

3.3 钻进方法

3.3.1 开孔钻进

开孔选 ϕ110 mm 硬质合金或金刚石钻头取芯钻进，若遇钢筋混凝土，采用针状硬质合金钻头钻进。

3.3.2 导向孔钻进

钻孔开孔穿过钢筋混凝土后（如开孔是岩层，钻进 2 m），即转为导向孔金刚石钻进。导向孔均选用 ϕ110 mm 金刚石钻进至终孔。

3.3.3 大径扩孔钻进

导向孔钻进结束后，根据导向孔有效净径和下入护管的外径，来确定扩孔直径。原则上，钻孔成孔后，有效净径不得小于所下护管外径。大直径扩孔在软岩层和混凝土中采用硬质合金钻进为主，硬岩中采用钢砂钻进方法。

3.4 护管的下入和固孔

3.4.1 护管的选择及下入

施工时保护管选用 ϕ127~140 mm、壁厚 8~10 mm 的无缝钢管。管丝扣设计为特殊螺纹直接连接，坝上孔护管每根长 3 m，廊道孔或坝垛孔护管每根长 2 m，护管两头丝扣的加工需设计专用夹具，以保证护管的加工精度。

下入孔内的护管用厌氧胶黏结，护管全部下好后，把测斜仪器下入护管底部测量护管内有效净径，然后顺时针扭转护管，找出护管内最大有效净径。将护管提离孔底 0.3~0.5 m 后，用夹板固定好孔口管即可。

3.4.2 固管作业

固管作业分两次进行，第一次从管内下入钻杆送少量水泥浆将孔底护管固定 1~2 m，待 48 h 后，再拉紧护管，测量护管内净径，若无变化即可进行第二次固管。采用人工灌浆，至钻孔环状间隙灌满为止，水泥浆水灰比为 0.35~0.4。

3.5 垂线的安装

水泥固管后，待水泥结石，下钻具透开孔底水泥，见基岩即可埋设垂线锚头和安装垂线（指倒垂线）。安装垂线步骤：①根据测斜资料需详细作图，确定护管内有效圆柱体断面圆心位置，标注在护管口上。将垂线固定于锚头上，沿有效圆中心轴线下入孔底，用水泥固牢锚头。②由大坝观测专业技术人员安装好地表监测仪器。③检查验收。

4 孔身垂直度的控制

4.1 保直防偏

(1)确保设备安装和开孔质量。

(2)根据不同钻进方法,采取合理的钻进工艺。遇到软硬互层和断层构造带等层位,要用小规程参数钻进。

4.2 随钻定向纠偏

4.2.1 工艺流程

测斜(作图)确定纠偏量→下入孔内纠偏系统→定向→下入孔底液动马达→纠偏钻进→提出纠偏钻具→测斜→中径扩孔→导向孔钻进。

4.2.2 技术方法

(1)定向作业。先将"定向纠偏系统"试组装调整好,画好定向管母线标志,再按顺序将"定向纠偏系统"下入孔内,下入过程中定向管母线一定要对好,拧紧丝扣,待定向纠偏系统下至孔底后,从孔口扭转定向管使定向母线与确定的纠偏方向一致,将其固定,定向工作即完成。

(2)纠偏钻进。将孔底液动马达通过定向纠偏管下至孔底,开泵启动孔底马达钻进,开始用小压力,逐渐增到正常钻压,每回次进尺长度为 0.5~1.0 m。纠偏钻进结束后,将钻杆及定向纠偏系统提出,测量纠偏效果,再带导向中径(ϕ110 mm)扩孔,然后恢复导向孔钻进。

钻孔纠偏口径原则上要比原钻孔直径小 2~3 级。施工时,在 ϕ110 mm 导向孔内采用 60 mm 口径纠偏钻进。

4.2.3 纠偏方向的确定

纠偏作业中,纠偏方向的确定是定向纠偏工序的重要一环。在试验中,钻孔纠偏方向的确定基本程序是:①测定孔口偏移坐标(孔口自定坐标 X、Y 值)。②做出钻孔位移平面坐标图(图5)。③对照钻孔平面坐标图,在孔口基准圆上标注好钻孔偏移方向,过孔口中心点的连线即为纠偏方向(亦为定向纠偏装置母线方向)。④在钻孔平面坐标中量出"R"值即是纠偏量,也可用公式直接求得:

$$R = \sqrt{(X_0 - X')^2 + (Y_0 - Y')^2}$$

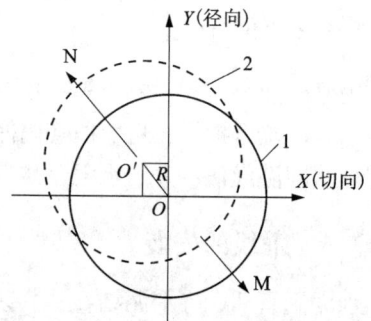

1—孔口基准圆;2—偏移后的钻孔;
R—孔偏移量;N—孔偏方向;M—孔纠偏方向。

图5 钻孔位移平面坐标图

4.2.4 钻孔轴线偏离量的控制

为提高钻孔轨迹控制精度及缩小成孔口径,节约施工费用,施工中,将 $\phi110$ mm 导向孔轴线偏移量一般控制在 25 mm 以内,最大不超过 30 mm,否则即要纠偏。

4.3 钻孔监测

4.3.1 监测方法

施工中钻孔轨迹的监控,采用液体浮子重锤式测斜仪,来直接测量钻孔偏移量,以指导钻孔随钻定向纠偏。

4.3.2 测量精度及误差消除

液体浮子重锤式测斜仪本身测量精度为万分之一。钻孔的偏移量可达毫米级,但在实际测量中存在测量误差。在施工中主要采取下列措施,以提高测量精度。

(1)加密测点,一般情况每 1 m 测量一次,特殊超径地层每 0.5 m 测一次。每点测量应重复 3~5 次。

(2)对于超径地层和用钢砂钻进的钻孔,相应增加测锤外径,尽量减小测锤与孔壁间隙。管内测斜采用弹性膨胀锤以提高测量精度。

(3)每次每点测量,人工观测孔口位移坐标读数,要求 2 人相互检查复测读数,以免造成人为误差。

4.3.3 孔口基准坐标的复核

用液体浮子重锤式测斜仪测量钻孔的偏移量,主要以孔口为基准圆,自定坐系,所以在测斜时要经常核准基准坐标。

4.3.4 及时作图跟踪监控

当获得准确钻孔测斜资料后,要及时作图,确定钻孔的有效净径。若钻孔有效净径小于控制数值时,即要及时纠偏。确定钻孔轨迹有效净径如图 6 所示。

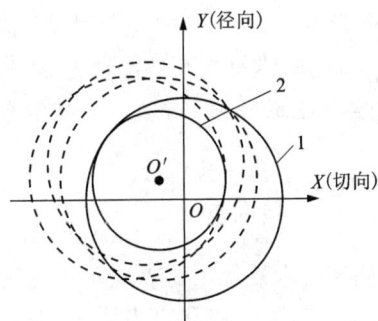

1—孔口基准圆;2—钻孔有效圆;
O—基准圆心;O'—有效圆心。

图 6 确定钻孔轨迹有效净径示意图

5 生产试验及应用效果

5.1 生产试验情况

主要施工场地是安徽省电力局陈村和佛子岭 2 个水电站大坝。完成倒垂孔 8 个,正垂孔 21 个(其中陈村电站大坝倒垂孔 6 个,正垂孔 1 个;佛子岭电站大坝倒垂孔 2 个,正垂孔 20 个),最深孔深 66.89 m,累计完成钻孔工作量 441.67 m,施工质量完全达到设计方及项目设计任务书要求。

5.1.1 地层条件

陈村电站大坝为砼重力拱坝，砼的石料较杂，砾径差别很大，局部因水泥胶结不好而显疏松，砼内夹有网状钢筋，直径为 18~30 mm。基岩为志留系石英细砂岩、硅化石英砂岩、泥质细砂岩和砂页岩互层组成。断层、裂隙、层间错动纵横交错，产状陡，岩层碎，破坏了坝基的整体性。两岸坝基上部岩石较风化，下部岩层硬脆碎，局部硬度可达 9~10 级。钻孔常规钻进时自然弯曲较厉害。

佛子岭电站大坝也为砼重力拱坝，砼的石料及钢筋与陈村大坝相似。坝基岩层较为单一，均为花岗岩，岩层产状约 30°，有部分层位岩石较破碎，但岩石的硬度较高，可达 9~10 级。

5.1.2 施工条件

在陈村电站大坝施工的 7 个垂线孔有 3 个孔在坝肩，4 个孔在廊道内，廊道宽 2.2 m，高 2.9 m，空间断面狭小，个别廊道孔施工场地面积不足 7 m²。在佛子岭电站大坝施工的 2 个倒垂孔都在较小空间的坝垛内，20 个正垂孔均在坝顶上游面防浪墙边缘。钻孔中心距墙壁只有 0.15 m，每个钻孔需钻穿 13~15 层钢筋网。施工条件较恶劣，难度很大。

5.2 试验效果

5.2.1 质量效果

经陈村、佛子岭两电站大坝垂线孔生产试验，完成 8 个倒垂孔，平均有效净径为 ϕ148 mm，管内平均有效净径为 ϕ97 mm，钻孔的孔偏率均小于 1‰；完成 21 个正垂孔，平均有效净径为 ϕ95.71 mm。两电站全面验收，工程质量全部达到和超过设计要求，均被评为优质孔。

5.2.2 技术效果

施工技术效果主要表现在如下几个方面。

(1)施工中，以孔口为基准，先施工导向孔(导航钻进)，后扩孔为成孔的施工方法，完全满足大坝高精度垂线孔施工要求。

(2)在原孔底随钻定向纠偏方法简单可靠，成功率高，速度快，纠偏后即可转为正常钻进，缩短了纠偏时间，与常规方法相比节约时间 5~10 倍。钻孔的纠偏量可人为调整和控制。据 9 个垂线孔统计，累计纠偏 97 次，成功 92 次，成功率 95%。

(3)施工中，在不同岩层所采用的不同钻进及扩孔方法，技术可行，适用性强。解决了在坚硬岩层及钢筋混凝土中钻进、纠偏、扩孔等技术难题。

(4)施工中采用的保护管固管灌浆方法，简单易行，具有良好的适用性，解决了固管水泥浆灌注技术上的难题。这种方法与以往方法相比，其特点为：灌注水泥浆时无须下入灌浆导管，无须泵送，管内无浆液，不需扫水泥心，避免了管内有效净径的损失，不会发生固管事故，有利于护管内下入其他多种监测仪器传感器。

(5)采用液体浮子重锤式测斜仪,施工钻孔测斜资料表明,所测坐标偏距误差值 ΔS(同点复测重复值)在裸眼孔中: $\Delta S_{max} = 4$ mm, $\Delta S_{min} = 2$ mm;在护管内用弹性膨胀锤测量 $\Delta S_{max} = 2$ mm, $\Delta S_{min} = 1$ mm。每个孔完工后都由建设方进行验收复核测量,均在误差范围内,完全满足要求。该测量技术与方法亦可用于地层裂隙注浆、矿井冻结、通气,矿山注浆加固、止水、基桩取样等高精度垂直孔中测斜。

5.2.3　社会与经济效益

(1)通过对水库大坝垂线孔施工技术的研究,提高了垂线孔的施工精度,钻孔轨迹实现人工控制,不至于因孔斜原因而报废。

(2)施工试验中,也对 20 世纪 60~80 年代建立的少数垂线孔的部分资料及个别孔修孔情况进行了分析,发现有部分垂线孔偏斜量大,垂线中途靠壁,造成"短路",给大坝安全监测带来极为严重的隐患。发现这类问题后,也从施工角度提出了很好的解决办法。

(3)采用了人工原孔底纠偏工艺,与常规方法相比,省工、省时、孔内无遗留物,也降低了施工费用。另外,在坚硬岩层中改变了以往大直径金刚石扩孔方法,采用导向式钢砂扩孔,据估算在钻进磨料方面,降低材料费用30%左右。

6　结语

"水库坝体垂线孔施工技术研究"项目已通过技术鉴定。专家一致认为:该项目数据可靠,资料翔实,研究成果具有新颖性、创造性、科学性和实用性;取得了较好的社会和经济效益,对保证水库大坝安全观测意义重大;研究成果整体达到国内领先水平,其中微量孔底随钻纠偏技术方法,达到国际先进水平。

(参考文献略)

陈村大坝垂线孔施工技术

朱恒银

摘要：阐述了陈村大坝安全监测系统的技术改造，以及垂线孔施工采用的主要技术装备及工艺。介绍了垂线孔孔底随钻跟踪定向纠偏新技术和施工效果，最后结合实例谈几点认识。

关键词：陈村大坝；垂线孔；技术工艺；随钻定向纠偏；质量效果

Drilling Techniques of Plumb Line Hole for the Chencun Dam

Zhu Hengyin

Abstract：This paper describes the technical improvement of the safety monitoring system at the Chencun Dam, the techniques technology, and equipment used and in the construction of the plumb line hole. It also describes the new techniques and the results drilling tracing of deviation correction in the construction of the bottom of the plumb line hole. Finally, several views are put forward.

Keywords：the Chencun Dam; plumb line hole; techniques; deviation correction; quality

0 概况

安徽省陈村水电站位于皖南青弋江上游，是一座以发电为主兼有防洪、灌溉、航运、养殖、旅游等综合效益的大型水利枢纽。水库总库容 $26.41×10^8 \text{m}^3$，电站总装机 150 MW，年发电量 $3.16×10^8 \text{kW} \cdot \text{h}$。

该大坝为混凝土重力拱坝，坝高 76.3 m，顶宽 8 m，最大底宽 54.65 m，坝顶弧长 419 m，共分 28 个坝段。坝体建在两山之间，坝基岩石软硬不均，产状较陡且有 3 条断层穿入坝基。为了确保大坝安全，准确而有效地监测坝体变形情况，大坝初建时，设立了部分垂线孔，但孔深较浅（因施工上原因而终孔，有部分未达到设计要求），垂线孔布置不合理，尚不足以对大坝变位特性做出全面分析。因此，安徽省电力工业局及陈村水力发电站提出对该坝安全监测系统进行技术改造，补建部分垂线孔以满足监测要求。施工中，研究和运用了国内先进的

注：刊登于《大坝观测与土工测试》1998 年第 22 卷第 5 期。

钻井方法和随钻跟踪定向纠偏新技术，完成正垂孔 1 个，倒垂孔 6 个（其中廊道倒垂孔 4 个），累计工作量 287.67 m，最大孔深 66.89 m，最大孔径为 ϕ220 mm，最小孔径 ϕ180 mm，垂线孔的有效净径及孔深完全达到设计要求，工程竣工验收全部为优质孔。

1 质量要求及施工条件

1.1 工程质量要求

钻孔深度必须达到设计要求；孔偏斜率≤1‰（钻孔终孔水平偏距与垂深之比）；ϕ127 mm×7 mm～ϕ146 mm×7 mm 无缝钢护管下入钻孔水泥固牢后，管内有效净径≥70 mm。

1.2 地层与施工条件

（1）地层条件

水库大坝为混凝土重力拱坝，混凝土的石料较杂，粒径差别很大，局部因水泥胶结不好而显得较疏松，混凝土内夹有网状钢筋，直径约 30 mm；基岩为志留系石英细砂岩和硅化石英砂岩、泥质细砂岩和砂页岩互层组成。断层、裂隙、层间错动纵横交错，产状陡，岩层破碎，破坏了坝基的整体性。两岸坝基上部岩石较风化，下部岩层硬脆碎，局部硬度可达 9～10 级。钻孔常规钻进自然弯曲较厉害。

（2）施工条件

坝肩孔因位于坝体下侧边缘和山体斜坡上，安装设备受场地限制均要搭设平台；廊道孔均在宽 2.2 m，高 2.9 m 狭小断面空间内进行施工。尤其 26 号倒垂孔设置在 50°廊道陡坡上，整个工作面积不到 7 m²，施工条件恶劣，难度较大。

2 主要设备与器具

2.1 坝肩孔设备

①钻机：XY-42 型油压钻机；

②泥浆泵：BW-200 型变量泵；

③钻塔：自制龙门架式两脚管子塔（高 10 m）；

④钻杆：ϕ89 mm 钻杆用于常规钻进及扩孔，ϕ50 mm 外平钻杆用于纠斜；

⑤纠斜工具：随钻微量纠斜装置；

⑥测斜仪：浮筒重锤式测斜器。

2.2 廊道孔设备

①钻机：XY-42 型油压钻机；

②泥浆泵：BW-200 型变量泵；

③钻塔：自制龙门架式两脚塔（高 2.9 m）；

④钻杆：ϕ73 mm 外平钻杆，单根长 2 m；

⑤其他相关设备与坝肩孔通用。

3　施工工艺

3.1　钻孔结构

开孔采用 ϕ110 mm 口径，延伸钻进及纠斜口径为 ϕ60 mm，每钻进 3~4 m，用 ϕ110 mm 扩孔 2~3 m，导向孔终孔口径为 ϕ110 mm，成孔口径据 ϕ110 mm 导向孔精度确定，一径扩孔到底，后下入护管。

3.2　施工工艺流程

设备安装与垂直校正→中径开孔→小径钻进及跟踪纠斜→中径导向扩孔→中径到底→全孔测斜→确定扩孔直径→大径扩孔→全孔测斜→下入护管→水泥固孔→透孔→管内测斜→成孔验收。

3.3　钻进方法

（1）开孔钻进

开孔选用 ϕ110 mm 合金或金刚石钻具取芯钻进，若遇钢筋混凝土，采用针状合金钻具钻进。

（2）延伸钻进

开孔钻进到孔深 2 m 左右，转入延伸钻进直至终孔。延伸钻进采用小径钻，中径跟的方法，即小径 ϕ60 mm 金刚石钻进（纠斜钻进也使用该口径），中径跟采用 ϕ110 mm 导向合金钻进。一般情况下，小径延伸钻进 3~4 m，中径跟 2~3 m。但小径钻进每回次进尺不得超过 4.0 m，测斜后无问题再继续延伸。一旦发现钻孔偏移量大于 25 mm，即纠偏。

（3）大径扩孔钻进

延伸钻进结束后，根据测斜资料和下入护管的外径，来确定扩孔直径。原则上钻孔成孔后有效净径不得小于所下护管外径。大径扩孔在软岩和混凝土中采用合金钻进为主，硬岩中采用钢砂钻进为主。

3.4　钻头的设计与选择

根据垂线孔施工特点和所钻进地层情况，合理地选择不同类型的钻头。本次垂线孔所选用的主要钻头类型有：金刚石钻头、合金钻头（含针状合金钻头）、钢砂钻头 3 种。

（1）金刚石钻头

金刚石钻头所选用的是电镀人造金刚石钻头。纠斜用钻头结构设计为：ϕ60 mm 无岩芯全面钻进钻头，其特点是既能延伸钻进，又能有利于纠斜钻进；取芯钻头选用的是普通电镀钻头，规格为 ϕ76 mm、ϕ110 mm 两种；扩孔钻进一般选用中径 ϕ110 mm 金刚石钻头，扩孔钻头结构设计为 ϕ110 mm 钻头中间带 ϕ60 mm 导向。扩孔时，钻头沿着导向孔延伸，不至于扩偏钻孔。

（2）硬质合金钻头

硬质合金钻头用于水泥层和 7 级以下硬度的岩层取芯钻进及扩孔钻进。合金钻头主要有两种类型，一是八角式合金钻头；二是针状块式合金钻头。钻头结构设计上：取芯钻头为普通式环状钻头；扩孔钻头主要有两种形式，一种是中径(ϕ110 mm)扩孔，是将普通钻头中间带 ϕ60 mm 导向，一种是大径(ϕ180~260 mm)扩孔，钻头设计为带导向盘形结构，导向直径为 110 mm。盘形结构钻头体上可镶焊针状和八角合金，施工中视地层情况而定。盘形钻头扩孔钻具的稳定性差，扩孔振动大，钻头寿命短，但扩孔后钻孔的净径有保证。

（3）钢砂钻头

钢砂钻头主要用于大径硬岩扩孔钻进。钻头结构设计主要有两种形式：第一种是圆柱形铸钢无岩芯全面钻头，这种钻头扩孔前要将 ϕ110 mm 导向孔用低标号水泥封住，后扩孔钻进，其特点是钻头本身无导向，是利用钻头唇部导砂圆弧锥面作自由导向，延伸钻进。扩孔阻力小，但钻头外径磨损后不易修复，扩孔时遇到软硬不均地层易偏斜。第二种是筒状钻头，唇部加厚导向分离式钻头，这种钻头扩孔前先在孔内预设导向，后扩孔。该种钻头可多次修复，扩孔进尺快，节约材料，钻进振动小，钻孔不会扩偏，但扩孔时操作不慎易将导向扩坏。

3.5　护管的下入和固孔

（1）保护管的选择及下入

保护管选用 ϕ127~140 mm，壁厚 8~10 mm 的无缝钢管。管丝扣设计为特殊螺纹直接连接，坝肩孔保护管每根长为 3 m，廊道孔每根长 2 m。护管两头丝扣的加工需设计专用夹具，以保证护管的加工精度，严禁使用弯曲及椭圆度差的管子。

为了便于固孔作业特设计一根长 0.8 m 左右压浆排水装置，该装置安装在孔内护管倒数第 1 根上部位置，在灌浆时起排水作用，浆液灌至装置处起阻碍浆液进入护管内作用。该装置的设计能有效地保证灌浆后管内的有效净径及固孔质量。

保护管下入时，逐根检查管扣质量及垂直度，并丈量、编号后下入，管扣用厌氧胶黏结，护管全部下好后，把测斜器下入护管底部测量护管有效净径，然后顺时针扭转护管，找出护管内最大有效净径(原则上规定：固孔前 ϕ127 mm×8 mm 护管内净径≥90 mm，ϕ140 mm×10 mm 护管内净径≥100 mm，为安全固孔值)。将护管提离孔底 0.3~0.5 m 后，用夹板固定好孔口管即可。

（2）固孔作业

固孔作业分两次进行，第 1 次从管内下入，钻杆内送少量水泥浆将孔底护管固定 1~2 m，待 48 h 后，再拉紧护管，测量护管内净径，若无变化即可进行第 2 次固孔。第 2 次固孔前，从管口送清水冲孔，观察是否从孔壁与管壁间隙中返水，如返水说明压浆排水装置性能良好，即可孔口灌浆。否则，要处理好压浆排水装置后才能灌浆。该方法灌注是用人工直接从孔口环状间隙中连续倒入浆液，无须泵送，水灰比一般为 0.35~0.4，水泥结石快，固孔质量好，护管有效净径不会发生变化。通过 7 个垂线孔的应用，成功率100%。

水泥固孔后，待水泥结石，下钻具透开孔底水泥，见基岩即可埋设垂线锚头。

4 孔身垂直度的控制

4.1 保直防斜措施

（1）选用液压立轴式钻机，立轴不晃动，主杆直，立轴有上下卡盘。

（2）钻塔落实在混凝土基座上，开孔前，用经纬仪或水平仪进行交叉垂直校正。钻机安装平稳，保持天车、立轴和孔口三点一线。

（3）各类钻具组合均力求具有"刚、满、直"的防斜保直特性。

（4）扩孔钻具安设导向装置，并具有良好的导向功能，以防扩偏或扩出新孔。

（5）合理选择钻进技术参数，不得采取大规程强力钻进。

（6）及时做出钻孔偏斜平面图和孔斜剖面图，以指导施工。

4.2 定向纠斜

（1）定向纠斜方法

定向纠斜是垂线孔施工中不可缺少的一道工序，若沿用以往纠斜方法，成功率低，风险大。在实践中研究出一种特殊的纠斜工艺，取得较好的效果。

定向纠斜机具是自行设计的一种特殊的专用垂直孔微量纠斜器。该机具与其相配套的机具及工艺一起，可实现在原孔底定向随钻纠斜（亦称"导航钻进"）。这种特殊的纠斜方法特点：根据需要每次纠斜量可以人为调整；可在原孔底纠斜；钻孔可随偏随纠，速度快；纠斜后可立即常规钻进；定向准确成功率高。据 7 个垂线孔统计，累计纠斜 88 次，成功 83 次，成功率 96%，钻孔纠斜情况见表 1。

表 1 各孔纠斜情况统计表

纠斜情况	孔号						
	4 号倒	29 号正	29 号倒	26 号倒	18 号倒	8 号倒	7 号倒
纠偏次数/次	36	2	20	4	6	5	15
成功次数/次	33	2	19	4	6	5	14
测斜次数/次	135	17	107	49	37	47	95

（2）轴线偏离量的控制

施工中钻孔轴线偏离量一般控制在 25 mm 以内，若大于其值就立即纠斜。另外，钻孔有效净径不得小于钻孔半径，否则即要纠斜。

（3）定向纠斜口径

定向纠斜口径原则上要小于原钻孔直径 30~50 mm，本次施工用 ϕ60 mm 纠斜钻进，中径 ϕ110 mm 延伸钻进。

（4）定向纠斜工序

测斜（作图）→确定纠偏量→下入定向纠斜机具→定向→纠斜钻进→测斜→中径延伸。

4.3 测斜

(1)测斜仪的选择：垂线孔施工，钻孔垂直度要求很高，以往使用的磁针式、悬锤式、钟摆式、陀螺式测斜仪均不能满足测量要求，所以，施工中选用浮筒重锤式测斜仪，该仪器测量精度完全满足要求。

(2)重锤是根据孔径大小配套选择，现场所备用的重锤有：$\phi59$ mm，$\phi108$ mm，$\phi180$ mm，$\phi198$ mm，$\phi208$ mm，$\phi218$ mm 等几种，测量管内采用滚轮式膨胀锤，可以更精确地测得管内净径。

(3)测斜间距最大控制在 1.0 m 以内，一般要求 0.5 m 测一次。每钻进一级口径均进行测量，每次测量要求对前面 2~3 点进行复测对比。

(4)运用测斜数据及时整理作图以指导施工。

(5)钻孔开孔时要找准孔口中心坐标，施工中要保护好坐标点，每次测斜要对坐标点进行复核。

5 施工效果

5.1 质量效果

陈村电站大坝安全监测系统技术更新改造所设计的 7 个垂线孔，经精心施工，各项质量指标全部达到和优于设计要求，受到了建设方的好评，各垂线孔施工质量参数见表 2。

表 2　垂线孔施工质量参数统计表

序号	孔号	质量参数					
		孔深/m		孔径/mm	孔的有效直径/mm	护管径/mm	管内有效直径/mm
		设计	实际				
1	4 号倒	66.30	66.89	$\phi180$	$\phi140$	$\phi127\times8$	$\phi83$
2	29 号正	16.00	13.00	$\phi180$	$\phi146$	$\phi127\times8$	$\phi102$
3	29 号倒	48.50	46.14	$\phi220$	$\phi145$	$\phi140\times10$	$\phi112$
4	26 号倒	33.00	34.54	$\phi210$	$\phi140$	$\phi127\times8$	$\phi97$
5	18 号倒	41.00	41.02	$\phi200$	$\phi150$	$\phi140\times10$	$\phi102$
6	8 号倒	40.00	40.00	$\phi200$	$\phi145$	$\phi140\times10$	$\phi96$
7	7 号倒	40.00	46.10	$\phi210$	$\phi130$	$\phi127\times8$	$\phi90$

5.2 技术效果

上述垂线孔施工结果表明：施工中所探索研究的一套工艺方法，完全能满足高精度垂线孔的施工要求。主要表现在：孔底随钻跟踪定向纠偏技术先进；坚硬岩层扩孔方法可行；固孔灌浆方法新颖等。这一特殊施工工艺，为水库大坝垂线孔的施工开创了一条新途径，笔者认为值得借鉴和推广。

6 几点认识

(1)垂线孔成孔有效净径是垂线孔关键的质量指标。垂线孔有效净径的大小直接影响大坝垂线的监测精度和施工难度。钻孔有效净径大，会增大施工难度和施工费用，钻孔有效净径小，则埋设垂线困难，同时对测量精度也有一定影响。如何确定垂线孔有效净径，应根据设计孔深(H)、孔径(D)、允许孔偏斜率(B)、护管外直径(d)等参数综合考虑。其钻孔有效净径($D_有$)关系式为：

$$D_有(\geq d)=D-\Delta S \qquad \Delta S=HB$$
$$D_有(\geq d)=D-HB$$

式中：ΔS 为钻孔水平偏距；垂线孔偏斜率 B 一般要求小于 1‰。施工中原则上先确定护管的直径和护管内的有效净径及允许孔偏斜率，然后估算出钻孔的孔径。通过实践，笔者认为垂线孔护管内有效净径一般在 70~90 mm 为宜。

(2)施工过程中，应注意钻孔有效净径应比钻孔的半径大 20 mm，成孔后护管内有效净径应比护管内半径大 20 mm。否则将有可能出现垂线靠壁现象，俗称"短路"(图1)。这种现象造成测得钻孔有效净径的假象。例如：某水库大坝一老垂线孔从原测斜资料看，能满足设计有效孔径，但在孔深 15 m 处测得有效孔径小于钻孔半径，钻孔在 15 m 以深测斜数据不变，始终为一定值，当时误认为钻孔精度较高。但该孔因施工未达到设计深度而报废。后将孔位移至 0.7 m，重打新孔，在 37 m 处与老孔汇合，经分析表明：报废的钻孔在 37 m 处孔已偏斜 0.7 m，在原 15 m 处已出现测斜垂线靠壁，形成"短路"现象。

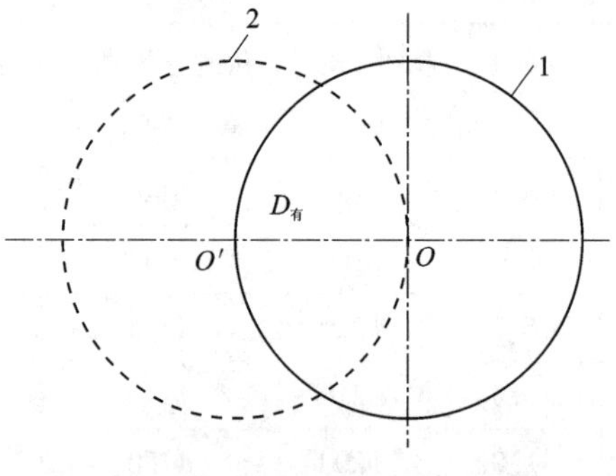

1—开孔基准孔；2—垂线"短路"后的钻孔
O'—"短路点"；$D_有$—有效净径。

图1 垂线孔"短路"平面示意图

事实上，如果在某一深度 h 处钻孔的实际中心已经在开孔孔口的面积之外，按现在通行的测量方法(膨胀锤法)，膨胀锤的铅丝在孔口处是不能跑出开孔的孔口范围之外的，即使实际钻孔已跑离孔口几米以外，仍会误认有效孔径还等于孔口半径。

为了排除这种假象，确保测得的有效孔径正确，考虑到测量误差在内，应要求

①有效孔径 $D_有 \geq D/2+20(\text{mm})$，$D$ 为孔口直径；

②不能存在某深度 h 以下所有有效孔径中心均集中在孔口边缘附近现象。如纠斜仍不能返回去靠近孔口中心的，这种现象就是此处已"短路"。如纠斜仍能返回的，有效孔径的测量值是正确的。

在大坝监测中，有部分像这种类型的垂线孔尚未被发现和认识，仍在利用，对大坝安全监测造成危害，应当呼吁有关人员，务必引起重视。

(3)垂线孔是大坝永久性监测设施，过去部分大坝垂线孔未下入保护管，裸孔下入垂线，因孔壁岩石风化掉块及裂隙水流动，造成垂线监测稳定性差，精度不高，垂线寿命短。所以，建议大坝建立垂线监测孔时，尽量下入保护管。

(4)垂线监测孔保护管内有积水时，最好抽干埋入垂线后，灌入机油或变压器油，以增加垂线和护管的使用寿命。

(参考文献略)

基桩桩身砼离析问题的处理方法

王幼凤　朱恒银

摘要：分析了基桩桩身砼离析问题的原因，介绍了桩身砼离析问题的补强方法及处理效果。

关键词：基桩；桩身砼离析；补强方法；处理效果

Treatment of Concrete Segregation Problem of Foundation Pile Body

WANG Youfeng, ZHU Hengyin

Abstract：This paper analyzes the reason of concrete segregation problem of foundation pile, and introduces the reinforcing method and treatment effect of concrete segregation problem of pile.

Keywords：foundation pile；concrete segregation of pile body；reinforcement method；treatment effect

1 工程概况

安徽合肥市某电力生产调度楼工程，主楼23层，总高度99.80 m，框架结构，裙楼4层，主、裙楼均有一层地下室，该楼总建筑面积42185 m²。楼基础采用人工挖孔桩，共设计183根。单桩最大荷载为2000 kN。平均桩深21 m，桩径900~1800 mm，扩底直径分别为1200~3500 mm。桩端置入中风化泥质砂岩中，为嵌岩端承桩。桩身砼采用商品砼，泵送灌注。砼标号分别为C20~C35。

该桩基工程施工结束后，通过声波透射检测，发现75号桩在桩头以下12.25~12.55 m处，桩身砼离析较厉害，判为Ⅲ类桩，必须进行工程处理后才能使用。经分析研究，拟定在桩身打小孔高压注浆的方法来补强桩身砼离析段，通过处理取得了良好的效果。

刊登于：《探矿工程(岩土钻掘工程)》2003年第30卷增刊。《第十二届全国探矿工程(岩土钻掘工程)学术交流年会论文集》。

2 桩身砼离析原因及补强方案

2.1 桩身砼离析原因

75 号桩桩径为 1250 mm，桩长为 15.10 m，扩大头直径为 2700 mm，砼标号为 C35。砼灌注后 28 天，经声波检测 AB、AC 断面距桩长下 12.25~12.45 m 处和 BC 断面 12.45~12.55 m 处声速、声幅均低于临界值，实测波速为 500 m/s，与正常值相差较大，且 PSD 异常突起，判断为砼离析。后经取芯验证该孔段桩身确实存在砼离析现象(图 1)。

图 1　砼离析段砼心照片图

经现场施工情况及原始记录分析，该段砼离析主要原因：桩孔上部护壁不好，孔壁渗水，当砼灌注至桩身 13 m 左右时，商品砼未及时运到，等待约 1 h 之久，当时正逢夏天，气温高达 38℃，第二次灌注砼时，又未在该孔段层面进行人工振捣，由于该孔段积水过多，砼浆上浮，骨架材料与水泥浆分层，从而造成砼离析。

2.2 砼离析处理方案设计

2.2.1 处理方案工作原理

由于 75 号桩桩身砼局部出现离析，须进行补强后方可使用，经监理、设计、施工等单位对几种处理方案进行对比分析，共同研究确定在桩身钻小孔至离析段，高压注浆较为可靠。其工作原理：在桩身先钻 3 个小口径钻孔，用清水高压冲孔，清除离析段杂物，再分别在 3 个小孔中高压注水泥浆，使离析部位充满水泥浆，重新与骨架材料固结，以达到补强之目的。

2.2.2 处理方案技术参数的设计

2.2.2.1 注浆孔的布置

为使浆液渗透扩散均匀，在桩上布置 3 个等距小孔径的钻孔，单个孔分别位于桩检测管 AB、AC、BC 三个断面中心线上(图 2)。

2.2.2.2 钻孔直径

开孔 ϕ110 mm，钻至 1.0 m，下入 ϕ108 mm 孔口管密封固牢后，换 ϕ76 mm 钻至设计孔深。

2.2.2.3 孔深

AB 断面孔深 13.15 m，BC 断面孔深 13.30 m，AC 断面孔深 13.30 m。

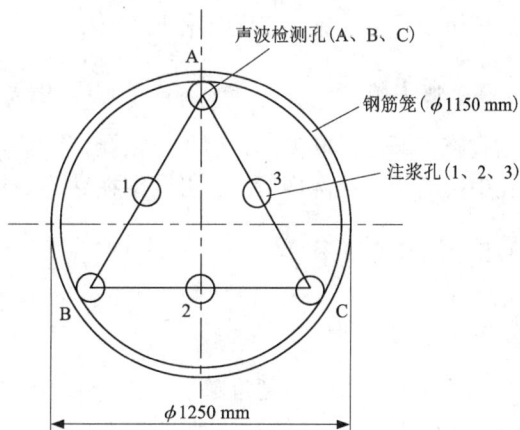

图 2　75 号桩注浆孔平面布置图

2.2.2.4 浆液配方及固结强度

浆材：42.5 级普通硅酸盐水泥；自来水；HF-1 型防渗增强剂。HF-1 型防渗增强剂具有减水、膨胀性能，不仅利于泵灌还能使水泥浆凝固后，不会产生收缩而影响离析段的固结性能及砼的强度。浆液配比：水泥：水：外加剂（HF-1 型）= 1：0.30：0.07。固结强度等级 C40。

2.2.2.5 注浆压力

注浆压力（2~4）MPa。

2.2.2.6 钻孔加强筋

ϕ25 mm 螺纹钢下至小孔孔底至桩头。

3 施工工艺

3.1 主要设备及机具

钻机：XY-1 型液压钻机；

注浆泵：BW-250/50 型变量泵；

钻杆：ϕ50 mm；

压力表：10 MPa；

高压管：ϕ25 mm；耐压：10 MPa；

钻头：ϕ76 mm 金刚石钻头，ϕ110 mm 硬质合金钻头。

3.2 钻进方法

采用 ϕ110 mm 硬质合金钻具开孔至 1 m 后，下入 ϕ108 mm 孔口管，并用水泥固牢，待结石后，用 ϕ76 mm 金刚石单管钻具取芯钻进至设计孔深，钻进用的冲洗液为清水。

3.3 施工工艺流程

砼离析段注浆孔施工工艺流程见图 3。

3.4 施工顺序

钻孔施工顺序：先在桩身钻 3 个钻孔，分别全孔取芯，确定桩身砼离析段位置后在所钻的钻孔中用高压水冲洗离析段，再分别在钻孔中高压注浆，以浆液注满为止。

3.5 钻孔施工作业

3.5.1 钻孔定位

钻孔分布及定位一定要准确，钻孔的中心点与桩身钢筋笼主筋距离为 350 mm，钻孔垂直度控制在 1% 以内，以免钻孔钻到钢筋笼主筋上或两孔交叉在一起而影响注浆补强质量。

3.5.2 取芯

钻进过程中，钻孔需要全孔取芯，采取率达 95% 以上，尤其离析段顶板及底板应同一回

钻孔定位

校正空轴垂直度 　　第二钻孔　第三钻孔

开孔下φ108 mm孔口管 　　　压浆

水泥固管 　　　稳压

φ76 mm口径取芯钻进 　　回压注浆

冲孔清洗离析段 　　　卸压

下钻杆第一次注浆 　　孔内下入钢筋

提出钻杆 　　制作砼试块

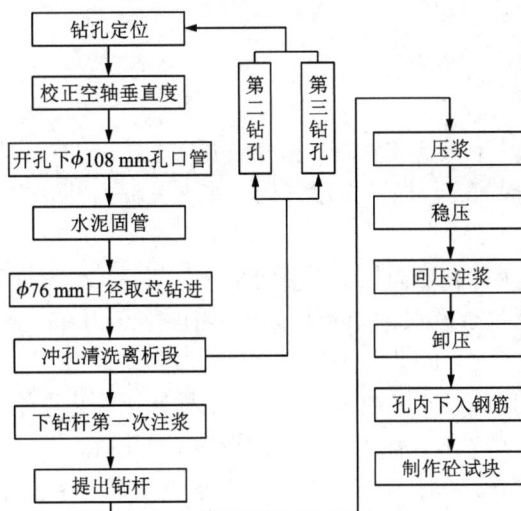

图3　砼离析段注浆孔施工工艺流程图

次取出,以判断砼离析程度。取芯钻具选择金刚石卡簧式钻具,以保证岩芯的完整性、真实性,以免造成人为的机械性破碎。

3.5.3　孔口密封装置

施工中孔内要高压注浆,孔口密封采用下入 φ108 mm 孔口管,用水泥浆固牢,以送水加压不漏气、不漏水为宜,孔口管上端设计一密封接头,接头处设置一个放气孔,便于高压注浆和排气,放气孔在高压注浆时需关闭。

3.5.4　冲洗钻孔

钻孔施工结束后,先下钻杆单孔进行送水,冲洗后三孔连通。高压冲洗的方法:将钻机立轴对上一个孔口密封接头处,送高压水,逼其水经离析段从另外 2 个孔中返出,以达到冲洗离析段日的,为下步注浆做准备。

3.6　注浆作业

3.6.1　注浆管路设置

注浆管采用 φ25 mm 耐压 10 MPa 的高压胶管,用主动钻杆与水泵连接,水泵出浆口设置一高压三通阀门,安装 2 个压力表,一个反映注浆过程中压力值,一个反映注浆稳压值,整个管路中一定要密封好,无漏水、漏气现象。

3.6.2　浆液的配制

按室内试验的配比数据先配制水泥浆并搅拌均匀,待注浆时加入 HF-1 外加剂再次搅拌,水泥浆的配制量不得少于理论计算量,同时要考虑管路及其他损耗,以免浆量不足造成注浆间断影响注浆质量。

3.6.3 注浆方法

钻孔注浆分3步。

(1)先在其中一个孔中下入注浆钻杆,钻杆离孔底0.2 m左右,送水冲孔,然后泵送水泥浆,至孔口返浆,再上提钻杆,每提一根钻杆用人工在钻杆内补灌浆一次,直至提完钻杆,孔内注满浆液为止。

(2)钻机主动钻杆对上钻孔密封接头,泵送浆液排气后,封闭排气孔,高压注浆,观察注浆泵压力表及其他2个孔是否返水,实际注浆中,当注浆压力在2 MPa时,另外2个孔即出现返水现象,待压力上升至3 MPa时,关闭注浆阀,停止注浆稳压,当压力回至零时,再开阀高压补浆,后稳压至3 MPa,10 min内压力不降时,即卸压终止注浆。

(3)在注浆孔中下入 ϕ25 mm 螺纹钢筋,用接头封闭孔口。

另外2孔注浆要先探孔,判断孔内在第一孔注浆时是否进浆,若进浆则应将注浆钻杆下入孔内浆液面以下1~2 m,然后用上述同样方法和程序进行注浆。

3.6.4 制作砼块试验

钻孔注浆,在现场要及时做水泥浆试块一组,送至试验室养护28天后测其水泥试块强度,以检查所注水泥浆固结后质量。

4 处理效果

75号桩身离析段通过高压注浆补强处理后,经桩基检测单位再次用声波透射法检测,检测结果波速为4200 m/s。同时进行了小应变反射法检测,其砼离析段补强后完全达到Ⅰ类桩指标,满足设计强度要求,所设计的水泥浆配比、砼试块抗压强度、试验结果达到C57强度等级,超过桩身砼C35强度等级。

5 结语

(1)对基桩桩身质量缺陷如离析、蜂窝、空洞、夹泥、夹砂、断桩等,采用桩身打孔高压注浆补强方法处理是一种行之有效的方法。

(2)桩身补强钻孔布置应根据桩径大小设计孔数,一般不宜设计单孔注浆,单孔注浆时桩身缺陷处冲洗效果不好,不能产生对流,影响压浆质量。

(3)水泥浆配比强度等级设计要大于桩身原强度等级,为了防止水泥浆凝固后收缩,影响固结强度,应视情况加减水膨胀剂。

(4)因注浆钻孔从桩身中穿过,为了不影响桩身强度,钻孔注浆后,除灌满水泥浆外,最好在钻孔中插入加强钢筋。

(参考文献略)

矿山充填孔及尾砂充填回采技术的应用与探讨

朱恒银　庞计来　漆学忠

摘要：尾砂是矿山开采选别固体矿物过程中的废弃产物，大量尾砂在地表堆积库存，给生态环境、耕地及人民生命安全带来严重的危害。矿山回采区回填，是矿山开采可持续发展的趋势。通过已开采矿山应用尾矿砂充填采空区的实践研究成果，介绍了矿山充填钻孔施工及尾矿充填工艺等技术，并分析阐述了矿山尾矿砂回填这种"绿色"开采技术的社会意义和经济价值。

关键词：矿山充填孔；尾砂充填回采；施工技术

Application and Discussion of Backfill Mining Technology in Mine and Tailing Ore

ZHU Hengyin, PANG Jilai, QI Xuezhong

Abstract： Tailing sand is the waste product in the process of solid mineral mining. A large amount of tailing sand accumulates on the ground, which brings serious harm to ecological environment, cultivated land and people's life safety. Backfilling of mining area is the trend of sustainable development of mining. Based on the practical research results of tailings sand filling goaf in mined mines, this paper introduces the technology of filling drilling and tailings filling, and analyzes and expounds the social significance and economic value of "green" mining of tailings sand backfilling.

Keywords： Mine filling hole; backfill mining; the construction technology

0 引言

尾砂是矿山开采选别固体矿物过程中的废弃产物，传统的方法是将选矿后的尾砂堆积存放在地表建造的尾砂库中，如要开采 1 个矿石储量（8000~9000）万吨的中型铁矿，所产生尾

刊登于：《探矿工程（岩土钻掘工程）》2009 年第 36 卷增刊、《第十五届全国探矿工程（岩土钻掘工程）学术交流年会论文集》。

注：庞计来作者工作单位为邯邢矿山局诺普矿业公司。

砂总量将达到 4000 万~5000 万吨，尾砂库占用大量土地，且部分矿种尾砂会造成地表水及大气粉尘污染。若尾砂库坝体垮塌会造成国家和人民财产、生命的巨大损失。如 2000 年 10 月 18 日广西南丹县大厂矿区酸水湾尾砂库垮塌造成 28 人死亡，50 人受伤，2008 年 9 月 8 日山西襄汾塔儿山铁矿尾砂库突然发生溃坝事故，约 30 万 m^3 的泥沙碎石，从 50 多米的高度倾泻而下，冲垮和掩埋了尾砂库下游的新塔矿业公司办公楼、民居和一个集贸市场，吞噬了长 2 km，宽约 300 m 的 30 多公顷的土地，夺去了 271 条生命。据有关资料报道，全国每年都有矿山尾砂坝垮塌事故，已成为不可忽视的人为灾害。我国已将矿山尾砂的治理和综合利用提到了重要议程。

如何解决矿山的尾砂给环境带来的灾害问题，目前主要采用两种方法进行尾砂的治理，一是利用尾砂制成建筑材料以综合利用；二是将尾砂充填采空区。尾砂充填技术已逐渐推广至矿山开采中。这种方法地表可不设尾砂库，实现尾砂废物"零排放"，能有效地保护矿区地表及周边环境，减少占地面积；控制采空区地表沉陷。尾砂胶结充填可实现矿区矿柱回采，以提高矿石的回采率，提高矿山综合效益和延长矿山服务年限。近年来，根据矿山实际需要，地质队与矿山合作，在安徽省霍邱铁矿吴集、草楼两矿区进行了 6 组 12 个尾砂充填孔施工实践与探索，取得了良好的经济技术效果。本文就矿山充填孔施工实践与尾砂充填采矿若干技术问题做一介绍和探讨，以供同仁参考。

1 矿区概况

安徽霍邱铁矿地处安徽西部，属淮河流域中上游冲积平原区，地势平坦，海拔标高 37~50 m；主要水系北有淮河，西有史河、泉河，东有霍邱县城西湖蓄洪区。山系有豫皖交界处 40 里的长山丘陵，南部主峰白大山海拔高度 420 m，其余为 100~200 m 的丘陵，向北绵延没入于淮河南岸平原中。矿区交通水路距淮河远至 40 km，近至 3~5 km，陆地交通有合(肥)阜(阳)高速公路横穿矿区，距宁(南京)西(西安)铁路约 100 km，距京(北京)九(深圳九龙)铁路 60 km，距合(肥)武(汉)铁路 60 km。霍邱铁矿范围为 320 km²(长 40 km，宽 8 km)，跨霍邱、颍上两县。目前地下 500 m 以上已探明铁矿石储量约 20 亿吨，居华东第一，全国第五，整个铁矿分 10 个矿区，矿床主要以磁铁矿为主。

吴集、草楼两铁矿区是霍邱铁矿的组成部分。两个矿区矿石储量均在 8000 万~9000 万吨，矿区地质条件基本相似，矿体最大埋深 500 m 左右，矿体倾角 50°~70°。矿石类型为沉积变质磁铁矿，主要岩层有黑云母斜长片麻岩、含铁角闪斜长片麻岩、混合花岗岩、黑云母角闪岩、大理岩等。矿床所在范围内的地表均为第四系覆盖层，第四系厚度 150~250 m，矿区地形平坦，地表均为农田和村庄。

吴集、草楼两矿区一期工程设计矿山生产能力出矿量分别为 100 万吨/年和 150 万吨/年。吴集矿区于 2006 年正式建成出矿，草楼矿区于 2007 年建成出矿。吴集、草楼两矿区二期工程设计出矿规模分别在 220 万吨/年和 300 万吨/年。针对两矿区地表环境和矿床特点，均选择阶段矿房法开采，嗣后全尾砂胶结充填，第一步开采矿房，第二步开采矿柱。

2 尾砂充填孔施工技术要求及工艺

2.1 充填孔施工质量与技术要求

钻孔偏斜率：≤1%；

钻孔孔口中心定位误差：≤100 mm；

岩芯采取率：≥75%；

充填孔成井结构：主要由三层无缝钢管串构成，即孔口管、护壁管和充填管（中心管），充填管内径不小于100 mm，且具有高强度和耐磨性。护壁管和充填管均全孔下入，孔口管和护壁管外用水泥固井。

2.2 充填孔的位置布置原则

充填孔主要根据充填站布置要求设计，一般两个孔为一组（即一套充填设备供2个孔充填），两孔间距3~5 m，两组充填孔间距离13~15 m，充填孔为垂直钻孔，充填孔下部有充填孔硐室，充填巷至采空区。充填孔的位置布置如图1所示。

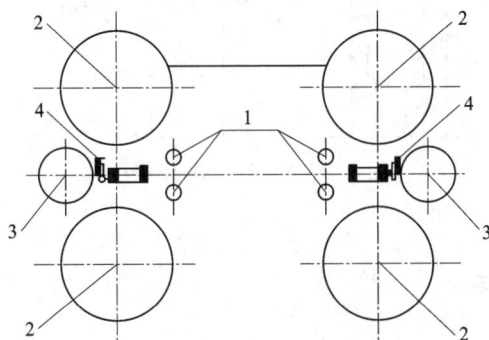

1—充填钻孔；2—尾砂仓；3—水泥仓；4—搅拌机。

图1 充填孔位置布置示意图

2.3 充填孔施工工艺

2.3.1 钻孔结构

根据吴集、草楼矿区的地层情况和尾砂充填设计的日充填量、尾砂粒径等参数，选择充填孔钻孔结构为：开孔 $\phi110$ mm 取芯钻进至20 m，用 $\phi350$ mm 钻头扩孔至20 m后下入 $\phi273$ mm 护孔管，水泥固井后，换 $\phi110$ mm 取芯钻进至设计孔深，再用 $\phi250$ mm 口径扩孔到基岩面后，换 $\phi191$ mm 扩孔到底，全孔下入 $\phi168$ mm 护壁套管，管外用水泥固井。固井后透孔到底，$\phi168$ mm 管内下入 $\phi146$ mm 充填管，钻孔成孔结构如图2所示。

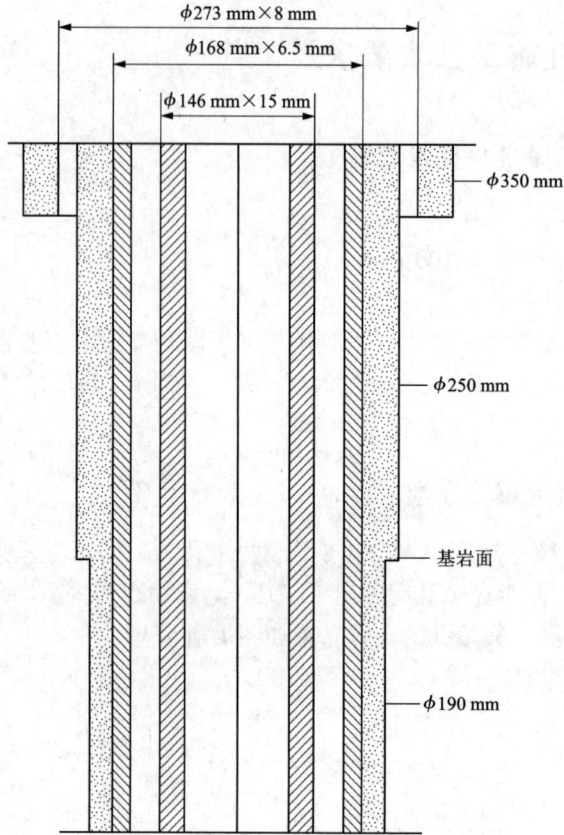

图 2　钻孔成孔结构示意图

2.3.2　充填孔施工流程

场地平整→孔位放样→钻机安装→孔位坐标复测→开孔下入孔口管→取芯钻进→钻孔测斜与轨迹控制→计算钻孔轨迹坐标→扩孔→下入外套管→管外水泥固井→透孔→下入充填管→将外套管与充填管孔口环隙密封固定→完井验收。

2.3.3　钻进方法

第四系覆盖层取芯均采用 ϕ110 mm 双管钻具外肋骨合金钻头钻进及单管无泵钻具合金钻头钻进；完整基岩采用单管金刚石钻头取芯钻进。孔深 0~20 m 采用 ϕ350 mm 牙轮钻头扩孔。20 m 至设计孔深段内，第四系覆盖层采用 ϕ250 mm 牙轮钻头扩孔，基岩用 ϕ191 mm 牙轮钻头扩孔。

2.3.4　钻进用钻具组合

（1）第四系取芯钻具

ϕ110 mm 外肋骨合金钻头→ϕ89 mm/ϕ108 mm 单动双管钻具→ϕ89 mm 钻铤→ϕ50 mm 外丝钻杆→主杆。

（2）基岩取芯钻具

$\phi110$ mm 单管金刚石取芯钻具→$\phi89$ mm 钻铤→$\phi50$ mm 外丝钻杆→主杆。

（3）扩孔钻具

①第四系扩孔：$\phi350$ mm 牙轮钻头→$\phi219$ mm 扶正管→$\phi146$ mm 钻铤→$\phi89$ mm 钻杆→主杆。

②第四系扩孔：$\phi250$ mm 牙轮钻头→$\phi146$ mm 钻铤→$\phi89$ mm 钻杆→主杆。

③基岩扩孔：$\phi191$ mm 牙轮扩孔钻头→$\phi168$ mm 导向管→$\phi146$ mm 钻铤→$\phi89$ mm 钻杆→主杆。

（4）特种纠偏钻具

纠偏钻具组合：纠偏钻头→螺杆马达→定向纠偏接头→钻杆→主杆。

2.3.5　钻进用冲洗液

根据该区域地层情况，采用 KHm 低固相泥浆，其泥浆性能为：密度 1.05~1.10 kg/L，黏度 25~30 s，pH 9~10，失水量 7~10 mL/30 min，泥皮厚 0.5~1 mm。

配比：黏土粉（泥浆体积）4%，处理剂加量，黏土∶纯碱（Na_2CO_3）∶腐殖酸钾（KHm）= 100∶2~3∶0.2。配制使用程序：黏土加水搅拌→Na_2CO_3→浸泡 24 h→加 KHm→搅拌→测性能并调整→钻进过程中使用除砂器→性能调整维护。

2.3.6　充填孔施工技术要点

（1）钻孔坐标的准确性

充填孔一般设计于主巷道壁一侧 1~3 m 范围内，充填孔施工后，需在主巷道内按钻孔坐标寻找充填孔底部。若钻孔坐标不准确，就无法找到钻孔，所以充填孔、钻孔坐标的准确性显得特别重要。保证钻孔坐标的准确性必须做好两点：一是钻孔开孔时，要测准孔口坐标（基准坐标）；二是把好钻孔测斜关，采用高精度小顶角测斜仪进行测斜，每 25 m 测斜一次，要求下孔前对仪器进行精度校验，孔内每次同点位置要复测，凡是测得顶角数据的钻孔都要测方位角。

（2）钻孔轨迹垂直度的控制

①把好开孔关。施工场地必须用水泥固化平整，钻机安装做到三点一线（孔口、立轴、天车三点为一直线）；开孔采用小规程参数钻进，逐渐加长导正钻具。

②把好钻具级配关。钻进钻具必须具有刚、满、直，防斜保直特性；采用钻铤孔底加压；扩孔时，钻具必须上带扶正器，下带导正装置。

③把好钻进关。钻进过程中，若遇软硬互层时，采用小规程参数钻进，不使用磨钝的切削具钻进。

④把好钻孔轨迹监控关。施工中做到三及时，即及时测斜；孔斜超差及时调整工艺；超差大于允许值及时纠偏。

（3）井管的选择

充填孔井管串主要由孔口管、护壁管和充填管组成。管串均要选用 45 号钢以上材质的无缝钢管，尤其充填管要求选用高强度耐磨性强的厚壁无缝钢管，目前多采用 $\phi146$ mm 钢管，壁厚要求不小于 15 mm，管串连接设计为内外平结构。

（4）管外固井

为了保证充填孔有较长的使用寿命，孔口管和护壁管管外全部用 42.5 级水泥固孔。护壁管与充填管间隙采用 PHP 优质低固相泥浆灌满，上下口要密封可靠，不得有尾砂进入间隙中，便于以后更换充填管。

2.3.7 充填孔施工技术效果

安徽霍邱铁矿吴集、草楼两矿区 2007—2008 年间相继设计了 6 组 12 个尾矿砂充填孔，其中吴集矿区 2 组，草楼矿区 4 组，通过施工与探索，克服了诸方面的技术难题，所完成的12 个钻孔，总工作量 2520.20 m，钻孔最深 270 m，平均孔深 210 m，钻孔终孔最小偏斜率为0，最大偏斜率 0.49%，钻孔终孔最小水平偏距为 0 m，最大水平偏距为 1.11 m，各孔终孔实际坐标参数计算见表 1。所施工的 12 个钻孔，矿山按实际计算坐标在井下巷道内开挖，均较准确地找到了实际充填孔底位置，完全满足矿山设计质量要求。

表 1　充填孔施工实际钻孔坐标计算结果

矿区	孔号	孔深/m	孔口设计坐标			钻孔终孔实际参数					
			X_0	Y_0	Z_0	$\theta/(°)$	$\alpha/(°)$	$\Delta X/m$	$\Delta Y/m$	$\Delta Z/m$	$\sum S/m$
吴集	1#	142	3583490.01	403067.65	0	0.8°	270°	0	−0.35	141.99	0.35
	2#	142	3583489.02	403070.48	0	0.4°	80°	0.10	−0.43	141.99	0.44
	3#	142	3583502.24	403070.09	0	0.2°	56°	0.08	0.17	141.99	0.19
	4#	142	3583503.23	403072.26	0	0		0	0	142.00	0
草楼	北 1	208	3569964.61	404204.54	0	1°	30°	0.80	0.46	207.99	0.92
	北 2	208	3589966.81	404206.58	0	0		0	0	208.00	0
	北 3	208	3589955.09	404214.81	0	0		0	0	208.00	0
	北 4	208	3589957.29	404216.85	0	0.9°	113°	−0.36	0.89	207.99	0.96
	南 1	270	3589157.96	404156.51	0	0.5°	154°	−0.39	0.19	269.99	0.43
	南 2	270	3589158.99	404153.69	0	0.8°	172°	−1.08	0.28	269.99	1.11
	南 3	270	3589172.14	404158.49	0	0.1°	203°	−0.24	−0.31	269.99	0.39
	南 4	270	3589171.11	404161.31	0	0.3°	185°	0.14	−0.07	269.99	0.16

注：表中 Z 值不是标高，是设定孔口为 $0(Z_0)$ 的计算值，表中 θ、α 分别为钻孔终孔顶角和方位角，ΔX、ΔY、ΔZ 为坐标实际增量，$\sum S$ 值为钻孔最大水平偏距。

3　尾矿充填技术

尾矿砂充填是现代矿山开采经济环保的一种新技术。尾矿砂充填工程主要由地表充填站、充填钻孔、充填管道以及采空区脱水设施等组成。充填钻孔在地表设计若干组(每组为 2个高精度垂直钻孔)，作为采空区充填的通道，以此通道将地表尾砂(或尾砂胶结体)送入采空区进行充填，待胶体尾砂固结后，形成采矿房支撑体，再回采矿柱，矿柱采完之后，再充填尾砂将矿柱空区填满，实现整个开采与充填良性循环。

3.1 尾砂充填采矿方法

充填采矿法是金属矿山三大类采矿方法之一，主要适用于矿石品位高的富矿，稀有、贵重金属矿床的开采，近年来随着矿石价格的提高，开采、充填技术水平的提高以及国家环境保护政策的出台，黑色金属矿山也开始采用充填采矿法采矿，如霍邱吴集、草楼两矿区，设计采用房柱法两步骤空场回采嗣后充填开采。开采工艺流程：矿房开采→尾砂胶结充填矿房（固结矿房采空区）→回采预留矿柱→尾砂充填矿柱采空区。

3.2 尾砂充填工艺

3.2.1 充填方式的选择

根据所选用的采矿方法，采用胶结充填，胶结充填的方式有多种选择。基于吴集、草楼两矿区内外部条件，可供选择的充填料有掘进废石及选矿厂尾砂两种材料。掘进废石经破碎加工可作为建筑材料综合利用，所以选矿厂尾砂即为最合适的充填材料，这样既环保又经济。

尾砂充填可分为分级尾砂胶结充填和全尾砂胶结充填两种方法。分级尾砂胶结充填是采用两相流管道输送，为了解决井下充填料脱水问题，对尾砂充填料渗透系数要求较高，所以需对选矿厂尾砂进行分级，一般可分选尾砂粗粒用于井下充填，细泥砂排入尾砂库。全尾砂胶结充填则是以不同粒度的全部尾砂作为充填材料，不需对选矿厂尾砂进行分级处理。所述两种充填方法相比较而言，前者需增加尾砂分选设备，细小尾砂还需留在地表尾砂库中。在充填质量上不可避免地产生离析分层现象，充填体结构完整性差。而后者则克服了前者的一些弊病，是目前矿山充填开采所优选的尾砂胶结充填方法。

3.2.2 全尾砂充填主要设备

全尾砂充填主要设备系统由全尾砂沉降造浆放砂、水泥供料，充填料浆搅拌机输送、自动控制等系统组成。

根据矿山生产能力要求，吴集矿区设立两套充填系统，草楼矿区设四套充填系统，每套充填系统由两个立式砂仓，一个水泥仓，一套搅拌机，两个充填钻孔及相应的控制系统组成，如图3所示。

图3 尾砂充填系统主要装备图

3.2.3 全尾砂充填系统工艺流程

充填系统工艺流程如图 4 所示，主
要由全尾砂储存供料线、水泥储存供料
线、调浓水供给线、充填料浆制备与输
送线、自动控制五大系统组成。

（1）全尾砂储存供料线

充填用尾砂即由选矿厂尾砂输送
泵直接将全尾砂料输送至充填站的立
式全尾砂存储仓中。每个充填站设置
两套充填系统，每套充填系统设置两个
立式砂仓，四个砂仓交替进砂和充填，
以充分发挥系统生产能力。

（2）水泥储存给料线

水泥是尾砂充填的胶结剂。散装
水泥由散装水泥罐车运至充填站后，通
过吹灰管吹卸入散装水泥仓中。为了
防止各种杂物进入水泥仓，吹灰管上设

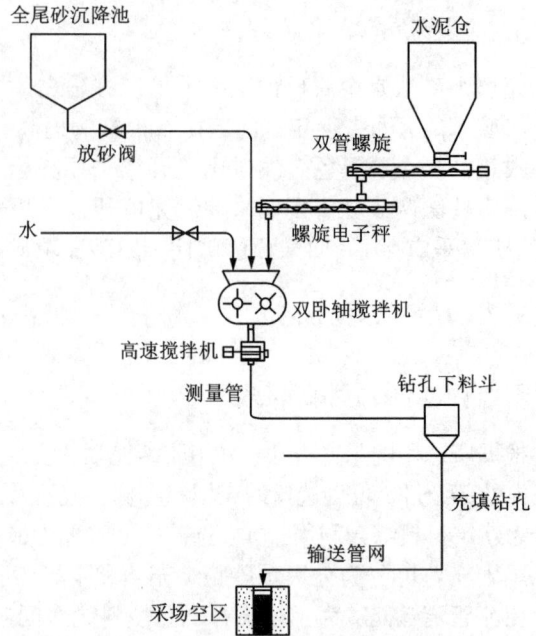

图 4　全尾砂充填系统工艺流程图

置有过滤装置。水泥仓底部设置有螺旋闸门及双管螺旋给料机。充填时打开螺旋闸门，启动
双管螺旋给料机即可向搅拌机定量供水泥。水泥给料量由螺旋电子秤检测。

（3）调浓水供给线

充填站设置一条供水管道，由高位水池或泵加压供给压力水，以供冲洗设备、疏通管道
及调节充填料浆浓度之用。当充填料浓度过高时，供水管上安装有调浓水阀。调浓水量由电
动调节阀进行调节。

（4）充填料浆制备与输送线

全尾砂浆、水泥及适量调浓水经各自的供料线进入进料斗后供给搅拌机。搅拌机选用双
卧轴搅拌机+高速活化搅拌机两段连续搅拌。充填料经两段连续搅拌均匀后制备成浓度适
中、流动性良好的充填料浆，而后进入测量管。测量管上安装有电子计量计及浓度计以检测
料浆流量和浓度。

充填料浆最终进入充填料下料斗，并通过充填钻孔及井下充填管网自流输送至井下采场
空区进行充填。

（5）自动控制系统

为了保证充填料浆制备浓度、流量及配比的准确及稳定，实现料浆的顺利输送，充填站设
立较完善的自控系统，以对充填系统各运行参数进行检测和调节，系统检测和自动控制主要参
数有：尾砂放砂流量、水泥给料量、调浓水量、充填料浆量、充填料浆浓度、水泥仓料位等。

（6）系统运行参数与生产能力

根据矿山生产能力要求来设计充填系统运行参数和生产能力。吴集、草楼两矿区设计单
套系统制备能力为 60~80 m^3/h、充填料浆浓度 70%~72%，单套系统一次最大制备能力为
800 m^3。

4 尾砂充填采矿社会与经济效益

4.1 社会效益

（1）矿产资源得到有效利用

采用传统（崩落法或空场法）方法采矿，矿石回采率只有60%左右，造成地下矿产资源严重浪费。采用尾砂充填方法采矿，矿石回采率可达90%以上，矿产资源可得到有效利用，同时大大延长了矿山服务年限。

（2）有效地防治矿山采空区塌陷

吴集、草楼两铁矿区在矿山开采范围内，其地表均为村庄和良田，矿床上部覆盖层第四系厚度为150~250 m，且含有多层流砂层，若采用传统方法采矿，可导致上部覆盖层塌陷，地表村庄和良田被毁。根据两矿区开采区面积测算，地表塌陷范围可达万余亩。采用尾砂充填方法采矿，可有效地防治矿区采空区塌陷问题。

（3）有效地保护地表生态环境

吴集、草楼两铁矿区根据资源储量和矿山开采总服务年限计算，尾砂总量可达1亿吨，如地表存放尾砂需建立两个大型尾砂库，占用耕地约2000亩以上。尾砂地表库存除占用大量耕地外，还造成地表大量尾细砂扬尘污染空气及尾砂库下游水质污染，同时也给人民财产及生命安全构成威胁。采用尾砂充填井下采空区，不仅尾砂得到了充分利用，而且地表也无需建立尾矿库，有效地保护了地表生态环境。

4.2 经济效益

吴集、草楼两铁矿区经矿山效益评估测算，采用尾砂充填开采与传统开采方法相比，尾砂充填每吨矿石增加投入12~14元。总投入增加约20亿元。但矿山企业回采矿柱多采矿石约5000万~6000万吨（相当于一个中型矿山），按国内铁矿石现价计算减去所增加的投入，矿山企业累计多创效益100多亿元。另外，矿山可节约地表耕地万余亩，为矿山节约了大量环境治理费、青苗赔偿、土地占用复耕等费用。同时形成了"绿色"开采的矿山企业产业链。

5 结语

矿山开采产生大量的尾矿砂，给生态环境带来非常严重的破坏和灾害。采用充填孔向采空区回灌胶体尾矿砂，再回采矿柱的方法，是减少矿产资源浪费和环保开采的一项新技术，社会效益、经济效益极为显著，可实现社会生态和经济的可持续发展。值得大力推广和应用。

参考文献

[1] 刘同有，蔡嗣经.国内外膏体充填技术的应用与研究现状[J].中国矿业，1998，7(5)：1-4.
[2] 白复锌.大庄子金矿倾斜厚矿体采矿方法探讨[J].采矿技术，2002，2(3)：38-40.
[3] 刘同有.中国有色矿山充填技术的现状及发展[J].中国矿业，2002，11(1)：28-34.

刘塘坊充填站充填钻孔施工技术与体会

张文生　朱恒银

摘要：刘塘坊充填孔深度大、钻孔垂直度要求高，地层易偏斜，充填管刚性强、下放难度大。施工中采用钻铤带扶正器加压钻进，反复测斜，发现钻孔超差及时纠斜，保证了钻孔垂直度。本文重点介绍了刘塘坊充填站充填钻孔施工设备与钻具的选择、施工技术以及几点体会。

关键词：充填孔；钻孔；垂直度；纠斜；修孔

Filling Drilling Construction Technology and Experience of Liutangfang Filling Station

ZHANG Wensheng, ZHU Hengyin

Abstract：The filling hole in Liutangfang has high requirements of depth and verticality, and the stratum is prone to deflection. The filling pipe is rigid and difficult to lower. During the construction, the drill collar belt centralizer was used for pressurized drilling, and the deviation was measured repeatedly. When the deviation was found, the deviation was corrected in time to ensure the perpendicularity of the drill hole. This paper mainly introduces the selection of equipment and drilling tools, construction technology and some experiences during the construction of filling holes in Liutangfang.

Keywords：filling holes；drilling；vertical degree；deviation correction；repair hole

1　概述

受中钢集团安徽刘塘坊矿业有限公司委托，安徽省地矿局 313 地质队施工了位于安徽省霍邱县周集的中钢集团刘塘坊矿业充填站 4 个充填钻孔。

1.1　工程技术要求

(1)孔深 424 m，终孔孔径 220 mm。

(2)钻孔垂直度要求：钻孔偏斜率不超过 0.5%。

刊登于：《地质装备》2016 年第 17 卷第 3 期。

（3）ϕ273 mm×6 mm 无缝钢管及 ϕ168 mm×24 mm 双金属耐磨管安装到位，连接牢固，水泥固井。

（4）钻孔成井结构要求：从第四系至基岩下 15 m，孔径为 350 mm，下入 ϕ273 mm×6 mm 钢管，外围用水泥固井；基岩下 10～424 m，孔径为 220 mm，下入 ϕ168 mm×24 mm 钢管，外围用水泥固井。

1.2 施工概况

该区充填钻孔主要地层为：250 m 以浅为第四系，250 m 以深为基岩（片麻岩和混合岩为主）。充填孔上部 0～265 m 孔径为 350 mm，下入 ϕ273 mm×6 mm 套管至 265 m，管外水泥固井；下部基岩孔径为 220 mm，孔深 425 m，下入 ϕ168 mm×24 mm 充填管至孔底，管外用 42.5 标号水泥固井，钻探总工作量 1699.76 m。

2 施工设备及器具的选择

本工程根据施工现场条件与建设方工期要求，配备了 2 台套设备，主要施工设备如下。

2.1 主要施工设备

（1）钻机：HXY-6、TSJ-2000 钻机各 1 台套。
（2）泥浆泵：BW-850、TBW-850 泥浆泵各 1 台。
（3）泥浆搅拌机：容量 0.5 m^3、1 台套。
（4）钻塔：SG-24 四脚管子塔 2 部。
（5）泥浆除砂设备：旋流除砂器及振动筛各 1 套。

2.2 主要机具

（1）钻杆：ϕ50 mm 外螺纹钻杆 450 m；ϕ73 mmAPI 钻杆 900 m；ϕ89 mmAPI 钻杆 45 m。
（2）钻铤：ϕ105 mm 钻铤 2 根，ϕ121 mm 钻铤 4 根和 ϕ159 mm 钻铤 10 根。
（3）取芯工具：①合金单管 ϕ110/ϕ130 mm 取芯钻具（用于第四系松散层钻进），②金刚石单管 ϕ110 mm 取芯钻具（用于基岩钻进）。
（4）扩孔钻具：ϕ350 mm 合金扩孔钻具和 ϕ220 mm 导向牙轮扩孔钻具，ϕ345 mm、ϕ216 mm、ϕ200 mm 三牙轮钻头及复合片钻头。
（5）主要仪器：KXP-2D 测斜仪 1 套，泥浆性能测试仪 1 套。

3 施工工艺

3.1 钻进方法

一开：Z1、Z2、Z3、Z4 四个充填孔开孔均采用 ϕ200 mm 三牙轮钻头加 ϕ159 mm 钻铤（每根钻铤带 ϕ200 mm 扶正器）全面钻进穿过第四系地层，进入基岩层 15 m，至孔深 265 m，换用 ϕ350 mm 带导向牙轮钻头加 ϕ159 mm 钻铤钻具扩孔至 265 m，下入 ϕ273 mm×6 mm 护孔套管至 265 m，用 42.5 标号水泥固井，候凝 48 h 后扫除套管内水泥塞，大泵量冲孔、清孔。

二开：Z1、Z2、Z4 采用 ϕ220 mm 三牙轮钻头加 ϕ159 mm 钻铤（每根钻铤带 ϕ200 mm 扶正器）全面钻进至设计孔底标高下 1.0 m 左右，修孔，因充填管接箍外径达 194 mm，为保证施工顺利进行，试下 ϕ168 mm×24 mm 充填管 48 m，试下顺利再一次性下入全部 ϕ168 mm×24 mm 充填管，然后用 42.5 标号水泥固井；候凝 48 h 后，用 ϕ50 mm 钻杆加 ϕ105 mm 钻具扫孔、清孔到底，清除充填管内沉渣。Z3 孔二开开始钻进方法与上相同，钻进至 332 m，测斜发现孔斜超差，随即转入纠斜作业，采用多种方法无效，后用超长 ϕ110 mm 扶正钻具取芯钻进，达到了纠斜、稳斜效果，用此方法钻进至 425 m，再用 ϕ110 mm/ϕ220 mm 导向牙轮钻头扩孔到底，修孔，试下 ϕ168 mm 充填管到底；下入 ϕ168 mm 充填管后用 42.5 标号水泥固井。

3.2 钻具组合

（1）第四系钻进钻具：ϕ200 mm 牙轮钻头→ϕ159 mm 钻铤（4~6 根，每根带 ϕ200 mm 扶正器）→ϕ73 mm 钻杆→主杆。

（2）基岩钻进钻具：ϕ220 mm 牙轮钻头→ϕ159 mm 钻铤（4~6 根，每根带 ϕ200 mm 扶正器）→ϕ121 mm 钻铤→ϕ73 mm 钻杆→主杆。

（3）第四系扩孔钻具：ϕ350 mm 牙轮扩孔钻头→ϕ159 mm 钻铤→ϕ89 mm 钻杆→ϕ73 mm 钻杆。

（4）保直取芯钻具：ϕ110 mm 金刚石钻头→ϕ108 mm 长岩芯管（中间带 ϕ110 mm 扩孔器）→ϕ105 mm 钻铤（中间加 ϕ110 mm 扶正器）2 根→ϕ73 mm 钻杆。

3.3 钻进用冲洗液

根据该区域地层情况，上部第四系及风化基岩采用 KHm 低固相泥浆。其泥浆性能为：密度 1.05~1.10 g/cm³，黏度 30~40 s，pH 9~10，失水量 10~15 mL/30 min，泥皮厚 0.5~1 mm。基岩层采用无固相泥浆，其泥浆性能为：密度 1.03 g/cm³ 左右，黏度 18~22 s，pH 9~10，含砂量小于 1%。配方为黏土粉（泥浆体积）3%~5%，处理剂加量：黏土∶Na_2CO_3∶KHm = 100∶3~5∶0.2。配制使用程序：黏土加水搅拌→加 Na_2CO_3→浸泡 24 h→加 KHm→搅拌→测性能调整→钻进使用旋流器除砂→性能调整维护。

3.4 测斜、防斜与纠斜

保证充填孔的垂直度和提供钻孔准确的孔斜数据是充填孔质量的关键，因此必须做好测斜、防斜与纠斜工作以保证充填孔顺利施工。

3.4.1 测斜

（1）采用高精度 KXP-2D 测斜仪测量孔斜，测斜仪下孔前在校验台上进行校正。

（2）测量间距除 10~25 m 测一次外，特殊地层和换径时加密测点。

（3）每钻一级口径均进行孔斜检测，每次测试要求对上次 2~3 点进行复测对比。

（4）钻孔每点孔斜测量不少于 3 次，如发现同点测量重复性差，要找出原因，进行误差消除，以提供准确的测斜数据，指导施工。

（5）钻孔终孔后、下管前、下管后，均应进行全孔测斜。

3.4.2 防斜

（1）把好设备安装关，钻机安装水平，保持天车、立轴和孔口三点一线。

（2）开孔用的粗径钻具要刚、直，其长度随钻孔加深而加长。

（3）开孔及第四系与基岩分层过渡处轻压慢转，采用小规程钻进参数。

（4）扩孔钻具带下导向，换径时钻具带上扶正，以防扩偏或偏斜。

（5）采用钻铤孔底加压钻进。

3.4.3 纠斜

Z3 孔二开钻进至 332 m，发现孔斜超差，因地层岩石硬，增斜幅度较小（狗腿度 1.0°～1.5°/30 m），上部孔径大，采用螺杆钻纠斜工作量大，且充填管刚性大，人工纠斜后易出现"拐点"，增加充填管下放难度。故现场研究决定采取高标号水泥封孔至 260 m 后，先用 ϕ245 mm 扶正器加 ϕ110 mm 单管钻具钻导正孔，然后用 ϕ105 mm 钻铤+ϕ110 mm 扶正器+长 10 m ϕ108 mm 岩芯管（中间带 ϕ110 mm 扩孔器）+ϕ110 mm 金刚石钻头钻具组合取芯钻进，分别在 340 m、360 m、380 m、400 m 测斜，纠斜、稳斜效果明显，钻孔顶角稳定、方位变化小，满足要求。

4 施工效果

4.1 充填孔垂直度

Z1、Z2、Z3、Z4 四孔均采用钻铤加压钻进，钻铤采用同径扶正器，保证钻孔垂直度，同时及时测斜，发现超差及时纠斜，所施工的 4 孔孔斜、孔口及孔底坐标资料见表 1。

表 1 刘塘坊充填孔轨迹计算结果（均角全距法）

孔号	孔深/m	顶角/(°)	方位角/(°)	X 坐标/m	Y 坐标/m	Z 坐标/m
Z1	0	0.00		6576.8020	6174.7160	0.0000
	100	0.40	351.00	6577.0406	6174.6655	−100.0000
	200	0.50	305.00	6577.6606	6174.5104	−199.9970
	300	0.10	218.00	6577.8851	6174.0564	−299.9960
	400	2.00	166.00	6576.7123	6174.2835	−399.9840
	424.89	2.40	160.00	6575.8431	6174.5665	−424.8570
				$\Delta X = -0.9589$	$\Delta Y = -0.1495$	$\Delta Z = -0.033$
	偏距 $S = 0.97$ m，偏斜率为 0.23%，通过验收					

续表1

孔号	孔深/m	顶角/(°)	方位角/(°)	X坐标/m	Y坐标/m	Z坐标/m
Z2	孔口	0.00		6579.7930	6174.6700	0.0000
	100	0.40	307.00	6579.9556	6174.3712	−99.9990
	200	0.30	295.00	6580.1588	6173.9948	−199.9980
	300	0.60	218.00	6579.8890	6173.4186	−299.9950
	400	1.20	172.00	6578.5596	6173.2861	−399.9823
	424.91	1.50	150.00	6578.0250	6173.4703	−424.8856
				$\Delta X=-1.7680$	$\Delta Y=-1.1997$	$\Delta Z=-0.0244$
	偏距 $S=2.13$ m，偏斜率为0.50%，通过验收					
Z3	孔口	0.00		6576.8370	6188.7090	0.0000
	100	0.20	187.00	6576.8024	6188.6665	−100.0000
	200	0.10	220.00	6576.4818	6188.7132	−199.9990
	300	1.00	125.00	6576.2745	6188.8622	−299.9990
	425.03	2.00	126.00	6574.1439	6191.8407	−424.9734
				$\Delta X=-2.6931$	$\Delta Y=3.1317$	$\Delta Z=-0.0566$
	偏距 $S=4.13$ m，偏斜率为0.97%，经甲方认可，通过验收					
Z4	孔口	0.00		6579.8150	6188.7100	0.0000
	100	0.00		6579.8150	6188.7100	−100.0000
	200	0.00		6579.8150	6188.7100	−200.0000
	300	0.20	122.00	6579.7780	6188.7692	−300.0000
	400	1.50	136.00	6578.5746	6190.1094	−399.9814
	424.93	1.70	137.00	6578.0885	6190.5707	−424.9020
				$\Delta X=-1.7265$	$\Delta Y=1.8607$	$\Delta Z=-0.028$
	偏距 $S=2.54$ m，偏斜率为0.60%，经甲方认可，通过验收					

说明：Z坐标指施工地面下垂深，地面为0，向下为负。我方提供的孔底坐标与甲方开挖后所测充填管底坐标误差均小于1 m。

4.2 下管及固井

刘塘坊充填孔Z1、Z2、Z3、Z4四孔在上部第四系及风化基岩成孔后，及时修孔下入ϕ273 mm套管。ϕ273 mm×6 mm套管采用加长外接箍（箍长600 mm，箍外径292 mm、内径276 mm）对口焊接，下管孔口平台保持水平，焊接前吊直后方可焊接；焊接用两台焊机对角同时作业，焊好后上提套管查看上下两根套管垂直度，不合格须割除重焊。下放到位后循环冲孔，同时在池中搅好水泥浆（水灰比为0.5~0.55），采取泵送从管中注入全部水泥浆（理论环空体积乘以充盈系数 1.05），注入定量替浆水，关闭水泥头，待水泥凝固。48 h 后用 ϕ250 mm 钻头透孔。

Z1、Z2、Z3、Z4 四孔在 265~424 m 基岩地层中采用 ϕ220 mm 钻头钻进成孔。因充填管接箍外径达 194 mm，须先扫孔、修孔，试下 ϕ168 mm 充填管（长 48 m），试下不到位，须重新扫孔、修孔，直至充填管下放到位。充填管注水泥浆固井方法同上。

5　几点体会

（1）上部第四系及风化基岩采用钻铤加扶正器（与钻头同径）钻导正孔，钻进中及时测斜，每个测斜点须多次复测求得真实孔斜数据，保证上部 300 m 钻孔顶角≤0.5°，这是保证充填孔偏斜率不超标的关键。

（2）ϕ273 mm×6 mm 套管下放要直，这是保证后续施工与充填管顺利下放的关键。

（3）须严格控制钻压在钻铤自重 80%以内，Z3 钻孔在二开钻进中因钻压过大（超过钻铤自重），追求钻进时效，导致孔斜超差，造成纠斜返工、工期延长、施工成本增加。

（4）下部基岩地层是以片麻岩和花岗岩为主的混合岩，钻进中易偏斜，施工中须控制钻进参数，控制顶角增幅在 0.5°/30 m 以内，以便充填管顺利下入。

（5）充填孔钻进到底后，须用四翼或六翼钻头+带扶正器的钻铤+钻杆钻具组合修孔，使钻孔圆正。下管时不论是试下，还是正式下管，必须上紧充填管螺纹，下管要平稳，不可强窜。

（6）基岩地层充填孔宜先用加长满眼钻具钻导正孔，再扩孔钻进，这样保持钻孔垂直度的效果更好。

参考文献

[1] 朱恒银，庞计来，漆学忠.矿山充填孔及尾砂充填回采技术的应用与探讨[J].探矿工程（岩土钻掘工程），2009（增刊）：354-359.
[2] 黄才启.充填钻孔的关键要素与施工技术[J].探矿工程（岩土钻掘工程），2008（10）：66-69.
[3] 朱恒银，于强，杨凯华，等.深部岩芯钻探技术与管理[M].北京：地质出版社，2014.

松散地层井管解卡装置研究与应用

张文生　朱恒银　周勇前

摘要：第四系松散地层钻进，一般采用套管保护井壁，施工结束后，需将套管拔出。但由于套管易被管外卡附物挤实，难以提拔。针对这一施工难题，研制出一种松散地层井管解卡装置，可将管外卡附物松动，解卡套管，从而将其拔出。该装置在多个钻孔中应用，均取得了理想效果。

关键词：松散地层；钻探；套管；解卡装置

Research and Application of the Casing Stuck Releasing Device in Loose Strata

ZHANG Wensheng, ZHU Hengyin, ZHOU Yongqian

Abstract：Casing is commonly used for wall protection in quaternary loose strata drilling and pulled out after completing construction. But it is easily to be stuck by attachments from the outside, pulling out is difficult. A casing stuck releasing device was developed to loose the outside wedged attachments for casing unfreezing and pulling out. This device has been used in boreholes with desired effect.

Keywords：loose strata; drilling; casing; unfreezing device

1　应用背景

地质钻探、水文钻探及其他钻井工程，在钻进第四系松散地层(如黏土、砂土、砂砾石等)后，为保证下一步施工，防止钻井坍塌，一般多采用钻井内下入钢管保护井壁。在钻井施工结束后，需要把保护井壁的钢管取拔上来，由于井管下入井内，井壁经过一段时间浸泡以及钻进中钻具对井管的敲打，造成井管被井壁坍塌泥皮、黏土、砂砾所包裹。如需取出井管，则需清除井管外围卡附物，才能拔出几十或几百米井管；如不取出井管，一则造成极大浪费，二则造成地下污染。传统做法是采取大一级钢管下接钻头，套住井内井管，用钻机回转套扩，清除井管外卡附物，扩一根井管反一根，往往套扩钢管长度需20~30 m，套扩时，阻力大，效率低。在套扩过程中，由于套扩管很长，内外摩擦阻力大，经常出现套扩管被黏土、沙

刊登于：《探矿工程(岩土钻掘工程)》2016年第43卷第6期。

砾卡埋，发生断管，断钻杆等事故；另外，被解卡的井管上提后，再进行下节井管套扩时，找不到井管头，易扩偏钻井，造成井管无法解卡而报废。

2 井管解卡装置结构和工作原理

2.1 井管解卡装置结构

松散地层井管解卡装置是用于地质钻探、水文钻探及石油钻井井管被钻孔泥皮、砂、黏土吸附卡埋，无法提拔时的解卡装置，它由冲击杆和钢管套箍等组成。其特点是冲击杆下部锻打一个斜锲面，锲面底部有一鸭嘴状扁孔，冲击杆锲面上端焊一个钢管套箍（套箍断面成梯形，上端斜面为 110°～120°，下端面为 135°～150°），套箍下端面圆周上可镶焊合金片，增强耐冲击性和耐磨性，冲击杆位于焊接套箍中心位置钻一直径 10 mm 射水孔，上下两边等距离钻 2～3 个向中心位置成 45°角的射水孔，用于冲刷井管外壁卡附物，井管解卡装置结构如图 1 所示。

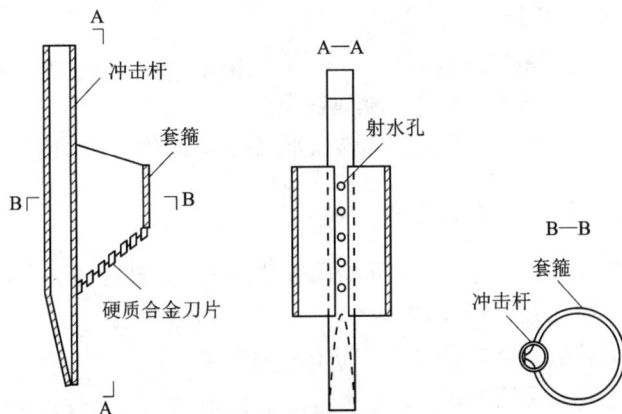

图 1　松散地层井管解卡装置结构图

2.2 松散地层井管解卡装置工作原理

需起拔套管时，将本解卡装置套箍套在套管上，冲击杆与主动钻杆和水龙头相连，用泥浆泵送泥浆，通过钻杆，经解卡装置射水孔和鸭嘴扁孔，在高压泥浆作用下冲刷套管外附着物，并返至孔口外。冲刷过程中，同时上下提动钻杆使解卡装置劈刮、松动充填物，使解卡装置不断向下运行，直至孔内套管全部解卡，即可提拔孔内全部套管（参见图 2）。此方法不仅可用于松散地层套管起拔，也可用于水井施工井管起拔（成井质量不好需拔井管重新成井），还可用于钻孔埋、卡钻事故处理。

3 现场试验与研究

3.1 应用条件与范围

松散地层井管解卡装置适应于松散地层施工中护壁套管解卡起拔，可用于水文孔中井管起拔，还可用于一些钻孔卡埋钻及套管事故处理。根据我单位施工应用经验，在以下情况下可采用此井管解卡装置：

(1)松散地层施工水文孔或水井，成井后，出现漏砂或水量小等情况需重新成井的，可采用此解卡装置；

(2)松散地层施工中，护壁套管因施工断裂而需起拔套管时，或在一些较大口径钻孔中出现卡埋钻事故，可用此解卡装置处理；

(3)在第四系松散地层施工，不论是地质钻孔还是工程勘察孔中下入护壁套管，施工结束后，需起拔套管时可采用此解卡装置。

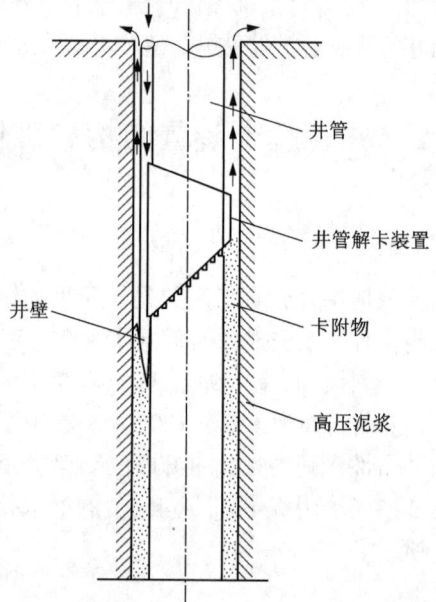

图 2　松散地层井管解卡装置工作原理图

3.2 采用井管解卡装置主要设备与机具

(1)钻机：液压或转盘钻机均可，提升卷扬机性能良好，孔深时，可设置导向滑轮；

(2)泥浆泵：采用往复泵，如 BW250/50 型、NBB250/60 型、BW-850 型、TBW-850/50 型，井管直径大，解卡装置套箍直径要大，需采用大泵量泵；

(3)钻塔：四角塔或 A 形塔均可；

(4)钻杆：$\phi50$ mm 外丝钻杆或 $\phi73$ mm 外丝钻杆；

(5)机具：井管解卡装置及其他正常施工机具。

3.3 现场试验情况

3.3.1 处理水文孔施工应用井管解卡装置

首次运用井管解卡装置的是 2008 年上海的刘行 W27-3 水文孔，孔深 146.64 m，孔径 350 mm，井管直径 108 mm，下部滤水管长 9 m，其外径 130 mm，滤水管底部有一直径 250 mm 托盘。成井因回填石英砂过粗，洗井时发现大量出砂，需起拔井管，重新成井。

当时该井下部管外回填了石英砂，中部回填了黏土，但上部回填土中含一些建筑垃圾，给下步处理带来了麻烦，若采取传统套扩方法逐根反出，处理周期长，风险大。经过设计，第一次在此孔中采用了井管解卡装置处理此类事故。

操作过程：第一步采用内割刀将 $\phi108$ mm 井管在 $\phi250$ mm 托盘上 0.3 m 处割断；第二步将井管解卡装置(套箍由 $\phi168$ mm×6.5 mm 管子制成)套在 $\phi108$ mm 井管上；将带水龙头的主动钻杆从钻机立轴中抽出，直接接在解卡器上，用提引器上下提动钻具冲击钻进，同时用泥浆泵送泥浆冲孔，机上无余尺时，加接 $\phi50$ mm 钻杆继续冲击钻进，直至冲孔到底。

井管解卡装置第一次在 W27-3 孔中应用，经过 7 天处理，冲孔至 146 m，提出解卡器，一次性顺利提出全部 $\phi108$ mm 井管。此次事故处理时间较长，主要原因有：第一次使用解卡器，需进行改进，且需摸索其工艺特点；孔中上部回填物中含建筑垃圾，严重影响施工进度。

井管解卡装置通过此次应用，后在上海 W61-6、W61-4、F（W）2A-3 等其他钻孔运用井管解卡装置处理此类事故，均取得了理想效果。具体处理情况见表1。

3.3.2　运用井管解卡装置处理孔内事故

井管解卡装置运用情况见表1。

表 1　井管解卡装置应用情况一览表

孔号	孔址	孔径 /mm	孔深 /m	井管直径 /mm	用解卡器原因	回填深或埋卡位置	处理时间 /d
W27-3	上海刘行	350	146.64	108	井涌砂，起井管	回填至孔口	7
W61-6	崇明岛	400	333	108	井涌砂，起井管	回填至 150 m	5
W61-4	崇明岛	400	220	108	出水量小，起井管	回填至 110 m	3
F（W）2A-3	上海宝山	400	95.49	127	井涌砂，起井管	回填至孔口	1
青浦地震孔	上海青浦	220	305	146	套管脱扣	242 m 脱扣	9
J62	长兴岛	300	302.49	$\phi73$ mm 钻杆、下部 $\phi127$ mm 钻铤	卡钻	282 m 左右	3
Fs16-6	上海浦东	130	73	$\phi50$ mm 钻杆及 $\phi110$ mm 钻具	埋钻	50~60 m 处埋钻	0.5
ZK653	霍邱周集	上部 130	1000	108	施工结束起护管	护管下至 231 m	5
公安局楼工勘	凤台	180	80	168	施工结束起护管	护管下至 32 m	1

应用井管解卡器处理松散地层孔内卡埋钻和套管脱扣事故，也可达到事半功倍的效果。

在上海青浦地震观测井施工中套管脱扣。当时基本情况：0~250 m 为第四系松散地层，250~262 m 为风化基岩，其下为完整基岩；0~255 m 孔径 220 mm，255~266 m 孔径为 150 mm，下入 $\phi146$ mm×5 mm 套管至 266 m，并采用水泥固井，然后用 $\phi130$ mm 钻具取芯钻进。施工中因水泥固结质量不好及操作工艺不当，造成 $\phi146$ mm 套管在 242 m 脱扣。采用解卡器经过 9 天钻进，冲孔至 241.7 m，然后顺利拔出上部套管。重新下管对扣、固井，很好地解决了问题。

在上海长兴岛 J62 孔基岩标段发生的吸附卡钻事故和上海浦东 Fs16-6 孔出现的埋钻事故，均采用了井管解卡装置，较好地处理了这 2 起事故。

3.3.3　第四系松散地层中起拔套管应用

在霍邱周集铁矿施工的 ZK653 孔和凤台公安局大楼施工的工程勘察孔，使用了井管解卡装置，均顺利起拔护壁套管。

3.4 运用井管解卡装置注意事项

（1）根据孔内套管或钻具最大外径制作解卡器套箍，套箍内径须比套管或钻具最大外径大 10~20 mm，若套管或钻具带外接箍，有台阶，套箍上口、下口制成外"喇叭"状。

（2）套箍采用地质套管或石油套管材料制作。

（3）冲击杆用钻杆制作，孔径大、环空大用直径大钻杆。

（4）使用解卡器，冲击杆偏离孔口中心，因此开始施工前，先在钻塔上安装导向滑轮，使冲击杆、主动钻杆、孔口一侧成一线，尤其是套管或钻具带外接箍、接头时应注意这一点。

（5）使用井管解卡装置，施工时必须用优质泥浆护壁。

（6）用井管解卡装置，提升钢丝绳，钻具提升高度一般在 0.5~1.0 m，然后快放，及时收绳。到套管或钻具变径处减少提升高度；在硬塑黏土层应反复来回冲击钻进，必要时须改变解卡器入孔方位。

（7）根据孔径大小，选用钻杆及泥浆泵，孔径大用大直径钻杆和大泵量泵。只要有条件，尽可能用大泵量冲孔。

（8）施工中应定期提钻检查解卡器；发现不进尺或异常及时提钻查看解卡器；解卡器损坏或切口磨损及时更换或修补解卡装置。

（9）施工中严防将工具落入孔内。

（10）施工进尺慢，可转换解卡器入孔方位，可加快施工进度。

4 结论

该井管解卡装置在松散地层应用效果良好，且简单实用。

（1）在套管接箍与套管外径相近时，用井管解卡装置处理套管卡、埋事故，速度快，简便；若套管或事故钻具接头直径与本体直径差距大，未倒角，有台阶，处理时，解卡器套箍易挂接头，此类套管或钻具解卡进度慢些。

（2）井管解卡装置套箍外径与原钻孔孔径相近或小于原钻孔孔径，井管解卡快；井管解卡装置套箍外径比原孔孔径大，则处理效果差些，套箍外径越大，效果越差。

（3）在砂土层用井管解卡装置效果好，在硬塑黏土层速度慢。

（4）泥浆泵能力强，冲削速度快，解卡速度也快。井管解卡装置应用范围广，处理钻孔孔径可达 130~400 mm，处理事故最深 330 m；不仅用于松散地层护壁套管解卡，在起拔水文孔井管和钻探施工中处理卡埋钻事故方面也可发挥作用。

参考文献

[1] 朱恒银，王强.深部岩芯钻探技术与管理[M].北京：地质出版社，2014.

[2] 朱恒银，张文生，王玉贤.控制地面沉降回灌井施工技术研究[J].探矿工程（岩土钻掘工程），2005，32（S1）：200-205.

[3] 李谦，鄢泰宁，卢春华.乌克兰的几种新型解卡震击器[J].探矿工程（岩土钻掘工程），2011，38（4）：73-77.

[4] 卢敦华，吴烨，徐联军.套管隔离液在巨厚松散层套管起拔中的应用[J].探矿工程（岩土钻掘工程），

2007, 34(4): 42-44.

[5] 张文, 全增房, 吉宏儒. 浅谈钻孔成孔后表层套管的起拔[J]. 水文地质工程地质, 2003(1): 100-102.

[6] 刘广志. 岩芯钻探事故预防与处理[M]. 北京: 地质出版社, 1986.

[7] 刘庆余. 第四系松散地层深井施工中的几个问题[J]. 探矿工程, 1991(4): 52-54.

[8] 郑仕善. 复杂地层套管起拔方法[J]. 地质与勘探, 1980(5): 69-71.

[9] 沈桂忱. 防止套管事故及解决起拔困难的技术措施[J]. 探矿工程(岩土钻掘工程), 1980(3): 46-48.

[10] 郑建礼. 爆破法起拔井管[J]. 煤炭科学技术, 1993(9): 40-41.

[11] 谷毅军. 钻孔放炮起拔套管的经验[J]. 探矿工程, 1960(10): 17.

[12] 刘康民, 程永选. 起拔套管小经验[J]. 探矿工程, 1958(11): 9.

[13] 孙景武, 宋国龙, 唐岳明, 等. 自制水文孔过滤管起拔工具及其工程应用[J]. 探矿工程(岩土钻掘工程), 2010, 37(7): 32-33.

[14] 曹江涛. 第四系土层对钻探的影响及其解决方法[J]. 西部探矿工程, 2015(5): 45-50.

[15] 张兆德, 戴瑞斌, 王德禹. 液压式上击器解卡的震击力计算[J]. 上海交通大学学报, 2002, 36(1): 121-124.

[16] 张兆德, 李向军, 王德禹. 震击器解卡过程的动力学分析[J]. 石油矿场机械, 2004, 33(1): 8-11.

松软、松散及易溶地层钻进取芯技术

程红文　朱恒银　王　强　刘　兵

摘要：松软、松散及易溶地层钻进时，岩芯容易被冲蚀、溶蚀，扰动性较大，常规钻进方法难以保证岩芯采取质量。近年来，我国已在复杂地层取芯及机具研究方面取得了长足的发展，目前国内常用的不扰动保真取芯(样)钻具有：三重管取芯钻具、单动双管半合管取芯钻具和活塞式取芯钻具等，配合使用特殊的钻头及钻进取芯工艺，能够采取原状不扰动样，在国内多个工程项目中取得了良好的应用效果。

关键词：松软；松散；易溶；原状样

Drilling and coring technology in soft, loose and soluble formation

CHENG Hongwen, ZHU Hengyin, WANG Qiang, LIU Bing

Abstract：When drilling in soft, loose and soluble formations, the core is easy to be eroded and dissolved, and the disturbance is large. The conventional drilling method is difficult to ensure the core quality. In recent years, China has made great progress in the research of coring and tools in complex strata. At present, the commonly used undisturbed coring tool in China includes triple tube coring tool, double tube coring tool and piston coring drill. Combined with special bit and drilling coring technology, it can take undisturbed samples, and has achieved good application results in many domestic projects.

Keywords：soft; loose; soluble; undisturbed sample

0　引言

很多矿种蕴藏于复杂地层中，如铝土矿、褐铁矿、稀土、砂金、膨润土等都赋存于松散、水敏等强风化岩层中；汞矿、磷矿、黄铁矿等赋存于节理、裂隙发育的破碎岩层中；钾盐、石膏、芒硝等矿层则表现为松软、酥松易溶解性特征；环境科学钻探一般在海相沉积或陆相湖盆沉积地层中进行，岩芯多为黏土、淤泥、卵砾石砂层、泥岩、砂岩和砾岩，酥松、水敏特性

基金项目：安徽省科技重大专项"5000 米新型能源勘探智能钻探装备与技术研究(项目编号：201903a05020012)"。

刊登于：《安徽地质》2022 年第 32 卷第 1 期。

明显，钻孔易坍塌缩径；地震科学钻探则是在经过历史上无数次地震后的断裂带上钻进。在这些松散的特殊地层中钻进取芯，岩芯易冲蚀、溶蚀，岩芯保真难度较大，采取常规钻进取芯方法难以保证岩芯采取质量，尤其科学钻探需采取原状不扰动样更面临着一种挑战[1]。

近年来，我国在科学钻探、深部矿体勘探中的松软、松散易溶及复杂地层取芯方法及机具研究方面有了长足的进步，取得了良好的效果[2]。

1 松软、松散地层不扰动样取芯技术

随着资源勘探和环境科学钻探的发展，对钻探样品提出了更高的要求。不仅要求高采取率，而且要求采取不扰动原位、保真的岩芯样。不扰动取芯技术的关键是改变常规钻具结构，使岩芯在钻进过程中不发生冲蚀、振动、自磨、翻转、错位、丢失等现象。目前国内常用的不扰动保真取芯(样)钻具有：三重管取芯钻具、单动双管半合管取芯钻具和液压活塞式取芯钻具等。

1.1 SCG 型三重管取芯钻具

安徽省地质矿产勘查局 313 地质队探矿工程技术研究所研制的 SCG 型三重管取芯钻具可在第四纪、第三纪地层中取出不扰动原状岩芯样。钻进中岩芯直接进入第三层有机透明塑料管中，取芯时直接将塑料管连同岩芯抽出，并密封塑料管两端，保证岩芯样不受污染、不失水，不二次风化，原态保存时间长。该钻具曾获国家专利(专利号：ZL200820041782.3)。

1.1.1 钻具结构

SCG 型三重管单动不扰动样取芯钻具主要由外管总成、内管单动总成、岩芯容纳装置三部分组成(图1)。其中，外管总成包括：上接头、外管、外管短节和外钻头；内管单动总成由上限位钢球、轴承、轴承外壳、下轴承座、密封圈、轴、上调节锁母、内管接头、下调节锁母、轴阀弹簧、球阀、阀座、内管、心管座或内管超前钻头等部件组成；岩芯容纳装置由容纳管阀盖、活塞密封圈、活塞、球阀、岩芯容纳管等部件组成。

1.1.2 钻具工作原理

在钻进过程中，该钻具外管总成用于传递扩孔钻进的回转扭矩，内管总成不转动以减少岩芯扰动。同时内管中放置的岩芯容纳管(有机玻璃管)使岩芯进入后不受污染，保持原状样。在钻进过程中，泥浆由上接头分水孔通过内外管间隙送至钻头底部冷却、润滑钻头并携带岩屑上返至地表。内管及岩芯容纳管内无泥浆直接冲刷，下钻中容纳管内存有的少量泥浆将随岩芯进入，并通过容纳管单向阀和内管轴单向阀排至内外管间隙中，返至地表。回次钻进结束后，钻具提出地表，将内外管抽出，卸去内管接头，接上专用接头，通过泵送泥浆压送容纳管活塞，将整个容纳管推出，这样取出的岩芯能保持很好的原状性。然后将容纳管两头密封好并标注岩样方向、长度和孔深。

若钻进较软淤泥质地层，可换超前内管压入式钻头或活瓣式外钻头，内外管的配合长度可通过调节内管心轴锁母来实现微调。

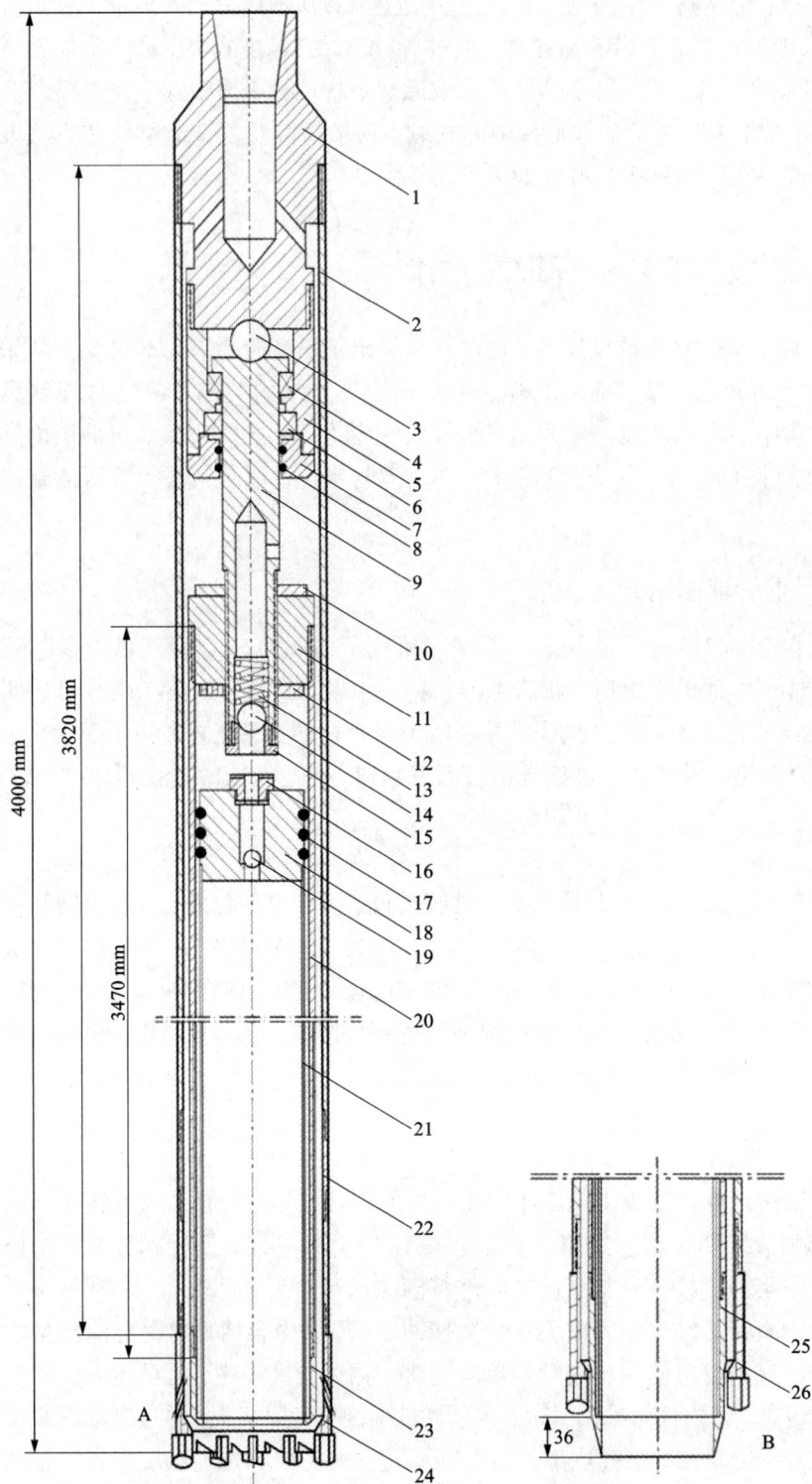

图1 型三重管不扰动样取芯钻具结构图

1—多用接头；2—外管；3—钢球；4—上轴承；5—轴承壳；6—下轴承；7—轴承座；8—密封座；9—轴；10—锁母；11—内管接头；12—锁母；13—弹簧；14—球阀；15—阀座；16—阀盖；17—密封圈；18—活塞；19—球阀；20—内管（有机玻璃管）；21—芯管；22—外管短节及卡芯器；23—芯管座；24—超前钻头；25—钻头；26—钻头。

1.1.3 特种钻头及岩芯卡取器

为适应不同地层取出原状不扰动样的需求,设计了特种钻头和卡心器。其钻头结构及卡心器设计上具有以下特点。

(1)钻头磨料的选择。第四系松散层选择硬质合金钻头,一般用八角式和方柱状,遇到粗砂、卵砾石层选用球型和八角式合金钻头;第三系和可钻性4~6级岩层选择硬质合金和金刚石复合片钻头[3];卵砾石地层选择金刚石(以孕镶热压为主)或针状合金钻头。

(2)唇部设计。第四系松散层钻头唇部设计为阶梯式和外肋骨式(图2),以免钻孔缩径包死钻具,并可减少起下钻具时的抽吸效应。卵砾石地层钻头底唇部设计为平底式较好,以减小钻进中的震动,提高钻头寿命[4, 5]。

(3)水路设计。钻进中松软、松散地层易遇水冲蚀,因此钻头水路设计应避免泥浆直接冲刷和污染岩芯。为此多采用底喷和侧喷式钻头结构(图2),保证钻进中泥浆既不冲刷岩芯又能良好地冷却钻头和排除岩屑。

(4)岩芯卡取器设计。三重管钻具除用常规的钻头卡簧外,还根据不同的复杂情况在钻头本体或短节上设计了超前压入式、翻板式和弹簧舌片式卡取芯装置,如图2所示。

(a)底侧喷式合金钻头　(b)外肋骨底喷合金钻头　(c)倒刺式取芯器　(d)翻板式取芯器　(e)环刀超前式取芯器

图2　特殊取芯钻头及卡心钻具

1.1.4 应用效果

SCG型三重管不扰动样取芯钻具在21个地质找矿钻探和科学钻探孔中进行了推广应用(其中,环境科学钻探孔4个,地震断层剖面勘探三条剖面取样孔8个,城市三维立体地质调查孔7个,地质找矿勘探孔2个),累计完成钻探工作量6488.51 m,最深钻孔深862.66 m,不扰动岩芯(样)平均采取率达到90%,完全满足地质科学研究样品要求。所施工的科学钻探孔取芯质量指标见表1,不同地层岩芯采取率见表2。

表1　施工的科学钻探孔取芯质量指标一览表

钻孔类别	孔号	孔深/m	平均采取率/%	终孔顶角/(°)	施工地区
环境科学钻探孔	K_1	754.76	91.0	0.9	江苏泰兴
	K_2	45.90	95.5	0	湖北神农架
	K_3	44.80	96.0	0	湖北神农架
	K_4	10.60	97.3	0	湖北神农架

续表1

钻孔类别	孔号	孔深/m	平均采取率/%	终孔顶角/(°)	施工地区
地震断层勘探孔	FX-1	190.09	95.8	1.2	上海嘉定
	FX-2	225.03	96.2	0.4	上海嘉定
	FX-3	223.58	94.9	1.1	上海嘉定
	FX-4	225.68	96.5	1.1	上海嘉定
	DY-1	239.42	95.2	1.0	上海嘉定
	DY-2	245.71	93.1	0.8	上海嘉定
	DY-3	249.15	93.0	0.3	上海嘉定
	DY-4	245.27	94.3	0.5	上海嘉定
城市三维地质勘探孔	SG7	336.62	93.25	1.3	上海临港
	SG8	336.29	92.80	1.7	上海闵行
	SG9	160.77	91.90	0.6	上海松江
	SG10	201.22	92.57	1.3	上海青浦
	SG11	190.75	95.65	0.8	上海金山
	SG13	230.00	94.05	0.7	上海金山
	新5	862.66	91.48	4.5	北京朝阳区

表2 不同地层岩芯采取率一览表

地层名称	岩芯描述	岩芯直径/mm	平均采取率/%	取芯(样)方法
表土	人工杂土、耕土,胶结性差,松散	$\phi72\sim78$	95.5	静压或加回转(三重管)
淤泥与腐殖土	植物腐烂根茎、湖泥、泥炭,极软,呈半流体状	$\phi72\sim78$	93.50	静压(三重管)
黏土	泥、泥质粉砂、亚黏土,呈软塑、可塑或硬塑性	$\phi72\sim78$	96.00	回转(双管或三重管)
砂层	粉细砂、中粗砂,含水量高,易液化,弱胶结性,硬塑性	$\phi72\sim78$	93.00	回转(三重管)
砂砾层	砂砾夹层,含水砾径一般为2~30 mm,无胶结性或弱胶结性	78	90.00	回转(双管或三重管)

1.2 半合管取芯钻具

半合管钻具是在普通单动双管基础上改进而成的不扰动岩芯(样)取芯钻具。目前国内常用的半合管钻具有：KZ系列(中国地质科学院勘探技术研究所设计)、SDB系列(成都李工钻探设备有限公司设计)和WX系列(无锡钻探工具厂有限公司设计)。该类型钻具在复杂的破碎、松散地层采取不扰动样时，具有较好的效果。

1.2.1 钻具结构

半合管取芯钻具由外管、单动总成、分水接头、半合内管总成、卡心系统、隔水钻头等部件组成，KZ和SDB系列半合管取芯钻具如图3、图4所示。

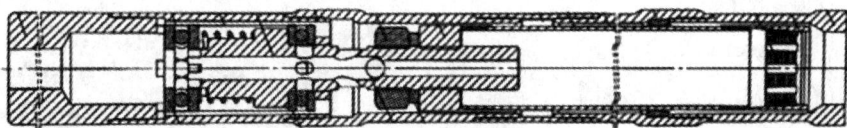

图3 KZ单动双管钻具

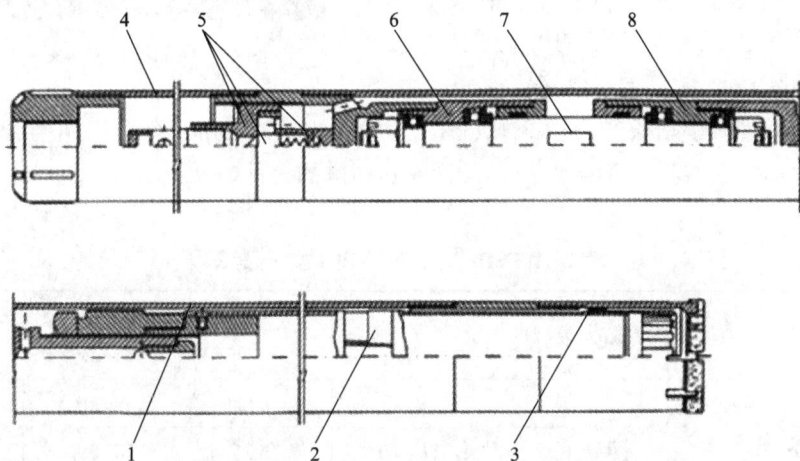

1—外管；2—半合管；3—定中环；4—沉砂管；5—单向阀机构；6—上单动机构；7—轴；8—下单动机构。

图4 SDB半合管取芯钻具

1.2.2 钻具工作原理

半合管钻具将普通单动双管的内管设计成半合管，钻进中外管回转，半合内管处于不回转状态，岩芯进入半合管中，泥浆由分水接头经内外管环隙至隔水钻头，再由外管与孔壁间隙返至孔口，使半合管中岩芯不受泥浆冲蚀污染及搅动[6]。取芯时将半合管从外管中抽出，卸掉半合管卡箍即可从半合管中取出原状岩芯。从而避免用传统方法敲击外管或水泵憋出岩芯，造成岩芯出管时扰动、混淆、结构失真的问题。该类型钻具配用的隔水、防冲蚀钻头如图5所示。

图5 典型的隔水防冲蚀钻头

1.2.3 应用效果

KZ、SDB、WX 三种型号的半合管取芯钻具曾用于汶川地震断裂带科学钻探项目 5 个钻孔施工,在罕见的复杂地层条件下,保证了不扰动岩芯样的原状性(图 6),岩芯平均采取率均达 90% 以上,完全满足科学钻探要求,为地学研究提供了高质量的实物样品。如安徽省地质矿产勘查局 313 地质队所施工

图6 不扰动岩芯样图片

的汶川地震断裂带科学钻探 WFSD-3 孔,终孔深度为 1502.30 m,全孔采用半合管取芯,平均岩芯采取率达 92.5%[6]。不同口径半合管取芯钻进的统计数据见表 3。

表3 WFSD-3孔取芯钻进数据一览表

取芯口径 /mm	钻具类型	钻头类型	进尺 /m	平均钻速 /(m·h⁻¹)	平均回次长 /m	现场采取率 /%
150	WX	孕镶	79.93	0.62	1.60	94.0
	KZ	电镀底喷	473.61	0.75	2.29	97.0
		孕镶、PDC、合金底喷	93.48	0.62	1.56	91.3
	SDB	孕镶	286.11	0.69	1.87	92.4
		PDC	258.74	0.67	1.77	95.1
		合金	6.32	0.79	1.58	61.6
122	KZ	电镀底喷	12.15	0.53	1.74	100.7
	SDB	孕镶	9.54	0.53	2.76	82.0
100	SDB	孕镶	196.11	1.04	2.16	98.0
		PDC	5.74	0.58	1.15	100
77	SDB	孕镶	4.61	0.57	2.31	88.9

1.3 液压活塞式取芯钻具

北京探矿工程研究所研制的液压活塞式取芯钻具主要用于松软或半固结地层中采取不扰动岩芯(样)。该钻具曾获国家专利(专利号：ZL201120295071)。

1.3.1 钻具结构

液压活塞式取芯钻具由内管总成、打捞接头、剪切销、内管密封环、外管密封环、迅速释放器、排水孔、钻杆、钻铤、下部支撑轴承、缓冲器、活塞头和密封环、切削管鞋和外钻头等组成，如图7所示。

1.3.2 钻具工作原理

该钻具内管总成坐落和密封在绳索取芯外管中，来自地表泵的高压泥浆通过钻杆给内管总成加压，压力逐渐升高直至剪断安全销，瞬间将内管压入地层。其压入速度可达 6~12 m/s，由于快速压入且钻具不回转，岩芯受到最小的扰动，上下层不会混淆，岩芯采取率达100%。由于有活塞隔开泥浆，使岩芯免受污染，取出的岩芯精细、原位、保真。

1.3.3 使用方法及效果

该钻具在松软(散)地层中取样时，外管及外钻头主要起取芯后扩孔作用，内管及切削管鞋用于静压快速切入地层取芯[7, 8]。岩芯进入内管后，用绳索取芯打捞器把内管总成打捞上来，取出原状岩芯样。然后用外管钻具扩孔至上一回次取样孔底，再向钻杆内投入另一套取芯钻具，如此循环。该取芯钻具曾在南海进行了三次海上深水取样，成功率和原状岩芯采取率均达到100%，获得了良好的使用效果。

2 易溶性地层钻进取芯技术

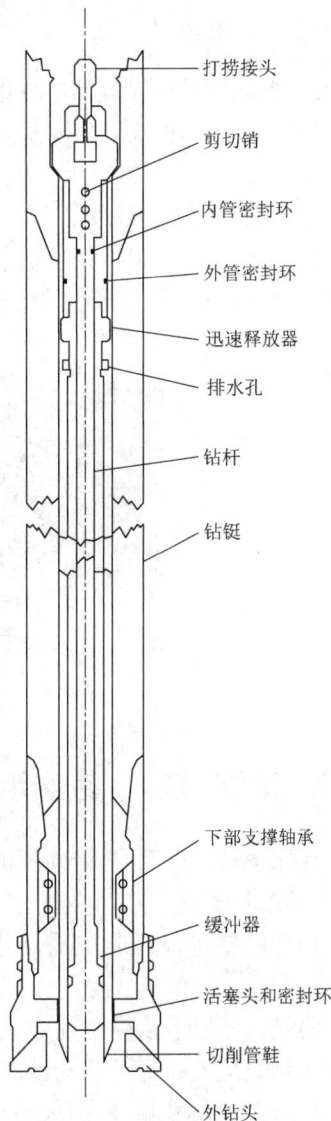

图7 液压活塞取芯钻具结构及原理

2.1 钻进取芯方法

易溶性地层主要采用普通单动双管、单动半合管钻具，配合隔水式底喷金刚石和复合片钻头钻进，以减少泥浆对岩芯的冲刷、溶蚀作用。该地层钻进的关键是如何有针对性地选择泥浆，抑制易溶性地层分解溶蚀，以保证岩芯完整性和孔壁稳定性。其作用原理是使用与所钻易溶地层化学性质相近的泥浆处理剂，促使同离子效应达到动态平衡，以抑制地层溶蚀。

钻进过程中，若泥浆中与地层的同号离子浓度未达到饱和状态，地层中大量离子将进入泥浆,造成地层逐渐被溶蚀;若泥浆中同号离子的浓度达到饱和,地层将不被溶蚀而保持稳定。依据同离子相互交换吸附原理,在泥浆中加入与溶蚀地层相同离子的处理剂(如 KCl、NaCl、Na_2SO_4、Na_2CO_3、$CaCO_3$、$CaSO_4$、$Ca(OH)_2$ 等),可达到抑制地层防止孔壁超径、岩芯被溶蚀之目的。

2.2 应用效果

安徽省地质矿产勘查局 313 地质队在广东东莞中堂盐矿和广东龙归盐矿两矿区(矿层属纯盐层),采用 PHP 低固相泥浆加入卤水作为冲洗液,共施工 10 口探采结合盐井,均获成功,岩芯采取率达 85% 以上。实践证明,只要保证泥浆滤液盐含量 ≥35%,达到波美度 25°B′e,即可满足钻进需要。

安徽明光定远盐矿区用抗盐、抗钙泥浆钻进盐膏泥复合层,克服了钻孔超径现象,岩芯采取率达 90% 以上[9]。采出的纯盐矿芯及盐膏泥复合层岩芯见图 8。

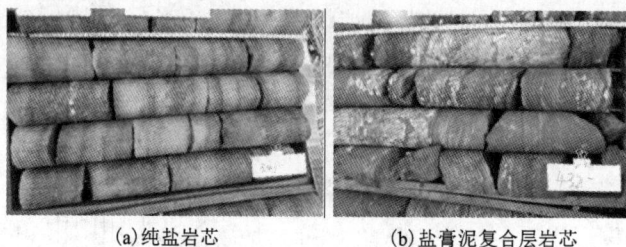

(a)纯盐岩芯   (b)盐膏泥复合层岩芯

图 8 易溶盐矿及岩膏层岩芯样

3 松软(散)、易溶地层钻进取芯工艺要点

为保证松软(散)、易溶地层取芯质量和安全钻进,除正确使用取芯钻具和泥浆外,还应注意以下作业要点。

(1)回转钻进取芯时应采用小泵量、低转速、中钻压的钻进规程参数,以保证岩芯采取率。

(2)钻具下到孔底钻进前应大泵量冲孔排渣,保持孔底干净。

(3)钻具应有良好的单动性能,钻具长度一般不应超过 3 m。

(4)取芯钻具及粗径钻具同心度和刚性要好,应有良好的扶正装置,以减小钻进时摆动,保证岩芯的原状性[10]。

(5)钻头外径应比完整地层用钻头大 5~10 mm,以防钻进时抱钻和提钻时的抽吸效应。

(6)用半合管及三重管取芯钻进时应少钻多提,一般回次进尺不得超过 2 m。

(7)钻进易溶性地层时,除控制回次进尺外,还应控制回次钻进时间;若进尺慢,时间过长岩芯自溶变细,难以卡取。

(8)回转取芯钻进回次结束时,应停泵干钻 1~2 min,使钻头部位岩芯卡牢。

(9)提钻过程中应及时向孔内回灌泥浆,使取芯钻具始终不脱离孔内泥浆液面,以防岩芯脱落。

（10）提钻时慎防敲击、撞击钻杆，应做到慢提轻放。

4 结语

钻进松软、松散及易溶地层为岩芯钻探领域的一大难点，需要采用特殊的钻进技术工艺、钻探（取样）工具才能保证岩芯采取率和岩（土）样原状性。本文总结了一些以往取得的经验和研究成果，详细介绍了松软、松散及易溶地层的特殊钻进取芯技术，且在实际工程中取得了良好的应用效果，可为今后同类地层钻进提供技术参考。但仍面临不少技术难题，需广大专业技术人员日后攻破，进一步推动我国钻探技术的发展。

参考文献

[1] 朱恒银，王强，杨凯华，等.深部岩芯钻探技术与管理[M].北京：地质出版社，2014.

[2] 朱恒银，蔡正水，王强，等.深部钻探技术方法的研究与应用[J].地质装备，2013，14（6）：26~31.

[3] 刘广志.金刚石钻探手册[M].北京：地质出版社，1991.

[4] 李月良.河床漂卵石层金刚石钻进和随钻取样[J].西部探矿工程，1990（3）：1~7.

[5] 刘小生，汪闻韶.饱和原状砂取样技术和质量控制[J].工程勘察，1990（4）：11~15，6.

[6] 朱恒银，朱永宜，张文生，等.汶川地震断裂带科学钻探项目 WFSD-3 孔施工技术与体会[J].探矿工程（岩土钻掘工程），2012，39（9）：12~17.

[7] 陈明星.海南某港口勘察取样中取土扰动若干影响因素分析研究[D].北京：中国地质大学，2010.

[8] 祝德生，马明.原状砂取样技术的研究及工程应用[J].岩土工程学报，1998（3）：102~105.

[9] 罗艳珍，乌效鸣，朱恒银，等.明光苏巷石盐钾盐矿区钻孔地层造浆的研究[J].探矿工程（岩土钻掘工程），2011，38（3）：38~40.

[10] 梁龙，蔡国成，王劲松，等.污染场地勘察钻探取样设备及工艺应用探讨[J].工程勘察，2018，46（7）：16~21.

第四篇

深部钻探与科学钻探

深部找矿中加强钻探技术工作的几点认识

朱恒银　马中伟

摘要：本文分析了目前勘探单位有关深部找矿钻探技术、设备、专业技术人员的现状及深部勘探对钻探技术装备的要求。并结合实际提出了深部找矿如何加强钻探技术工作的看法和建议。

关键词：深部找矿；钻探技术；钻探设备；专业人才

Some Ideas on Strengthening Drilling Technology in Deep Prospecting

ZHU Hengyin, MA Zhongwei

Abstract：This paper analyzes the current situation of drilling technology, equipment, professional and technical personnel engaged in deep prospecting and the requirements of deep exploration for drilling technology and equipment. The opinions and suggestions on how to strengthen drilling technology in deep prospecting are put forward.

Keywords：deep prospecting; drilling technology; drilling equipment; professional talents

国务院《关于加强地质工作的决定》给地质工作的开展指明了方向，也使探矿工程技术的发展迎来了良好的机遇。近年来，随着地质工作的加强，地质钻探工作量成倍增长，钻探工作量的加大，使得对钻探装备、技术、人才的需求同时加大。新的一轮地质矿产勘查工作主要以攻深找盲、探边摸底为重点。地质找矿的深度已从过去浅部、中深部转向深部勘探（一般多为 1000 m 以深），地质成果要求更为精细。因此，对钻探技术的要求越来越高，就目前多数地质勘探施工单位的现状看，钻探设备、机具、技术力量都很难适应深部找矿要求。面对地质工作大发展的新形势，如何加强钻探技术工作，更好地为地质找矿服务，笔者浅谈几点看法，供同仁参考。

1　钻探技术现状

由于国家战略和产业结构的调整，地质找矿工作量从 20 世纪 80 年代开始就大幅度削

刊登于：《探矿工程（岩土钻掘工程）》2007 年第 34 卷增刊、《第十届全国探矿工程（岩土钻掘工程）学术交流年会论文集》，被评为中国地质学会探矿专业委员会优秀论文。

注：马中伟作者单位为安徽省地质矿产勘查局 332 地质队。

减，至 20 世纪末，大部分地质勘探单位基本上没有地质找矿任务，钻探施工队伍陆续进入工勘市场或转向建筑业基础工程施工(简称地质市场)，地质勘探专业技术人员和熟练工人部分改行、调离，或从事地质市场工程，地质岩芯钻探部分设备由小径改大径，改型后为地质市场工程服务。经多年的施工，地质市场方面锻炼了一批地勘专业技术骨干，但地质找矿钻探技术总体水平下降。主要表现在如下几个方面。

1.1　设备方面

目前，地勘单位所拥有的岩芯钻机多为 XY-2、XY-3、XY-4 型立轴式钻机，泥浆泵是 BW-200、BW-250 型往复泵，均为 20 世纪 80 年代设计的产品。多年闲置的设备部分年久失修，性能较差，施工能力只能适应浅孔和中深孔钻探(600 m 以浅)。钻塔是 G-23 m、G-18 m、G-12 m 几种管子塔，最大允许承载力≤200 kN。钻孔测斜仪器及精度仍处于 20 世纪 80 年代水平。

1.2　工艺技术方面

我国在钻探工艺技术研究方面水平并不低，先进的工艺方法也不少，但勘探单位的诸多条件受限，得到推广应用较少，主要是技术力量不足，目前工艺方法上没有大的改善，还是沿用 20 世纪七八十年代的方法，在某种程度上还有退化趋势。例如：钻探设计不规范、设计与施工脱节、长期从事地质市场的职工回来承担地质勘探钻孔施工、钻探操作规范不熟悉，不知道什么是金刚石钻探"五不扫，三必提"，对地质钻探六大质量指标等最起码的常识不清楚，遇到复杂地层束手无策，深孔钻探时常出现烧钻、卡钻、埋钻事故，孔内事故处理良策少，往往造成钻孔报废或返工。钻探效率低，成本高。

1.3　专业人才方面

从事野外地质勘探单位的专业技术人员和有经验的钻探工人已出现"断层"。地勘单位处于低谷期，20 余年来，很多单位几乎未进一名大学、专科毕业生，钻探工人也未更新。20 世纪七八十年代毕业生或招工进入地勘单位的专业人员，在第一线工作有经验的钻探工人大部分已退休、退养，从事技术和管理岗位的人员年龄已过半百，其中还有部分技术骨干已流失其他单位或转行。目前，勘探单位无论专业技术人员、管理人员还是钻探技能工人都十分短缺，处于人才"青黄不接"时期。尤其深部找矿没有一支技术精、能善战的钻探施工队伍，是很难完成地质项目的。由于上述问题的存在，使得钻探技术对地质工作的技术支撑效果及加快地质工作现代化步伐受到一定影响。

2　深部勘探要具备的钻探技术及要求

(1)具备适应深部勘探(1000～2000 m)较先进的岩芯钻探系列配套装备。

(2)要求有经验丰富的探矿技术人员和钻探操作技能娴熟的机班长和钻探工人参加的深孔钻探施工队伍。

(3)要求能解决复杂地层钻进技术难题。如钻孔护壁与堵漏技术、复杂地层取芯技术、孔内事故处理技术等。

(4)要具有提高深孔钻进效率的先进的工艺方法。

(5)要具有钻孔保直、纠斜定向钻进的工艺方法等。

3 深部勘探加强钻探技术工作几点认识

为了适应当代地质找矿的需要，如何加强和提高深部钻探技术工作，笔者就多年来在第一线钻探工作实践，浅谈几点不成熟看法。

3.1 注重人才引进与培养

国务院《关于加强地质工作的决定》中明确地提出了要"实现地质工作现代化"，钻探技术是地质勘查技术主要技术方法之一，钻探技术的现代化程度，将直接影响地质工作整体现代化进程。实现现代化，知识是载体，人才已无可辩驳地成为现实的第一生产力和21世纪最具战略性的资源。为缓解目前钻探人才存在非常紧缺的问题，应从以下几个方面着手。

(1)单位内部挖潜力。将身体好的退休退养的技术人员和具有经验的机班长返聘回来，作为技术指导，直接参与施工项目进行传、帮、带。同时召回在职不在单位上班的两不找技术骨干(困难时期保留工职人员)，并委以重任。

(2)在社会上招收一些身体好、能吃苦的具有高中文化程度的农村或城镇待业青年，签订劳动合同，送去专业职业技术学校进行钻探作业技能培训(一般3~6个月时间)。近年来，如隶属安徽地矿局的安徽工业经济职业技术学院，受野外队的委托，举办了几期钻探技能短训班，分别分到地质队，补充了钻探施工的年轻力量，收到了良好的成效。

(3)根据本单位所承担的钻探工程特点，利用闲暇时间，集中起来举办专题技术讲座，交流、讨论施工中所遇到的技术难题。提供一个平台给技术人员、机班长、各机台之间相互学习、提高。近几年，我们进行了定向钻探、地面沉降标孔施工、回灌井施工、科学钻探取样、三维地质取样、深孔钻探技术等针对性很强的专题讲座，其效果很好。

(4)敢于大胆使用年轻人。在处于钻探技术"青黄不接"之时，必须把动手能力强、好学习、肯钻研、有敬业精神的年轻人推上前去。将青年技术人员委派去担任项目经理或负责技术工作，先从小项目做起，后承担中大型项目。把青年钻探工人推向机班长岗位，在有经验的老同志指导下，承担钻探施工项目，先易后难，先浅后深，锻炼他们早挑大梁。几年来，我们培养了一批较年轻的机班长，但在培养中也付出了一定的代价。经测算，如果培养一个优秀的机班长，一般情况下需2~3年时间，平均需付出50~80万元费用(包括因经验不足造成返工、延误工期、报废钻孔等损失)，为了钻探技术可持续发展，必须敢于放手使用和培养人才。

(5)从长远的地勘单位人才战略考虑，应有计划地引进和培养不同层次的人才。在大、中专院校中逐年引进一些地勘专业的毕业生或定向培养一部分。钻探技术工人可逐年在地矿系统职业技术学校中有计划、订单式系统培养，这样就可逐渐解决地勘单位人才不足问题。在人才的成长使用上，要提供良好的平台。对于骨干人才，在待遇上要有实实在在的优惠政策，真正做到事业留人，感情留人，待遇留人。

3.2 优化钻探设备及配套

随着地质工作的加强，钻探工作量随之加大，使得钻探设备的更新和需求同时加大。地勘单位在增置岩芯钻探设备时，应根据新时期地质找矿特点，合理配置设备。尤其对深孔一次性投入大的钻探设备的配置，要有前瞻性，避免购置一些淘汰产品，必须进行市场调研，减少盲目性，优化选择。建议要具备能钻探 2000 m 深度内，中等口径（终孔直径≥110 mm），变速范围宽、扭矩大、主杆通孔大、多功能的液压地质岩芯定型的系列钻机；泥浆泵需具备流量≥300 L/min，允许泵压≥10 MPa 的变量泵；钻塔应允许承载力≥400 kN；钻杆应高强度、轻型化。有条件的情况下钻机尽量配备钻参仪、拧管机、泥浆净化系统，使钻探装备逐渐达到现代化水平。

3.3 加强技术管理，提高钻探技术水平

（1）重视勘探矿区的钻探施工技术设计。对较大、中型矿区钻探技术设计要组织专家进行审查。1000 m 以深的钻孔应认真编写单孔技术设计，完善设计审批制度。使钻探技术设计能真正指导钻探施工，严禁无技术设计盲目施工。前几年，某安徽铜矿危机矿山投资约 50 万元委托某勘探单位施工一个设计孔深 800 m 的勘探孔，欲探索深部铜矿体，解决矿山接替资源问题。由于当时没有认真进行钻探技术设计，贸然组织施工，采用 ϕ56 mm 口径钻进。因地层复杂钻至 603 m 时，钻孔无法延伸，屡出事故，未达到地质设计孔深而终孔。矿山投入资金被全部耗尽。事隔 3 年后，由另一勘探单位申报了该矿区深部探矿权，该单位总结经验，认真编写钻探技术设计，改变了钻孔结构，对复杂地层设计了多种处理预案。在原报废孔仅 20 m 的距离，布了一个 800 m 孔深的钻孔，施工至 609 m 时，即见到较丰富铜钼矿体，终孔深 800 m，连续见矿约 40 m，平均含铜品位为 2.5%，最高品位达 13.8%。随后又布置 5 个钻孔，孔孔见矿，目前该矿区深部找矿储量远景十分可观。但是该矿山开采单位失去了探矿权，后悔不已。这一实例说明了钻探技术设计对钻探最终成果的重要性。

（2）应用推广新技术、新工艺，提高深部钻探钻进效率。众所周知，钻探施工随着钻孔的加深，钻探辅助时间随之增长，如常规钻进 1500～2000 m 孔深，一般情况下，提钻时间就占总台班时间的 60% 左右。为减少深孔钻探的辅助时间，延长回次进尺，提高钻进效率，应积极推广应用冲击回转钻进、绳索取芯冲击回转钻进、绳索取芯钻进、不提钻孔底换钻头钻进、反循连续取芯钻进等先进的多工艺钻进技术与方法。

（3）重视复杂地层的治理工作是确保深部钻探安全有效钻进的关键。复杂地层钻进技术难题，主要包括复杂地层钻孔护壁堵漏技术，复杂地层取芯技术，钻具级配与稳定性，钻具冷却、润滑、减阻、排屑，复杂地层孔内事故处理等技术问题。

在深孔钻探中，遇到复杂地层孔段是常见事，如果没有相应、有效的治理措施就很难达到地质设计目的。笔者认为，实施中应遵守"因地制宜，对症下药，综合治理"12 字原则。具体做法：在钻孔结构选择上，合理增大钻孔施工口径（一般情况下增大 2～3 级），以备处理后续工作有回旋余地；在治理上，根据地层的复杂程度，优选行之有效的技术方法，包括采用泥浆护壁、套管隔离、化学处理剂及水泥堵漏、封闭等综合方法；在岩芯样采取技术上，除沿用常规成熟的取芯技术外，针对第四系等特殊地层钻进，设计研制了单动三重管取样钻具，针对基岩硬脆碎地层钻进设计研制了单动双管射吸式取芯钻具；在孔内事故处理上，采用先易后难，复杂事故绕道而行的处理方法。如近几年来，我们承担了多矿区深部矿体钻探任务，孔深均在 800～1500 m，遇到复杂地层孔段较多，孔内卡钻、埋钻、断钻杆、穿插事故时有发生，除一般易处理事故外，难度大的孔内事故，如若处理需花很长时间及费用，在这种

情况下，可采用在事故地段上部建立人工孔底——水泥"架桥"，用液动螺杆钻偏斜，绕过事故地段恢复正常钻进，这样大大地节省了施工时间和成本。采用这一方法也挽救了部分濒于报废的钻孔，减小了深部钻探风险。几年来，我们完成了约40000余米钻探工作量，无一报废孔，均达到地质设计目的。

3.4 提高深孔钻探工程质量与精度

地质找矿推论，物探异常验证，最终是依靠岩芯钻探实物资料来证明，钻探工程质量如何直接影响地质找矿成果的提交。钻探施工中，除满足钻探工程质量六项指标(岩芯采取率、钻孔弯曲度、简易水文、孔深误差、原始报表、钻孔封闭)要求外，深部矿体勘探还应进一步提高钻探精度，以提供地质勘探更准确的第一手资料。提高深孔钻探精度注意做好以下几个方面工作。

(1)提高钻孔施工精度，减小钻孔轨迹偏差。地质勘探钻孔的布置及孔身轨迹设计，要根据勘探储量等级及勘探网密度、矿床类型和地质构造等因素综合考虑而定。施工中如钻孔实际轨迹与设计轨迹偏移较大，就直接影响地质勘探精度和地质成果的可靠性、准确性。例如，设计一个1000 m的垂直孔，施工中如果钻孔顶角2°/100 m允许值(规范要求)递增，终孔顶角即为20°，经计算(未考虑方位变化)钻孔轨迹末端水平偏距就达180 m之多，这样就不能钻入地质圈定的靶区，如果矿体产状较陡或遇异形矿体就更无法达到地质目的层。由此可见，在深部找矿进行钻孔施工时，提高钻孔轨迹精度，显得更为重要。所以，在深孔钻探施工中，应充分利用矿区钻孔弯曲规律，设计钻孔轨迹；把好钻探设备安装、开孔关；优化钻孔与钻具级配；采用刚、满、直组合钻具；改变钻进碎岩方法和条件；运用科学方法进行防斜、稳斜和纠斜，以减小钻孔轨迹偏差。

(2)重视垂直孔小顶角测斜参数，提高钻孔测斜精度。钻孔孔身空间位置坐标是由钻孔深度、顶角、方位角三个基本参数来确定的，这三个参数是通过钻孔测斜来获得的。测斜参数的准确精度如何，将影响钻孔孔身空间坐标的计算，从而影响勘探储量的计算和地质构造、矿体产状、形态的推断。根据规范要求垂直钻孔顶角≤5°时，可不测方位角。所以在垂直钻孔施工中，往往就采用玻璃管氢氟酸蚀痕测斜。其结果是在小顶角情况下，只测得钻孔顶角，无方位角，钻孔轴线轨迹偏移方向无法确定，只能凭地质人员主观推论。假如设计1000 m孔深的垂直孔，增斜率为0.5°/100 m，终孔为5°，全孔只测顶角。那么，经计算，终孔轴线轨迹水平偏移约45 m。地质人员如何来作钻孔轴线轨迹水平投影图？在矿区普查中，只有多布孔，增大工作量，才能逐步推论矿体地下真面目。据调研，有部分矿区矿体陡，或为异形矿体，在普查阶段所提供的地质资料经详查和勘探阶段验证后，矿体的产状、空间形态发生了较大的变化。通过分析，这与普查阶段钻孔的测斜方法及精度有很大关系。近些年来，在实践中，我们也做了大量的提高钻孔小顶角测斜精度的试验研究工作。利用常规测斜仪器，在同一条件下，对钻孔顶角在0.3°~5°区域内，测量钻孔方位角精度误差范围和规律。在同点每回次进行多次(不少于30次)测量，同时在地表将测斜仪器放置于校验台上以同点参数进行检查验证。求得均方差，其结果：钻孔顶角(θ)在0.3°(≤1°)时，钻孔方位角误差$\alpha \leq \pm 15°$；$\theta < 5°$时，$\alpha \leq \pm 4°$，$\theta \geq 5°$时，$\alpha \leq \pm 2°$。利用这一规律，在几个矿区普查垂直孔施工中，我们均在钻孔顶角≥0.3°时，即测量方位角，并提供给地质人员。经矿区勘探资料表明：所施工的钻孔测斜精度较高，多孔资料相互验证，矿体的产状、空间形态揭示得较为准确，

使地质布孔更为科学化，也减少了矿区勘探成本。在深孔钻探中，除用常规测斜仪器外，在有条件的情况下，建议选择专用的高精度小顶角测斜仪，以获得更准确的测斜资料。

（3）应用受控定向钻探技术，解决特殊条件下深部矿体勘探方法与精度问题。在地质找矿勘探施工中，因受到某些特殊条件和地层的制约，往往用常规的钻探方法和技术是很难达到地质目的的。例如，急陡矿体、异形矿体（如"S""U形"矿体），江河、水库、地表建筑物地下埋藏的矿体，严重易斜地层、复杂地层下部的矿体等。如何在特殊条件下进行深部矿体勘探，这就需要采用受控定向钻探技术来解决。所谓受控定向钻探，即是利用特殊机具在钻进过程中实现钻孔轨迹人工控制，从而使钻孔精确地打入地质设计靶区的钻进方法。近年来，我们在安徽滁州琅琊山铜矿床深部找矿中应用这一钻探技术，解决了市区内密集建筑带无法定孔位难题，设计了受控定向钻孔，以避开地表建筑物来勘探埋藏在建筑物下面的深部矿体（图1）。在安徽霍邱周集铁矿详查中也应用了这一技术，解决了厚第四系、陡矿体（倾角80°~90°），直孔无法穿矿和有效控制矿体勘探斜距等技术难题（图2）。

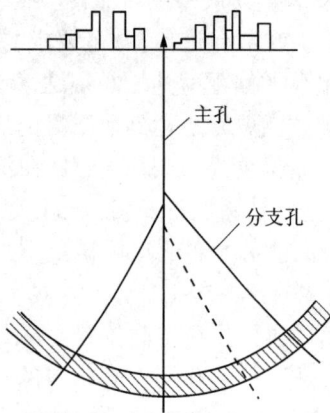

图1　滁州铜矿床避开地表建筑物定向钻孔示意图　　　图2　霍邱铁矿陡矿体勘探定向钻孔示意图

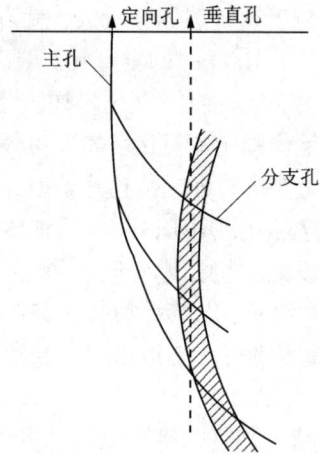

通过实践体会到，应用受控定向钻探技术在深部找矿勘探中能发挥较大的潜力。它不仅可解决特殊条件下深部找矿勘探方法与精度问题，亦可节约勘探工作量，减少地表施工占地面积，减少对环境污染等，具有良好的社会经济意义。

4　结语

国务院《关于加强地质工作的决定》给地质勘探单位迎来了发展机遇，也面临着新的挑战。在新的历史时期，"攻深找盲"是地质找矿重点，也对探矿技术工作提出了新的要求。我们应正视目前存在的问题和现状，制定切实可行的发展目标和方向，加速探矿技术人才的培养和引进，加强探矿技术基础工作，提高探矿装备适应能力，应用推广新技术、新方法，重视技术创新，更快、更好地在深部地质找矿工作中发挥更大作用。

（参考文献略）

FYD-2200型全液压动力头钻机的研制及应用

朱恒银　刘跃进

摘要：通过对国内外深部钻探地质岩芯钻机现状分析，本文提出了 FYD-2200 型分体塔式全液压动力头钻机的研制指导思想、设计方案路线，介绍了研制钻机的结构特点、主要技术参数及使用效果。

关键词：FYD-2200 全液压动力头钻机；结构参数；研制及应用

Development and Application of FYD-2200 Full Hydraulic Power Head Drill

ZHU Hengyin, LIU Yuejin

Abstract：Based on the analysis of the present situation of deep drilling geological core drilling rig at home and abroad, the development guideline and design route of FYD-2200 split tower full hydraulic power head drilling rig are put forward. The structural characteristics, main technical parameters and use effect of the drilling rig are introduced.

Keywords：FYD-2200 full hydraulic power head drill; structural parameters; development and application

1　概述

国务院颁布的《关于加强地质工作的决定》，吹响了我国新一轮地质矿产勘查工作的号角。地质找矿的深度已从过去浅部、中深部转向深部（1000 m 以深）。在深部找矿工作中，主要是以三大专业为技术支撑，即"地质出思路，物探圈靶区，钻探作验证"，其中钻探技术在深部找矿中显得更为重要。但就目前我国深部岩芯钻探总体技术来说，钻探技术装备水平还难以满足深孔钻进要求。主要表现在：钻孔事故率、报废率高，钻探设备机械化、智能化程度低，导致钻进效率低，辅助时间长，对深部找矿有较大的制约作用。

为了加快我国深部找矿步伐，更好、更快、更有效地取得地质找矿成果，加强推广应用

基金项目：安徽省重点科技攻关项目"深部矿体勘探技术方法及设备研究（编号：09010301015）"。

刊登于：《探矿工程（岩土钻掘工程）》2009 年第 36 卷增刊，《第十五届全国探矿工程（岩土钻掘工程）学术交流年会暨北京钻探技术国际学术会论文集》，获国际学术研讨会优秀论文奖。

注：刘跃进作者工作单位为中国地质装备总公司。

国内外先进技术,强化关键技术自主创新,2008年安徽省地矿局313地质队提出了"深部矿体勘探钻探技术方法的研究"项目。经论证获得立项,作为安徽省重点科研项目,FYD-2200型全液压动力头钻机的研制是该项目的一个组成部分。该钻机由安徽省地矿局313地质队与中国地质装备总公司共同研制,张家口探矿机械厂制造。该新型钻机2009年6月份已获得国家实用新型专利(专利证书号:ZL200820041783.8),现已投入安徽省霍邱铁矿深部勘探施工中使用,并取得了良好的应用效果。

2 钻机研制指导思想和方案设计原则

2.1 地质岩芯钻机国内外现状分析

目前我国岩芯钻探领域普遍应用的钻机从传动方式和结构形式上看主要有两种,即机械立轴式和全液压桅杆动力头式。国内比较成熟的岩芯钻机是XY系列立轴式钻机,深部钻机主要有XY-5型、XY-6B型、HXY-6B型、HXY-8型和HXY-8B型。全液压动力头钻机生产尚属起步阶段,近年来,部分厂家生产投放市场的主要产品有:HCD-5U型、YDX-3型和XD系列型等。钻机钻进能力:N口径最大孔深为1500 m。国外生产的岩芯钻机多为全液压动力头钻机,主要生产国有美国、加拿大、澳大利亚、瑞典、德国等,钻机能力:N口径最深达2500 m。根据目前国内外不同结构形式岩芯钻机性能分析,立轴式钻机主要特点:运输拆卸方便,维护保养简单,高塔长立根提下钻,减少辅助时间,机械效率高,功率消耗少、价格低等。不足之处:钻进过程给进行程短,只能在0.5~1.0 m,钻进时需经常停机倒杆,工作时震动大,噪声大,转速变速范围窄,钻机智能化、数字化程度低。全液压动力头钻机主要特点:钻机均采用整体车载,安装方便节约时间,机械化程度高,全液压马达驱动,噪声小,振动小,可实现无级变速、智能化操作,无倒杆钻进,钻进行程可达3~5 m,节约钻进过程辅助时间。不足之处:钻机结构多采用桅杆式,桅杆高度只有6~12 m,不能长立根提钻和下钻(立根长度限于6~9 m),不适合于深孔钻探提钻和下钻,无钻塔露天作业,工作环境差,钻机整体性太强,不适宜丘陵、山区和农耕地中搬迁运输。另外,深孔钻机进口价格昂贵,维护难度大等。综上所述,为能满足深孔岩芯钻探装备要求,必须设计具有我国特色的适用性强的新型钻机。

2.2 钻机研发指导思想

根据目前国内外岩芯钻机的市场及技术调研情况,确定了FYD-2200型钻机的研发指导思想:应用国内外成熟的先进技术,吸收同领域前沿科学,实行产—学—研—用联合机制,研发出符合我国国情,力求适应性、可靠性强,价格低,易推广应用,并具有先进性、创新性,有自主知识产权的新型深孔钻机。

2.3 钻机总体设计技术路线

通过对目前国内外岩芯钻探立轴式钻机及全液压动力头钻机结构性能利弊分析,取其各自优点,将全液压动力头钻机整体(车载)式设计为分体式;在提升桅杆式设计基础上增加钻塔配置,实现长立根提下钻;两种动力配置方式(电动机和柴油发电机);实现主要钻进参数数字化显示。

3　FYD-2200 型钻机结构及主要技术参数

3.1　钻机主要结构

FYD-2200 型全液压动力头钻机分体模块设计,整套钻机由主机、动力站、钻塔、泥浆泵等四大独立部件组成,钻机的结构布局见图 1,钻机主机外貌见图 2。

3.2　钻机主要技术参数

FYD-2200 型全液压动力头钻机主要技术参数见表 1。

3.3　钻机主要结构特点

(1)分体模块设计,整套钻机分为主机、动力站、钻塔、泥浆泵等四大独立部件,便于拆装搬迁运输。

(2)采用重型四角管子钻塔,可提起 18 m 立根,为钻探施工提供良好的作业环境。

(3)给进机构采用油缸链条倍速机构,给进行程长达 4.8 m,适用于长度 4.5 m 绳索取芯钻杆和普通钻杆。

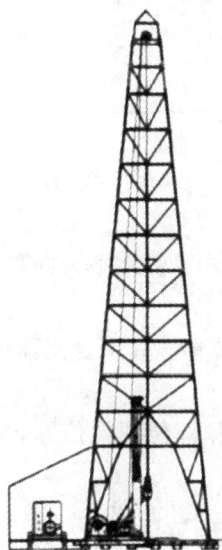

图 1　钻机布局图

图 2　钻机主机外貌

表 1　FYD-2200 型全液压动力头钻机主要技术参数

钻机能力 /m	BQ(S59)	NQ(S76)	HQ(S95)	PQ(S114)
	3000	2200	1500	900
动力机 /kW	主电机	泥浆泵电机	辅助电机	
	132	45	7.5	

续表1

动力头	转速/(r·min⁻¹)	扭矩/(N·m)	卡盘/kN	通径/mm
	0~367~1200	5960~1166	220	φ117
主卷扬	单绳拉力/kN		提升速度/(m·min⁻¹)	
	96/148		120/78	
给进系统	给进/起拔力/kN		给进行程/m	
	100/200		4.8	
绳索卷扬	单绳拉力/kN	最高绳速/(m·min⁻¹)	容绳量/m	
	16	550	2200	
液压系统	主泵流量	主泵压力	辅泵流量	辅泵压力
	2×210 L/min	32 MPa	9 L/min	30 MPa
泥浆泵	型号	最大流量	最高压力	
	BW300/12	300 L/min	12 MPa	
钻塔	高度/立根		最大负荷	
	24/18 m		500 kN	
	主机后移距离/mm		整机重量/kg	
	500		15000	

（4）动力头回转调速范围宽泛，机械换挡和液压调速结合，可实现 0~1200 r/min 的无级变速以及动力头转速的精确控制。

（5）钻机纵向移车让开孔口距离为 500 mm，同时动力头可沿水平方向移开孔口，孔口位置比较宽阔，方便提钻和取芯操作。

（6）主液压系统采用负载传感控制，操控灵敏，高效节能，其主要元器件与 30 t 液压挖掘机通用，方便采购与维修。

（7）主要钻进参数采集及数字化显示，塔上等关键操作部位图像传输到操作台，作业班长对整个机台的运行状况一目了然。

（8）设计有桅杆上段，可实现有塔无塔两用，垂直孔、斜孔两用。

4　生产试验情况

FYD-2200 型全液压动力头钻机于 2009 年 3 月下旬研制成功，通过出厂前安装、调试、运行试验，各项技术性能完全达到设计任务书要求。该新型钻机于 2009 年 5 月 20 日运抵安徽霍邱铁矿周集矿区深部勘探施工现场，投入生产性试验，试验钻机现场见图 3。

图 3　深部钻探生产实验钻机外貌

4.1　试验矿区基本概况

霍邱周集铁矿深部找矿项目是安徽省国土资源厅重点找矿项目。找矿深度为 1000～2000 m，主要矿物为磁铁矿。矿区地质条件主要为：第四系由黏土、粉质黏土及沙层组成，厚度达 240 m 左右；基岩主要由混合岩化斜长片麻岩、黑云斜长片麻岩、黑云石英片岩及斜长角闪片岩和角闪石英磁铁矿等组成，岩石可钻性级别为 8～10 级。

4.2　试验钻孔技术设计参数

钻孔设计孔深 1500 m，倾角 90°，终孔口径 ϕ95 mm，钻孔 0～250 m 不取芯，250～1500 m 取芯率为 100%。

4.3　钻孔施工工艺

(1)钻孔结构：开孔孔径为 200 mm，钻进至 247.83 m，下入 ϕ146 mm 套管；后换径 ϕ130 mm 钻具钻进至 256 m，下入 ϕ127 mm 套管；再用 ϕ110 mm 钻具钻进至 282.52 m，下入 ϕ108 mm 套管；然后采用 ϕ95 mm 钻具钻进至终孔。

(2)钻进方法：0～247.83 m 采用 ϕ200 mm 牙轮钻头钻进；247.83～256 m 采用 ϕ130 mm 单管金刚石钻头取芯钻进；256～282.52 m 采用 ϕ110 mm 单管金刚石钻头取芯钻进；282.52 m 至终孔采用 ϕ95 mm 绳索取芯金刚石钻头钻进。

(3)钻进参数：第四系钻进参数为钻压 20 kN，转速 100 r/min，泵量 200 L/min；基岩绳索取芯钻进参数为钻压 15～20 kN，转速 500～600 r/min，泵量 120～90 L/min。

(4)钻进冲洗液：第四系采用 KHm 低固相泥浆钻进，基岩绳索取芯钻进采用低固相+PHP(水解聚丙烯酰胺)+GSP(广谱护壁剂)作冲洗液。

4.4　生产试验效果

FYD-2200 型钻机于 2009 年 5 月 20 日运抵施工试验现场，5 月 23 日投入正式使用。试验孔段为 282.52 m 至孔深 1200 m，全部采用 ϕ95 mm 绳索取芯金刚石钻进。钻进最高时效为 9 m，平均时效 1.5 m，最长提钻间隔为 96 h。钻孔取芯岩芯平均采取率达 98%。由于该孔是深部钻探研究综合试验孔，孔中试验项目较多，占用大量辅助时间，所以，在钻机台月效率方面未作重点要求。

通过 FYD-2200 型钻机生产试验表明，钻机结构设计布局合理，动力头运行平稳；采用长行程设计不仅可用于绳索取芯钻杆亦可用于普通 4.5 m 长钻杆，钻进无须倒杆，减少辅助时间，利于取芯和穿过复杂地层；钻机实行分体塔式结构，改变了车载、桅杆式结构深孔钻探存在的弊端，可适应于山区、丘陵、道路较差的地区施工；钻机操作系统实现了工作参数数字化。实现了塔上塔下、操作视频可视化及钻探现场网络远程监控（钻机视频操作台见图 4）。便于现场安全操作和管理者远程决策和指挥。

图 4　FYD—2200 型钻机操作台

5　存在问题及改进措施

通过生产试验发现了该钻机设计上存在一些不足和需要改进的地方，主要有：

（1）现有钻机未配备钻杆孔口拧卸装置，提下钻效率较低，劳动强度大，需要进一步研究绳索取芯钻杆拧管装置。

（2）绳索取芯绞车应增加排绳、测深、测速等功能。

（3）钻机应增加钻进时扭矩、泥浆泵流量等参数显示。

6　结语

FYD-2200 型钻机的研发是集国内外岩芯钻机的优点而设计的，符合我国国情，具有机械化、智能化程度高，适用性、可靠性强，整机配套价格低廉（只有国外同类性能钻机价格的三分之一），钻机分体式设计，维修、运输方便等特点，因此，在我国深部地质找矿钻探领域具有良好的推广应用前景。

参考文献

[1] 刘跃进.岩芯钻探设备的现状与发展[J].探矿工程(岩土钻掘工程)，2007,34(1)：39-43.

[2] 朱恒银等.深部找矿中加强钻探技术工作的几点认识[J].探矿工程(岩土钻掘工程)，2007(S1)：34-37.

[3] 张伟.关于我国地质岩芯钻机发展方向的分析[J].探矿工程(岩土钻掘工程)，2008,35(8)：1-5.

[4] 熊伟.CS14 型全压动力头钻机的生产应用效果及分析[J].探矿工程(岩土钻掘工程)，2009,36(4)：35-36,46.

2706.68 m 试验孔施工关键装备与技术

朱恒银　蔡正水　王幼凤　张文生

摘要：为了进一步加快深部找矿步伐，安徽省地质矿产勘查局 313 地质队近年来承担了安徽省重点攻关项目"深部矿体勘探钻探技术方法研究"，研究成果在霍邱铁矿区得到了应用。本文介绍了 2706.68 m 试验孔的施工关键装备与技术，对深孔钻探技术进行了探讨并提出了几点认识。

关键词：2706.68 m 钻孔；关键装备与技术；深孔钻探技术

2706.68 m Test Hole Construction Key Equipment and Technology

ZHU Hengyin, CAI Zhengshui, WANG Youfeng, ZHANG Wensheng

Abstract：In order to further speed up the pace of deep ore prospecting, the 313 geological team of Anhui Bureau of Geology and Mineral Resources in recent years undertook the key project of Anhui Province "Deep ore body exploration drilling technology method research", the research results were applied in Huoqiu Iron Mine area. This paper introduces the construction key equipment and technology of 2706.68 m test hole, discusses the deep hole drilling technology and puts forward some understandings.

Keywords：2706.68 m drilling hole; key equipment and technology; deep hole drilling technology

1 概述

2006 年初国务院颁布了《关于加强地质工作的决定》，给地质工作的开展指明了方向，提出了地质工作中长期的战略方针。我国新的一轮地质矿产勘查工作主要以攻深找盲、探边摸底为重点。地质找矿的深度已从过去浅部、中深部转向深部勘探（1000 m 以深），以寻找隐伏矿与深部矿的"第二找矿空间"为主要目标。2007 年 9 月底国土资源部在安徽省合肥召开了全国深部找矿工作研讨会，吹响了新一轮地质找矿的号角。2008 年 5 月中国地质调查局在河

基金项目：安徽省重点科技攻关项目"深部矿体勘探钻探技术方法及设备研究"（编号：09010301015）。

刊登于：《探矿工程（岩土钻掘工程）》2011 年第 38 卷增刊，《第十六届全国探矿工程（岩土钻掘工程）技术学术交流年会论文集》，获中国地质学会探矿工程专业委员会优秀论文奖。

北承德召开了深部地质钻探关键技术和装备研讨会，拉开了深部地质钻探的序幕。

为了进一步加快深部找矿步伐，更好、更快、更有效地取得地质找矿成果，加强推广应用国内外先进技术，强化关键技术自主创新，安徽省地质矿产勘查局313地质队根据安徽省深部找矿需要，于2008年4月提出"深部矿体勘探钻探技术方法的研究"项目，同时向安徽省国土资源厅提交了项目建议书，安徽省国土资源厅组织专家对该项目建议书进行了论证，并通过论证同意立项。2008年9月该项目研究正式启动，2009年该项目列入安徽省重点科研攻关项目。

该项目研究的目的：提高深部矿体勘探速度、勘探靶区精度、地质成果的准确性，为加快寻找隐伏矿与深部矿的"第二找矿空间"步伐，提供技术支持。主要任务：在两年多时间内，通过受控定向钻探应用研究，解决深部陡矿体和异型矿体、地表障碍物下部矿体勘探技术难题；通过钻探机具的研发，钻探方法、取芯方法、钻孔护壁、高效长寿钻头等技术研究，解决深部钻探效率问题；通过钻孔摄像技术在深部找矿中应用研究，进行钻孔地质信息采集工作，解析在单孔中岩矿层多种参数，以指导深部找矿。

试验钻孔选择在安徽省霍邱周集铁矿区深部勘查项目区域，结合深部找矿项目进行。试验钻孔是对研究项目的部分子项目进行实战性试验。2009年5月20日ZK1725试验孔开钻，至2010年6月28日终孔，孔深2706.68 m，终孔口径$\phi77$ mm。全孔取芯钻进，平均岩芯采取率达97%，钻孔开孔顶角为0°，终孔顶角为13°。钻孔在深部见三层铁矿，分别在722.2 m，2355.28 m，2616.00 m位置，见矿厚度最大为28.00 m。钻孔终孔各项质量指标完全满足地质设计要求。

2 试验钻孔概况

2.1 试验钻孔(ZK1725孔)目的意义

2.1.1 地质找矿目的

试验钻孔属"安徽省霍邱县周集铁矿深部勘查"项目。主要目的是通过对以往地质、物化探、矿产勘查、科研等资料的总结和分析，尤其是通过对地层层序、含矿层、构造形态的对比，结合高精度物探测量，选择有利部位，运用钻探对已知矿体深部进行追索，查明深部矿体的分布、形态和产状，同时加强周集倒转向斜东翼磁异常验证力度，扩大矿床规模。

2.1.2 钻探技术目的

试验钻孔ZK1725孔属霍邱县周集铁矿深部勘查项目中的地质岩芯勘探孔，同时结合"深部矿体勘探钻探技术方法研究"项目，对所研制的深孔钻探装备、机具进行实质性施工试验。其目的是通过该试验孔钻探，以验证深孔分体塔式全液压动力头钻机(FYD-2200型)，$\phi89$ mm、$\phi71$ mm绳索取芯钻杆及配套机具的工作性能状况、适应能力和深孔钻进工艺技术方法。为深孔钻探配套系列技术提供可行性试验依据。

2.2 试验孔施工地质条件及主要设计参数

2.2.1 地层条件

试验钻孔属安徽霍邱周集矿区。主要地层包括第四系：黏土，亚黏土，粉细—细中砂层，淤泥质亚黏土，砂砾层等，厚度约280 m，含水丰富；基岩主要为混合岩—片麻岩段，含磁铁矿片岩—片麻岩段，含蓝晶石片岩—片麻岩段，下白云石大理岩段，含镜铁—磁铁矿段和白云大理岩段等，岩石和矿物组合相当复杂，矿体倾角50°~70°。平均岩层可钻性达9级，矿层达10级。

该矿区自南向北有3段断层，断层段为角砾岩，主要成分为石英，其次为二长片麻岩和长石等碎裂混合岩、压碎黑云斜长片麻岩、黑云变粒岩，砾径大小在0.3~2 cm，其间夹有高岭土、碳酸盐和绿泥石。钻孔所遇断层段岩石胶结性差，非常破碎，钻孔坍塌、漏水、涌水现象极为严重。

2.2.2 试验孔(ZK1725)地质设计参数

(1)钻孔设计倾角：90°。

(2)钻孔设计孔深：1500 m(地质设计)，试验孔预定孔深为2000 m。

(3)钻孔终孔口径：≥56 mm

(4)钻孔质量要求：按《岩芯钻探规程》执行。

3 施工关键设备机具

3.1 主要设备和仪器

(1)钻机：FYD-2200型分体塔式全液压动力头钻机及动力站(图1、图2)；

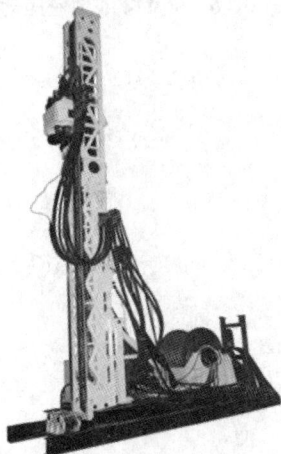

图1 动力头钻机主机

图2 动力站

(2)现场工作室：自制(图3)；

(3)钻塔：SG-24A型四脚塔，允许承载55吨(图4)；

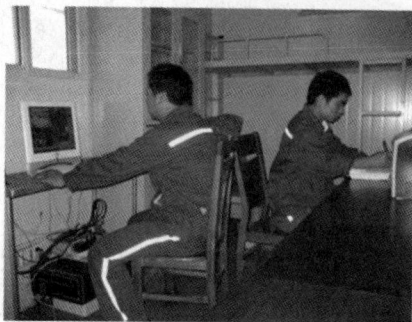

图3 现场工作室

图4 SG-24A型四脚钻塔

（4）泥浆泵：BW-300/12型（图5）；

（5）泥浆处理设备：JSN-2B泥浆净化系统；

（6）液压动力钳：SQ114/6型（图6）；

（7）泥浆性能测试仪：NY-1型泥浆性能测试仪；

（8）测斜仪：KXP-2D型。

图5 BW-300/12泥浆泵

图6 SQ114/6型液压动力钳

3.2 主要机具、管材

3.2.1 钻杆

（1）ϕ89 mm 绳索取芯钻杆（高强度）：1500 m；

（2）ϕ71 mm 绳索取芯钻杆（高强度）：2500 m（壁厚5.5 mm），3000 m（壁厚5.0 mm）计5500 m；

（3）ϕ50 mm 外丝普通钻杆（ϕ65 mm 锁接头）1500 m；

（4）ϕ60.3 mm 反丝钻杆：2000 m；

（5）ϕ50 mm（ϕ65 mm 锁接头）反丝钻杆：1500 m。

3.2.2 钻具

（1）ϕ110 mm 普通取芯钻具：3套；

（2）ϕ171 mm、ϕ130 mm、ϕ110 mm 扩孔钻具：各3套；

（3）H96 mm、N76 mm 绳索取芯钻具：各6套；

(4)89 mm 液动潜孔锤：2 套。

3.2.3　管材

(1)ϕ146 mm ZD-40 无缝钢管：260 m；
(2)ϕ127 mm ZD-40 无缝钢管：280 m；
(3)ϕ108 mm ZD-40 无缝钢管：290 m；
(4)ϕ89 mm ZD-50 无缝钢管：1350 m。

4　钻孔施工工艺技术

4.1　钻孔结构

钻孔结构设计原定下入三层套管，预留一级套管。因钻进中，钻孔所遇地层较复杂，实际下入四层套管。即 ϕ146 mm→ϕ127 mm→ϕ108 mm→ϕ89 mm。ϕ146 mm 套管下入 247.83 m，ϕ127 mm 套管下入 256.53 m，ϕ108 mm 套管下入 282.52 m，ϕ89 mm 套管下入 1230.37 m，终孔口径为 ϕ77 mm，详见 ZK1725 孔钻孔结构图 7。

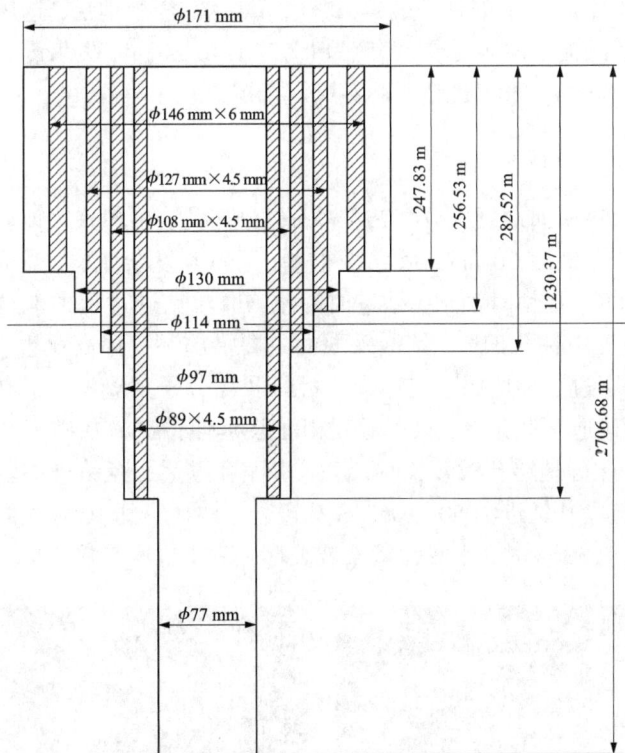

图 7　ZK1725 试验钻孔结构图

4.2　钻进方法

第四系松散层 0~247.83 m 用 ϕ110 mm 普通单动双管或单管合金钻头取芯钻进至完整基岩，用带上下导正 ϕ168 mm/ϕ110 mm 的合金钻头扩孔到底，下入 ϕ146 mm 套管护壁，再用

φ130 mm 单管金刚石钻头取芯延伸钻进至 256.53 m，下入 φ127 mm 第二层套管，换 H（φ96 mm）金刚石绳索取芯钻进至 282.52 m，因地层破碎、漏水、涌水，用 φ110 mm 导正金刚石钻头扩孔，下入 φ108 mm 第三层套管。再用 H（φ96 mm）金刚石绳索取芯钻进至 1230.37 m，下入 φ89 mm 套管，换 N（φ76 mm）金刚石绳索取芯钻进至 2706.68 m。

4.3 钻进冲洗液与护壁

4.3.1 钻进用冲洗液

（1）第四系松散地层钻进扩孔所用泥浆主要以腐殖酸钾类泥浆为主，在该地区使用效果较好。主要泥浆配方：黏土粉 100 kg+1%KHm+0.5%FK（防塌润滑剂）+4% Na_2CO_3。基浆每立方中黏土粉加量 4%~5%。钻进中泥浆性能控制参数要求：密度为 1.04~1.06 g/cm³，失水量为 6~7 mL/30 min。漏斗黏度 25 s，泥皮厚 0.5 mm，含砂量小于 1%，pH 为 9~10。

（2）基岩钻进和扩孔，正常孔段选用以 PAM（800 万分子量）为主的低固相泥浆，黏土粉的含量为 3%，加 THNDI 型润滑剂，泥浆密度控制在 1.03 以内。黏度控制在 20 s 以内，主要解决钻孔护壁、减阻、携屑问题。

（3）复杂地层孔段钻进时，如钻进破碎、坍塌、漏水、涌水地层，选用 PAM 低固相泥浆，加入 801 或 803 堵漏剂，泥浆性能要求：密度为 1.05~1.10 g/cm³，失水量 7 mL/30 min，黏度为 25 s，泥皮厚 0.5~1.0 mm。采用提钻取芯穿过复杂层。

4.3.2 钻孔护壁与堵漏

试验钻孔（ZK1725）所遇地层十分复杂，岩石软硬不均，出现三段地质构造断层，最厚达 10 m 左右，地层岩屑粒度 5~20 mm，胶结性很差（见图 8 复杂地层岩芯图片），钻孔坍塌严重。每次下钻不能到底，提钻时涌水，钻进时漏水，造成钻进过程中卡钻、埋钻多次。根据钻孔的复杂程度，施工中钻孔护壁、堵漏采取的主要措施是使用高比重、高黏度、高分子聚合物泥浆，快速钻进穿过复杂地层。先用惰性材料和高分子絮凝型冻胶体堵漏、止涌，后用水泥封闭复杂孔段，建造水泥孔壁，再用低固相泥浆延伸钻进。在破碎地层厚度较小时，均能收到很好的效果。破碎地层孔段较长时，建造水泥孔壁后，经钻进一段时间，水泥孔壁脱落，钻孔又失稳（如试验孔钻进 1050~1060 m 孔段处，钻孔遇到 10 余米的断层破碎带，建造水泥孔壁后，钻进至 1230 m 时，水泥孔壁又被破坏，钻孔超径非常严重，造成无法钻进。如

图 8　复杂地层岩芯图片

孔底钻具被卡后，采用带套皮的公锥 2.8 m 长度的钻具打捞时，不慎掉入孔内超径部位，再用钻具打捞，未碰到 2.8 m 事故钻具，被挤入钻孔"大肚"处，孔内事故处理完毕后，也未见到 2.8 米事故钻具，如图 9 所示。然后，又采用先堵漏、治坍塌，再用水泥封堵措施后，下入 ϕ89 mm 套管至 1230.37 m 处进行隔离，再延伸钻进至 2706.68 m。

通过试验钻孔(ZK1725)施工实践，在钻孔的护壁与堵漏措施方面体会到：深孔钻探，在不了解地层情况下，不轻易用清水钻进。如用清水钻进把复杂地层透开，地层失稳，会给下步处理带来困难。复杂地层孔段护壁针对性要强，处理原则上先简后繁，先易后难，以求实效，安全第一，不强行钻进。作业基本程序：高性能泥浆护壁→先止涌后堵漏快速穿过→惰性材料高分子交联冻胶泥浆封堵→建立水泥孔壁→套管隔离→延伸钻进。

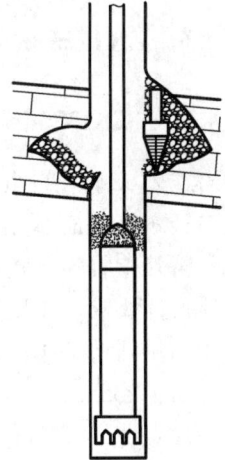

图 9 复杂孔段事故示意图

4.4 金刚石钻头的选型与试验

试验钻孔采用金刚石钻头钻进，总工作量约为 2500 m，0～247.83 m 为合金钻头钻进。247.83～1230.37 m 采用 H(ϕ96 mm)绳索取芯金刚石钻头钻进，1230.37～2706.68 m 采用 N(ϕ76 mm)绳索取芯钻进。钻进过程中做了大量的金刚石钻头的选型与试验工作，并对不同厂家、不同加工工艺、不同钻头唇部形状、不同金刚石钻头参数进行了对比试验。通过试验资料统计表明：以钻头综合指标评价，热压钻头优于电镀钻头，钻头平均寿命尖齿式高于平底式，平底式高于齿轮式、阶梯式。钻进平均时效异型钻头高于平底式。异型钻头中尖齿式钻头综合指标最高。尖齿式钻头平均时效为 1.80 m，其他类型平均时效为 1.3 m。在本次试验中尖齿式唇部钻头优于其他类型钻头。最高寿命达 123 m，最高时效达 9 m。经分析认为：尖齿式唇部钻头具有水路通畅，冷却、排粉性能好，便于内外保径，与平底式钻头相比，钻头唇部剐取岩石面积小，时效高。

4.5 钻进技术参数

不同孔深、孔径情况下钻进参数见表 1。

表 1 不同孔深、孔径情况下钻进参数表

孔深/m	钻压/kN	转速/(r·min⁻¹)	扭矩/MPa	泵量/(L·min⁻¹)	泵压/MPa	钻进口径/mm
0～1000	18～20	400～500	6	120	2.5	ϕ96
1000～1500	18～20	400～500	8	120	3.3	ϕ96
1500～2000	12～15	300～400	8	75	3.3	ϕ77
2000～2700	12～15	200～250	10	75	4.0	ϕ77

注：ZK1725 试验钻孔施工过程中泥浆中等漏失，钻进时泵压较低，若钻孔不漏失泵压将会提高一定幅度。

4.6 ZK1725 试验孔质量与技术经济指标完成情况

4.6.1 ZK1725 试验孔质量指标

ZK1725 试验孔自 2009 年 5 月 20 日开钻至 2010 年 6 月 28 日终孔，钻孔终孔深 2706.68 m，终孔口径 ϕ77 mm，终孔顶角 13°（物探测井资料），钻孔平均取芯率 97%，矿体采取率 100%，钻孔经野外验收各项质量指标完全满足地质设计要求。在地质第二、第三空间中均见到铁矿体，见矿深分别是 722.20 m、2355.28 m、2616.00 m，见矿厚度最大为 28 m。经物探测井结果表明：在钻孔深部横向和纵向含矿异常很好，为该区域深部找矿提供了依据，也为该区域深部成矿理论研究提供了新的课题。试验钻孔终孔深度刷新了我国小口径绳索取芯最深纪录，图 10 为 ZK1725 试验孔终孔庆典仪式。

图 10　ZK1725 试验孔终孔庆典仪式

4.6.2 ZK1725 试验孔主要技术、经济指标

ZK1725 试验孔为全孔取芯钻进，自 2009 年 5 月 20 日开钻至 2010 年 6 月 28 日终孔，总进尺 2706.68 m，取芯总回次 1060 次，平均回次长度 2.55 m，平均机械钻速 1.49 m/h，台月效率 254.14 m，纯钻进时间利用率 18.73%。钻孔具体时间分析及主要技术指标完成情况见图 11。

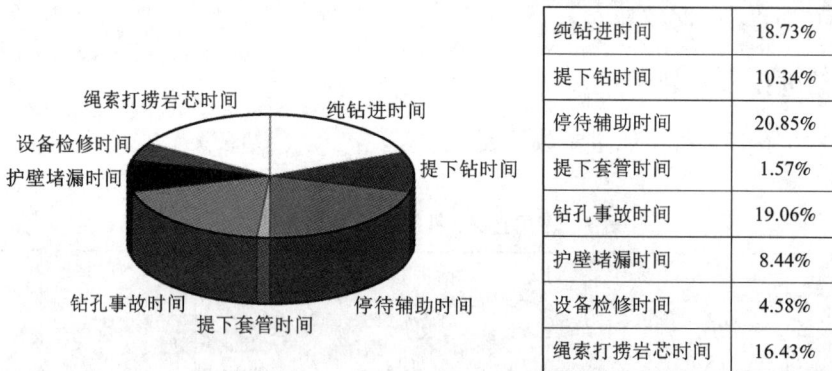

纯钻进时间	18.73%
提下钻时间	10.34%
停待辅助时间	20.85%
提下套管时间	1.57%
钻孔事故时间	19.06%
护壁堵漏时间	8.44%
设备检修时间	4.58%
绳索打捞岩芯时间	16.43%

图 11　ZK1725 孔施工时间分析图表

4.6.3 ZK1725 试验孔主要技术成果

（1）所研制的 FYD-2200 型深孔钻机性能得到了验证。

FYD-2200 型分体塔式全液压动力头钻机累计运行 5215 小时无大故障，完成了 2706.68 m

孔深施工任务。生产试验表明：钻机结构设计布局合理，动力头运行平稳；钻机采用无级变速，调速范围宽，操作方便；采用长行程设计不仅可用于绳索取芯钻杆亦可用于普通 4.5 m 长钻杆，钻进无须倒杆，减少辅助时间，利于取芯和穿过复杂地层；钻机实行分体塔式结构改变了车载、桅杆式结构深孔钻探存在的弊端，改善了钻探工人工作环境，可适应于山区、丘陵、道路较差的地区施工；钻机操作系统实现了工作参数数字化，塔上塔下操作视频可视化及钻探现场网络远程监控，便于现场安全操作和管理者远程决策和指挥。钻机自动化程度高，安全系数高，劳动强度低。

（2）研制的 H、N 绳索取芯钻杆满足深孔钻探要求。

H、N 两种口径绳索取芯钻杆采用国产优质钢材，经杆体、接头热处理，增加了钻杆的强度和耐磨性。钻杆接头采用镦粗处理，螺纹设计为负角度，不对称螺纹形式，增强了钻杆的防脱、密封性能，N 钻杆施工孔深达 2706.68 m。

（3）深孔钻探工艺技术积累了一定的经验。

通过 ZK1725 试验孔的施工，在深孔钻进工艺技术方面取得了一些可贵经验。如深孔段护壁套管下入与防折断；复杂地层治理；钻孔涌水、漏失地层钻进钻具减阻与润滑；深孔钻进防止岩粉埋钻；深孔钻探钻头的选型；深孔钻机减耗、节能等。

（4）ZK1725 试验孔创 2010 年全国小口径绳索取芯钻探最深纪录，被评为 2010 年全国探矿工程十大新闻。所研制的分体塔式全液压动力头钻机（FYD-2200 型）及高强度绳索取芯钻杆通过了安徽省科学技术厅的鉴定，其成果达到国际先进、国内领先水平。

5　深孔钻探几点体会

深孔施工是一项综合性系统技术，涉及设备及附属设备配套问题，钻杆柱的可靠性，钻孔护壁、润滑，事故的预防与处理，施工队伍的素质等问题，如果一些关键技术不解决很难施工至目标孔深。下面就 ZK1725 试验孔施工实践浅谈几点体会。

5.1　施工关键设备必须满足孔深、孔径要求

深孔施工设备选择是关键一环，俗话说：没有金刚钻不揽瓷器活。钻探设备选择必须有一定的富余功率，不能小马拉大车。如钻机扭矩、提升力，钻塔的允许负荷，水泵的流量与泵压，钻杆的强度等，必须满足地质设计要求。

另外，设备的选择要考虑深孔钻探机械效率问题，要提高机械化、自动化水平。通过对 ZK1725 试验孔资料进行相关数据分析，结果表明设备是影响钻探效率的主要因素。

（1）钻机钻进行程对效率的影响

对全液压动力头钻机与立轴式钻机倒杆相关时间进行分析，钻进 2706 m 孔深，若回次进尺 4.5 m，动力头钻机累计倒杆时间需 10 小时，XY 系列钻机累计倒杆时间需 70 小时，若回次进尺 3 m，动力头钻机累计倒杆时间需 15 小时，XY 系列钻机累计倒杆时间需 75 小时，如图 12 所示。另外，钻机倒杆时，造成钻进参数不稳定，而导致岩芯堵塞，影响回次进尺。

（2）立根长度对提下钻效率的影响

对不同高度钻塔提下钻具相关时间进行分析，钻进 3000 m 钻孔，平均绳索取芯提钻间隔按 50 m 计算，累计提下钻时间分别是：6 m 长立根需 1503 小时，9 m 长立根需 1008 小时，

18 m 长立根需 504 小时，如图 13 所示。

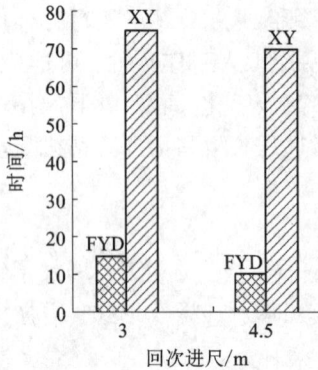

图 12　2706 m 孔深钻机倒杆时间分析图
注：XY 系列钻机立轴行程以 0.6 m 计算

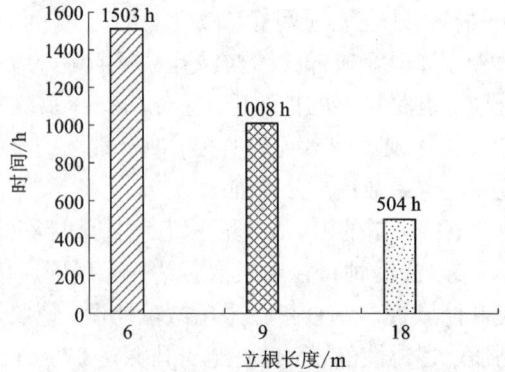

图 13　3000 m 钻孔不同立根长度提下钻时间分析图
注：绳索取芯提钻间隔平均以 50 m 计算

（3）钻杆拧卸方法对钻探效率的影响

采用液压动力钳和人工拧卸钻杆相比，用液压动力钳拧卸钻杆时节约时间约 1/3 以上。同时，钻杆损伤减少，工人劳动强度降低。

由此可见，深孔钻探优选钻探装备是提高钻探效率的关键之一。

5.2　施工队伍素质是施工成败的关键

深孔钻探施工装备解决之后，人是关键。必须选择组织良好的施工队伍和施工领头人，尤其是项目经理、机班长，要有丰富的钻探施工经验和敬业精神。

5.3　必须认真编写施工技术组织设计

深孔钻探不同于浅孔、中深孔，施工费用投资很大，少则几百万，多则千万元，认真编写好施工技术组织设计很重要。尤其钻孔的结构设计，如果钻孔结构设计不合理，给下一步施工带来被动，有可能因为钻孔结构设计问题，导致钻孔达不到目的而终止，钻孔结构设计要留有余地。钻孔技术设计要细致，针对性要强，不能流于形式，要能真正指导施工。重要特殊钻孔设计要进行专家评审、指导。施工中必须严格按设计执行。

5.4　钻孔的护壁、泥浆及润滑不能忽视

泥浆是钻探的血液，泥浆护壁性能强及钻孔的润滑性能好，可减少钻孔施工动力损耗；钻孔阻力小，减少孔内事故；泥浆对岩粉的悬浮、携粉能力强，可减少钻具埋钻、烧钻事故。钻孔的稳定性是深孔钻探的成败关键，深孔钻探原则上不提倡用清水钻进。

5.5　钻孔施工对事故处理要有预案

深孔钻探钻孔出现的事故，不同于浅孔、中深孔，3000 m 左右的钻孔提下钻一趟就需 15～16 小时，如果发生一起较复杂的孔内事故少则十几天，多则几个月，成本大幅度飙升，延误工期。例如，ZK1725 试验孔施工中曾发生一起较复杂的事故，处理事故就花去了 1845 小

时(约77天),占全孔施工总时间19%,而钻孔施工2706.68 m,纯钻进时间只有1814小时(约76天),占施工总时间18.73%。由此可见,深孔钻探孔内事故造成的损失是很大的。所以施工中要严格管理,注意细节,孔内状况要有预见,做到稳中求快,尽量避免和减少孔内事故。出现了事故要有处理预案,分析清楚,处理时要留有回旋余地。现场要备有处理事故的机具和反丝钻杆,要有侧钻技术储备。

5.6 深孔钻探注意挖潜力减少能耗

深孔钻探设备消耗功率比较大,一台3000 m岩芯钻探钻机和配套动力系统,一般需要200 kW以上工业用电或260马力柴油机组。深孔作业辅助时间较多,往往大功率的机组因空载运行而消耗能源。为了减少能耗,可把辅助工作时动力与主机组工作动力分离运行。例如,ZK1725试验孔所用FYD-2200型动力头钻机及配套系统,动力站总功率为194 kW,实际施工中把泥浆泵、绳索取芯绞车与主机分离驱动,可节约能耗。据ZK1725试验孔施工工作时间统计,施工中内管投放与取芯时间就占总施工时间16.43%,且钻孔冲孔、搅泥浆等辅助时间还未含在内。而主机组工作纯钻进时间只占总施工时间18.73%,也就是说泥浆泵、绳索取芯绞车等设备与主机分离驱动,就可节约用电量50%以上,这是降低深孔钻探成本的一项有效途径。

6 结束语

深孔钻探不是一件容易的事,通过ZK1725试验孔的施工,虽然在钻孔施工技术方面取得了一些可贵的经验,但只是一孔之见。在施工过程中也发现较多的技术难题需要解决,如钻探装备技术需进一步完善,钻进效率、时间利用率需要大幅度提高等。所以还需要钻探同行们在一起不断地进行探索,相互交流、相互促进,以便进一步推动我国深孔钻探技术的发展。

(参考文献略)

深部矿体勘探钻探技术方法研究

朱恒银　蔡正水　张文生　王幼凤　余善平　王　强

摘要：深部矿体勘探钻探技术方法研究的内容主要包括深孔分体塔式全液压动力头钻机及高强度绳索取芯钻杆研制、钻孔设计与轨迹动态监控技术研究、钻孔摄像及定向取芯技术在地质勘探中的应用研究、深部岩芯钻探钻进工艺方法研究等。项目按任务书设计要求完成，取得了良好的社会经济技术效果，对以后深部钻探施工技术具有重要的指导和借鉴作用。

关键词：深部钻探；技术方法；分体塔式全液压动力头钻机；高强度绳索取芯钻杆；钻孔轨迹控制；定向取芯

Research on Deep Orebody Exploration and Drilling Technology

ZHU Hengyin, CAI Zhengshui, ZHANG Wensheng,
WANG Youfeng, YU Shanping, WANG Qiang

Abstract：The content of the deep orebody exploration drilling technology research mainly include the deep hole hydraulic power head drill tower fission and high strength rope coring drill pipe, drilling design and dynamic monitoring technology research, drilling trajectory camera and directional coring technology application in geological exploration drilling technology research, the deep core drilling method, etc. The project was completed according to the design requirements of the task book and achieved good social, economic and technical results, which provided important guidance and reference for the deep drilling construction technology in the future.

Keywords：deep drilling; technical methods; split tower full hydraulic power head drill; high strength rope coring drill pipe; drilling track control; directional coring

1　研究项目简介

1.1　研究背景

随着我国经济社会快速发展，工业化和城镇化步伐的显著加快，对矿产品的需求日益剧

基金项目：安徽省重点科技攻关项目"深部矿体勘探钻探技术方法研究"（09010301015）
刊登于：《探矿工程（岩土钻掘工程）》2012年第39卷增刊2。

增。但我国人均占有矿产资源少，矿产资源供给不足已成为制约我国经济社会发展的重要瓶颈。但近年来，国际铁、铜矿石价格翻了几倍，利用国外资源受到严重制约，因此必须加大国内找矿力度，最大限度地开发利用国内资源，为我国国民经济安全运行提供资源保障。我国在全国21个省份开展大规模地质找矿行动，投资数百亿元，在19个重点成矿区（带）优选45个重点整装勘查区开展地质找矿工作，确保"十二五"期间新增一批铁铜等国内紧缺矿种储量，形成数十个大型资源勘查开发基地。

安徽省成矿地质条件优越，矿产资源丰富。长江中下游铜铁多金属成矿带是全国19个重点成矿带之一，安徽占据其中的五分之三，霍邱铁矿、庐江铁矿为我国著名的沉积变质铁矿区，找矿潜力很大。但是经过50多年的地质勘查，地表矿和浅部矿大多得到勘查评价。在新一轮的地质找矿中主要以"攻深找盲、探边摸底"为重点，找矿的深度已从过去浅部、中深部转向深部勘探（1000 m 以深），以寻找隐伏矿与深部矿的"第二找矿空间"为主要目标。深部找矿的技术路线："地质出思路，物探圈靶区，钻探作验证"，钻探是深部找矿的重要技术支撑，是深部找矿成败的关键。如安徽、山东、河北、河南、湖南、辽宁、内蒙古、新疆等都在1500～2500 m 之间找到了丰富的多金属矿体。安徽省铜陵、庐江泥河、霍邱周集、金寨沙坪沟等地，近年来都在1000 m 以深分别发现了铁、铜、钼矿，部分已初步勘探达到特大型规模。尤其在霍邱周集2600多 m 深处发现了铁矿。由此可见，钻探技术方法研究在深部找矿中起到了关键作用。

总体来说，我国深部矿体勘探钻探技术方法与机具方面系统研究不足，在1000 m 以深的钻孔钻探事故率、报废率也较高，钻进效率低，辅助时间多，对深部找矿有较大的制约作用。

1.2　项目来源

为了进一步加快我国深部找矿步伐，更好、更快、更有效地取得地质找矿成果，加强推广应用国内外先进技术，强化关键技术自主创新，2008年由安徽省地质矿产勘查局313地质队提出的《深部矿体勘探钻探技术方法研究》项目，经安徽省国土资源厅论证并同意立项，2009年被安徽省科学技术厅列为安徽省科技重点攻关项目，批准文号为科技［2009］139号，编号09010301015。该项目的研究主要有：深孔分体塔式全液压动力头钻机及高强度绳索取芯钻杆研制；钻孔设计与轨迹动态监控技术研究、钻孔摄像及定向取芯技术在地质勘探中的应用研究、深部岩芯钻探钻进工艺方法研究等四个子项目若干个研究课题。

1.3　完成单位

该项目由安徽省地质矿产勘查局313地质队承担，采取产学研结合的方式，与中国地质大学、中国科学院武汉岩土力学研究所、中国地质装备总公司、张家口探矿厂、无锡探矿工具厂、唐山金刚石超硬材料有限公司等院校、科研单位、企业进行项目研发合作。同时聘请国内地质、探矿、物探、机械等专业部分资深专家做项目指导。

2　国内外研究现状

根据国外有关资料查阅及报道，小口径地质岩芯钻探技术较为成熟的国家有美国、加拿大、俄罗斯、德国、法国、日本、澳大利亚等国，深部找矿孔深一般为1500 m 左右，部分已达

3000 m,南非金矿达到 5000 m。安徽省地矿局 313 地质队于 2010 年在安徽霍邱周集矿区深部找矿钻探中利用自主研制的分体塔式全液压动力头钻机及高强度绳索取芯钻杆施工了一个 2706.68 m 深的钻孔,创我国小口径绳索取芯钻探最深纪录。2012 年山东黄金集团和山东地矿局第三地质大队突破了 3000 m 孔深,目前我国已施工了若干个 2000~2500 m 的小口径地质岩芯钻孔。钻探方法多采用绳索取芯钻进,钻探装备多采用全液压动力头钻机。在钻孔轨迹控制(定向钻进)方面,美国、加拿大、俄罗斯等国处于国际领先水平。在钻孔摄像进行地下地质信息采集,以了解地层情况应用于深孔地质找矿方面,尚未见相关报道。

我国在岩芯钻探领域的部分研究成果已达到国际同等水平,如小口径定向钻探技术、电镀金刚石钻头技术、液动回转冲击钻进技术等。但在深部(1000 m 以深)岩芯钻探装备、钻杆强度方面均不能满足要求,钻探自动化、机械化、智能化程度不高,目前还没有完全成熟及系列化的可施工 2500 m 孔深的小口径钻探设备。深孔钻探技术与方法方面研究不足,钻探效率较低,深部钻探孔内事故率高,对深部找矿存在着制约作用。根据当前我国地质找矿需要,"深孔地质钻探关键技术和装备的研究与开发"课题,已被国家列为研究计划,主攻方向是 1500~2500 m 孔深的钻探技术与装备。近年来,国内一些院校、研究单位、生产厂家和施工单位也做了前期工作,积累了一定的经验。但深部小口径钻探技术属于一项综合性的复杂技术,涉及面较广,目前国内对深部钻探技术方法的系统研究尚属探索发展阶段。

3　研究目标任务

该项目的研究目的是提高深部矿体勘探速度、勘探靶区精度、地质成果的准确性,为加速寻找隐伏矿与深部矿的"第二找矿空间"提供技术支持。主要任务是通过受控定向钻探应用研究,解决深部陡矿体和异型矿体、地表障碍物下部矿体勘探技术难题;通过钻探机具的研发,钻探方法、取芯方法、钻孔护壁、高效长寿钻头等技术研究,解决深部钻探效率问题;通过钻孔摄像及定向取芯技术在深部找矿中的应用研究,进行钻孔地质信息采集工作,在单孔中解析岩矿层多种参数,以指导深部找矿。

该项目研究主要有:深孔分体塔式全液压动力头钻机及高强度绳索取芯钻杆研制、钻孔设计与轨迹动态监控技术研究、钻孔摄像及定向取芯技术在地质勘探中的应用研究、深部岩芯钻探钻进工艺方法研究等四个子项目若干个研究课题。

4　研究成果及主要技术创新

深部矿体勘探钻探技术方法研究项目研究成果已进行了国内外科技查新,通过安徽省科学技术厅技术鉴定,评价认为研究成果总体达到国际先进、国内领先水平。已获 5 项国家专利(2 项发明专利正在公示中),1 项国家计算机软件著作权。

所获得的专利名称及专利号:分体塔式全液压动力头钻机(国家实用新型专利,专利号:ZL200820041783.8);松散地层原状样取芯钻具(国家实用新型专利,专利号:ZL200820041782.3);松散地层井管解卡装置(国家发明专利,专利号:ZL200810195812.0,同时也获得实用新型专利,专利号:ZL200820041781.9);钻孔设计与轨迹动态监控系统(计算机软件著作权,登记号:2011SR093749);一种新型电动定向取芯器(国家发明专利,专利号:

200910170005.8）；钻探孔壁塑造成型器(国家实用新型专利，专利号：ZL201120417175.4，国家发明专利正在公示中，专利号：201110331091)。

4.1　分体塔式全液压动力头钻机及高强度绳索取芯钻杆研制

所研制的深孔 FYD-2200 型分体塔式全液压动力头钻机及配套装置(图1、图2)结构设计布局合理，钻机实行分体塔式结构设计改变了车载、桅杆式结构深孔钻探存在的弊端，适应于山区、丘陵、道路较差的地区施工；钻机采用无级变速，调速范围宽，操作方便；钻机采用长行程(4.8 m)设计不仅适用于绳索取芯钻杆，亦可用于 4.5 m 长普通钻杆使用，钻进无须倒杆，减少了辅助时间；钻机动力头卡盘采取卡瓦夹持和顶驱式两用结构，避免单一结构存在的浅部与深部钻进钻具加压和悬吊卡盘的卡持能力问题；钻机操作系统实现了工作参数数字化，塔上塔下操作可视化及钻探现场网络远程监控，便于现场安全操作和管理者远程决策指挥。钻机自动化程度好，操作安全系数高，工人劳动强度低，钻机工人工作环境好。

所研制的高强度绳索取芯 N、H 系列钻杆(图3)，优选国产新型钢材，改进了管体及接头的热处理和表面处理工艺；采用不对称锥度梯形螺纹、负角度倒钩扣及双头螺纹等国际先进的设计理念，提高了钻杆的强度、柔韧性和耐磨性，解决了钻杆的防脱和密封问题，可满足 3000 m 孔深钻探能力要求。

图2　FYD-2200 分体塔式全液压动力头钻机可视化操作台

图1　FYD-2200 型分体塔式全液压动力头钻机

图3　研制的高强度绳索取芯钻杆

4.2　钻孔摄像及定向取芯技术在地质勘探中的应用研究

围绕我国深部找矿中钻探领域的技术难题，开展了智能型深孔数字式全景钻孔摄像系统和电动恒压岩芯打印器及岩芯定向测量系统研究，取得了具有重要技术价值的成果。

(1)研发了智能型深孔数字式全景钻孔摄像系统，实现了 360°孔壁数字成像和无缝拼接、高清晰度虚拟钻孔岩芯图像显示，具有深孔内信息传输与数字分析处理功能，如图4、图5、图6所示；

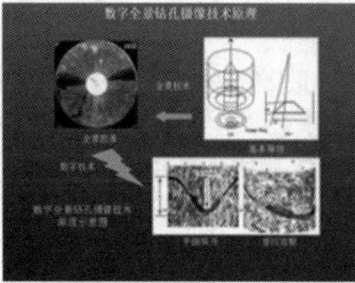

图4　钻孔摄像技术工作原理图

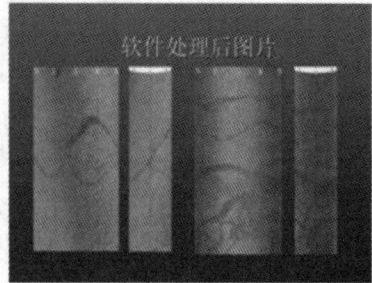

图5　金寨沙坪沟钼矿区钻孔摄像模拟矿芯

（2）研制了电动恒压岩芯打印器和岩芯定向测量系统，实现了微电机恒压钻进，通过压力自动平衡保证了微钻密封性能；通过定向测量系统实现了岩芯标记方位的测量，如图7、图8所示；

（3）运用钻孔摄像及定向取芯技术解析岩矿层产状，解决了单孔中岩矿层延伸方向判别的难题，为钻孔布设和地质信息获取提供了技术支撑。

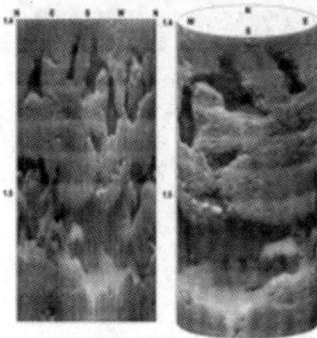

图6　基桩质量检测虚拟砼心

图7　定向岩芯实物图

图8　定向岩芯地表复位图

该成果不仅在深部找矿中成功应用,亦可在水文地质、工程地质、基础工程、地质灾害治理质量监测和探矿工程事故监测等领域中应用,具有良好的应用前景。

4.3 钻孔设计与轨迹动态监控技术研究

该研究课题研发了一套钻孔设计与轨迹动态监控软件系统(图9),该软件系统集弯曲规律分析、初级定向孔设计、钻孔轨迹空间定位、三维定向孔轨迹设计、钻孔柱状图、钻孔结构图、钻孔轨迹三维动态显示等功能于一体;采用交叉重叠算法和最小路径原则实现了方位角与安装角的象限智能判断与取值;钻孔轨迹高精度定位方面实现了顶角、方位角过零点的智能判断与处理;采用自适应比例算法实现钻孔地质设计书、钻孔地质柱状图和钻探工程设计综合图件的自动生成。

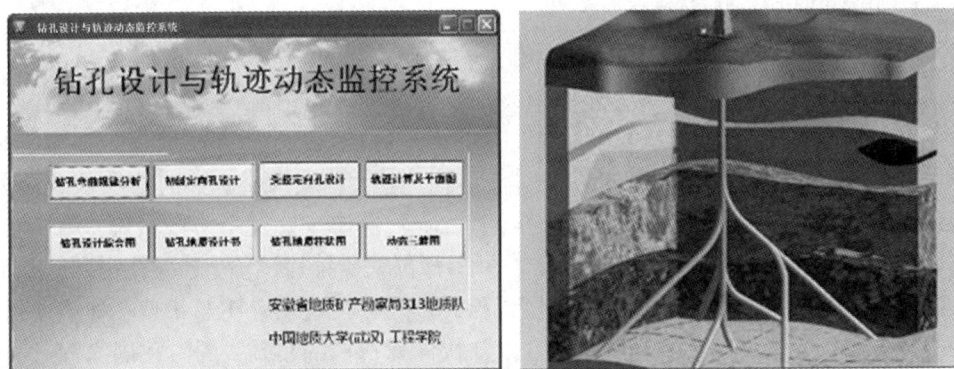

图9 钻孔设计与轨迹动态监控系统

4.4 深部岩芯钻探钻进工艺方法研究

深部岩芯钻探钻进工艺方法研究内容多,涵盖面广,主要内容包括:深部钻探关键设备、钻孔结构与套管优化选择、钻进方法与取芯技术、钻进冲洗液与护壁堵漏技术、钻探事故预防与处理、钻孔轨迹控制技术和施工与技术管理等。该课题经几年来的研究与施工应用实践,在深部找矿、科学钻探等不同地层、不同口径、不同钻进方法深孔钻探中,累计施工钻孔13个,累计进尺15374 m。对目前深部地质岩芯钻探钻进工艺方法关键技术问题进行了探索、适用性研究和总结。科学钻探孔中所采取的不扰动岩芯样如图10、图11所示。

深部岩芯钻探钻进工艺方法研究主要技术创新如下:

(1)复杂地层钻进采取原状样特殊半合管和三重管钻具;

(2)不同复杂地层钻进采用不同的护壁堵漏措施与方法;

(3)对特殊复杂地层孔段,实现孔内同径塑造孔壁技术;

(4)长孔段套管下入、活动内管弹性扶正、套管上下密封和防回扣装置;

(5)第四系套管提拔解卡装置;

(6)小直径钻进尾管下入装置与技术。

图 10　汶川地震断裂带科学钻探
3 号孔取出的不扰动原状样岩芯

图 11　环境科学钻探不扰动岩芯样

5　成果应用

该项目采取产学研结合的方式，与中国科学院、中国地质大学、中国地质装备总公司、无锡探矿工具厂等科研单位、院校、企业进行项目研发合作。分三个阶段实施：第一阶段进行深部钻探关键技术、装备的研发；第二阶段开展深部找矿钻探试验，选择在霍邱、寿县、庐江、铜陵等地区深部找矿项目中投入生产性试验；第三阶段成果应用与推广，将该项目的研究成果推广应用于安徽省重大找矿项目中，以加快深部找矿的步伐，同时在国家深部科学钻探施工中进行推广应用与完善，为国家万米入地计划提供预研究成果。

5.1　分体塔式全液压动力头钻机及高强度绳索取芯钻杆的应用

FYD-2200 型分体塔式全液压动力头钻机及高强度 H、N 绳索取芯钻杆投入霍邱周集铁矿深部找矿项目中进行生产试验，ZK1725 试验孔终孔孔深 2706.68 m，终孔口径 ϕ77 mm，终孔顶角 13°，岩芯采取率 97%，经野外验收各项质量指标完全满足地质设计要求。试验孔在地质第二、第三空间中均见到铁矿体，分别在 722.20 m，2355.28 m，2616.00 m 位置，见矿厚度最大为 28.00 m，为该区域深部找矿理论研究提出了新课题。

5.2　钻孔摄像及定向取芯技术在地质勘探中的应用

钻孔摄像技术应用研究在霍邱周集铁矿区 ZK12、ZK13 孔及金寨沙坪沟钼矿勘探 ZK61、ZK02 孔中进行了生产试验，试验单孔孔深最浅为 560 m，最深为 1200 m；四个钻孔测试总工作量为 3320 m。通过钻孔摄像勘查，钻孔围岩成像清晰，采集的地质信息与钻孔岩芯相比较为吻合，层位产状解析与实际情况基本一致，取得了良好的效果。钻孔定向取芯技术研究在寿县正阳关铁矿异常验证孔 ZK04 孔和赣州市南岭 3000 m 科学钻探 NLSD-1 孔中试验，通过试验表明，岩芯定向仪密封性能良好，工作可靠，定向标志清晰，所获数据真实、准确，定向岩芯产状求解方法简单，应用定向取芯技术获得岩矿层产状信息与实际较为吻合。经生产试验表明，钻孔摄像及定向取芯技术在深部找矿中的应用研究，成功解决了单孔中确定岩矿层产状、结构面及矿脉延伸方向的预测难题，对深部地质找矿工作具有创新性的指导意义。钻孔摄像及定向技术两者结合，可以实现优势互补，该成果不仅在深部找矿中成功应用，亦可在水文地质、工程地质、基础工程、地质灾害治理质量监测和探矿工程事故监测等领域中应用，具有良好的应用前景。

5.3 钻孔设计与轨迹动态监控技术的应用

钻孔设计与轨迹动态监控系统在安徽、山东等地进行了实际应用，应用表明，该系统软件能使计算机更进一步应用于深部钻探优化设计、钻孔轨迹动态监控、数据处理、钻孔质量控制和钻探资料档案管理中，成为探矿工作者好帮手并提供技术支持，明显提高了轨迹控制精度和钻孔设计效率，具有广阔的推广应用前景，对推动我国深部钻探技术发展具有重要意义。

5.4 深部岩芯钻探钻进工艺方法的应用

2009年至2012年7月底，该课题研究已完成了科学钻探孔4个："江淮下游新生代晚期环境变化研究""湖北神农架晚期第四纪环境研究不扰动样科学钻探孔""汶川地震断裂带科学钻探"WFSD-3孔、"深部矿体勘探钻探技术方法研究"ZK1725孔。正在施工的3000 m科学钻探有："南岭于都—赣县矿集区科学钻探选址预研究"NLSD-1孔（图12）、"华东庐枞盆地科学钻探选址预研究"LZSD-1孔（图13）等。已施工完成的深部找矿钻孔有：安徽寿县正阳关铁矿异常验证孔、滁州明光盐矿普查孔等，施工孔深为1600~2000 m。在不同地层、不同口径、不同钻进方法深孔钻探中，课题研究共施工1500 m以深钻孔9个，累计进尺13720 m。施工实践中针对课题研究的内容进行了较为全面的试验、改进和完善，对目前深部地质岩芯钻探钻进工艺方法关键技术问题进行了探索、适用性研究和总结。深部岩芯钻探钻进工艺方法研究已按项目任务书设计要求完成了全部研究内容，取得了良好的社会经济技术效果，对以后深部钻探施工技术具有重要的指导和借鉴作用。

图12 南岭于都—赣县3000 m科学钻探
NLSD-1孔开孔典礼

图13 华东庐枞盆地3000 m科学钻探
LZSD-1孔开孔典礼

6 结论及推广前景分析

深部矿体勘探钻探技术方法研究项目是结合我国新时期深部找矿技术需求进行的针对性研究。该项目充分发挥现有探矿技术优势，推广应用国内外成熟的先进技术，吸收同领域前沿科学，实行企业、大学、研究设计院所、施工单位等参与的产学研联合机制，通过该项目的系列关键性技术研究，使我国地质岩芯深部钻探装备及技术达到国际先进、国内领先水平。

该研究成果已在不同地层、不同口径、不同钻进方法的深孔中进行了应用，取得了良好的效果。该成果不仅应用于地质岩芯钻探，亦可应用于科学钻探、工程勘察、环境地质勘探、水文地质水资源勘探等领域，将对我国钻探技术的提高起到重要推动作用。

参考文献

[1] 朱恒银、刘跃进.分体塔式全液压动力头钻机(FYD-2200型)及高强度绳索取芯钻杆研制[R].安徽省地质矿产勘查局313地质队、中国地质装备总公司等.2010.

[2] 朱恒银，王川婴.钻孔摄像及定向取芯技术在地质勘探中的应用研究[R].安徽省地质矿产勘查局313地质队、中国科学院武汉力学研究所、中国地质大学(北京).2011.

[3] 朱恒银，吴翔.钻孔设计与轨迹动态监控技术研究[R].安徽省地质矿产勘查局313地质队、中国地质大学(武汉.)2011.

[4] 朱恒银.深部岩芯钻探钻进工艺方法研究[R].安徽省地质矿产勘查局313地质队.2012.

[5] 朱恒银，张文生.汶川地震断裂带科学钻探三号孔钻探施工技术报告[R].安徽省地质矿产勘查局313地质队.2012.

[6] 朱恒银，蔡正水，王幼凤.2706.68 m试验孔施工关键装备与技术[J].第十六届全国探矿工程(岩土钻掘工程)技术学术交流年会论文集.2011(9)：127-135.

[7] 朱恒银，马中伟.深部找矿中加强钻探技术工作的几点认识[J].第十四届全国探矿工程(岩土钻掘工程)学术研讨会论文集，2007.10：34-37.

[8] 朱恒银，刘跃进.FYD-2200型全液压动力头钻机的研制及应用[J].探矿工程(岩土钻掘工程)，2009，36(S1)：45-48.

[9] 王川婴.钻孔摄像技术的发展与现状[J].岩石力学与工程学报.2005，24(19).

[10] 石永泉.大陆科学钻探岩芯定向技术[J].西部探矿工程，2004(4).

[11] 石永泉，吴光琳.SDQ-91型随钻岩芯定向测量仪的研制[J].成都理工学院学报，2000(4).

[12] 王礼学，陈卫东.井眼轨迹计算新方法[J].天然气工业,2004,23(增刊)：57-59.

钻孔摄像技术在地质勘探中的应用研究

朱恒银　王川婴　王　强

摘要：钻孔摄像技术通过在钻孔中利用孔内光学成像技术，可直观地了解岩矿层多种参数，解析岩矿层产状、厚度、裂隙发育程度、水文地质情况等。利用智能型深孔数字式全景钻孔摄像系统，实现了360°孔壁数字成像和无缝拼接、高清晰度虚拟钻孔岩芯图像显示，具有深孔内信息传输与数字分析处理功能，成功地解决了单孔中确定岩矿层产状、结构面及矿脉延伸方向的预测难题，对深部地质找矿工作具有创新性的指导意义。

关键词：钻孔摄像；地质勘探；应用研究

Research on Application of Borehole Camera Technique in Geological Exploration

ZHU Hengyin, WANG Chuanying, WANG Qiang

Abstract：Drilling camera technology through the use of optical imaging technology in the hole, can intuitively understand a variety of parameters of rock and mineral layer, analysis of rock and mineral layer occurrence, thickness, crack development degree, hydrogeology and so on. Using intelligent deep hole digital panoramic borehole camera system, realized the digital imaging and 360° hole wall seamless splicing, high-definition virtual borehole core image display, with analysis of the information transmission and digital in deep hole processing, successfully solves the single-hole identified in vein rock seam occurrence, structural plane and directional prediction problem, It has innovative guiding significance for deep geological prospecting.

Keywords：drilling camera; geological exploration; application research on

1　项目来源与简介

根据我国地质找矿深部钻探现状和需求，为了进一步加快我国深部找矿步伐，更好、更

基金项目：安徽省重点科技攻关项目"深部矿体勘探钻探技术方法及设备研究"（编号：09010301015）。
刊登于：《探矿工程（岩土钻掘工程）》2013年增刊，《第十七届全国探矿工程（岩土钻掘工程）学术交流年会论文集》。
注：王川婴作者工作单位为中国科学院武汉岩土力学研究所。

快、更有效地取得地质找矿成果，加强推广应用国内外先进技术，强化关键技术自主创新，2008 年由安徽省地质矿产勘查局 313 地质队提出的"深部矿体勘探钻探技术方法及设备研究"项目，经安徽省国土资源厅论证并同意立项，2009 年被安徽省科学技术厅列为安徽省科技重点攻关项目，批准文号为科技〔2009〕139 号，编号 09010301015。钻孔摄像技术在地质勘探中的应用研究是其子项目之一。该子项目由安徽省地质矿产勘查局 313 地质队主持承担，并与中国科学院武汉岩土力学研究所合作进行研究，同时聘请国内地质、探矿、物探、机械等专业资深专家做项目指导。

2 研究目的及主要内容

该项目的研究目的是利用钻孔摄像技术，直观地了解岩矿层多种参数，解析岩矿层产状、厚度、裂隙发育程度、水文地质情况等，解决在单孔中确定岩矿层产状、结构面及矿脉延伸方向的预测难题，以指导深部矿体勘探。该项研究的主要内容分为两个部分。

2.1 深部矿区钻孔探测技术、信息提取和统计分析方法研究

针对深部矿区钻孔深度大、孔内结构面数量多以及矿体内外结构面差异的问题，采用钻孔摄像和取芯钻探相结合的探测手段，对钻孔内发现的结构面按照不同区域、不同类别进行统计分析，比较各种统计方法结果的准确性，最后得出钻孔内结构面的优势产状。

2.2 深部矿区矿脉的延伸方向研究

针对数字全景钻孔成像技术获得的大量细微地质结构信息，进行分类和分段处理，对矿脉（或其他结构面）产状进行计算，绘制倾向玫瑰花图和等面积极点密度图，从多个方面对结构面的产状信息进行统计分析，利用单孔钻孔图像中结构面产状数据预测矿脉延伸情况，结合具体工程应用实例对比，对该方法的实用性进行评估。

3 数字式全景钻孔摄像系统及工作原理

3.1 数字式全景钻孔摄像系统

数字式全景钻孔摄像系统集电子技术、视频技术、数字技术和计算机应用技术于一体，从侧视角度对钻孔内孔壁进行无扰动的原位摄像记录并加以分析研究，通过直接对孔壁进行研究，避免了钻孔取芯工程的扰动影响，能够准确地探明钻孔内部的结构面情况，详细地反映出钻孔内部的岩矿层产状。

该系统具有全景观察的能力，可同时观测到 360°的孔壁情况，还具备实时监视功能；不仅能对整个钻孔的资料进行现场显示和初步分析，还能够保存下来在室内对破碎地带孔内结构面（如裂隙的宽度、产状）等地质勘探较为关心的问题进行测量、计算和分析，如图 1 所示。

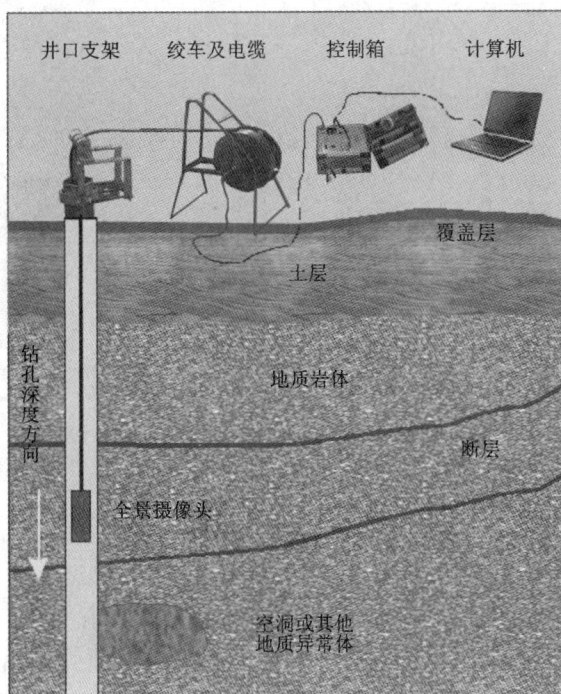

图 1 数字式全景钻孔摄像系统

3.2 系统工作原理

数字式全景钻孔摄像系统最终要绘制出钻孔摄像 360° 展开图和虚拟岩芯，该技术的关键在于锥面镜获取全景图技术、数字图像以及视频技术的突破。通过锥面镜技术实现了整个岩壁 360° 观察，并对其进行二维表示，叠加方位信息后形成展开图像；数字技术实现了视频图像的数字化，通过全景图像的逆变换算法，还原了真实的钻孔孔壁，形成了钻孔孔壁的数字图像。

如图 2 所示，取一段钻孔内壁，半径为 r，高为 h，将该段圆柱面置于三维直角坐标系中。通过探头内置的 CCD 摄像设备观察锥面镜图像情况，观察点位于锥面镜轴心上部，观察的图像是钻孔内壁经过光学反射至锥面镜的钻孔全景图，该图像是经过扭曲的钻孔内壁图像，即全景图像，如图 3 所示。

该系统采用了锥面镜的方式实现了 360° 全景图像的采集，360° 的全景图像与钻孔内壁的情况能够一一对应。如图 2、图 3 所示，全景图像的内圆环表示的是钻孔内壁 h 段的上部，外圆环表示的是 h 段的下部，沿着圆环的径向变化反映了圆柱面的轴向变化。这种通过锥面镜对钻孔内壁形成的全景图像的变换称为硬件变换；在全景图像经过数字化和方位处理后，根据它与钻孔内壁具有的一一对应关系，通过计算机软件将其还原成真实的钻孔孔壁图像，称为软件变换。软件处理是硬件处理的逆变换，也是该系统实现的基础。经过软件变换后的钻孔图像，能够生成 360° 平面展开图和三维虚拟岩芯图，并能够对其图像中的结构面产状进行计算和统计。

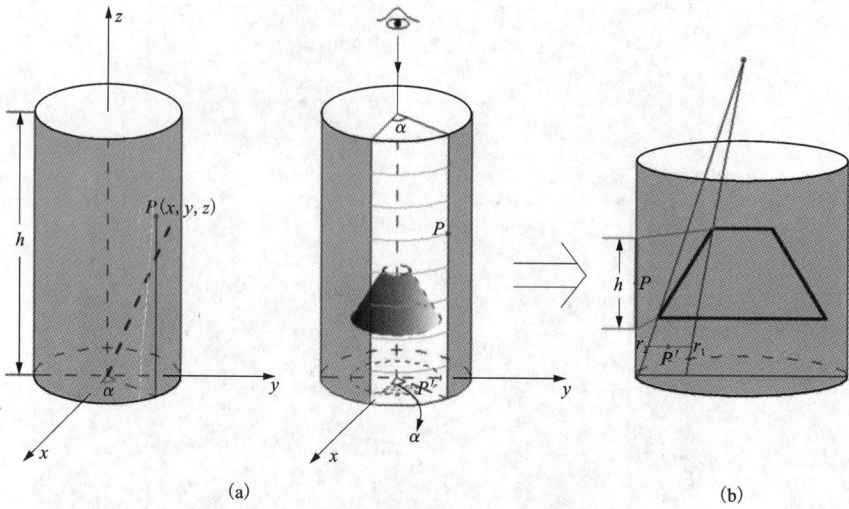

图 2　孔壁模型及钻孔成像示意图

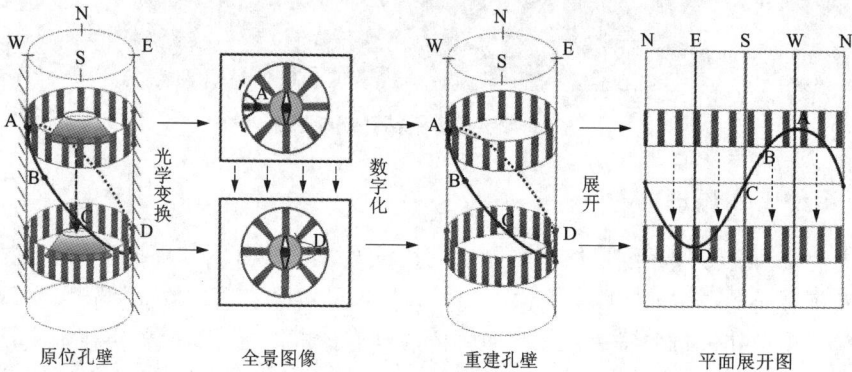

图 3　数字全景式钻孔成像原理示意图

4　成果及应用效果

4.1　取得的成果

围绕我国深部找矿中钻探领域的技术难题, 开展了智能型深孔数字式全景钻孔摄像系统研究, 取得了具有重要技术价值的成果。

(1)利用智能型深孔数字式全景钻孔摄像系统, 实现了 360°孔壁数字成像和无缝拼接、高清晰度虚拟钻孔岩芯图像显示, 具有深孔内信息传输与数字分析处理功能, 如图 4、图 5 所示;

(2)运用钻孔摄像技术解析岩矿层产状, 解决了单孔中岩矿层延伸方向判别的难题, 为钻孔布设和地质信息获取提供了技术支撑。对深部地质找矿工作具有创新性的指导意义。

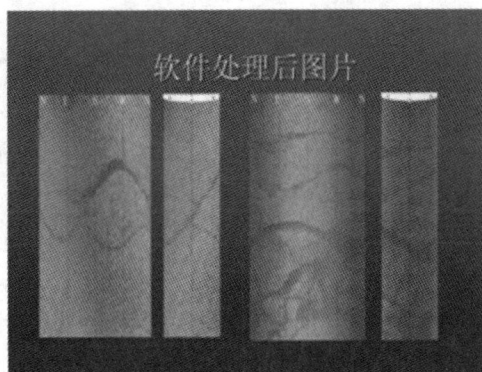

图4 钻孔摄像技术工作原理图

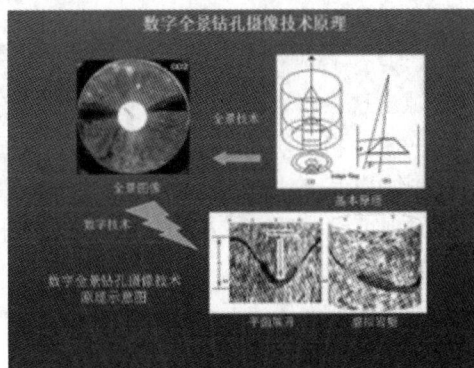

图5 金寨沙坪沟钼矿区钻孔摄像模拟矿芯

4.2 应用效果

钻孔摄像技术研究已在霍邱周集铁矿区和金寨沙坪沟钼矿区进行了试验。试验孔深最深达 1200 m，钻孔口径为 $\phi76$ mm，试验探测总工作量 3320 m。通过对两矿区 4 个钻孔摄像资料进行分析及数据处理，解析推断矿区的岩矿层结构面产状，并与实际地质资料和实物岩芯对照，试验效果如下：

(1)从安徽金寨沙坪沟钼矿区 ZK61、ZK02 孔和安徽霍邱周集铁矿区 ZK12、ZK13 孔钻孔的摄像结果看出：钻孔围岩三维立体摄像图像清晰，虚拟岩芯产状结构面显示可辨，与实际岩芯相比基本一致。

(2)钻孔摄像技术确定钻孔岩矿层产状原理可行，获取钻孔信息资料可靠、真实、直观。

(3)在霍邱地区，控矿构造以褶皱为主，主矿体为周集倒转向斜，而强变形岩层的次级褶皱构造十分发育，这就给岩矿层的连接对比带来一定难度。

通过对霍邱周集矿区 ZK12、ZK13 孔孔内摄像资料解析表明，两孔的优势结构面为变质岩层的片麻理。

片麻理倾角以 65°~75°所占的比重为大，这与周集铁矿床矿体陡倾有关。结构面的倾向以南偏西方向为主，表明岩(矿)层以南西方向倾斜为主，与岩芯编录基本吻合。从岩(矿)层倾向结合倾角的变化趋势，可对矿体进行精确的对比连接，进而清晰地反映剖面上褶皱构造形态以及次级褶皱构造、后期岩浆侵入所引起的矿体产状变化态势。

钻孔摄像结合磁性矿区岩芯定向技术的研究运用，对于霍邱铁矿区构造控矿研究及下步找矿工作，必将起到重要的作用。

(4)沙坪沟钼矿主要为石英辉钼矿细脉浸染状斑岩型矿床，矿体规模取决于含矿裂隙的分布范围，矿石质量(品位)与含矿裂隙出现的频度有关。在建立矿床成因模型时，查明含矿裂隙的产出状态，对于矿区(矿田)构造体系研究、成矿岩体的侵入机制研究以及成矿热液的来源和运移方向研究均具有重要意义。

该矿床主要为构造、岩浆岩控矿，由于矿床为位于地表200 m以下的盲矿体，很难按一般地质工作方法通过地表构造解析对成矿地质条件进行分析。

通过对隐伏矿床实施的 ZK02、ZK61 孔内摄像，获取了清晰的钻孔三维立体图像，资料直观、真实、可靠。资料解析表明，孔内裂隙的发育程度及结构面特征与岩芯编录基本吻合，含矿裂隙出现频率较高地段基本与矿体范围吻合。

进一步分析表明，结构面(含矿裂隙)倾向以南偏东方向为主，倾角较陡，以60°~75°居多，优势结构面产状随深度变化不大。

据此，可大致得出成矿岩体自南东方向侵入，并可大致判断成矿流体的来源方向与优势结构面倾向一致。

4.3 在其他方面的应用

钻孔摄像技术还可应用于石油勘探、工程地质、岩土工程、冰川研究、采矿工程、土木工程等领域，如图6~图9所示。在大多数的实际应用中，这种技术通过对钻孔孔壁的观察弥补了钻孔取芯取样的不足。它可以被用于识别、估计和测量地质特征；区分岩性；评估孔隙性；探察水的流动、入口以及水垢的堆积；辅助打捞作业和穿孔控制；超前勘探等。

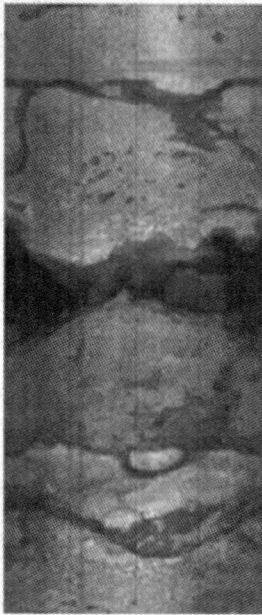

图6 环境地质、工程地质岩层
裂隙的分布、方位、规模探测

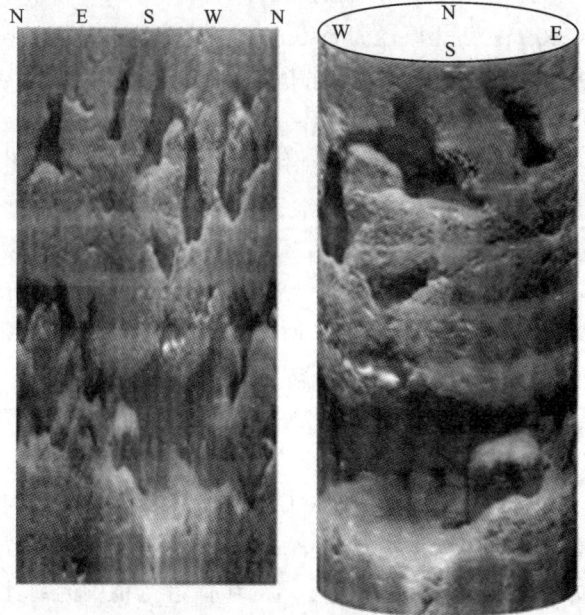

图7 混凝土质量检测

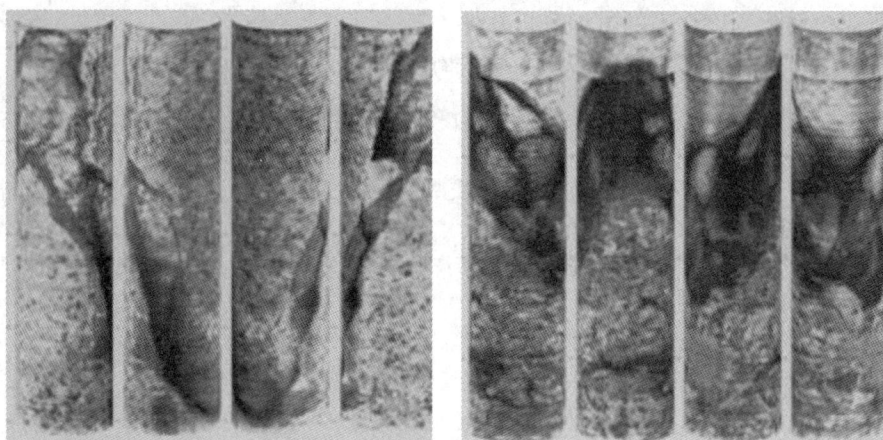

图8　工程勘察中岩层节理裂隙、风化破碎等情况探测

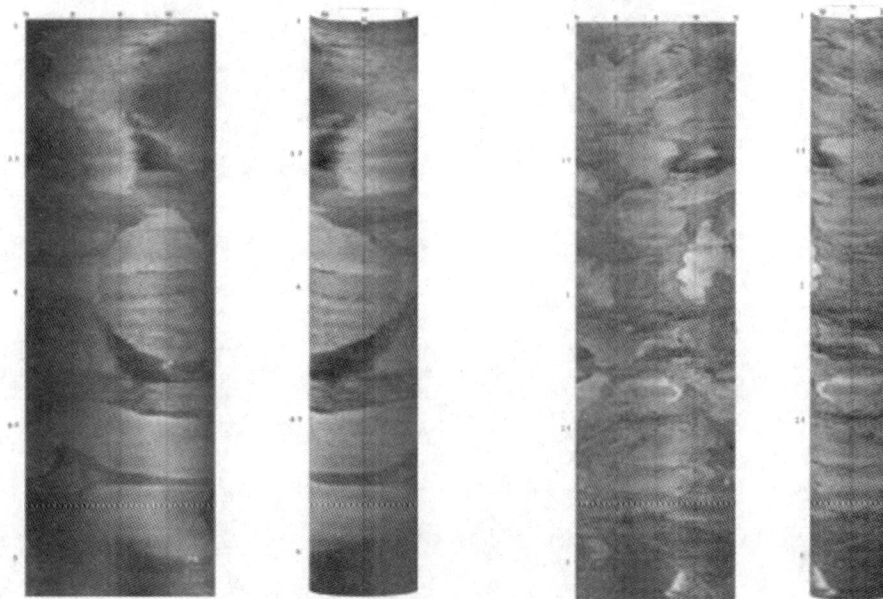

图9　坝体混凝土冲刷侵蚀破坏情况探测

5　应用前景与展望

本项目研究取得了多项创新性研究成果,已在多个矿区进行了成功应用,产生了显著的社会、经济效益,钻孔摄像技术不仅在深部找矿中成功应用,且可在水文地质、工程地质、基础工程、地质灾害治理质量监测和探矿工程事故监测等领域中应用,具有广阔的应用前景,对推动我国深部找矿技术进步具有重要意义。下步重点研究方向有:

(1)研制通用型钻孔摄像系统,适用于磁性、非磁性区及不同钻孔倾角的工作条件;

（2）研制无缆孔内数字储存式钻孔摄像系统，满足深孔探测的需求；

（3）研究自动化程度更高的数据分析软件；

（4）进行多方法综合研究以解析岩矿层结构面及产状难题。

参考文献

［1］朱恒银，王川婴.钻孔摄像及定向取芯技术在地质勘探中的应用研究［R］.安徽省地质矿产勘查局313地质队、中国科学院武汉力学研究所、中国地质大学（北京）.2011.

［2］朱恒银，蔡正水，张文生，等.深部矿体勘探钻探技术方法研究综述［J］.安徽地质，2012(增刊)

［3］王川婴.钻孔摄像技术的发展与现状［J］.岩石力学与工程学报，2005，24(19)：3440-3448.

［4］王川婴.数字式全景钻孔摄像系统研究［J］.岩石力学与工程学报，2002，21(3)：398-403.

［5］魏立巍，秦英译.数字钻孔摄像在小浪底帷幕灌浆检测孔中的应用［J］.岩土力学，2007，28(4)：843-848.

基于钻孔摄像的深部矿脉延展性分析

韩增强　王川婴　朱恒银

摘要：通过数字钻孔摄像技术获取深部矿体的结构特征，结合地质成矿理论和结构面优势产状的动态聚类分析，提出一种预测深部矿脉延伸方向的新方法，并应用于安徽省金寨县沙坪沟钼矿工程的深部勘探钻孔中。结果表明：①高精度的数字钻孔图像可以直观地反映深部矿体中结构面的形态和产状信息；②深部矿体中结构面的优势产状信息对矿脉延伸方向的分析具有重要的指导意义。

关键词：数字钻孔图像；深部找矿；矿脉延伸方向；矿脉结构面

Research on the Extension Direction of Deep Mine's Veins Based on Digital Borehole Image

HAN Zengqiang, WANG Chuanying, ZHU Hengyin

Abstract：By digital borehole camera technology, the structural characteristics of deep mine mass can be obtained. Further, a new method is advanced which can predict extension direction of deep mine's vein based on geological theory of ore-forming processes and dynamic cluster analysis of discontinuity orientations. And this method is applied to deep boreholes for prospecting project of Shapinggou molybdenum mine in Jinzhai country Anhui Province. The application result shows that：①The high resolution borehole images can directly manifest structural's shape and occurrence of deep mine；②Discontinuity orientations information of deep ore body can provide accurate data for manifesting extension direction of mine's vein.

Keywords：digital borehole image; prospecting in depth of a mine; extension of vein; structural plane

0　引言

随着浅部矿产资源的日益减少，深部尚未发现的矿产资源将是21世纪满足人类日益增长的矿产需求的主要来源之一，深部找矿也已经成为全球矿产勘查的一个主要方向。多数矿

刊登于:《施工技术》2013年第42卷增刊。

注:韩增强、王川婴作者工作单位为中国科学院武汉岩土力学研究所。

床在成矿过程中都存在矿物的运输过程，呈现一定的流态，而在深部矿体中存在着诸如流纹、夹层、节理、层面等结构面，这些结构面的产状信息与矿脉的延伸方向有着密切的联系。赵鹏大[1~2]（1992）指出"地质体的不连续界面或不同地质体的分界面，像断层、节理、不整合面、侵入接触面、不同岩层交接面等，往往指示了矿化可能存在的部位和规模，在一个区域（矿带或矿田）只要存在区域成矿作用，地质界面始终是找矿和预测人员关注的成矿有利部位"。虽然目前探矿手段日渐丰富，但在探矿过程中对于深部矿体界面信息的获取还十分有限。

数字钻孔摄像技术[3]（digital borehole camera technology）依靠光学原理，使人能直接观测到钻孔的内部，目前利用此技术所获取的图像，已能较真实地反映钻孔孔壁的岩体情况，并可将钻孔采集到的高分辨率、高密度信息进行数字处理并有效缝合，得出地层产状的可视图像，如裂隙、地层层理、空洞等，为更准确地获取地下岩体的结构信息提供了很好的技术支持。如何利用钻孔摄像获得高精度数字钻孔图像对深部矿体中的结构面进行统计分析，并对深部矿脉的延伸方向进行研究，是一项具有重大理论和现实意义的崭新课题。

基于数字钻孔图像所开展的拓展研究，目前主要集中在以下几个方面[4~5]：①数字式全景钻孔摄像系统的开发及应用；②节理、裂隙等结构面的识别和统计；③基于钻孔孔壁图像描述的灾害分析；④岩体完整性评价；⑤钻孔之间结构面的连通性研究。在深部找矿方面的研究相对较少，而这又是数字钻孔摄像技术辅助传统探矿手段做精细探测的一个重要基础。因此，为了解深部矿脉的延伸方向，本文利用钻孔摄像技术获得的高精度数字钻孔图像，对深部钻孔内的结构面产状信息进行动态聚类分析，通过不同分组结构面优势产状的分布规律，预测深部矿脉延伸的大致方向[6~7]。最后通过对安徽省金寨县沙坪沟钼矿工程的深部勘探钻孔进行矿脉延伸方向实例分析，证明该方法是有效和可行的。

1 节理裂隙的统计分析

1.1 基于数字钻孔图像的结构面产状计算

数字式全景钻孔摄像系统（DPBCS）是一套先进的智能型勘探设备（图1，图2），它从全景的角度对钻孔孔壁进行无扰动的原位摄像并加以分析研究，能够对钻孔内的节理、裂隙、破碎地带等工程地质较为关心的问题进行测量和计算。该系统由硬件和软件两部分组成，硬件部分主要用以获取和记录原始的钻孔视频数据，软件部分主要用于室内分析、图像数据处理及获取相关的工程参数，如结构面的产状、宽度、深度、地下岩体的完整信息及破碎特征等。

获取钻孔孔壁上的结构面信息之后，在平面裂隙上（图3）取不共线的点 P_1、P_2、P_3，由此可得该平面上的两个向量 V_1 和 V_2，具体表示如下：

$$V_1 = P_1P_2, \quad V_2 = P_1P_3 \tag{1}$$

因此，该平面的法向量 N 可以用下式表示：

$$N = V_1 \times V_2 \tag{2}$$

为了表示单位法向量，上式可以变为：

$$N_u = \frac{N}{[N]} \tag{3}$$

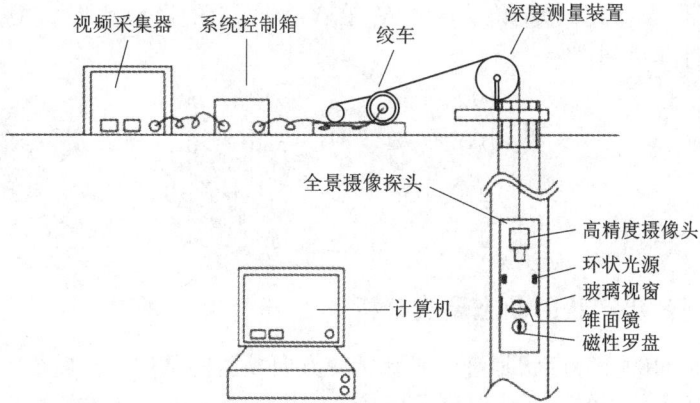

图 1　数字式全景钻孔摄像系统

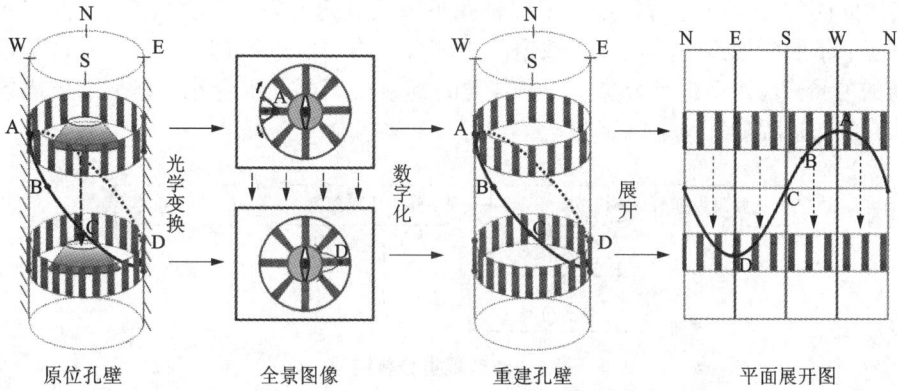

图 2　数字全景钻孔成像原理示意图

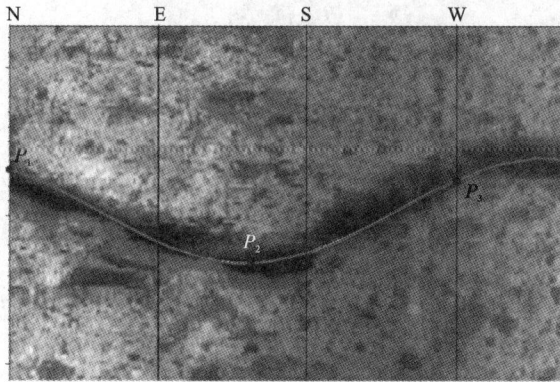

图 3　平面裂隙上不共线的点 P_1, P_2, P_3

若单位法向量 N_u 的 Z 分量小于零，则取其相反向量 $N_0 = \{X_0, Y_0, Z_0\}$，满足：

$$N_0 = -N_u$$

因此，该裂隙的倾角 β 可由下式求得：

$$\beta = \cos^{-1} Z_0 \tag{4}$$

假定向量 $\boldsymbol{N}_p = \{\boldsymbol{X}_p, \boldsymbol{Y}_p\}$ 为单位法向量 $\boldsymbol{N}_0$ 在 XY 平面上的投影,那么,该裂隙的倾向 α 可以由下面的公式计算得到:

$$\alpha = \begin{cases} 90° - \tan^{-1} y_p/x_p & \text{when } x_p > 0 \\ 90° & \text{and } y_p > 0 \end{cases}$$

或

$$\alpha = \begin{cases} 270° - \tan^{-1} y_p/x_p & \text{when } x_p > 0 \\ 270° & \text{and } y_p > 0 \end{cases} \tag{5}$$

1.2 结构面优势产状的动态聚类分析

深部岩体结构面的优势产状是进行矿脉延伸方向预测的基础,玫瑰花图、等密度图等传统的图形分析方法比较粗糙,其结果只是相对的优势组数划分,无法准确给出结构面的优势产状,使得在矿脉延伸方向的实际预测中应用不便。为弥补上述不足,采用动态聚类分析方法,对结构面的优势产状进行判定。根据钻孔摄像获取的结构面产状数据,按照一定的方法选择凝聚点,依照凝聚点与其他产状数据的距离大小将样本进行初始分类,并计算各类的重心作为新的凝聚点,重新进行分类,直到各类的凝聚点不再发生变化,分类结果比较合理为止,具体的工作过程如下(图4)。

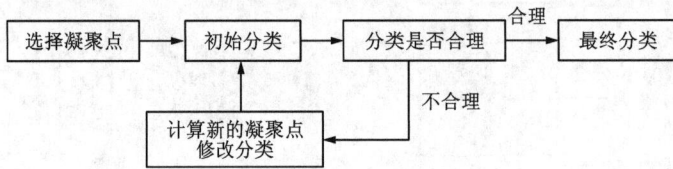

图4 动态聚类分析流程

(1)随机选取 k 个点作为 k 个聚核,记为:

$$\boldsymbol{L}^0 = \{A_1^0, A_2^0, \cdots, A_k^0\}$$

根据 L^0,可以把样本数据 Ω 中的点进行初始分类,记为:

$$P^0 = \{P_1^0, P_2^0, \cdots, P_k^0\}$$

式中:

$$P_i^0 = \{x \in \Omega | d(x, A_i^0) \leqslant d(x, A_j^0), \begin{matrix} i = 1, 2, \cdots, k \\ j \neq i \end{matrix}\}$$

(2)计算新的聚核 L^1:

$$\boldsymbol{L}^1 = \{A_1^1, A_2^1, \cdots, A_k^1\}$$

式中:

$$A_i^1 = \frac{1}{n_i} \sum_{x_l \in P_i^0} x_l$$

由 L^1 出发,做新的分类 $P^1 = \{P_1^1, P_2^1, \cdots, P_k^1\}$。$P_i^1$ 按下式计算:

$$P_i^1 = \{x \in \Omega | d(x, A_i^1) \leqslant d(x, A_j^1), \begin{matrix} i = 1, 2, \cdots, k \\ j \neq i \end{matrix}\}$$

(3)重复以上过程,当进行到第 n 步,A_i^n 就会成为 P_i^n 的重心,若有 $A_i^{n+1} = A_i^n$,则 $P_i^{n+1} = P_i^n$,分类结束。

采用动态聚类方法可以方便地对结构面的优势产状进行计算，大大减少了人工工作量，而且分组结果很少受人为干扰，为矿脉延伸方向的预测提供了准确的数据基础。

2 深部矿脉延展性分析

2.1 节理裂隙与矿脉延伸的关系

矿体是指赋存于地壳中或地球表面并具有各种形态、产状和一定规模的矿石的自然聚集体，其形状受控矿地质因素（地层、岩石、构造等）和成矿作用决定。矿床成矿作用的"界面成矿"理论认为，矿脉是产在各种岩石裂隙中的板状矿体，系由含矿物质充填围岩裂隙而成，一般其产状与围岩的层理保持一致。就预测和找矿而言，通过节理裂隙和矿脉结构面的研究综合，有可能或应该能够推断赋存潜在矿床的空间位置和矿床特征。

界面成矿理论的"界面"主要是指地质界面，有以下几类：①含矿流体的物理化学条件交换界面；②成矿构造结构面；③层间滑脱面；④侵入体接触面；⑤硅质和钙质岩层转换面；⑥基性超基性岩相转换面；⑦沉积界面；⑧沉积间断面。多数矿床在成矿过程中都存在矿物的运输过程，呈现一定的流态，而这些有显著物化性质差异的临界面和突变带，常是含矿流体运移道路上的物理化学障碍，是深部矿体的就位场所。这就为通过原始结构面来分析矿脉延伸提供了可能性，加上后期矿层的断裂带、岩石构造裂隙等，都在一定程度上反映了后期地质构造作用情况。结合矿床主要垂向变化型式，通过数字式全景钻孔摄像系统获得的矿脉结构面形态及产状信息，便可为矿脉延伸方向的分析预测提供准确的基础数据，如图5所示。

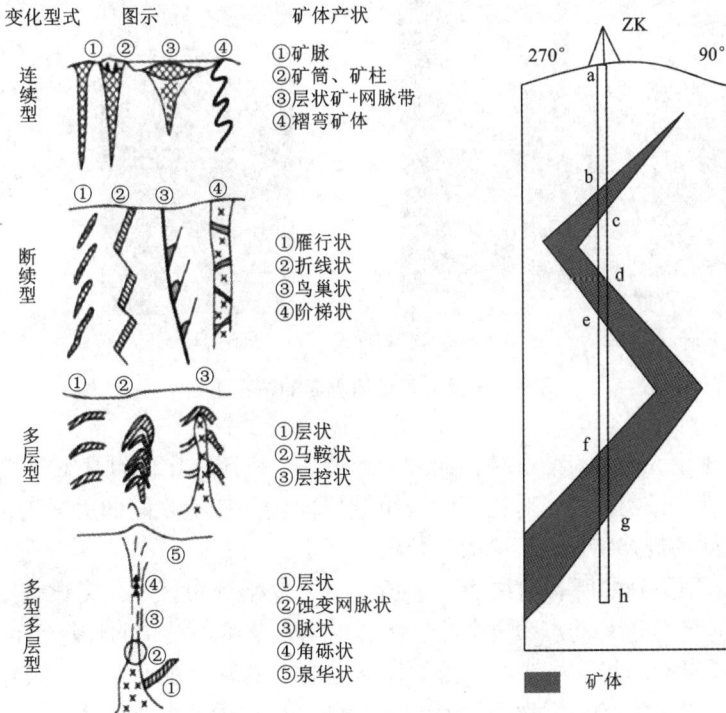

图5 矿床的主要垂向变化型式及钻探穿越矿脉示意图

2.2 矿脉延伸方向分析

岩体中结构面的发育具有一定的规律性和方向性,即成组定向。由于成因类型、形成时期、分布区域等因素的不同,加之整个深部钻孔内存在的结构面数量巨大,必须要确定合理的统计方法,对结构面进行分组。

结构面分组是确定优势产状、保证矿脉延伸方向预测结果准确的重要环节之一,在分组时应遵循以下原则。

(1)结构面分组应在钻孔摄像获取的所有结构面数据的基础上进行(图6)。忽略结构面的成因、类型、分布区域等因素的影响,对所有结构面的产状数据进行动态聚类分析,得出全孔范围内结构面的优势产状。

(2)根据界面成矿理论,按照不同的地质界面进行划分,不应有交叉,各组结构面之间应相互排斥,每条结构面必须并且只能被分到一个组内。

(3)结构面分组应主要依据结构面产状。对于较为明显的地质分界面,应结合其他因素(如分布区域等)进行补充判断。

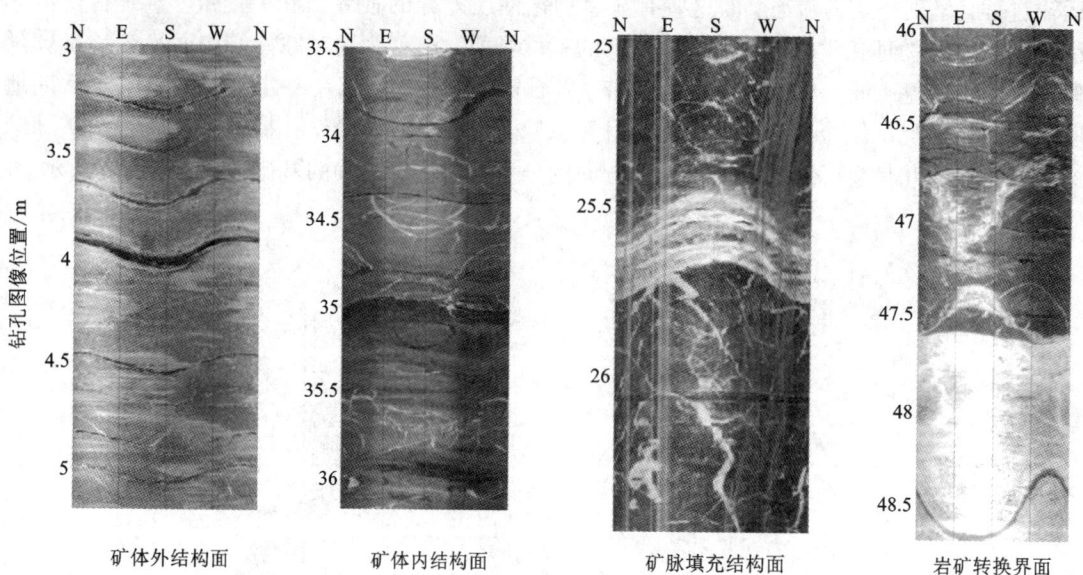

图6 不同类型地质界面的钻孔图像

以界面成矿理论为指导,结合结构面的分组原则,按照既定的顺序对不同分组的结构面进行优势产状的动态聚类分析,对比不同分组结构面优势产状之间的关联与区别,总结出不同分组结构面之间的规律特性,具体的分析流程如下。

(1)以全孔内采集到的所有结构面为分析对象,忽略分布区域、裂隙宽度、成因类型等因素的影响,对其产状进行动态聚类分析,计算出全孔范围内结构面优势产状的分布。

(2)各种地质界面的特征与深部矿脉的延伸方向有着紧密的联系,参照界面成矿理论中"界面"的分类,筛选出符合条件的结构面,对其进行分组统计,利用结构面动态聚类分析方法,计算不同分组中结构面的优势产状。由于岩矿转换界面数量的限制,要对其进行单独的分析。

（3）不同分布区域的结构面在成因类型、产状、数量等方面有着不同的体现，以此为分组依据，对不同区域（矿体内、矿体外）中存在的结构面进行动态聚类分析，结合上述两种方法的统计结果，对钻孔中获取的所有结构面信息进行综合分析，寻找不同结构面分组之间具有共性的规律，为矿脉的延伸方向预测提供参考依据。

3 实例分析

3.1 工程概况

以安徽省金寨县沙坪沟钼矿数字钻孔摄像探矿勘测中的深部孔 ZK61 为例（图 7），对岩体节理裂隙、流纹、构造迹象、主要岩层结构面等进行统计与分析，找出不同结构面分组之间的共性规律，为深部矿脉延伸方向的预测提供准确的参考数据。

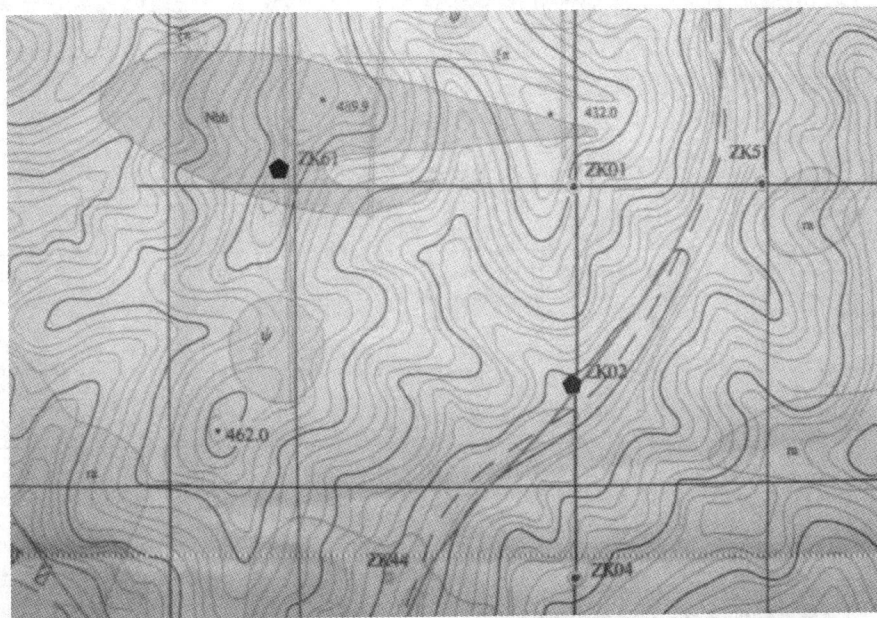

图7　ZK61号孔位置地质地形图

该深部孔测试范围为 104~880 m，以钻孔摄像系统发现的 741 组结构面产状为样本，研究不同结构面分组的产状分布规律，并以此为基础，对矿脉的延伸方向进行分析预测。

3.2 矿脉结构面优势产状分析

通过绘制结构面产状等密度图（图8、图9），确定结构面优势产状范围。采用动态聚类分析方法（表1~表4），分别计算出不同分组结构面的优势产状以及在实测样本中出现的频数。

对比以上结果（表5），可知矿体内、外结构面的优势产状与全孔结构面的优势产状的分布在总体上具有一致的特性：倾向分布集中在 80°~150° 范围内，倾角分布集中在 50°~80° 范

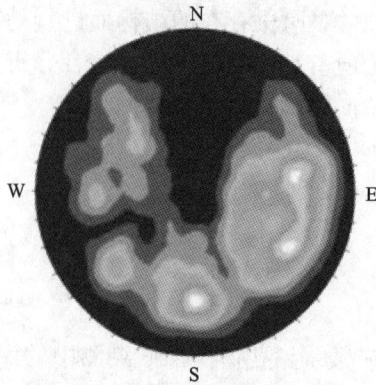

图8 全孔结构面产状等密度图

围内。从对不同类型地质界面优势产状的分析结果可以看出：侵入体接触面和岩矿转换界面的优势倾向分别为118°和124°，优势倾角为67°和72°，在分布区域上与以上两种分组结构面优势产状具有明显的一致特性。

表1 全孔结构面优势产状动态聚类分析结果

优势产状	凝聚点			
	1	2	3	4
倾向/(°)	81	125	188	287
倾角/(°)	74	77	68	53
频数/点	193	336	119	92

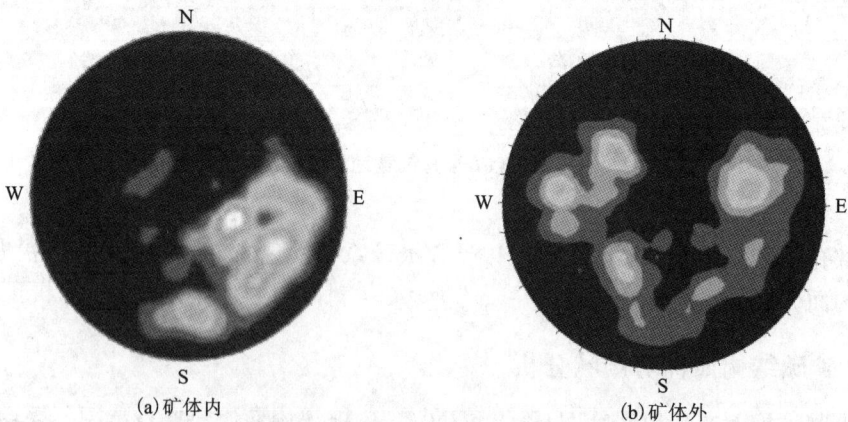

(a)矿体内   (b)矿体外

图9 矿体内、外结构面产状分布等密度图

表 2　矿体内结构面优势产状动态聚类分析结果

优势产状	凝聚点	
	1	2
倾向/(°)	104	147
倾角/(°)	53	65
频数/点	182	215

表 3　矿体外结构面优势产状动态聚类分析结果

优势产状	凝聚点		
	1	2	3
倾向/(°)	81	207	302
倾角/(°)	72	54	59
频数/点	235	41	68

表 4　不同类型地质界面优势产状分析结果

优势产状	地质界面类型	
	侵入体接触面	岩矿转换界面
倾向/(°)	118	124
倾角/(°)	67	72
频数/个	55	32

表 5　结构面分组优势产状结果对比

	倾向/(°)	倾角/(°)	频率
全孔结构面优势产状	81	74	0.26
	125	77	0.45
矿体内结构面优势产状	104	53	0.46
	147	65	0.54
不同地质界面优势产状	118	67	0.63
	124	72	0.37

　　综上分析，ZK61 号孔的结构面优势产状表现出一定的规律性，即倾向、倾角集中在一个特定的范围内。根据结构面表现出的这种规律性，下一步的钻探布孔可沿此方向开展，从而避免了盲目选择钻探位置而造成成本增加。

4　结语

通过对深部矿脉延伸方向预测新方法的提出、研究过程以及实例分析的全面阐述,结果表明:

(1)高精度的钻孔图像为深部矿脉延伸方向的预测提供了可靠的数据基础;

(2)通过动态聚类方法分析结构面优势产状对矿脉延伸方向进行预测是可行的。

基于数字钻孔图像的深部矿脉延伸方向研究,原理简单,操作方便。对进一步指导深部矿产资源勘探开发以及深部矿产资源储量评估,具有重要的实用意义。

参考文献

[1] 赵鹏大.成矿定量预测与深部找矿[J].地学前缘,2007,14(5):1-10.

[2] 张寿庭,赵鹏大,陈建平,等.多目标矿产预测评价及其研究意义[J].成都理工大学学报(自然科学版),2003,30(5):441-446.

[3] PRENSKY S E. Advances in borehole imaging technology and application[C]//Borehole Imaging:Applications and Case Histories. London:Geological Society,1999:1-43.

[4] 王川婴,LAW K.钻孔摄像技术的发展与现状[J].岩石力学与工程学报,2005,24(19):3440-3448.

[5] 王川婴,钟声,孙卫春.基于数字钻孔图像的结果面连通性研究[J].岩石力学与工程学报,2009,28(12):2405-2410.

[6] 张怀东,史东方,郝越进,等.安徽省金寨县沙坪沟斑岩型钼矿成矿地质特征[J].安徽地质,2010,20(2):104-108.

[7] 王金亮,李俊平,李永峰,等.危机矿山深部找矿研究现状与建议[J].矿山保护与利用,2010,4(2):45-49.

[8] 王川婴,葛修润,白世伟.数字式全景钻孔摄像系统及应用[J].岩土力学,2001,22(4):523-526.

[9] 葛修润,王川婴.数字式全景钻孔摄像技术与数字钻孔[J].地下空间,2001,21(4):254-261.

[10] Kemeny J,Post R. Estimating three-dimensional rock discontinuity orientation from digital images of fracture traces [J]. Computers & Geosciences,2003(9):65-77.

[11] 陈剑平,石丙飞,王清.工程岩体随机结构面优势方向的表示法初探[J].岩石力学与工程学报,2005,24(12):241-245.

[12] 王旭,晏鄂川.节理岩体结构面连通性研究及其应用[J].岩石力学与工程学报,2005,24(增1):4905-4911.

[13] 蒋建平,章杨松,罗国煜,等.优势结构面理论在岩土工程中的应用[J].水利学报,2001,16(8):90-96.

深部钻探技术方法研究的成果推广与应用

朱恒银　蔡正水　王　强　程红文　张　正

摘要："深部矿体勘探钻探技术方法及设备研究"是由安徽省地质矿产勘查局313地质队探矿工程技术研究所主持承担实施的安徽省重点科技攻关项目，由分体塔式全液压动力头钻机及高强度绳索取芯钻杆研制、钻孔设计与轨迹动态监控技术研究、钻孔摄像及定向取芯技术在地质勘探中的应用研究、深部岩芯钻探钻进工艺方法研究等四个子项目若干个研究课题组成，历经四年研究，于2012年12月全面完成，获国家专利8项(其中已授权发明专利2项，正在公示的发明专利1项)、计算机软件著作权1项。研究成果通过了安徽省科技厅技术鉴定，总体达到国际先进、国内领先水平，在深部找矿及科学钻探中应用，取得了良好的效果。

关键词：深部钻探；技术研究；应用

Extension and Application of Deep Drilling Technology and Methods

ZHU Hengyin, CAI Zhengshui, WANG Qiang,

CHENG Hongwen, ZHANG Zheng

Abstract："Research on drilling technology and equipment for deep ore body exploration" is a key scientific and technological project of Anhui Province, which is carried out by the Exploration Engineering Technology Institute of 313 Geological Team of Anhui Bureau of Geology and Mineral Resources. By fission hydraulic power head drill tower and high strength rope coring drill pipe, drilling design and dynamic monitoring technology research, drilling trajectory camera and directional coring technology application in geological exploration drilling technology research, the deep core drilling method study four sub-project of several research topics, such as after four years studying, in December 2012, complete, We have obtained 8 national patents (including 2 authorized invention patents and 1 invention patent under publicity) and 1 computer software copyright. The research results have passed the technical appraisal of The Department of Science and Technology of Anhui Province, and have generally reached the international advanced and

基金项目：安徽省重点科技攻关项目"深部矿体勘探钻探技术方法及设备研究"(09010301015)。

刊登于：《地质装备》2013年第14卷第6期。

domestic leading level. Good results have been achieved in the application of deep prospecting and scientific drilling.

Keywords: deep drilling; technical research; application

1 概述

我国新的一轮地质矿产勘查工作主要以攻深找盲、探边摸底为重点。地质找矿的深度已从过去浅部、中深部转向深部勘探(1000 m以深),以寻找隐伏矿与深部矿的"第二找矿空间"为主要目标。在深部找矿工作中,主要是以三大专业为技术支撑,即为"地质出思路,物探圈靶区,钻探作验证",钻探技术在深部找矿中已显得更为重要。

为了进一步加快深部找矿步伐,更好、更快、更有效地取得地质找矿成果,加强推广应用国内外先进技术,强化关键技术自主创新,安徽省地质矿产勘查局313地质队根据安徽省深部找矿需要,于2008年4月提出了"深部矿体勘探钻探技术方法及设备研究"项目,同时向安徽省国土资源厅提交了项目建议书;同年安徽省国土资源厅组织专家对该项目建议书进行了论证,通过论证同意立项,并由安徽省地质矿产勘查局313地质队作为该项目的主体承担单位;2008年9月安徽省国土资源厅、财政厅下发了皖国土资源函[2008]1312号"关于下达2008年度公益性地质工作项目设计批复意见的通知"。2008年10月,安徽省国土资源厅与安徽省地质矿产勘查局313地质队签订了安徽省公益性地质工作项目"深部矿体勘探钻探技术方法及设备研究"科研项目合同,至此该研究项目正式启动。2009年由安徽省国土资源厅向安徽省科学技术厅申报作为安徽省科研项目,经评审被列为安徽省科技重点攻关项目。

1.1 项目主要研究内容、目的和任务

本项目分4个课题:

(1)分体塔式全液压动力头钻机及高强度绳索取芯钻杆研制;

(2)钻孔设计与轨迹动态监控技术研究;

(3)钻孔摄像及定向取芯技术在地质勘探中的应用研究;

(4)深部岩芯钻探钻进工艺方法研究。

研究目的:提高深部矿体勘探速度、勘探靶区精度、地质成果的准确性,为加速我国寻找隐伏矿与深部矿的"第二找矿空间"步伐,提供技术支持。

主要任务:通过钻探设备及机具的研发,钻探方法、取芯方法、钻孔护壁、高效长寿钻头等技术研究,解决深部钻探效率问题;通过受控定向钻探应用研究,解决深部陡矿体和异型矿体、地表障碍物下部矿体勘探技术难题;通过钻孔摄像及定向取芯技术在地质勘探中的应用研究,进行钻孔地质信息采集工作,在单孔中解析岩矿层多种参数,以指导深部找矿。

1.2 项目研究概况

本项目由313地质队承担,采取产学研结合的方式,与中国地质大学、中国科学院武汉岩土力学研究所、中国地质装备总公司、张家口探矿厂、无锡探矿工具厂、唐山金石超硬材料有限公司等院校、科研单位、企业进行项目横向合作。同时聘请国内地质、探矿、物探、机械等专业部分资深专家做项目指导。该项目经过几年来的研究与实践,先后完成了FYD-

2200型分体塔式全液压动力头钻机及配套机具的研制、高强度绳索取芯钻杆（N、H系列，施工深度3000 m以内）研发、钻孔摄像及定向取芯技术在地质勘探中的应用研究、钻孔设计与轨迹动态监控技术研究、深部岩芯钻探钻进工艺方法研究等。研究过程中完成了9个深部钻探孔，最深钻孔深3008.29 m。

2 主要研究成果及应用情况

2.1 主要研究成果

2.1.1 分体塔式全液压动力头钻机及高强度绳索取芯钻杆研制

（1）FYD-2200型分体塔式全液压动力头钻机（图1）及配套装置结构设计布局合理，集成了全液压动力头钻机及立轴式钻机的优点，钻机实行分体塔式结构设计，改变了车载、桅杆式结构在深部钻探中存在的弊端，适应于山区、丘陵、道路较差的地区施工；钻机采用无级变速，调速范围宽，操作方便；钻机采用长行程（4.8 m）设计，不仅适用于绳索取芯钻杆，亦可用于4.5 m长普通钻杆，钻进无须倒杆，减少辅助时间；钻机动力头卡盘采取卡瓦夹持和顶驱式两用结构，避免单一结构存在的浅部与深部钻进钻具加压和悬吊卡盘的卡持能力问题；钻机操作系统实现了工作参数数字化，塔上塔下操作可视化及钻探现场网络远程监控，便于现场安全操作和管理者远程决策指挥。钻机自动化程度高，操作安全系数大，工人劳动强度低，钻探工作环境好。

图1 FYD-2200型分体塔式全液压动力头钻机

（2）选用国产管材研制的N、H系列绳索取芯钻杆，经杆体、接头热处理增加了钻杆的强度

231

和耐磨性。钻杆接头采用镦粗处理双头螺纹形式,螺纹副设计为负角度、不对称,解决了钻杆的防脱、密封性能问题。所研制的 H 系列钻杆已满足 2000 m 孔深要求,N 系列钻杆已满足 3000 m 孔深要求。

(3)FYD-2200 型分体塔式全液压动力头钻机及高强度 N、H 系列绳索取芯钻杆投入霍邱周集铁矿深部找矿项目的生产试验,完成了 2706.68 m 钻孔施工任务,创我国小口径绳索取芯钻探最深纪录。生产试验表明,所研制的深孔钻机及高强度绳索取芯钻杆各项技术性能完全满足深孔钻探要求。本课题研究成果具有先进性、独创性和良好的适用性。

(4)本课题研究获得国家专利 1 项:分体塔式全液压动力头钻机,专利号:ZL20082004 1783.8。

2.1.2 钻孔摄像及定向取芯技术在地质勘探中的应用研究

(1)研发了智能型深孔数字式全景钻孔摄像系统,实现了 360°孔壁数字成像和无缝拼接、高清晰度虚拟钻孔岩芯图像显示,并可进行深孔信息传输与数字分析处理;

(2)研制了电动恒压岩芯打印器和岩芯定向测量系统,实现了微电机恒压钻进,通过压力自动平衡保证了微钻密封性能;通过定向测量系统实现了岩芯标记方位的测量,定向岩芯及地表复位系统如图 2 所示;

(3)运用钻孔摄像及定向取芯技术解析岩矿层产状,解决了单孔中岩矿层延伸方向判别的难题,为钻孔布设和地质信息获取提供了技术支撑;

(4)本课题研究获国家发明专利 1 项:一种新型电动定向取芯器,专利号:ZL2009101 70005.8。

图 2 定向岩芯实物及地表复位系统

2.1.3 钻孔设计与轨迹动态监控系统研究

(1)研发了一套集弯曲规律分析、初级定向钻孔设计、钻孔轨迹定位、三维定向钻孔轨迹设计、钻孔柱状图、钻孔结构图、钻孔轨迹三维动态显示等功能于一体的软件系统,如图 3 所示。

(2)以钻探工程及定向钻探设计为主,兼顾地质成果。

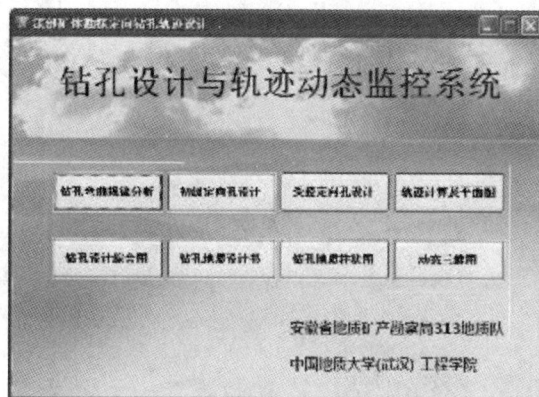

图3　钻孔设计与轨迹动态监控系统

（3）功能模块外部彼此独立、内部紧密联系，界面设置与操作提示明确，实用性强。

（4）以 AutoCAD 为平台，实现了钻孔设计与成果图的自动绘制。

（5）各种图件的设计与绘制经过钻孔实例验证，具有很好的适应性，所绘制图形美观，数据标示准确、图形比例适宜，三维动态显示美观生动。

（6）该系统不仅适于地质勘探与钻探工程现场应用，也可作地质勘探行业今后的数字化管理系统和钻孔电子档案系统的一部分。

2.1.4　深部岩芯钻探钻进工艺方法研究

深部岩芯钻探钻进工艺方法研究项目通过在不同矿区、不同地层、不同口径、不同钻进方法的深孔钻探中进行生产试验与应用，对深部钻探钻进工艺方法方面关键技术进行了探索和适用性研究与总结。经过近四年来的研究与野外施工试验，按项目任务书的要求完成了全部研究内容，并取得了良好的经济技术效果。项目研究所取得的主要成果有以下几个方面：

（1）利用自行研制的装备（钻机和钻杆）及配套的钻进工艺，于2010年完成了一个2706.68 m 小口径绳索取芯钻孔，首创国内小口径岩芯钻探最深纪录。

（2）通过深孔钻探实践，对钻探装备性能进行对比，分析了影响钻探效率的因素及其关系，提出了关键装备优化配置原则，对深部钻探如何选择设备具有很好的指导作用。

（3）通过钻孔结构及套管优化设计的研究，有关技术已应用于深部钻探及科学钻探钻孔施工中，如活动套管弹性扶正技术、小口径尾管下入与固定技术、第四系地层套管起拔技术等均处于国内领先水平。其中第四系地层套管起拔技术已获得国家发明专利（专利号：ZL2008101 95812.0）。

（4）通过对特殊地层钻进取芯技术的研究，解决了特殊复杂地层取芯钻进难题。尤其半合管隔水式取芯钻具在汶川地震断裂带科学钻探 WFSD-3 孔采取不扰动样（图4）中起到了巨大的作用；设计的三重管不扰动样取芯钻具配合特种钻头在第四系松散层中取样，不仅不扰动，且可密封存放，不失水、保真性好（图5）；设计的射吸式单动双管钻具在硬脆碎地层中使用，不仅能提高钻进效率，且取芯率高。三重管不扰动样取芯钻具获得了国家实用新型专利（专利号：ZL200820041782.3）。在坚硬"打滑层"中采用特殊钻头及自磨出刃工艺方法，解决了地层打滑技术难题，提高了钻进效率。

233

图4　半合管取出的不扰动岩芯样　　　　图5　三重管取出的不扰动岩芯样

（5）深孔钻进泥浆护壁与堵漏技术研究，通过不同类型的钻孔施工实践，针对不同地层采用不同泥浆配方，解决了复杂地层钻孔泥浆护壁问题。尤其在地应力较大的松散地层中，运用平衡地压原理成功地解决了汶川地震断裂带科学钻探罕见的复杂地层护壁难题；在深孔钻探中有效地解决了钻孔泥浆润滑、悬浮岩粉、净化问题，大大减少了孔内事故，提高了钻进效率。

在钻孔堵漏方法研究上，根据不同地层漏失类型采用不同的堵漏技术，尤其所研究的弹塑性堵漏方法具有广谱性，在破碎、漏涌、溶蚀等不同漏失类型情况下，以及在大小口径钻孔中堵漏均取得了良好的效果，具有快捷、高效、成本低、成功率高等优点；

（6）钻孔塑造套管技术的研究，成功地解决了深孔复杂地层泥浆无法护壁难题，不仅节约了金属管材，而且实现了钻孔同径护壁。该项创新技术具有良好的应用前景，获得了国家实用新型专利（专利号：ZL201120417175.4）和国家发明专利（专利号：ZL201110331091.3）；

（7）钻孔轨迹控制技术研究，探索总结出了提高深部钻探钻孔三维空间坐标测量精度（尤其是深孔钻探在小顶角情况下的方位角测量精度）及钻孔轨迹跟踪与动态监控技术方法（直孔轨迹控制技术、钻孔轨迹人工受控技术、钻孔轨迹绕障控制技术等），提出了绳索取芯钻探如何控制钻孔轨迹及人工造斜强度以保证安全钻进的具体措施，对提高深部钻探质量、地质勘探精度及地质资料的可靠性、准确性具有极其重要的意义；

（8）在深部钻探施工实践中，总结了一套事故预防与处理方法，对深部钻探高效、安全钻进具有重要的借鉴与指导意义；

（9）通过实际钻孔发生的钻探成本资料统计，分析了影响成本的因素及与钻探经济技术指标的相关性，总结了提高钻探效率、降低成本的措施，为指导深部钻探科学施工与管理提供依据。

2.2　研究成果应用情况

项目经几年来的研究与施工应用，已完成科学钻探孔6个：江淮下游新生代晚期环境变化研究钻探孔、湖北神农架晚期第四纪环境研究不扰动样科学钻探孔、汶川地震断裂带科学钻探 WFSD-3 孔、深部矿体勘探钻探技术方法及设备研究 ZK1725 孔、华东庐枞盆地科学钻探选址预研究 LZSD-1 孔、华南于都—赣县矿集区科学钻探选址预研究 NLSD-1 孔；已施工完成的深部找矿钻孔 3 个。项目研究的 4 个子课题均进行了多孔试验和验证。利用自行研制的全液压动力头钻机及高强度绳索取芯钻杆分别完成了 3008.29 m 全绳索取芯钻探施工、其中 2967.83 m 为 97 mm 口径绳索取芯钻探。

另外，该研究成果在北京、上海、浙江等地区进行了应用。施工实践中针对项目研究的内容进行了较为全面的试验、改进和完善，对目前深部地质岩芯钻探钻进工艺方法关键技术问题进行了探索、适用性研究和总结，取得了良好的社会经济技术效果。其成果不仅对深部地质找矿岩芯钻探有重要的引领、指导作用，而且亦可用于科学钻探、水资源钻探、油气钻探及特种钻探中，具有良好的推广应用前景。

3 赣州及庐枞 3000 m 科学钻探施工情况

赣州及庐枞 3000 m 科学钻探是中国地质科学院组织实施的"深部探测技术与实验研究专项"内容之一，受中国地质科学院地质研究所的委托，由安徽省地质矿产勘查局 313 地质队承担了两个钻孔施工任务。

3.1 赣州于都 3000 m 科学钻探 NLSD-1 孔

3.1.1 施工概况

NLSD-1 孔于 2011 年 6 月 25 日正式开钻，至 2013 年 7 月 22 日竣工，终孔孔深达 2967.83 m。该孔上部 1300 m 为元古代推覆构造层，下部为二叠系地层，地层较为复杂，软硬不均，坍塌破碎严重，钻孔自然弯曲厉害，最高达 1°/10 m，全孔钻孔轨迹均采用定向钻进控制。全孔绳索取芯钻进，平均岩芯采取率达 97.5%。

3.1.2 钻孔主要设备

钻机：FYD-2200 分体塔式全液压动力头钻机。
水泵：BW-320/12；钻塔为 G24 米加重钻塔。
定向钻进机具：液动螺杆钻、随钻测量仪等。
液压拧管机：SQ114/8 型。
钻杆：H、N 系列两种绳索取芯钻杆。

3.1.3 钻孔结构

NLSD-1 孔原设计与实际钻孔结构及套管程序如图 6 所示。

3.1.4 钻进方法

0~96.7 m，采用 H 系列金刚石绳索取芯钻进，后扩孔下套管；
96.7~202.82 m，采用 φ110 mm 金刚石半合管取芯钻进；

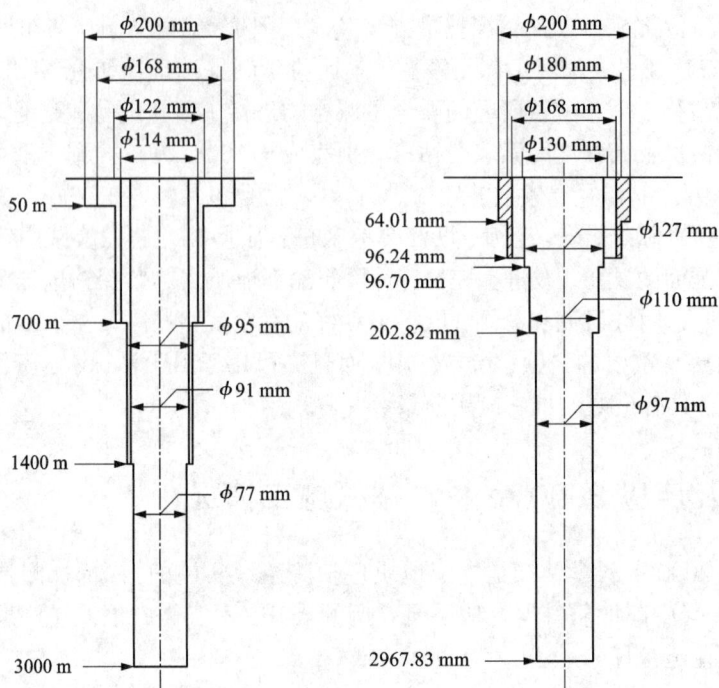

图 6　原设计(左)和实际(右)钻孔结构及套管程序

202.82~1461.69 m，采用 H 系列金刚石绳索取芯钻进取芯；

1461.69~1764.36 m 为 N 系列金刚石绳索取芯钻进，后用 ϕ97 mm 扩孔钻具扩孔；

1764.36~2967.83 m 采用 TSZ 型塔式绳索取芯钻具组合钻进(ϕ97 mm+ϕ77 mm+N 系列绳索取芯钻杆)。

3.1.5　钻孔冲洗液

因该孔地层较为复杂，坍塌、缩径、掉块严重，全孔需要泥浆护壁，采用高黏度、中比重高分子低固相泥浆。在 2000 m 以后，采用耐高温(180℃)广谱护壁剂Ⅱ型+中黏度 CMC 作为处理剂，取得了良好的护壁效果。

3.2　庐枞 3000 m 科学钻探 LZSD-1 孔

3.2.1　施工概况

LZSD-1 孔原设计深度为 2500~3000 米，终孔直径 75 mm，岩芯采取率≥85%，于 2012 年 7 月 12 日正式开钻，历时约 10 个月(春节放假 20 天)，于 2013 年 5 月 20 日终孔，钻进深度达 3008.29 米，终孔口径 77 mm，全孔岩芯采取率 97.41%，钻孔 2500 m 顶角为 7.7°，终孔顶角为 14.7°，3000 m 孔深位置井温 99.4℃。

3.2.2 钻孔主要设备

钻机：XY-8 立轴式钻机。
水泵：BW-320/10。
钻塔：SG24A。
振动筛：自制。
液压拧管机：SQ114/8 型。
钻杆：H、N 系列两种绳索取芯钻杆。

3.2.3 钻孔结构

LZSD-1 孔原设计与实际钻孔结构及套管程序如图 7 所示。

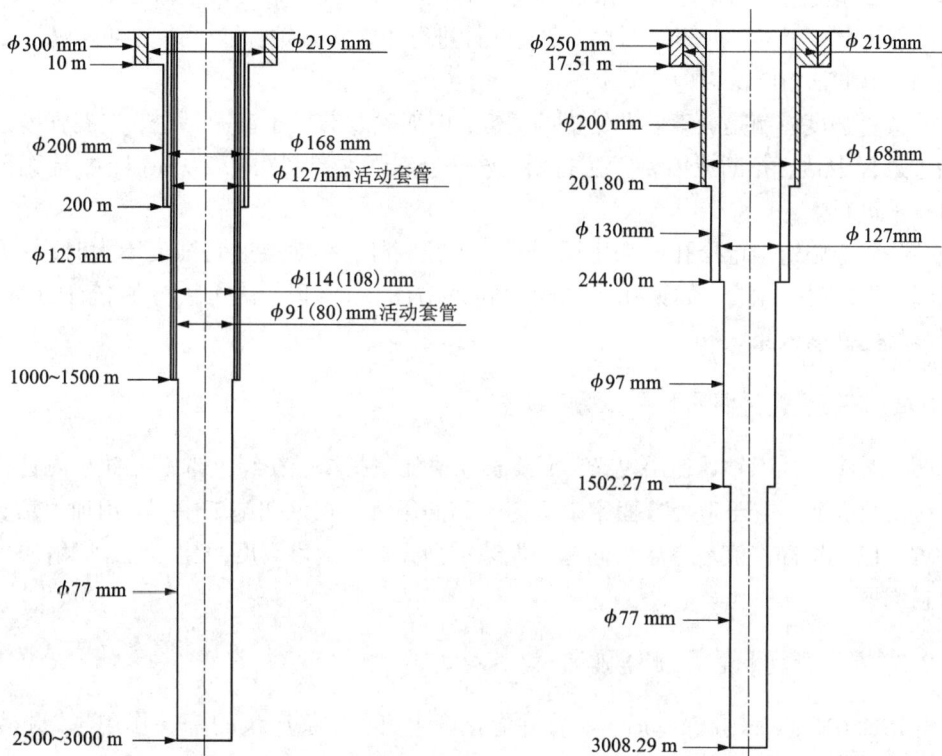

图 7 原设计(左)和实际(右)钻孔结构及套管程序

3.2.4 钻进方法

0~17.51 m，采用 ϕ110 mm 钻具钻进取芯，后扩孔下套管；
17.51~201.8 m，采用 ϕ122 mm 金刚石半合管钻具取芯钻进，后扩孔下套管；
201.8~244.0 m，采用 H 系列金刚石绳索取芯钻进，后扩孔下套管；
244.0~1502.27 m 为 H 系列金刚石绳索取芯钻进；

1502.27~3008.29 m 采用 N 系列金刚石绳索取芯钻进。

3.2.5　钻孔冲洗液

该孔主要采用 PHP 高分子聚合物及 CMC 无固相泥浆，泥浆润滑、悬浮岩粉能力强。在 2000 m 以后，采用耐高温泥浆，防止泥浆降解、泥浆性能下降，取得了良好的效果。

3.3　赣州、庐枞科学钻探主要技术难题

3.3.1　钻孔轨迹及造斜强度控制

赣州 NLSD-1 孔因全孔地层软硬不均、各向异性、岩性变化频繁，且地层倾角较陡，地层自然造斜力极强，钻孔顶角上漂严重，自然造斜率最大达到 1°/10 m，常规施工方法难以控制。为此，必须使用定向钻探方法来进行孔斜的控制与纠正，钻孔为了保证岩芯采取率，有两处强造斜地层先取芯，后侧钻纠偏，全孔共计进行了 2 次侧钻，累计钻孔纠斜 96 次，钻孔顶角控制在 0.68°/100 m 以内。

钻孔造斜强度控制是绳索取芯钻进的关键，因绳索取芯处于满眼钻进，造斜强度过大将引起钻进过程中钻杆折断或内管无法打捞，该孔造斜强度控制在 0.2°/m 以内，绳索取芯钻进仍可正常进行。

钻孔除在极强造斜地层孔段采用螺杆钻人工控制外，在地层造斜强度不大时，采用 TSZ 型塔式绳索取芯钻具组合，如钻孔在 1764.36~2967.83 m 孔段，钻孔稳斜在 1°/100 m 左右，取得了良好的防斜效果。

3.3.2　高黏度泥浆情况下绳索取芯钻进

赣州 NLSD-1 孔因钻遇地层复杂，需要长孔段泥浆护壁，在绳索取芯钻进、内管投放与打捞、钻孔冲洗液环空压力等方面带来极为不利的影响。在该孔施工中，采用加大钻孔环空间隙的方法以解决冲洗液环空压力问题。泥浆需预先进行地表高度净化处理，以解决内管投放与打捞问题。

3.3.3　高温情况下泥浆的降解问题

深孔钻探在 2500 m 孔深以后，随着井温逐渐上升，泥浆产生的降解作用越来越大，赣州、庐枞两个科学钻探孔泥浆测试结果表明，高温情况下，泥浆黏度变化较大，送入孔内之前泥浆黏度为 25~30 s，经孔内循环后，泥浆黏度降至 20 s，继续循环一段时间后只有 18 s，其他性能也随之下降，有部分破乳现象，泥浆润滑性降低。因此在深孔钻探配制泥浆时，不仅要采用耐高温处理剂，而且要考虑泥浆黏度随高温降解的影响。

3.3.4　钻孔事故预防

深孔钻探孔内埋钻及断钻杆也是常见事故，钻孔施工中采用高切力泥浆性能配方，使钻孔岩粉始终处于悬浮状态，避免了钻杆折断时长时间打捞所造成的埋钻现象，同时在打捞、投放内管时将钻杆提离孔底 20~30 m，再进行打捞，避免了孔底沉渣埋钻现象。

3.3.5 采用高效、长寿命金刚石钻头提高钻探效率

深孔钻探时钻机转速、压力难以控制,尤其转速降低,2000 m 孔深以后一般都在 200 r/min 以下,在低转速下,如何提高钻探效率?施工中采用异型钻头,缩小钻头底唇面积来解决,同时采用高品级金刚石钻头和与地层相适应的胎体配方以提高钻头寿命,增加绳索取芯提钻间隔。

3.3.6 采用塔式组合钻具

庐枞 LZSD-1 孔钻杆组合形式是上部 1502. 27 m 采用 H 系列绳索取芯钻杆;1502. 27 ~ 3008. 29 m 采用 N 系列绳索取芯钻杆,$\phi77$ mm 口径钻进。该钻具组合主要目的是解决上部环空过大、钻进稳定性问题及提高绳索取芯内管投放、打捞速度,同时可以减轻深孔钻探全部采用 N 系列绳索取芯钻杆强度不足问题。

3.3.7 深部钻探如何提高效率

深部钻探因钻进过程中参数可调范围较小,一般情况下,转速较低,压力较小,要提高钻探效率,主要是通过减少事故时间,缩短辅助时间,提高提钻间隔来实现(图 8)。

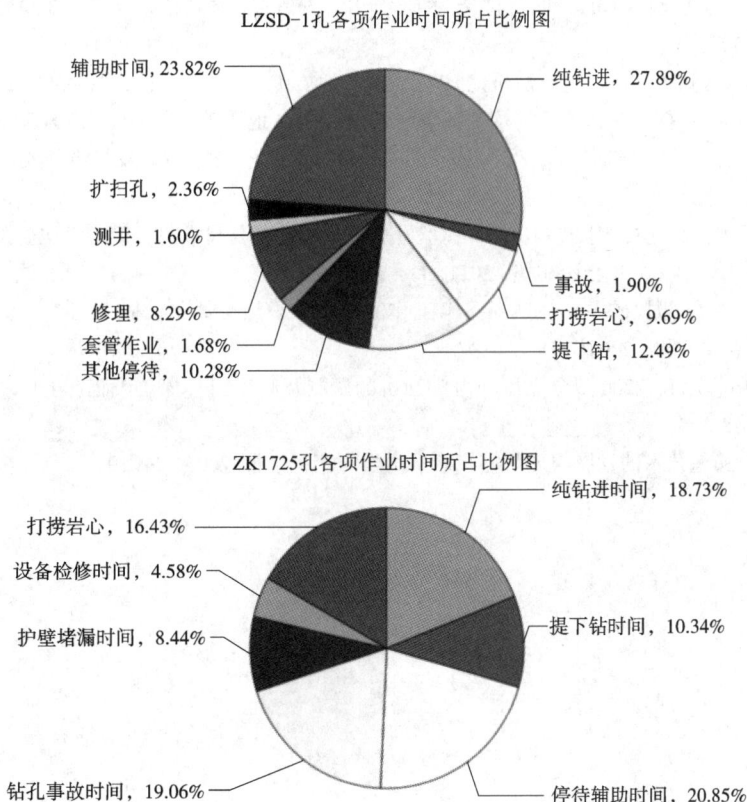

LZSD-1孔各项作业时间所占比例图

辅助时间,23.82%
纯钻进,27.89%
扩扫孔,2.36%
测井,1.60%
修理,8.29%
套管作业,1.68%
其他停待,10.28%
事故,1.90%
打捞岩心,9.69%
提下钻,12.49%

ZK1725孔各项作业时间所占比例图

打捞岩心,16.43%
纯钻进时间,18.73%
设备检修时间,4.58%
护壁堵漏时间,8.44%
提下钻时间,10.34%
钻孔事故时间,19.06%
停待辅助时间,20.85%

图 8　LZSD-1 和 ZK1725 孔各项作业时间对比分析

霍邱周集 ZK1725 孔孔深 2706.68 m，施工总周期 405 天，庐枞 LZSD-1 孔孔深 3008.29 m，施工总周期 336 天，两孔钻孔终孔孔深相差 301.61 m，各项作业时间对比分析如图 8 所示，可以看出，钻孔事故是影响深部钻探工作效率的主要因素。另外，加强现场管理，提高现场拧卸钻杆机械化程度，可以减少辅助及停待时间，也是提高深部钻探效率的重要途径。

4 结语

钻探技术是一项多领域综合性技术。深孔、特深孔钻探不是一件容易的事。通过一批深孔钻探的施工，虽然在钻孔施工技术方面取得了一些经验，但在施工过程中也发现较多的技术难题待解决，所以钻探同行们需要一起进行不懈的努力探索，相互交流，相互促进，以推动我国深孔钻探技术可持续发展。

参考文献

[1] 朱恒银、刘跃进.分体塔式全液压动力头钻机(FYD-2200 型)及高强度绳索取芯钻杆研制[R].安徽省地质矿产勘查局 313 地质队、中国地质装备总公司等.2010.

[2] 朱恒银,王川婴.钻孔摄像及定向取芯技术在地质勘探中的应用研究[R].安徽省地质矿产勘查局 313 地质队、中国科学院武汉力学研究所、中国地质大学(北京).2011.

[3] 朱恒银,吴翔.钻孔设计与轨迹动态监控技术研究[R].安徽省地质矿产勘查局 313 地质队、中国地质大学(武汉.)2011.

[4] 朱恒银.深部岩芯钻探钻进工艺方法研究[R].安徽省地质矿产勘查局 313 地质队.2012.

[5] 朱恒银.深部矿体勘探钻探技术方法及设备研究[R].安徽省地质矿产勘查局 313 地质队.2012.

[6] 朱恒银,张文生.汶川地震断裂带科学钻探三号孔钻探施工技术报告[R].安徽省地质矿产勘查局 313 地质队.2012.

[7] 朱恒银,蔡正水,王幼凤,等.2706.68 m 试验孔施工关键装备与技术[J].第十六届全国探矿工程(岩土钻掘工程)技术学术交流年会论文集,2011(9)：127-135.

[8] 朱恒银,马中伟.深部找矿中加强钻探技术工作的几点认识[J].第十四届全国探矿工程(岩土钻掘工程)学术研讨会论文集,2007(10)：34-37.

[9] 朱恒银,刘跃进.FYD-2200 型全液压动力头钻机的研制及应用[J].探矿工程(岩土钻掘工程),2009,36(S1)：45-48.

[10] 王川婴.钻孔摄像技术的发展与现状[J].岩石力学与工程学报.2005,24(19).

深部钻探金刚石钻头设计思路

王　强　朱恒银　杨凯华

摘要：针对深部钻探特点，从金刚石钻头类型、胎体设计、金刚石参数设计、钻头结构及热压参数等方面进行了分析，提出了深部钻探金刚石钻头的设计思路。在多个深孔钻探的应用中取得了良好的效果。本文总结的深孔金刚石钻头设计与使用体会，可为钻头研究人员提供一定的借鉴作用，同时对广大钻探工程技术人员合理选择、使用金刚石钻头具有一定的指导意义。

关键词：深部钻探；金刚石钻头；岩石性质；设计思路

Design Idea of Diamond Bit in Deep Hole Drilling

WANG Qiang, ZHU Hengyin, YANG Kaihua

Abstract：This paper presents the characteristics of diamond bit in deep hole drilling. The types of diamond bit, matrix design, diamond parameter design, bit structure and hot pressing parameters are analyzed, the design ideas of diamond bit in deep drilling are put forward, which have been applied in several deep holes drilling with good effects. The design of deep hole diamond bit and the practice experience are summarized, which can be a certain reference for diamond bit selection and application.

Keywords：deep hole drilling; diamond bit; rock property; design idea

0　引言

目前，我国随着矿产资源的不断勘探和开采，浅部矿产资源逐渐枯竭，深部找矿已经成为我国地质找矿事业的发展方向，而深部钻探技术是实现深部找矿不可或缺的重要手段，对保障国家能源安全，缓解资源供需矛盾具有十分重要的意义。深孔岩芯钻探多采用绳索取芯钻进方法，而金刚石钻头的寿命与切削效率是影响绳索取芯钻进效率的重要因素，如果钻头寿命过短，则直接造成提钻间隔缩短，绳索取芯的优越性则无法体现。但是随着钻孔向深部

基金项目：安徽省国土资源厅科技研究项目"高效长寿命金刚石钻头研究"。刊登于：《探矿工程(岩土钻掘工程)》2017年第44卷第5期。注：杨凯华作者工作单位为中国地质大学(武汉)。

发展,岩性复杂多变,岩石的硬度、研磨性与致密程度变化很大,这给钻头设计、钻头选型和钻头的合理使用,提出了更高的要求。

1 深部钻探的特点

深孔中岩层的复杂性和多样性,使得钻进出现许多难以预料的问题,例如:钻孔弯曲严重、岩芯采取率低、孔内事故频频出现等。多数深孔钻进都采用纯绳索取芯钻进方法,少数钻孔采用绳索取芯加液动锤组合钻具钻进。由于采用多级孔径结构和采用多级钻具结构,钻具的稳定性、泥浆的循环以及钻进中压力和钻进扭矩等都发生了很大的波动与改变,甚至出现超乎常规的钻进现象。因此,钻进参数等都将随之发生改变,对钻头的结构与性能提出了新的要求。

1.1 钻头转速较低

深部岩芯钻探多采用地表驱动方式,加之孔身自然弯曲和钻杆加工质量问题,钻杆柱在钻进过程中往往承受着拉、压、弯、扭和摩擦力的复杂交变应力,从而成为整个钻进系统中最薄弱的环节,容易导致孔内事故。在这种情况下,钻头的转速受到了一定限制,难以像浅孔那样采用高转速为主的钻进参数,钻头转速一般取浅孔的 50% 左右(2000 m 以深转速取 200 r/min 左右)。

1.2 钻进压力波动大

深部钻进一般很难控制孔底实际压力。孔身自然弯曲和钻具回转、冲洗液循环等因素都将影响钻压传递效率,而钻压传递效率很难用计算方法得出。目前小口径钻进参数仪也不具备测试孔底钻压的功能,只能凭经验判断。所以,孔底实际钻压明显低于地表显示的钻压,且波动大,难以实现恒压钻进。

1.3 冲洗液量损失大

由于深孔冲洗液循环阻力大,泵压高,在超长钻杆柱的大量接头中容易出现冲洗液渗漏,使到达孔底的液量不足,冷却钻头、悬浮携带岩粉效果变差,导致重复破碎、钻头微烧等问题。

由于设备能力限制,钻杆柱强度不足,深孔往往不能一径到底,一般采用塔式钻具组合,导致下部孔段冲洗液上返流速快,上部流速慢,悬浮携带岩粉能力差。

1.4 岩性多变、钻孔结构复杂

深部钻探钻遇地层多而复杂,岩石可钻性跨度大,地层的多变性决定了钻孔结构的复杂性、钻具级配多样性、孔底工作环境和钻进参数的多变性。

2 金刚石钻头设计思路

基于上述深部钻探的基本特点,对于钻头的性能要求和钻头设计多了一层考虑的因素。金刚石钻头是目前最锐利的破碎岩石的工具,金刚石硬度极高,从理论上说,金刚石钻头可以顺利地在各种岩层中钻进。但在实践中往往出现进尺慢，甚至不进尺或者钻头寿命较短的情况。这些现象归结起来说明一个问题：金刚石钻进中所用的钻头性能必须和所钻岩石的性质相适应，必须和钻进方法与钻进工艺参数相适应。这是提高金刚石钻进水平，获得良好技术经济指标的一个重要环节。

2.1　金刚石钻头的类型

孕镶金刚石钻头可用于钻进中硬至极硬、不同研磨性的岩层；其中均匀性差、完整度差、甚至破碎的地层，更以选用孕镶金刚石钻头为佳；孕镶金刚石钻头应用范围较广，基本涵盖可钻性 5 级至 12 级的各类岩石。孕镶金刚石钻头不仅能够很好地用于纯回转钻进方法，还能够适应于冲击回转钻进方法；不仅适应于取芯钻进，也能适应于全面钻进。

在中硬及硬岩层、完整的岩层以及较低至中等研磨性的岩层中钻进，则以选用优质 PCD 和 PDC 钻头为好，也就是对于可钻性 8 级以下(含 8 级)的各类岩石，PCD 和 PDC 钻头是首选钻头，因为这两类钻头的钻进时效较高，钻头的使用寿命较长。

在岩层变换频繁、软硬差别较大的地层、且又不可能随岩层变化而频繁更换钻头时，就需要研制广谱型钻头，以使钻头的适应面更加广泛，有利于提高深孔绳索取芯钻进效率。

对于绳索取芯金刚石钻头，必须要求其具有较好的广谱性能，同时具有良好的保径效果，以满足绳索取芯钻进要求。因此，可以考虑设计和制造高工作层钻头，或双水口金刚石钻头，其工作层高度可以达到 14~16 mm，可以获得良好的钻进指标，满足深孔钻进的需要。

2.2　金刚石钻头的胎体性能

由于深部钻探岩层复杂多变，金刚石钻头在孔底承受着复杂的压、扭和冲击应力。钻头胎体是黏结金刚石和钻头钢体的载体，因此对钻头胎体性能提出了较高的要求。

金刚石钻头的质量指标主要有硬度、耐磨性、抗冲击韧性、抗弯强度和胎体线膨胀系数，另外，还有胎体密度、胎体热性能和包镶金刚石能力等。胎体密度实际上间接反映了胎体硬度和耐磨性；胎体热性能涉及其线膨胀系数；而包镶金刚石能力的指标虽然重要，但难以用仪器检测。在这些胎体性能指标中，硬度与耐磨性是最重要的指标，关系到钻头对岩石的适应性和钻进效率。热压金刚石钻头的胎体性能主要由胎体材料和热压工艺确定。深部钻探对金刚石钻头胎体性能的基本要求如下：

(1)要有足够的抗压、抗冲击强度和硬度，且胎体硬度与所钻岩石相适应。

(2)对金刚石有良好的润湿性，能把金刚石牢固包镶住；同时具有一定的化学稳定性，在高温下不与金刚石起反应。

(3)熔点较低，对金刚石的热腐蚀作用小。

(4)胎体的线膨胀系数与金刚石尽可能接近，减少金刚石的应力影响。

(5)易于成形，并能与钻头钢体牢固地焊接。

钻头胎体的性能要适应所钻进岩层的性质，确保金刚石能够适时出刃，这是孕镶金刚石钻头的设计与选型的基本要点。根据深部钻探特点，可以采用预合金粉作为胎体材料，这是由于预合金粉比机械混合粉末元素分布均匀，从根本上避免了成分偏析，使胎体组织均匀、性能趋于一致；预合金粉合金化充分，使胎体具有较大硬度及抗冲击强度，可大大提高钻头的抗压、抗弯强度，增强对金刚石的包镶能力，提高金刚石钻头寿命。

2.3 金刚石钻头的结构

深部钻探用金刚石钻头在结构设计上，要减少钻头底唇面与岩石的接触面积，可设计成阶梯形、锥形、交错齿型、环齿形等异型结构，增加钻头剥取孔底岩石的自由面，形成剪切破碎，提高碎岩效率。同时为提高寿命，可适当增加钻头工作层的高度。

深部钻探冲洗液循环阻力大，冷却钻头、悬浮携带岩粉效果差，这就对金刚石钻头的排粉冷却性能提出了更高的要求。在钻头水口设计上，要加深、加大钻头水口、水槽(或设计双层水口等)，增加过水断面，强化孔底横向漫流，提高清洗效率，保证有充分的排粉冷却能力。

深部钻探用金刚石钻头内外径要加强保径，可增加保径聚晶材料的安放高度或者采用单粒金刚石保径等方法。

钻头结构设计应与实际钻遇地层相匹配。例如对于深孔中钻进硬至坚硬、致密与弱研磨性岩层的钻头，可以采用轮齿形结构的钻头(图1)和轮齿环槽形结构的钻头(图2)，还可以采用单双齿型钻头等。这些结构型钻头，都具有一个共同点就是钻头的底唇面面积相对较小，一般在45%~55%之间，钻进时的比压值较大，金刚石能够比较有效地切入岩石；同时，能够在孔底形成多环破碎，形成较多的自由面，从而提高钻进速度。

图1 普通轮齿形金刚石钻头

图2 带环槽轮齿形金刚石钻头

自磨出刃同心圆齿热压钻头(图3)也是一种结构较为合理的金刚石钻头，它的性能可调范围较广，是制造广谱性能钻头的一种较好结构形式。

钻进破碎、不完整、岩芯易受冲蚀的岩层时，岩芯采取率是一项重要的钻进指标。除了选择合理的岩芯管结构外，钻头的结构也不可忽视。可采用底喷式结构

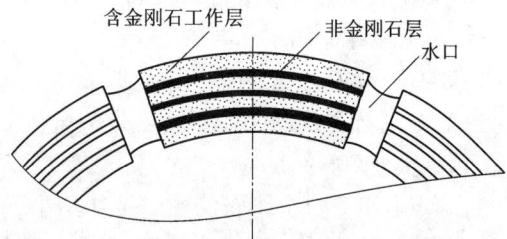

图3 自磨出刃同心圆齿钻头结构示意图

的钻头，例如导向式单阶梯底喷唇面、内阶梯式底喷唇面等，都可以收到良好的效果。

2.4 金刚石参数

深部钻探中，由于钻头转速低，破碎岩石方式较浅孔高转速磨削破碎岩石方式不同，在

金刚石参数设计时要考虑以下几点：

(1)钻头在深孔中工作环境恶劣，钻头底唇面上的金刚石受冲击与振动较大，要求金刚石要有较高的强度和抗冲击能力；

(2)深孔孔底钻压难以精确控制，为保证作用在每粒金刚石上的压力满足破碎岩石要求，在相同钻压情况下，钻头底唇面上金刚石浓度要小；

(3)在深孔低转速情况下，要以剪切破碎岩石方式为主，要求金刚石颗粒切入岩石的深度要大，金刚石的颗粒应较粗。

因此，在深孔用钻头设计思路上，应尽量选择高品级、较大粒径(较大粒径为主，同时搭配一定的中粒、细粒金刚石，提高对岩层的适应性)、低浓度的金刚石参数。具体的金刚石参数设计要根据实际岩石的物理力学性能(岩石的压入硬度、岩石的研磨性等)以及地层完整程度而定。

3 热压工艺参数

热压工艺也是影响金刚石钻头性能的重要因素。热压工艺参数主要指烧结温度、压力和保温时间以及出炉温度。热压工艺参数中，需要重点考虑的是烧结温度和压力，同时不能忽视保温时间的影响。深孔绳索取芯钻进，为增大提钻间隔，提高纯钻进时间利用率，提高钻头寿命，可适当提高烧结压力，增强胎体的耐磨性及抗冲击性能。烧结温度设计的基本依据是胎体成分中骨架材料的含量以及黏结金属的含量，要尽量减少对金刚石的热腐蚀。保温时间的长短，要依据设备的能力、钻头的类型与规格、升温速度的大小等确定，一般深孔绳索取芯钻探用金刚石钻头保温时间可适当延长。

4 深部钻探金刚石钻头应用及效果

结合生产实践，将设计的深部钻探用金刚石钻头在江西赣州南岭 3000 m 科学钻探 NLSD-1 孔、安徽庐枞 3000 m 科学钻探 LZSD-1 孔、安徽寿县正阳关深部找矿 ZK04 孔等深孔中应用，钻遇典型岩样见图 4、图 5、图 6。经试验结果对比分析，研制的金刚石钻头最高寿命 341.35 m，平均寿命与普通外购钻头相比，ϕ97 mm 钻头寿命提高 1.98 倍，钻进效率提高 12.77%；ϕ77 mm 钻头寿命提高 1.5 倍，钻进效率提高 44.94%，取得了良好的应用效果。

通过深部钻探实践，得到了以下金刚石钻头设计与使用的启示：

(1)2000 m 以深的深部钻探用孕镶金刚石钻头设计应以低转速、低钻压钻进参数为主导，改变金刚石钻进必须通过高转速获得高钻速的传统思路。

(2)金刚石钻头结构参数的设计或选择必须与所钻岩石的研磨性、可钻性相适应。

(3)应加强钻头的内外保径，合理设计水口、水槽，避免钻头异常磨损而报废。

(4)深部钻探应以延长钻头寿命为主(增长提钻间隔)，时效次之，不宜追求过高时效，以防钻头寿命过短及单位时间产生岩粉过多，深孔条件下无法及时排出而造成孔内事故。

(5)深孔孔底钻压难以控制，波动较大，在回次中应提倡恒压钻进，在转速、冲洗液量正常的情况下，不要随意改变参数，以免影响钻进效率和造成钻头事故。

图 4　ZK04 孔细粉砂岩　　图 5　NLSD-1 孔角　　图 6　LZSD-1 孔含角闪石斜长玢岩

闪石英二长变粒岩

5　结论

（1）深部钻探的多变性和复杂性，必然增加钻探工程的难度。本文通过对深部钻探特点和钻进参数特点的较深入的分析，为钻头设计提供了可靠的依据，具有明显的实际意义。

（2）本文从钻头的胎体性能、钻头的结构以及金刚石参数等几个方面进行了分析，总结了钻头与岩层相适应的内在联系，明确了钻头的设计依据和设计的基本方法，这些设计思路和基本方法对广大钻头设计人员具有一定的实用参考价值。

（3）金刚石钻头的性能、岩石的性质与钻进工艺是一个完整的系统工程，相互约束，互为条件，共处于一个系统之中。要想取得好的钻进效果，设计的钻头性能必须与岩石性质基本相适应，必须要与合理的钻进工艺相配合。

参考文献

［1］朱恒银，王强，杨展，等.深部地质钻探金刚石钻头研究与应用［M］.武汉：中国地质大学出版社，2014.

［2］朱恒银，王强，杨凯华，等.深部岩芯钻探技术与管理［M］.北京：地质出版社，2014.

［3］刘广志. 金刚石钻探手册［M］.北京：地质出版社，1991.

［4］杨凯华，段隆臣，汤凤林，等.新型金刚石工具研究［M］.武汉：中国地质大学出版社，2001.

［5］朱恒银，蔡正水，王强，等.赣州科学钻探 NLSD-1 孔施工技术研究与实践［J］.探矿工程（岩土钻掘工程），2014，41（6）：1-7.

［6］周红心.强化耐磨性钻头在卵砾石地层中的应用研究［J］，金刚石与磨料磨具工程，2007（4）：55-57.

［7］姜亦军，王文龙，张辉.SY 系列深孔硬岩孕镶金刚石钻头的研究与应用［J］.探矿工程（岩土钻掘工程），2015，42（6）：80-84.

［8］沈立娜，阮海龙，李春，等.坚硬致密"打滑"地层新型自锐金刚石钻头的研究［J］.探矿工程（岩土钻掘工程），2014，41（11）：57-59.

［9］赵广伟，杨革，梁广华.深孔绳索取芯金刚石钻头性能参数探讨［J］.探矿工程（岩土钻掘工程），2013，40（5）：75-79.

［10］肖丽辉，李国民，刘宝林.高胎体金刚石钻头设计制造中的几个关键技术［J］.探矿工程（岩土钻掘工程），2012，39（6）：77-79.

一种新型碎聚晶孕镶金刚石钻头

王　强　朱恒银　杨凯华

摘要：从碎聚晶粒的碎岩机理、钻头胎体性能、碎聚晶参数、钻头结构、钻头制造与热压工艺等方面进行了深入分析，介绍了一种新型碎聚晶孕镶金刚石钻头设计思路与制造方法，希望为广大钻头研究人员与钻探施工技术人员提供一定的借鉴。

关键词：碎聚晶；孕镶金刚石；钻头研制

A New Diamond-impregnated Bit with Broken Polycrystalline Pregnancy

WANG Qiang, ZHU Hengyin, YANG Kaihua

Abstract：From the crushed together rock fragmentation mechanism of grain, drill bits, crushed performance polycrystalline manufacturing and hot-pressing process parameters, the bit structure, drilling etc. Carried on the thorough analysis, the paper introduces a new type crushing polycrystalline impregnated diamond bit design and manufacturing methods, researchers hope for the majority of bit and drilling construction technical personnel to provide certain reference.

Keywords：crushed polycrystalline; impregnated diamond; bit developed

聚晶体在生产过程中，会出现一定概率的破损率，对于这部分碎聚晶如何发挥它们的作用值得重视。碎聚晶粒的硬度高，耐磨性能远远超过硬质合金材料，大多数的碎聚晶粒的直径与高之比接近1，是较为理想的破碎岩石磨料。受到碎合金粒钻头和高效磨孔钻头的启示，利用碎聚晶颗粒研制成热压孕镶碎聚晶钻头不仅可能，而且已为实践所证实。碎聚晶孕镶金刚石钻头对于钻进中硬和中等研磨性岩石可以取得良好的钻进效果，具有很好的实用推广价值。本文就研制的新型碎聚晶孕镶金刚石钻头做一介绍，该型钻头已获得国家实用新型专利（专利号：ZL201320109451.X）。

1　碎聚晶孕镶金刚石钻头碎岩机理及特点

从碎聚晶粒的形态分析，大多数碎聚晶粒为直径与高之比接近1的圆柱体，这样，就决

基金项目：安徽省国土资源厅科技研究项目"高效长寿命金刚石钻头研究"。刊登于《西部探矿工程》2017年第6期。

注：杨凯华作者单位为中国地质大学(武汉)。

定了碎聚晶粒在热压的胎体中随机分布为三种基本形态：直立的圆柱体、横卧的圆柱体和与孔底成一定角度的圆柱体（图1）。这三种不同形态的碎聚晶粒在孕镶钻头的胎体中呈随机分布，因此破碎岩石的机理与效果也存在一定的差距。

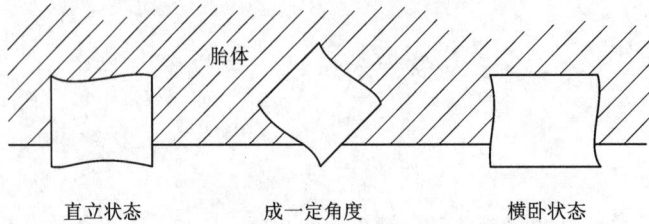

图1　碎聚晶粒在钻头胎体中的形态

热压碎聚晶粒孕镶钻头的结构如同热压孕镶粗颗粒金刚石钻头结构，碎聚晶粒在钻头胎体中成无序排列，依靠胎体的磨损而不断出刃、更新，保持钻头具有稳定的钻进速度。由于碎聚晶粒基本呈三种粒度形态，且随机分布在胎体中，因而可以发挥三种不同形态碎聚晶破碎岩石的作用，对于中硬至硬、中等研磨性、较完整岩石具有良好的适应性。

1.1　直立状碎聚晶粒

直立状碎聚晶粒钻头破碎岩石的原理和状态与完整聚晶体钻头破碎岩石的原理和状态基本相同，在钻压 P 的作用下先切入岩石一定的深度，然后在回转力矩 Q 的作用下以剪切方式破碎岩石；钻压越大，切入岩石越深，产生的剪切力越大，破碎岩石的效果越好，如图2（a）所示。

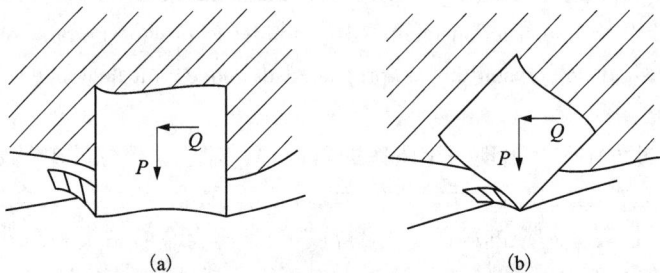

(a)　　　　　　　　　　　　(b)

图2　直立状与成角度碎聚晶粒破碎岩石的情形

直立状碎聚晶粒钻头对岩石的适应性与普通聚晶体钻头适应的岩石相同，对于钻进中硬以下（含可钻性Ⅷ级）的、完整至较完整的岩石，可以取得钻进效率高、钻头的使用寿命长、钻进速度基本恒定的好效果。

1.2　成一定角度碎聚晶粒

与孔底岩石成一定角度的碎聚晶粒钻头在钻进的初期，与岩石的接触面积最小，具有一定的尖棱角，切入岩石比较容易，钻进效率高，如图2（b）所示。但是，随着钻进的进行，碎聚晶粒的锐角逐渐变钝，钻进速度逐步下降，但总的钻进效率还是较高的。

这种碎聚晶粒钻头可以钻进可钻性Ⅷ级以下(含部分Ⅷ级)的、完整至较完整的岩石,钻进中的钻速虽然有一定的起伏,但总的钻进效率是基本稳定的。

1.3　横卧状态碎聚晶粒

横卧状态的碎聚晶粒钻头破碎岩石的原理与直立状碎聚晶粒钻头不相同,由于碎聚晶粒的高与直径比接近1,从受力的投影面看几乎相等,但是,横卧状碎聚晶粒钻头在钻进初期与岩石的接触面积比直立状碎聚晶粒要小得多,钻进效率较高,随着钻进时间的推移,碎聚晶粒与岩石的接触面积逐渐变大,钻进效率将有所下降,总的钻进效率仍然较高。

横卧状碎聚晶粒钻头钻进比较平稳,碎聚晶粒不容易崩刃。当碎聚晶粒磨损过半后,与孔底岩石的接触面积逐步减小,又将出现钻速提高的阶段,如图3所示。

与金刚石一样,碎聚晶粒在孕镶钻头胎体中难以实现定向排列,三种不同的分布状态呈随机分布,分析三种状态以各占三分之一的概率为准。

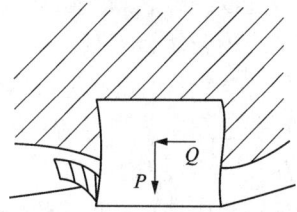

图3　横卧状碎聚晶粒破碎岩石的情形

从上面分析可知,这三种分布状态的碎聚晶粒的破碎岩石机理和效果各有长处与优势,随机分布后可以实现互补,保持较稳定的、较高的钻进速度。

碎聚晶粒钻头相比碎合金粒钻头,适应的岩层更广;工作层更高,钻头的使用寿命更长。可以钻进可钻性Ⅷ级以下(含部分Ⅷ级)的、较完整的岩石,例如大理岩、灰岩、玄武岩、砂岩等;只要胎体性能设计合理,还可以适应于钻进硬、脆、碎的较强研磨性的岩层。

2　碎聚晶孕镶钻头胎体性能设计

从碎聚晶钻头破碎岩石机理分析可知,碎聚晶粒金刚石钻头中,破碎岩石的磨料碎聚晶的颗粒度相对于金刚石单晶的粒度较粗,而相对于碎合金粒的粒度较小,适应于可钻性Ⅶ级以下(部分Ⅷ级)、中等至较强研磨性、完整至较完整的岩层。因此,钻头的胎体成分及其性能既不同于普通金刚石钻头的性能,又不同于碎合金粒钻头的胎体性能,它是介于这两者之间的中等硬度、中等耐磨性能的胎体。

普通金刚石钻头的胎体中,碳化钨的含量高,而碎合金钻头的胎体中没有碳化钨成分,主要为铜—铁合金。这与钻头胎体中磨料的性能以及适应的岩层密切相关,碎聚晶粒的磨耗比可以从2万增至8万,甚至更高,它的本质是细微金刚石的聚合体,从理论上分析它可以钻进任何岩石,但是由于它的颗粒较粗,切入岩石的阻力大,破碎硬岩的时间效应明显,所以碎聚晶钻头钻进的岩石级别受到了限制。

由于碎聚晶粒的抗压强度与磨耗比高,这对于提高钻头的使用寿命是十分有利的;由于其颗粒粗,对于提高钻进速度是非常有利的。因此,必须要有合适性能的胎体与之相适应,才能收到好的钻进效果。胎体软的话,耐磨性低,碎聚晶粒会提前脱落,影响钻头的使用寿命;胎体硬的话,耐磨性高,碎聚晶粒不容易更新,钻头的出刃效果差,影响钻头的钻进效率。从分析结果可知,碎聚晶粒钻头的胎体性能属于中等耐磨性和中等硬度。其胎体硬度可设计为HRC25~HRC30;而其耐磨性可设计为$(0.55~0.6)\times10^{-5}$ML,采用MPx-1000型摩擦磨损试验机测试时，其耐磨性可设计为 420~450 mg。

3 碎聚晶参数设计

碎聚晶材料是在合成热稳定性聚晶体过程中，由于工艺技术等原因，一部分聚晶体不能保持应有的规格与尺寸，一般均从中间断裂而形成的次品，但其高硬度与高磨耗比等性能不变，具有较高的利用价值；通过研究与试验，认为碎聚晶可以用来制造孕镶碎聚晶钻头，实践证明完全可行。

一般选取的碎聚晶的粒度直径为 1.5~2.5 mm，高约 2~2.5 mm。这种粒度的碎聚晶有如表镶钻头中天然金刚石的粒度，如果用以制造表镶钻头，由于其硬度与磨耗比不如天然金刚石，所以碎聚晶用以制造表镶钻头的使用寿命短，利用价值不高。

采用普通孕镶金刚石钻头的研制方法，孕镶碎聚晶热压钻头存在一定的弊端，即粗颗粒的碎聚晶在随机混料中，难以保证其在胎体中均匀分布，这样，就难以保证钻头的切削性能，难以保证钻头的钻进效果。但是，采用制粒技术可以基本上解决碎聚晶在胎体中分布不均匀的问题。

碎聚晶在钻头工作层中的浓度是碎聚晶孕镶钻头的重要参数，它涉及钻头的工作效率和工作寿命。碎聚晶的浓度可以采用体积浓度进行设计计算，对于可钻性Ⅵ级及其以下的岩石，碎聚晶的体积浓度取 20%，而对于可钻性Ⅶ~Ⅷ级的岩石，碎聚晶的体积浓度取 25%。如果钻进研磨性较强的岩层，碎聚晶的浓度应该提高。一个直径 0.2 cm 碎聚晶，其体积约 0.00628 cm³，那么，1 cm³ 工作层胎体中含碎聚晶颗粒约在 32~40 颗。

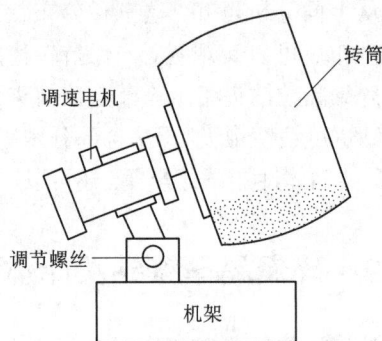

图 4 旋转制粒机

碎聚晶制粒在自制的旋转制粒机内进行，如图4 所示。旋转制粒机一边旋转，一边喷撒金属粉料和黏结剂；通过制粒机的旋转搅拌，碎聚晶颗粒上面就会裹上一层厚厚的金属膜层，制粒得以完成。

4 碎聚晶钻头结构设计

从钻头用户的使用要求可知，都希望钻头下入孔底后便能有效钻进，不希望有初磨时间，或尽可能减少初磨时间。而孕镶碎聚晶钻头如果采用普通设计与制造方法，必定要有一定的初磨过程才能进入正常钻进，为改变这种状况，孕镶碎聚晶钻头在设计时把表镶与孕镶结合起来，组成一种新结构的孕镶碎聚晶钻头。即把第一层设计成有序排列的表镶形式，而后续的工作层设计成无序排列的孕镶形式，这样，钻头下入孔底便能有效进行钻进，钻头结构如图5 所示。

由上述设计思路可知，碎聚晶钻头工作层的结构由两部分组成：表镶碎聚晶工作层和孕镶碎聚晶工作层，并有机地联系为整个胎体工作层。因此，对于模具的设计也包括两部分：普通热压钻头的石墨模具和第一工作层表镶部分的石墨模具(简称底圈)。底圈的设计基本遵循表镶金刚石钻头的设计思路，在底圈上设计并钻出有规律的小孔，留出水路即可。

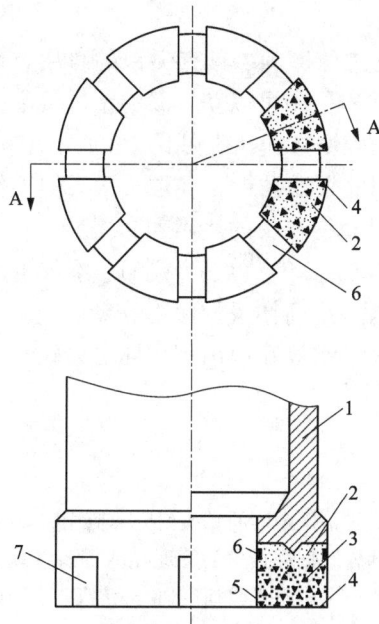

1—钻头钢体；2—钻头胎体；3—孕镶碎聚晶；
4—表镶碎聚晶；5—单晶金刚石；
6—钻头保径；7—钻头水口。

图 5 碎聚晶孕镶金刚石钻头结构示意图

在热压碎聚晶钻头设计中，除了主体磨料碎聚晶外，还孕镶有浓度为 20%～25% 单晶金刚石，金刚石的粒度为 30/40 目，品级为 SMD_{30}。这部分金刚石不仅可以参与破碎岩石，更重要的是可以保持钻头工作层的平衡磨损，提高钻头的使用效果。

5 钻头制造与热压工艺

碎聚晶钻头的制作过程与普通孕镶钻头的制作过程略有区别，首先将底圈放置于石墨底模内，用胶黏剂把聚晶体以直立的方式固定在底圈模具的小孔内，然后撒上一层胎体粉料，对模具稍加震击，胎体粉料的用量以盖住聚晶体的高度为宜；之后将混合均匀的胎体粉料、单晶金刚石和聚晶体一并装入石墨模具内，初步压实；在上述装模的基础上，放置好钻头保径聚晶，加上焊接层粉料，压上钻头钢体，即完成钻头烧结模具的组装，进行热压烧结而形成热压碎聚晶钻头。

热压碎聚晶钻头的烧结工艺取决于其胎体的成分与性能。由于胎体的硬度属于中硬范围，在 HRC25～HRC30 之间，所以热压温度设计为 960℃，压力 16 MPa，保温时间为 5 min，820℃ 出炉。钻头出炉后置于保温条件下缓冷至室温，脱模后进行机加工，完成钻头的制造。

6 结论

(1)碎聚晶作为破碎岩石的主体磨料,具有尖锐的自由切削面,其出刃高,具有磨削和切削双重作用,在中硬和弹塑性岩层中可以获得高的钻进效率;

(2)钻头的第一工作层采用表镶方式,钻头下入孔底不需初磨时间即可直接钻进;

(3)由于含有多层无序排列碎聚晶孕镶工作层,钻头的工作层可做得较高,钻进过程中不仅能很好地自磨出刃,还可以获得较长的使用寿命;

(4)钻头中孕镶了浓度为 20%~25% 单晶金刚石,不仅可以参与破碎岩石,更重要的是可以保持钻头工作层的平衡磨损,提高钻头的使用效果。

(5)由于该钻头在钻进过程中能很好地出刃,且出刃较高,钻头排粉效果好,可避免重复破碎与钻头泥包现象的发生。

参考文献

[1] 朱恒银,王强,杨展,等.深部地质钻探金刚石钻头研究与应用[M].武汉:中国地质大学出版社,2014.

[2] 朱恒银,王强,杨凯华,等.深部岩芯钻探技术与管理[M].北京:地质出版社,2014.

[3] 杨凯华,段隆臣,汤凤林,等.新型金刚石工具研究[M].武汉:中国地质大学出版社,2001 年.

[4] 刘广志. 金刚石钻探手册[M].北京:地质出版社,1991 年.

[5] 孙鑫,王迪,孙宁,等.复合胎体金刚石钻头试验研究[J].吉林地质,2014(3):137-138.

[6] 赵广伟,杨革,梁广华.深孔绳索取芯金刚石钻头性能参数探讨[J].探矿工程(岩土钻掘工程),2013,40(5):75-79.

[7] 万隆.超硬材料与工具[M].北京:化学工业出版社,2006.

[8] 肖丽辉,李国民,刘宝林.高胎体金刚石钻头设计制造中的几个关键技术[J].探矿工程(岩土钻掘工程),2012,39(6):77-79.

[9] 梁涛,赵义.金 3 井混镶金刚石钻头的设计与应用[J].探矿工程(岩土钻掘工程),2014,41(2):45-47.

[10] 肖丽辉,李国民,刘宝林.高胎体金刚石钻头设计制造中的几个关键技术[J].探矿工程(岩土钻掘工程),2012,39(6):77-79.

深部钻探关键设备选择原则及配置优化

张　正　朱恒银

摘要：钻探装备及工艺方法是钻探工程技术的核心，其中钻探设备又是实施钻探工艺的基础和硬件条件。施工中由于使用条件不同，则需要不同类型的钻探装备。所谓钻探装备是指完成一个钻孔所必需的钻机、泥浆泵、钻塔、动力、机具及其他技术装备的总称。通过分析设备配置对钻探效率的影响，对深部地质岩芯钻探关键设备与机具的优选与配置进行了讨论，提出了深孔岩芯钻探关键设备优选的建议。

关键词：深部钻探；关键设备；选择优化

Selection Principles and Configuration Optimization of the Key Equipments in Deep Drilling

ZHANG Zheng, ZHU Hengyin

Abstract：Drilling equipment and process method are the core of drilling engineering technology and the former is the basis and hardware condition of drilling technology. Different types of drilling equipment are required in the different construction conditions. Drilling equipment is the general name of the necessary equipment for drilling construction, such as drilling rig, mud pump, derrick, power and other technical equipments. Based on the analysis on the influence of equipment configuration on drilling efficiency, this paper discusses the selection and allocation of key equipments and tools for deep geological core drilling and puts forward some suggestions for the optimizing the key equipments in deep hole core drilling.

Keywords：deep drilling; key equipment; selection optimization

引言

近年来随着深部钻探工作逐渐深入，深部钻探项目越来越多。钻探设备是实施钻探工艺的基础和硬件条件，如何优化选择与配置钻探装备是直接影响钻探目的、质量、安全、效率和工艺方法的重要因素，尤其在深部钻探条件下更是工程成败的关键。

1　关键设备选择原则

配置深孔钻探装备的一次性投入大，必须通过深入的市场调研后再决策，减少盲目性。

基金项目：安徽省重点科技攻关项目"深部矿体勘探钻探关键技术方法及设备研究"（编号：09010301015）。

刊登于：《探矿工程(岩土钻掘工程)》2017年第44卷第9期。

深部地质岩芯钻探关键设备进行优化选择的原则如下。

(1)深孔钻探设备一般遵循"大马拉小车"的理念。因为深部钻探孔深达几千米,施工周期长,孔内地层情况多变,钻孔结构复杂,如果所选钻探设备在输出参数上不留有余地,往往孔内发生异常就难以及时处理,造成重大孔内事故。

(2)根据地质岩芯钻探特点,钻机需提升能力强,变速范围宽,扭矩大,主动钻杆通孔大,适用不同口径钻进。应优先选择液压立轴式和动力头式钻机,钻机能力应为实际孔深、孔径的1.3~1.5倍。

(3)要求泥浆泵的额定流量≥300 L/min,泵压≥10 MPa,保证冲洗液上返流速≥0.4 m/s。

(4)钻塔要有足够的承载力,原则上钻塔承载负荷应大于钻孔设计孔深及孔径所用钻具总质量的2倍,钻塔高度≥20 m。

(5)深孔钻探作业所需功率大,应优先选择工业电网驱动;无工业电网时,应采用燃料发电机组实现电驱动,避免选择柴油机直联式动力。

(6)原则上应配齐钻进参数仪表,实现主要钻探参数(如钻压、转速、扭矩、泵压、泵量、电流、电压等)的自动检测和可视化。

2　设备配置对钻探工效的影响

深孔地质岩芯钻探施工周期长,成本高,风险大,钻探施工中除工艺技术外,设备的配置是否合理,也是影响钻探工效的关键。主要影响因素有:钻机的给进行程、钻塔高度(钻杆立根长度)、设备安装拆卸、钻杆拧卸机械化程度、提钻间隔等。

2.1　钻机给进行程与工效的关系

目前国内地质岩芯钻机主要有两种,即立轴式和液压动力头式。立轴式钻机给进行程为0.5~0.8 m,液压动力头钻机给进行程为3~5 m。钻进过程中一般回次进尺为3~4.5 m,使用液压动力头钻机可无须倒杆,一气呵成,立轴式钻机则需倒杆7~9次。按正常钻进回次进尺4.5 m计算,3000 m孔深约需667个回次,立轴钻机需累计倒杆(以行程0.6 m计算)约5000次。以每次倒杆需2分钟计算,就得消耗钻探工时167 h。另外钻机每次倒杆,需执行换挡→停机→倒杆→开机→加压→调速等工序,易造成岩芯断裂、岩芯堵塞,尤其在较为破碎地层更为明显,影响回次进尺和绳索取芯钻进提钻间隔。据钻探统计资料对比分析,因钻进过程中倒杆影响回次进尺占10%~30%(破碎地层达30%以上),影响提钻间隔约占10%。

总消耗时间可按不同孔深时提下钻(或内管打捞投放)经过的钻孔通道总长度除以提下钻速度(或内管打捞投放速度)来计算,经过的钻孔通道总长度可根据等差数列求和公式计算。经公式推导,其对工效的影响可按(2-1)式计算:

$$T = (H^2 + GH) / (GV) \qquad (2-1)$$

式中:T为总消耗时间,h;H为孔深,m;G为提钻间隔(或回次进尺),m;V为提下钻速度(或内管打捞、投放速度),m/h。

钻机给进行程影响提钻间隔所多消耗的时间计算结果如表1所示,影响关系曲线如图1所示。

钻机给进行程影响回次进尺所多消耗的时间计算结果如表2所示,关系曲线如图2所示。

表1 给进行程影响提钻间隔所多消耗的时间

孔深 /m	间隔/m		Δt_1/h	间隔/m		Δt_2/h	间隔/m		Δt_3/h
	$30(S_1)$	$27(S_2)$		$60(S_1)$	$54(S_2)$		$100(S_1)$	$90(S_2)$	
0	0	0	0	0	0	0	0	0	0
1000	68.7	76.1	7.4	35.3	39.0	3.7	22.0	24.2	2.2
1500	153.0	169.7	16.7	78.0	86.3	8.3	48.0	53.0	5.0
2000	273.3	300.3	27.0	137.3	152.1	14.8	84.0	92.9	8.9
2500	421.7	468.0	46.3	213.3	236.5	23.2	130.0	143.9	13.9
3000	606.0	672.7	66.7	306.0	339.3	33.3	186.0	206.0	20.0

注：表中 S_1、S_2 分别为 4.5、0.6 m 行程，4.5 m 对应的给进行程为 4.8 m 的 FYD-2200 型液压动力头钻机且使用钻杆为 4.5 m 的绳索取芯钻杆的行程，0.6 m 为 XY-4、XY-5、XY-6 型等立轴式岩芯钻机对应的给进行程；Δt 为不同提钻间隔下所多消耗的时间，提下钻平均速度按 500 m/h 计算。

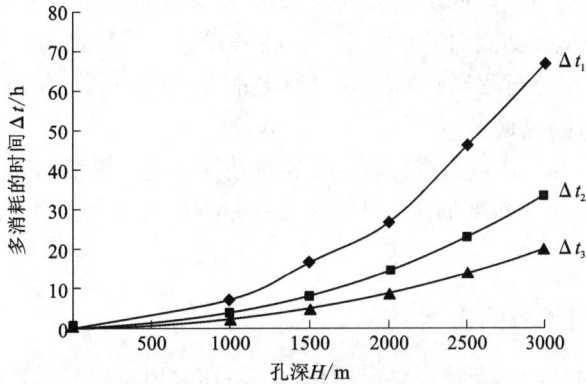

图1 给进行程影响提钻间隔所多消耗的时间关系曲线

表2 给进行程影响回次进尺所多消耗的时间

孔深 /m	回次进尺/m		耗时 Δt_1/h	回次进尺/m		多耗时 Δt_2/h	回次进尺/m		多耗时 Δt_3/h
	$2.0(S_1)$	$1.6(S_2)$		$3(S_1)$	$2.4(S_2)$		$4.5(S_1)$	$3.6(S_2)$	
0	0	0	0	0	0	0	0	0	0
1000	209	261	52	139	174	35	93	116	23
1500	469	587	118	313	391	78	209	261	52
2000	834	1043	209	556	695	139	371	464	93
2500	1303	1629	326	869	1086	217	580	724	144
3000	1876	2345	469	1251	1564	313	835	1043	208

注：表中 S_1、S_2 分别为 4.5 m、0.6 m 给进行程，Δt 为不同提钻间隔下所多消耗的时间，内管打捞投放平均速度按 2400 m/h 计算。

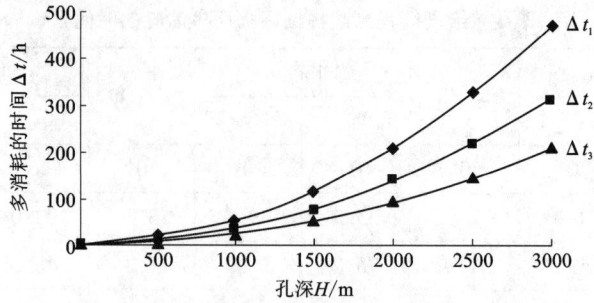

图 2　给进行程影响回次进尺所多消耗的时间关系曲线

表 1 中，4.5 m 行程设置的提钻间隔分别为 30、60、100 m，根据钻进过程中倒杆影响提钻间隔约占 10%，则 0.6 m 行程设置提钻间隔为 27、54、90 m。从表 1 与图 1 可看出，钻机给进行程影响提钻间隔所多消耗的时间随孔深增加而快速增加，提钻间隔越短，多消耗的时间越多。

表 2 中，4.5 m 行程设置的回次进尺分别为 2、3、4.5 m，根据钻进过程中倒杆影响回次进尺占 10%~30%，这里按 20% 计算，则 0.6 m 行程设置回次进尺为 1.6、2.4、3.6 m。从表 2 与图 2 可看出，钻机给进行程影响回次进尺所多消耗的时间随孔深增加而快速增加，回次进尺越短，多消耗的时间也越多。

由上述图表可以看出，钻机给进行程大小，对钻探工时、提钻间隔及回次进尺长短等指标具有直接影响。随着钻孔深度加深，对钻探工效影响愈来愈大。因此深孔应尽量选择长行程钻机。

2.2　钻塔高度对工效的影响

众所周知，钻塔的高度决定钻杆立根的长短，钻杆立根长短又决定提下钻的速度。现以绳索取芯钻探为例，假设提钻间隔（G）为 50 m，立根长度（L）分别为：18 m、9 m、6 m 三种，相对应的起下钻速度（V）分别为 500、300、200 m/h，在不同孔深条件下计算出所耗工时如表 3 所示，对工效的影响关系曲线如图 3 所示。

表 3　不同立根长度对工效的影响关系

孔深/m	所耗工时/h		
	L_1（18 m）	L_2（9 m）	L_3（6 m）
0	0	0	0
1000	42	70	105
1500	93	155	233
2000	164	273	410
2500	255	425	638
3000	366	610	915

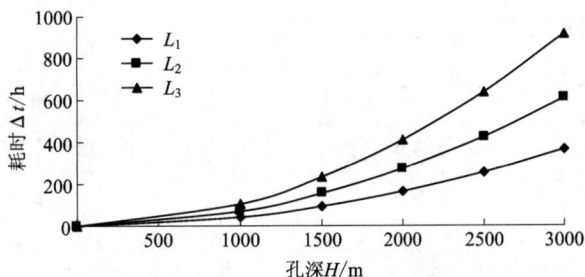

图3 不同立根长度对工效的影响关系曲线

表 3 中，比如在 1000 m 孔深时，提钻间隔为 50 m，则需提下钻 20 次（分别在 50、100、150、200、…、950、1000 m），18 m 立根对应的每次提下钻时间则为 12、24、36、48、…、228、240 min，20 次提下钻时间相加总和则为 42 h。关系曲线表明：钻杆立根长短随着孔深的增加，对工效影响越来越大，对于浅孔影响较小，对深孔特别是超过 1500 m 的应选择高钻塔。

2.3 钻杆拧卸方式与工效的关系

钻杆柱的拧卸方式有人工拧卸和机械拧卸两种方法。钻杆拧卸影响工效的因素主要有：孔深、提钻间隔、立根长度等，在同一条件下，拧卸机械化程度则是影响工效的关键。如果 3000 m 孔深，立根长度为 18 m，总立根数及短单根共 167 根，人工拧卸每个接头平均按 2 min 计算，则提下一次钻拧卸钻杆耗时约 11 h；采用机械液压钳拧卸钻杆，每个接头平均只需要 0.5 min，提下一次钻拧卸钻杆耗时约 2.8 h。两者相比，机械拧卸钻杆比人工拧卸提高工效约 3 倍。另外据施工现场测算可知，人工拧卸一个接头作业人员需要摆臂 24 次，3000 m 孔深提下一次钻人工累计摆臂 8000 余次，工人的劳动强度非常大；同时人工拧卸钻杆，接头使用寿命减少约 1/3。

2.4 钻塔安装形式与工效的关系

地质钻探用钻塔目前主要有高塔式分体安装和桅杆式整体安装 2 种形式。若不考虑现场的环境、道路及其他因素，高塔式分体安装需耗时 6~7 d，桅杆式整体安装需 1~2 d，不同孔深钻塔安装形式对工效的影响关系如表 4 所示。

表 4 钻塔安装形式对工效的影响

孔深 /m	钻塔类型	安装形式	钻探总工期 /d	安装耗时 /d	占总工期比例 /%
500	高塔	分体式	30	6	20.0
	桅杆	整体式		1	3.3
1000	高塔	分体式	60	6	10
	桅杆	整体式		1	1.7

续表4

孔深 /m	钻塔类型	安装形式	钻探总工期 /d	安装耗时 /d	占总工期比例 /%
1500	高塔	分体式	100	7	7
	桅杆	整体式		2	2
2000	高塔	分体式	150	7	4.7
	桅杆	整体式		2	1.3
2500	高塔	分体式	300	7	2.3
	桅杆	整体式		2	0.7
3000	高塔	分体式	360	7	1.9
	桅杆	整体式		2	0.6

表4数据表明：钻塔的安装形式随着施工孔深的变化，对工效的影响程度不同，孔深越大影响越小。

2.5 设备驱动方式与传动效率

钻探设备驱动主要有电动机(或燃料机)直接驱动和液压马达驱动两种方式。其中，液压马达驱动传动效率较低，能耗较大。例如，施工2500 m孔深时，在同等条件下全液压驱动(含钻机、泥浆泵、绳索取芯绞车等动力)需要总功率约200 kW，而电动机直接驱动约为120 kW，可减少40%的功率消耗。由此可见，钻探设备驱动方式对能耗影响较大，尤其在深孔钻探情况下对钻探总成本影响明显。

3 主要设备优化配置

钻探设备选择合理与否直接影响到钻探效率和成本，尤其深孔岩芯钻探设备的优化配置显得更为重要。钻探关键设备的选择必须以孔深、钻孔结构、施工工艺、环境条件等因素为依据，以最佳的设备匹配获取最高钻探效率和经济效益。

通过分析关键设备的性能与工效影响关系和深孔岩芯钻探实践，并结合我国钻探设备现状，对深孔岩芯钻探关键设备优选建议如表5所示。

表5 深孔岩芯钻探设备优化选择推荐表

孔深/m	钻机类型	钻塔类型
1000~1500	XY-6、HXY-6、XY-2000、YDX-4、YDX-5、XDL-5A、YDX-1800	SGZ24、桅杆式、AS24-50
1500~2000	HXY-8、JHJ-2000、XY-2000、HYDX-6、HCR-8、FYD-2200、YDX-3000、DX2000	HS24-50、SGZ26、SZ27-70

续表5

孔深/m	钻机类型	钻塔类型
2000~2500	HXY-8、HXY-9、XY-3000、YDX-3000、FYD-2200、	HS27-75、AG27
≥2500	DJZ2000、HXY-9、KZ3000、XD-35DB	AG27、HS30-110

注：表中设备能力以岩芯钻探终孔口径 N 系列（$\phi76$ mm）为条件。

优选深孔岩芯钻探设备时，需考虑钻探综合效率和适用性、可行性并注意以下几点。

（1）在山区、丘陵道路、场地较差的地区施工，应优先选择立轴式钻机或分体塔式全液压动力头钻机及配套设备。

（2）施工 1000~1500 m 孔深钻孔，在道路、场地较好条件下，优先选择全液压动力头桅杆整体式钻机及配套系统。

（3）施工 1500~2500 m 孔深钻孔，应优先选用分体塔式动力头钻机或立轴式钻机。

（4）施工孔深≥2500 m 的钻孔，优先选用顶驱钻机（液压或电动），其次选用立轴式钻机。

（5）施工区域工业用电容量不足或无工业用电情况下，应优先选用立轴式钻机。

（6）深孔无岩芯钻探施工，优先选用顶驱钻机和全液压动力头钻机。

（7）复杂地层采用常规取芯钻探，应优先选用立轴式钻机。

（8）深孔钻探用泥浆泵必须选变量泵，流量上限≥300 L/min（钻孔结构复杂时流量上限≥600 L/min），泵压≥10 MPa。

（9）钻孔深度≥2000 m 时，应优先选用四角和 A 型钻塔，钻塔高度≥20 m，钻塔承载负荷≥500 kN；山区、施工场地狭小时，优先选用四角塔，便于装卸。

（10）深部钻探设备动力源，应优先选用工业用电或发电机组供电，尽量避免采用柴油机直联式驱动。选用液压动力头钻机时，应配分体式动力，以节约动力能耗。

4 结束语

深部钻探关键设备的选择应按照合理性、适用性、先进性和前瞻性的原则，根据地质找矿特点和钻探孔深、孔径、钻进方法等条件来选择配置。各项设备的配置，在不同孔深时对钻探工效会产生不同的影响。在选择设备时必须全面考虑各方面影响因素，以最佳的设备匹配获取最高钻探效率和经济效益。

参考文献

[1] 朱恒银.深部岩芯钻探技术与管理[M].北京：地质出版社，2014.

[2] 侯德峰.固体矿产岩芯钻探安全技术[M].郑州：河南大学出版社，2013.

[3] 刘广志.中国钻探科学技术史[M].北京：地质出版社，1998.

[4] 王达，张伟，张晓西，等.中国大陆科学钻探工程科钻一井钻探工程技术[M].北京：科学出版社，2007.

[5] 鄢泰宁.岩土钻掘工艺学[M].长沙：中南大学出版社，2014.

[6] 朱恒银.深部矿体勘探钻探技术方法研究综述[J].安徽地质，2012(10)：119-123.

[7] 朱恒银，蔡正水.赣州科学钻探 NLSD-1 孔施工技术研究与实践[J].探矿工程(岩土钻掘工程)，2014,

41(6)：1-7.

[8] 朱恒银，刘跃进.FYD-2200型分体塔式全液压动力头钻机的研制及应用[C]//中国地质学会探矿工程专业委员会.第十五届全国探矿工程(岩土钻掘工程)学术交流年会论文集.北京：地质出版社，2009.

[9] 刘宪全，李效生，宋双进，等.全液压顶部驱动钻机的开发与应用[C]//中国地质学会探矿工程专业委员会.第十七届全国探矿工程(岩土钻掘工程)学术交流年会论文集.北京：地质出版社，2013：30-34.

[10] 张伟，王达，刘跃进，等.深孔取芯钻探装备的优化配置[J].探矿工程(岩土钻掘工程)，2009，36(10)：34-38，41.

[11] 张伟.金刚石绳索取芯钻进施工效率影响因素分析[J].探矿工程(岩土钻掘工程)，2007，34(10)：22-24，34.

[12] 高富丽，刘跃进，张伟.我国地质钻探技术装备现状分析及发展建议[J].探矿工程(岩土钻掘工程)，2009，36(1)：3-8.

[13] 张金昌，孙建华，谢文卫，等.2000 m全液压岩芯钻探技术装备示范工程[J].探矿工程(岩土钻掘工程)，2012，39(3)：1-7.

[14] 张林霞，李艺，周红军.我国地质找矿钻探技术装备现状及发展趋势分析[J].探矿工程(岩土钻掘工程)，2012，39(2)：1-8.

[15] 朱恒银，蔡正水，王幼凤，等.2706.68 m试验孔施工关键装备与技术[C]//中国地质学会探矿工程专业委员会.第十六届全国探矿工程(岩土钻掘工程)技术学术交流年会论文集.北京：地质出版社，2011：127-135.

明光苏巷石盐钾盐矿区钻孔地层造浆的研究

罗艳珍　乌效鸣　朱恒银　刘鸿燕　王幼凤

摘要：黏土侵是地层黏土侵入钻井液使其性能变坏的现象。只要在沉积地层（一般为砂岩、泥岩、页岩、灰岩）中钻进，或多或少都存在黏土侵入钻井液的问题，使其性能变坏。而地层造浆不但解决了黏土侵的问题，同时把黏土侵变废为宝，关键问题是什么样的地层可以采用地层造浆。目前国内各个地方都在不自主地使用地层造浆，而对地层造浆的具体研究却相对较少。本文以明光苏巷石盐钾盐矿区ZK012普查（科研）钻孔为例对地层造浆进行了探讨研究。

关键词：黏土侵；地层造浆；井眼稳定；膨胀量；泥浆

Research on Formation Slurry of Borehole in Minguang Suxiang Stone Salt and Potassium Salt mining Area

LUO Yanzhen, WU Xiaoming, ZHU Hengyin, LIU Hongyan, Wang Youfeng

Abstract：Clay invasion is the phenomenon that formation clay invades drilling fluid, leading to performance deterioration of it. As long as drilling in the sedimentary strata (usually sandstone, mudstone, shale and limestone), there is more or less drilling fluid invasion problems caused by clay, which result is drilling fluid performance deterioration. The stratum mud making solved the clay invasion problem and varied harm into use. The key problem is what kind of formation can be used to make mud. Currently there are involuntary uses of stratum mud making in various places in China, while little specific study on mud making is made. The paper discussed the study on stratum mud making with the case of ZK012 census hole in the rock salt potash mine district of Suxiang, Mingguang.

Keywords：clay invasion; stratum mud making; wellbore stability; expansion; mud

　　地层造浆是指钻进中地层岩土随钻头体旋转、破岩刀具的破碎等逐渐变成微粒并充当泥浆中固相的过程。地层造浆的根本原因，在于地层岩土受外力破碎并与泥浆中的水产生物理化学吸附引起的水化。水化使得原泥浆中钻屑强度、密度及电荷性质发生变化，并导致重复

刊登于：《探矿工程（岩土钻掘工程）》2011年第38卷第3期。罗艳珍、乌效鸣、刘鸿燕作者工作单位：中国地质大学（武汉）。

性的膨胀、软化及裂解分散。

钻进过程中，首先是沿着破岩轨迹裸露出的新地层立即被泥浆所覆盖，泥浆内自由水受静滤压作用首先吸附在地层表部，并沿着岩土孔隙向地层深部渗透，使岩层表部不断软化甚至发生膨胀。接着，预水化的地层经破岩切割成钻屑，形成的钻屑粒径越小，自然造浆率越高。然后钻屑的水化分散与重复破碎形成的钻屑，因泥浆中自由水在表面吸附并向内部渗透，出现周期性的裂纹、落片或裂解，同时随着钻头体旋转及泥浆流动冲击等再次破碎，直至在地面除去或分散成极细微粒并变成泥浆的固相成分。这样便形成了地层造浆[1]。

1 工程概况

明光苏巷石盐钾盐矿区 ZK012 是该矿区首个深部普查钻孔，地面标高+17 m，其中表土段厚度约 30 m，基岩段厚度大约 1570 m。全孔取芯钻进，孔深 1600 m，开孔用 ϕ130 mm 合金钻头钻至 9 m，下外径 ϕ127 mm 的套管（厚 5.59 mm），然后用 ϕ95 mm 复合片钻头（其外肋骨加到 113 mm）钻至孔底。该工程选用了国内新型 DX-2000 液压顶部驱动钻机，机上残尺达到 19 m，提钻取芯时使用 9 m 长筒取芯器。岩芯 ϕ55 mm，单管投卡料取芯。

地层为第三系地层，根据已知地层特点，地层倾角特点及地层倾角较小为 3°~5°，基本为水平地层，多数岩石硬度不高在 6 级以下，浅部以矿质泥岩为主，但岩层多为泥岩和泥质砂岩，较为松软，易吸水膨胀缩径和易遇水溶化扩径等，故对钻井液的性能提出了较高的要求。

2 室内试验数据

2.1 岩芯矿物成分及含量

表1 是 1300 m 以浅两个典型岩芯样 X-衍射分析结果。其中岩芯样 YX-QH 为青灰色泥岩，YX-SH 为棕红色泥质细砂岩。表2 是 1300~1598 m 之间的四个岩芯样 X-衍射分析结果。

表1 岩芯样 X-衍射分析结果（1） %

岩芯样	蒙脱石	绿泥石	伊利石	石英	钾长石	钠长石	方解石	白云石
YX-QH	15	15	10	21	5	8	18	8
YX-SH	20	10	5	20	3	12	26	4

表2 岩芯样 X-衍射分析结果（2） %

孔段样/m	绿泥石	伊利石	高岭石	石英	长石	方解石	白云石	赤铁矿
1302	20	15	5	23	10	13	12	2
1400	15	10	5	26	18	14	10	2
1500	20	15	5	25	11	12	10	2
1598	20	5	5	38	22	10	0	0

由表1、表2看出该区地层土中的黏土矿物主要为：蒙脱石、绿泥石、伊利石和高岭石。蒙脱石黏土易水化膨胀，分散性好，造浆率高，每吨黏土造浆量可达 12~16 m³；高岭石矿物不易膨胀水化，造浆率低，每吨黏土造浆量低于 3 m³；伊利石的造浆能力低，其造浆性能变化幅度大，主要根据 K^+ 含量多少而变化[2]。一般蒙脱石含量在 12% 以上的土，具有较强的胀缩性[3]。

根据格里姆（Grim，1960）的资料，蒙脱石、绿泥石、高岭石的阳离子交换容量（CEC）分别是 80~150、10~40、3~15 mmol/100 g；我国西部某油田储层敏感性流动实验资料显示蒙脱石、绿泥石、高岭石的水敏性分别为 0.7267、0.3260、0.0666[4-5]。由以上两个参数得知绿泥石的造浆性能介于蒙脱石与高岭石之间，有一定的造浆性能。

由以上分析可知，1300 m 以上地层土中蒙脱石含量为 15%~20%，是该孔可用于地层造浆的关键；绿泥石含量为 10%~15%，黏土矿物总含量为 30%~45%。1300 m 以下地层土中没有蒙脱石，绿泥石含量为 15%~20%，黏土矿物总含量为 25%~40%。1300 m 以上地层的造浆性能明显比 1300 m 以下好，分析在 1300 m 以下浆液主要用 1300 m 以上地层造的浆液循环钻进。

2.2 膨胀量试验

采用常规 ZNP 型膨胀量仪进行测试。取 1430 m 处岩芯样（泥岩），以 10 mm 高度的模拟岩芯样进行测试，12 h 膨胀量达到 0.186 mm。图 1 是 3 种土样的膨胀曲线对比图，其中 1 号样为岩芯样，2 号样是来安县某一优质膨润土样，3 号样是基本没有造浆性能的劣质土。

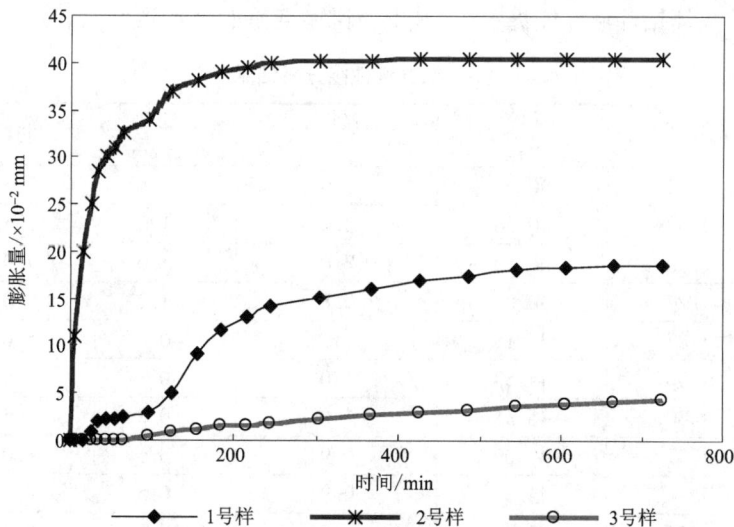

图 1　膨胀量对比曲线图

由图 1 看出，1 号样在 3 h 后明显发生膨胀，其膨胀量与 2 号样比较小得多，与 3 号样比较又明显的大，这说明了该区地层土膨胀性与一般性膨润土相当，有一定的造浆性能。同时，因其膨胀发生缓慢，有充分的时间调配浆液，保证了该地层造浆的可行性。

3 现场实验和观察

钻孔从开始到 400 m 采用膨润土造浆，浆液密度均小于 1.2 g/cm³、失水量均大于 15 mL/30 min。钻孔在 400 m 处发生严重的缩径，导致钻具被卡住拔不上来，用了近 2 个月时间处理该事故。分析该事故的主要原因是浆液的性能不适应这种易吸水膨胀缩径和易遇水溶化扩径的地层所导致的。而且所配的浆液受黏土侵入严重。后从 400 m 到 1600 m 一直采用地层自然造浆，浆液密度大于 1.24 g/cm³、失水量均小于 15 mL/30 min，经过后期对浆液进行调配，密度基本保持在 1.3 g/cm³ 左右、失水量越来越小（失水量小于 8 mL/30 min），效果很不错，没再发生缩径卡钻现象。

3.1 现场泥浆性能测试与调整

第一阶段：泥浆所用材料为钻井地层钻渣、纯碱、低黏 CMC、池塘水；泥浆平均密度为 1.28 g/cm³、漏斗黏度 31.5 s、失水量 12 mL/30 min、含砂量 2%；密度满足要求，黏度有点偏小，失水量有些偏大，含砂量大。

第二阶段：采用振动筛和人工清除泥浆砂子，同时加大低黏 CMC 的用量，浆液性能明显转好。泥浆平均密度为 1.3 g/cm³、漏斗黏度 40.2 s、失水量 7.7 mL/30 min、含砂量 1%，各项性能均满足钻进要求。

第三阶段：泥浆材料中低黏 CMC 换用水解聚丙烯腈。泥浆平均密度为 1.32 g/cm³、漏斗黏度 40.6 s、失水量 5.6 mL/30 min、含砂量 0.9%。各项性能均优良，保持此泥浆性能的配制标准到终孔。具体钻井液性能见表 3，其中滤饼厚度是七分半测得。

表 3   钻井液性能分析结果

H/m	$\rho/(\text{g} \cdot \text{cm}^{-3})$	FV/MPa·s	含砂量/%	滤饼/mm	pH	FL/mL
800	1.32	30.27	3.0	1.5	7.5	13.0
900	1.32	30.50	2.0	1.0	8.5	12.4
1000	1.30	36.50	2.0	1.0	7.0	12.2
1150	1.27	40.05	0.8	1.2	9.0	10.6
1256	1.27	35.11	1.0	0.8	8.0	8.6
1300	1.30	44.59	1.0	0.8	7.5	8.2
1335	1.30	46.35	1.0	0.8	8.5	6.8
1372	1.31	45.00	0.9	0.5	8.0	6.0
1404	1.34	44.37	0.9	0.5	8.0	6.0
1430	1.31	33.00	0.9	0.5	8.0	5.2
1450	1.32	37.00	0.9	0.5	9.0	4.8
1478	1.31	34.48	0.9	0.5	8.0	6.0
1492	1.32	43.43	0.9	0.5	8.5	4.4
1530	1.30	42.00	0.8	0.5	9.0	6.2
1598	1.31	40.58	0.8	0.5	8.5	5.2

3.2 地层造浆的优缺点分析

(1)浆液与地层相匹配，配伍性很好，一般不与地层发生化学反应，泥浆性能稳定。

(2)泥浆密度与地层压力相一致，一定程度上防止了地层缩径。

(3)地层造浆的缺点就是影响孔壁稳定性。但在现场泥浆测试中做得的滤饼不仅致密度好、薄(0.5 mm)，而且柔韧性也很好，同时泥浆密度大都防止了地层的缩径、坍塌，从而又保证了孔壁的稳定性。

以上这些都验证了该孔地层造浆实用性。

3.3 典型地层变换处特点

观察岩芯，该区地层基本都为泥岩、泥质细砂岩和粗砂岩相互交替出现，其层位变化有几处非常明显。图2为地层变换处的岩芯照片。

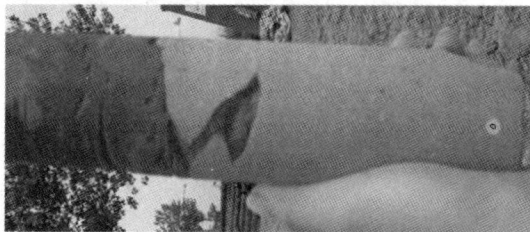

图 2　1465 m 地层变换处岩芯照片

4 黏土入侵量计算

使用 ϕ95 mm 的钻头，加外肋骨形成 ϕ113 mm 的孔，ϕ55 mm 的岩芯，泵量 200 L/min，假设钻进速度为 3 m/h，黏土密度 $\rho = 2.2$ g/cm^3，则有：

(1)环空面积

$$m = \pi \times \left(\frac{113}{2}\right)^2 - \pi \times \left(\frac{55}{2}\right)^2 \approx 7649(\mathrm{mm}^2)$$

(2)黏土每分钟的侵入量为

$$\frac{7649 \times \dfrac{3000}{60} \times 25\% \times 10^{-6}}{200} \times 100\% = 0.048\%/\mathrm{min}$$

(3)每小时造浆黏土质量

$$m_{\text{黏}} = \rho V_{\text{黏}} = 2.2 \times 7649 \times 3 \times 25\% = 12.621(\mathrm{kg})$$

式中，$V_{\text{黏}}$ 为岩屑中黏土的体积。

钻井液中黏土含量为7%，1 m^3 浆中所需黏土 70 kg，则钻进 3 h 要加入约 0.54 m^3 水。现场加水是加降失水剂水溶液，即在要加入的水中溶有降失水剂。通过此计算指导现场钻进中对泥浆的调配，保证钻井液性能的稳定。

5 结论

(1)应用地层的材料造浆，其物质元素与地层相匹配，一般不会发生化学反应，钻井液稳定且具有较强的抑制性。

(2)地层造浆必须有客观条件，即地层土中蒙脱石含量要达到15%以上，同时地层土要有一定的膨胀性即3小时后膨胀量可达到0.15 mm。

（3）地层造浆一定要注意孔壁保护的问题，要避免因地层造浆引起的孔壁坍塌；加入一定量的降失水剂，保证钻井液失水量小于 8 mL/30 min，可起到保护孔壁的作用。

参考文献

［1］邓时哲，程国强.在造浆地层中使用 PAM 泥浆遇到的一些问题［J］.探矿工程，1984，3(1)：37-39.

［2］乌效鸣，胡郁乐，贺冰新，等.钻井液与岩土工程浆液［M］.武汉：中国地质大学出版社，2002：80-83.

［3］方磊，黄小军，许明军.膨胀土初步判别的指标［J］.交通标准化，2004(12)：94-97.

［4］格里姆 R.E. 黏土矿物［M］.许冀泉译.北京：地质出版社，1960.

［5］孙建孟，李召成，关雎.用测井确定储层敏感性［J］.石油学报，1999，20(47)：34-38.

深部钻探泥浆护壁技术研究与应用

蔡正水　朱恒银

摘要：随着深部钻探工作的深入开展，孔内施工条件空前复杂，有了更多的不可预见性，施工风险大幅度增加。钻孔孔壁的稳定成了工作的重中之重。因此，各个施工单位和机台都把泥浆的使用和维护，作为施工的重要内容去抓。本文从钻遇不同的地层着手，探讨泥浆在各种地层情况下的配比、使用、维护和废浆处理技术。

关键词：泥浆体系；不同地层；泥浆性能；使用和维护

Study and Application of Slurry Supporting Technique in Deep Drilling

CAI Zhengshui, ZHU Hengyin

Abstract：With further going of deep drilling, downhole construction conditions become unprecedentedly complicated, more unexpected things and constructions risks arise. Borehole wall stability is the priority of all. Each construction unit pays great attention to the use and maintaining of slurry. This paper discussed the composition, use, maintaining and waste slurry treatment against different strata to be drilled into.

Keywords：slurry system；different strata；slurry performance；use and maintaining

0　引言

泥浆与护壁技术的优劣是深部钻探成败的关键之一。近年来，我们根据深部钻探及科学钻探需要，针对不同岩矿层、钻孔类型、孔深和口径开展了泥浆与护壁技术研究，并取得可喜的成果。本文着重介绍其研究与应用情况。

1　不同地层的泥浆体系及应用效果

1.1　松散软地层

松、散、软地层成分主要为黏土、淤泥、砂、砂砾石、砾卵石、泥岩、灰岩等。这类地层

用泥浆护壁主要是增加孔壁地层颗粒之间的胶结力和孔壁地层的抑制性(黏土、淤泥层)。关键措施是选择细分散泥浆体系,通过增加泥浆中的黏土含量,加入有机或无机增黏剂等方法来提高泥浆黏度。体系中除黏土、Na_2CO_3 和水外,往往加入提黏剂、降失水剂和稀释剂(或抑制剂)。

该泥浆体系的配方:膨润土 10% ~ 15%+CMC 0.1% ~ 0.5%(可选择低黏、中黏或高黏)+KHm(腐殖酸钾)2% ~ 4%(或 NaHm)。主要性能指标:密度 1.10 ~ 1.15 g/cm^3,黏度 25 ~ 40 s,滤失量 ≤15 mL/30 min。

该泥浆体系曾用于安徽霍邱和阜阳地区铁矿区第四系覆盖层(厚 200 ~ 600 m)、上海市地面沉降监测标孔、三维地质取样孔(第四系黏土及粉砂质黏土、砂砾层厚 300 ~ 400 m)、北京市地面沉降监测标孔、三维地质取样孔(第四系黏土、砂、砾卵石层最高厚 950 m)以及环境科学钻探,解决了孔壁缩径、超径、坍塌问题,完全满足松散软地层护壁要求。应用地区的主要地层如表 1 所示。

表 1　应用地区的主要地层

典型地区	上海	北京
主要地层	第四系:黏土、粉质黏土、淤泥、砂层、砂砾层、砾石层 古近系、新近系:砂砾岩、砂岩、泥岩。 基岩:风化花岗岩、凝灰岩等	第四系:黏土、粉质黏土、淤泥、砂层、砂砾层、砾石层 古近系、新近系:砂砾岩、砂岩、泥岩、灰岩

经验表明,用于松散软地层的细分散 CMC+KHm(或 NaHm)泥浆可在钻进过程中自然造浆,对第四纪地层的护壁和抑制孔壁膨胀性能较好。但泥浆抗侵污能力差,性能不够稳定,应针对不同类型的侵污特点对症添加抗侵处理剂,加强泥浆的地表净化(除泥、除砂),控制含砂量。

1.2　水敏性地层

水敏性地层包括吸水膨胀(以蒙脱石为主的泥页岩)、吸水分散(蚀变凝灰岩、蚀变粗安斑岩、高岭土化、滑云母化岩石、泥质砂岩)和吸水剥落(泥质板岩、砂质页岩、石英石墨片岩)三类地层。水敏性地层主要选用高抑制性泥浆体系。主要措施是降低泥浆的滤失量,避免大量自由水进入地层;添加 K^+ 或 NH_4^+ 等成分,利用高分子聚合物的吸附、分子链交联及包被作用,提高泥浆的抑制性能;加入沥青类处理剂,对孔壁上的裂隙及毛细管具有封堵作用。

钾基高分子抑制性泥浆体系的配方:1 m^3 水+40 kg 钠质膨润土+40 kg 氯化钾+3 kg 聚丙烯酰胺+5 kg CMC+10 kg 改性沥青+5 kg GLUB(润滑剂)。主要性能指标:密度 1.05 ~ 1.10 g/cm^3,黏度 22~25 s,滤失量 ≤14 mL/30 min,泥皮厚 1 mm,相对膨胀降低率 80%,润滑系数 0.22。

该泥浆体系中采用 KCl、KOH 或 KHm 等作为处理剂,提供 K^+ 离子,一是通过离子交换使 K^+ 进入蒙脱石晶层形成伊利石结构;二是因 K^+ 离子直径与黏土六方晶格大小相符,离子交换后起晶格固定封闭作用。同时体系中加入的高分子聚合物吸附于孔壁表面,形成高分子吸附膜封闭地层微裂隙及层理,增强胶结强度,减少地层膨胀性,增强泥浆体系对地层抑制能力和孔壁的润滑性能。

该体系泥浆在安徽寿县正阳关铁矿异常验证孔 ZK01、ZK04 和安徽明光苏巷石盐钾盐矿异常查证孔 ZK012 中应用，平均钻孔深度 1717 m，最深达 2001 m，累计钻探工作量 5153 m。ZK012 钻孔主要穿过地层见表 2。

表 2　ZK012 钻孔主要穿过地层

典型地区	寿县	明光苏巷
主要地层	第四系：黏土、砂土、砂 古近、新近系：砂岩、红色泥岩 基岩：片麻岩、斜长角闪岩、变粒岩、石英片岩、辉长岩	第四系：黏土、棕红色泥岩、砂岩、含砾砂岩、青灰色泥岩夹棕红色泥岩、青灰色含膏钙芒硝泥岩

在上述钻孔中的使用结果表明，钾基高分子抑制性泥浆对水敏性地层具有较强的抑制作用，钻进过程中自造浆能力减弱，流变性较好，携带岩粉、悬浮岩粉能力较强，钻孔孔壁较完整，超径、缩径现象不明显。同时有良好的抗侵污能力，减少了孔内事故，平均岩芯采取率达 90%。寿县正阳关 ZK01 孔和 ZK04 孔均采用 H、N 系列口径绳索取芯钻进，内管起下顺利，满足了水敏性地层绳索取芯钻进对泥浆性能的要求。

1.3　破碎及压力地层

破碎地层是指因地质及构造运动、风化作用、地下水侵蚀等影响形成的断层、破碎带及岩石节理、片理、裂隙发育的地层。破碎地层往往松散不稳定、胶结性差、强度低，而且其中常夹有压力地层。地层深部的岩石在未被钻开前其受到的上覆岩层压力、水平地应力及孔隙压力处于平衡状态；钻开后原有平衡被破坏，应力释放或重新分布造成孔壁失稳（孔壁缩径、坍塌或破裂），这类地层称为压力地层。在钻进过程中，泥浆的冲刷和动压力作用将加剧孔壁不稳定。这类地层应采用压力平衡（亦称平衡地压）钻进，通过调节泥浆密度使钻进中钻孔环空外压力始终等于或接近于地层孔隙压力，而又不超过地层压裂（压漏）压力极限，使之保持一定的平衡关系。压力平衡钻进的数学表达式：

$$P_D > P_H > P_K$$

式中：P_D、P_H、P_K 分别代表地层压裂压力、环空压力和地层孔隙压力。

用于破碎地层的高分子聚合物低固相泥浆体系配方：1 m³ 水+50 kg 钠膨润土+2 kg CMC+1 kg PHP+2 kg 皂化油（或 GLUB）。主要性能指标：密度 1.05 g/cm³，黏度 20~25 s，滤失量 ≤ 14 mL/30 min，泥皮厚 0.5 mm，润滑系数 0.21。

如果所钻破碎地层的地层压力不明显，一般采用密度 1.05~1.10 g/cm³ 的高分子聚合物泥浆即可达到护壁要求。在安徽霍邱铁矿深部钻探试验 ZK1725 孔、华东庐枞盆地科学钻探选址预研究 LZSD-1 孔和华南于都—赣县矿集区科学钻探选址预研究 NLSD-1 孔破碎带孔段使用的低固相高分子聚合物泥浆，完全满足护壁和绳索取芯钻进要求。

四川汶川地震断裂带科学钻探 WFSD-3 孔布置在龙门山断裂上，钻遇的地层主要为：侏罗系粉砂岩及含砾砂岩、泥岩互层，三叠系岩屑砂岩、碳质页岩或煤线、泥灰岩、煤层、断层泥等。该地层经过历史上多次强烈地震，全孔破碎地层占 80% 以上，地层应力很大，钻孔缩径、坍塌严重并伴有涌水漏失等罕见复杂情况。采用压力平衡钻进技术，以高黏度、高密度、高分子聚合物加重泥浆解决了该类破碎地层的孔壁失稳问题。聚合物加重泥浆体系配方：1 m³ 水+8%~10%膨润土+5%纯碱(膨润土重量)+0.5%~0.8%CMC+1%NH₄HPAN+2%SAS+0.5%K-PAM+1%KHm+BaSO₄(根据地层情况计算加量)+1%GLUB。性能参数见表3。

表3　聚合物加重泥浆体系性能参数

密度 /(g·cm⁻³)	漏斗黏度/s	表观黏度/(MPa·s)	塑性黏度/(MPa·s)	动切力 τ_0/Pa	静切力 τ/Pa⁻¹	滤失量/(mL·30 min⁻¹)	泥皮厚度/mm	pH
1.35~1.59	40~50	25~30	15~25	8~10	8~12	4~6	0.4~0.6	9~10

重泥浆体系的最大特点是滤失量低、密度高、流变性好，对强破碎地层具有良好的护壁和保护岩芯性能的作用。在汶川地震科学钻探 WFSD-3 孔复杂地层中平衡地应力钻进取得了非常满意的效果，取出的岩芯如图1、图2所示。

图1　破碎松散岩芯

图2　强膨胀黏滞性岩芯

若地层孔隙压力低(如钻孔漏失、地下水位较低)可采用低密度泥浆，如充气泥浆或可循环微泡沫泥浆等进行压力平衡钻进。

1.4　易溶性地层

易溶性地层主要为遇水溶蚀的盐膏层、芒硝、钾盐、岩盐等地层，极易造成钻孔超径，地层剥落、坍塌现象。这类地层护壁主要从降失水、降低泥浆对地层的溶蚀性两方面入手。在泥浆中加入与被溶物相同的物质使其达到饱和，可有效抑制其溶解。

在广东东莞中堂盐矿及广东龙归盐矿两矿区施工的 10 口探采结合食盐井采用的饱和盐水聚合物泥浆体系配方：1 m³ 饱和盐水(NaCl 加量至饱和程度，测滤液波美度为25°~26°B′e)+5%膨润土+0.4%Na₂CO₃+0.2%CMC+3%~5%SMC+0.5%K-PAM+1%KHm+2%KCl+1%Na₂SO₄。性能指标：密度 1.05~1.10 g/cm³；黏度 25 s；滤失量 15 mL/30 min；泥皮厚 1 mm。

广东两盐矿区的应用表明：在现场采用盐矿山卤水加适量工业盐配制的饱和盐水(波美度25°~26°B′e)抗盐、抗钙能力强，对岩盐、膏盐、芒硝层的抑制性好，滤失量低，泥皮质量较好，孔壁超径现象不明显，所取的盐矿芯基本不溶蚀，完全满足易溶性地层护壁及钻进要求。

1.5　较完整微裂隙地层

深部钻探一般都下入套管隔离复杂地层。钻进较完整微裂隙地层时钻孔的润滑条件、泥浆携带岩粉和悬浮岩粉的能力成为主要问题，而泥浆护壁变为次要问题。钻进较完整微裂隙地层常用的高分子低固相泥浆体系和无固相泥浆体系的典型配方性能参数见表4。

表 4　低固相及无固相泥浆体系典型配方及性能参数

泥浆体系	配方	泥浆性能参数					
		密度 /(g·cm^{-3})	漏斗黏度 /s	滤失量 /(mL·30 min^{-1})	动切力 /Pa	静切力 /Pa^{-1}	润滑系数
低固相	3%钠质膨润土+0.2%Na$_2$CO$_3$+0.1%PHP+0.1%CMC+0.5%GLUB(或皂化油)	1.04~1.05	25	≤15	1~3	2~5	0.22
无固相	0.2%PHP+0.2%CMC(或GSP-1)+0.5%GLUB(或皂化油)	1.01~1.02	20	全失水	1	1~3	0.25

该泥浆体系润滑性能好,悬浮及携带岩粉能力强(孔内断钻杆后处理数十小时未出现埋钻现象),绳索取芯钻杆内壁结垢少,抗温性好,钻进3000 m深孔(孔底温度90~100℃)未发现泥浆降解现象。在安徽霍邱铁矿、金寨沙坪沟钼矿、寿县正阳关铁矿异常查证矿区及华南于都—赣县矿集区科学钻探NLSD-1孔和华东庐枞盆地科学钻探LZSD-1孔中套管以下较完整地层中使用,取得了良好效果。

2　泥浆固相含量控制与清除

泥浆中的固相可分为有用固相和无用固相,膨润土、加重材料及非水溶性或油溶性化学处理剂都属于有用固相,而钻屑、劣质黏土和砂粒等则属于无用固相。无用固相过多将破坏泥浆性能,给钻进带来隐患。泥浆固相控制就是在保存适量有用固相的前提下尽可能清除无用固相,是实现优化钻进的重要手段之一。有效控制固相含量可降低钻进扭矩和摩阻,减小环空抽吸压力波动,减少压差卡钻的可能性,提高钻速,延长钻头寿命,改善下套管条件,增强孔壁稳定性,降低泥浆成本。常用化学絮凝沉淀和机械清除两种方法来控制泥浆固相。

2.1　化学絮凝沉淀法

在泥浆中加入化学絮凝剂,使固相絮凝胶结沉淀而去除固相。化学絮凝剂有全絮凝和选择性絮凝两种,前者是将泥浆中有用和无用固相统统絮凝掉,如未水解的PAM和明矾等都属于全絮凝剂。后者是保留泥浆中有用固相,絮凝掉岩粉等无用固相,一般水解度30%的选择絮凝剂PHP效果最佳。对金刚石地质岩芯钻探而言,由于岩粉颗粒细,絮凝物呈絮状团块,密度小,沉降时间长,部分絮凝块可能又被送入孔内循环,难以完全达到清除固相的效果。所以选择性絮凝需要地表较完善的沉淀系统,辅助人工及时捞取才能提高清除固相效果。

2.2　机械清除法

机械清除泥浆固相主要设备有振动筛,旋流除砂(泥)器和离心机。根据分离颗粒的尺寸,旋流分离器又可分为除砂器、除泥器和超级旋流器等三种,机械清除泥浆固相的使用范围如图3所示。

固相控制处理过程:泥浆在沉淀池初步沉淀后,送入水力旋流除砂器清除大部分粗颗粒岩屑(主要由全面钻进、扩孔钻进和井壁坍塌产生),再经离心机分离出较细的岩粉,达到二

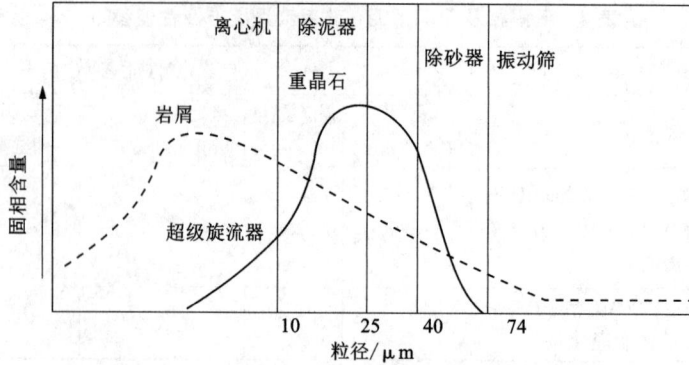

图 3 泥浆固相机械分离设备的使用范围

注：图中 10、25、40、74 μm 为清除固相粒径范围

级净化的目的。经旋流除砂器和离心机处理后的泥浆继续循环使用。泥浆循环及固控系统布置如图 4 所示。安徽省地矿局 313 地质队施工 2000 m 以深的钻孔均采用该泥浆循环及固控系统。

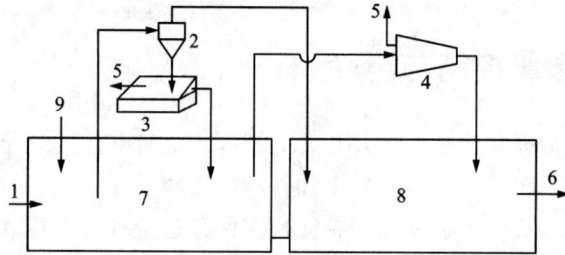

1—孔内返回泥浆；2—旋流器；3—200 目振动筛；4—离心机；5—废弃物；

6—进入孔内泥浆；7—沉淀池；8—泥浆池；9—补充新浆、处理剂等。

图 4 泥浆循环及固控系统示意图

泥浆固相清除控制方法及设备的选择与配置应根据钻探现场情况、孔深、孔径、钻进方法合理组合，不要盲目布置过多的固相系统造成浪费。小口径金刚石钻探因用泥浆量较少，应尽量选择体积、功率小的固控设备。

3 泥浆性能调节与维护

3.1 泥浆性能的调节

钻探现场应根据所施工地层及上返泥浆性能的变化情况调整泥浆性能。

3.1.1 泥浆黏度与切力的调节

泥浆的黏度与切力有着密切关系，一般调节黏度可控制泥浆的切力。调节泥浆黏度的基本原则：增加黏土含量和分散度，加入高分子增黏剂，增大黏土颗粒间的絮凝强度等可提高泥浆黏度；反之，降低固相含量和分散度，加入稀释剂以削弱或拆散网架结构等可降低泥浆黏度。

针对孔壁坍塌，轻微漏失造成起下钻遇阻，下钻不到底等复杂情况，可采取以下措施适当提高泥浆的黏度和切力。

①采用有机高分子增黏剂来提高泥浆的塑性黏度，如 CMC、HPH、天然植物胶(魔芋、田菁胶、瓜尔胶、黄原胶)等高分子聚合物和生物聚合物；②适当增加黏土粉含量，并用无机处理剂(如 Na_2CO_3 和 NaOH)增加泥浆中黏土的分散度，以提高泥浆的塑性黏度和结构黏度；③对粗分散泥浆加入絮凝剂(如 $Ca(OH)_2$、$CaSO_4$、CaO 和 NaCl 等无机盐类)以提高泥浆的结构黏度。

当钻进泥岩、泥质页岩、黏土层造成黏土侵，或者泥浆受到可溶性盐污染及岩粉侵入导致泥浆黏度、切力上升时需要降低泥浆黏度和切力。一般情况下，可加水稀释泥浆或加入 FCLS(铁铬盐)、SMT(单宁)、SMK(栲胶)、烯酰胺或丙烯酸类聚合物及 NaHm(腐殖酸钠)、KHm(腐殖酸钾)、SPNH(磺化褐煤树脂)等降黏剂，同时，加强地表泥浆的固相控制来降低泥浆的黏度和切力。

3.1.2 泥浆滤失量的调节

针对吸水膨胀或易坍塌、渗透性好的地层，需严格控制滤失量和泥皮厚度，当盐侵造成滤失量过大时也要降低滤失量。

常用的降滤失剂有：有机高分子降滤失剂、有机腐殖酸盐及其衍生物、纤维素衍生物、聚丙烯酸衍生物类和野生植物胶类的碱液等，如 Na-PAM、Na-CMC、HPH、SPNH、SMC、KHm、K-PAM 等。

3.1.3 泥浆密度的调节

钻进高压、涌水地层或地应力大引起的破碎坍塌、缩径地层时，需及时提高泥浆的密度。可向泥浆中加入一定数量的惰性粉末，如重晶石粉、黏土粉或含砂量少分散性差的劣质黄土。同时注意做好泥浆净化和防沉淀卡钻工作。

钻进漏失地层或较完整地层时，应降低泥浆密度，以减轻泥浆漏失和提高钻速。可用机械或化学絮凝方法降低泥浆中固相(尤其是无用固相)含量，以降低泥浆密度。尽量采用不分散低固相泥浆、无固相泥浆及乳化或充气泥浆。

3.1.4 泥浆酸碱度(pH)的调节

各类泥浆都有它适合的酸碱度(pH)范围，在此范围内泥浆性能就稳定，否则就不稳定，加入的处理剂也不能有效地发挥作用。在测定泥浆滤液 pH 的基础上，需提高 pH 时，可在泥浆体系中加入 Na_2CO_3 和 NaOH；需降低 pH 时，可加入五倍子粉、栲胶粉、褐煤粉，使其与泥浆中多余的 NaOH 作用生成中性的单宁酸钠或腐殖酸钠盐，另外在泥浆中加水和黏土粉亦可使 pH 下降。

3.1.5 泥浆润滑性的调节

泥浆的润滑性能可通过测定泥饼的黏滞性和润滑系数来获取。野外以观察钻机回转扭矩和钻具磨损情况来判断。提高泥浆润滑性的措施：降低泥浆含砂量及固相含量；加入皂化油、太古油、沥青、GLUB 等润滑剂或脂肪酸皂、磺化蓖麻油、吐温60、吐温80 等乳化剂。不过在含钙质及硬水地层,尽量不选用皂化油、太古油等阴离子型润滑剂,因阴离子型润滑剂抗钙侵能力差,易产生破乳现象。

3.2 现场泥浆管理与维护

深孔钻探泥浆的用量大,对泥浆性能要求高。泥浆现场管理与维护相对烦琐,如果管理与维护不力,泥浆性能无法保证,易造成泥浆护壁成本增加和孔内事故。深孔钻探施工中,现场泥浆管理与维护应做好以下几点:

(1)要配专人管理维护泥浆性能,做到"三勤"(勤观察、勤测试、勤调整)并建立泥浆技术档案。

(2)配齐常规泥浆测试仪器,建立现场简易泥浆试验室。

(3)强化泥浆的固相控制,利用地表固控系统及时清除泥浆固相颗粒,并定期清理沉淀池池底的沉渣。

(4)考虑到处理剂之间的质量及性能差异,配制新浆时应以实际泥浆性能符合要求为准,不能拘泥于理论配方的用量。

(5)在转换泥浆体系或换浆时,必须先做小型试验,再确定实际加量。

(6)在搅拌新浆或加入处理剂调浆时,必须充分搅拌再排入泥浆池内循环。

(7)钻孔替浆时要从上至下逐步替换,不能自下而上一次性替完,以免造成孔壁失稳事故。

(8)禁止用清水直接向孔内替浆和稀释泥浆,以免破坏泥浆体系性能而造成孔内事故。

(9)泥浆池、沉淀池上必须有遮雨设施,避免雨水流入破坏泥浆性能;要防止打扫卫生、冲洗场地的水流入池中。

(10)现场泥浆材料及堵漏材料要标注名称,分类堆放,并有防湿措施。

4 结语

众所周知,泥浆是钻探的血液。在钻探施工中,特别是在深孔、地质情况复杂的钻孔,以及发生孔内事故的钻孔、对泥浆性能和成分有特殊要求的钻孔,必须特别重视泥浆的使用与维护。根据钻孔施工的阶段和具体情况及时调整泥浆的性能和组分,以适应施工的需要,保证施工的顺利和孔内安全。

参考文献

[1] 朱恒银,王强,杨凯华,等.深部岩芯钻探技术与管理[M].北京:地质出版社,2014.

[2] 朱恒银,蔡正水,张文生,等.深部矿体勘探钻探技术方法研究综述[J].安徽地质,2012(增刊):119-123.

[3] 朱恒银,蔡正水,王强,等.赣州科学钻探NLSD-1孔施工技术研究与实践[J].探矿工程(岩土钻掘工程),2014,41(6):1-7.

[4] 乌效鸣,胡郁乐,贺冰新,等.钻井液与岩土工程浆液[M].武汉:中国地质大学出版社,2002.

[5] 王建学,万建仓,沈慧.钻井工程[M].北京:石油工业出版社,2008.

[6] 刘广志.金刚石钻探手册[M].北京:地质出版社,1991.

汶川地震断裂带科学钻探项目 WFSD-3 孔施工技术与体会

朱恒银　朱永宜　张文生　张　正　余善平　漆学忠

摘要：WFSD-3 孔是汶川地震科学钻探项目的系列钻孔之一，历经 2 年多的施工，攻克了世界罕见的复杂地层钻进、大直径原状样取芯和高地应力下钻孔护壁重重技术难关，圆满完成了施工任务。本文重点介绍了 WFSD-3 孔施工技术与经验，并对若干施工技术问题进行探讨与阐述。

关键词：汶川地震；地震断裂带；科学钻探；WFSD-3 孔；施工技术；体会

Construction Technology and Experience of WFSD-3 Hole of Wenchuan Earthquake Fault Scientific Drilling Project

ZHU Hengyin, ZHU Yongyi, ZHANG Wensheng,
ZHANG Zheng, YU Shanping, QI Xuezhong

Abstract：The WFSD-3 hole is one of the series of boreholes of Wenchuan earthquake fault scientific drilling project. During 2 years' construction, many technical challenges, such as drilling in complex strata, large diameter undisturbed core sampling and borehole wall protecting under high geo-stress were overcome. This article especially focused on the construction technology and experience of the WFSD-3 hole and discussed some technical problems.

Keywords：Wenchuan earthquake; earthquake fault; scientific drilling; WFSD - 3 hole; construction technology; experience.

1　概述

汶川地震断裂带科学钻探三号孔(WFSD-3)是汶川地震断裂带科学钻探项目的 5 个科学钻探孔之一，由安徽省地质矿产勘查局 313 地质队承担施工任务。该孔地处四川省绵竹市九龙镇清泉村境内。九龙镇地处绵竹市之西北，东南与汉旺镇接壤，东北与武都镇毗邻，北接

基金项目：科技部科技支撑计划专项"汶川地震断裂带科学钻探(WFSD)"项目之"科学钻探与科学测井"课题。

刊登于：《探矿工程(岩土钻掘工程)》2012 年第 39 卷第 9 期。

注：朱永宜作者工作单位为中国地质调查局勘探技术研究所。

天池乡，西靠金花镇，距绵竹市区约 6.5 km，距成都约 90 km。

WFSD-3 孔原始设计深度为 1200 m，因地学研究需要进行了加深，实际终孔孔深 1502.30 m，终孔口径 77 mm。

WFSD-3 孔于 2009 年 12 月 8 日正式开钻，2012 年 2 月 21 日终孔，历经 2 年零 3 个月，攻克了罕见复杂地层钻进、大直径取芯和高地应力下钻孔护壁等重重技术难关，圆满完成了施工任务。验收结果表明，各项技术质量指标完全满足合同要求，达到了地学研究和工程目的。

2 施工技术要求与条件

2.1 施工技术要求

(1)钻孔深度：1200 m(变更至 1500 m)；

(2)钻孔倾角：90°(垂直孔)；

(3)终孔直径：150 mm(1200 m 孔深后变更为 ϕ100、77 mm)；

(4)取芯要求：全孔连续取芯钻进，全孔岩芯采取率≥85%，对地学研究起关键作用孔段的岩芯采取率≥85%，岩芯保持原状；

(5)岩芯直径：≥85 mm(1200 m 后岩芯直径变更为 75、50 mm)；

(6)孔斜要求：钻孔终孔顶角≤10°，最大狗腿度 2°/30 m；

(7)完井要求：上部孔段下套管，底部孔段为裸眼(变更后下入筛管)。

2.2 施工条件

该孔所钻进的岩层主要为：侏罗系，粉砂岩含砾砂岩，泥岩互层；三叠系，岩屑砂岩、炭质页岩或煤线、泥灰岩、煤层、断层泥等。各地层通过历史上多次强烈地震，岩层十分破碎，地层应力很大，造成钻孔缩径，坍塌严重，并伴有涌水、漏失等复杂情况。

施工中主要关键技术难题有：

(1)钻孔设计在地震断裂带上几乎全孔 80%的岩层非常破碎，钻进过程中，冲洗液极易将破碎岩芯冲蚀掉。

(2)地震断裂地层处于一种高应力状态。当钻孔形成后，破坏了岩层内部应力平衡状态，在地应力的作用下，岩芯发生膨胀，孔壁失稳，断层发生蠕动，导致钻孔严重缩径。

(3)断层泥的强黏滞性。断层泥颗粒很细，比表面积很大，结果导致断层泥滞力强和摩擦阻力大。特别是在高地应力条件下，断层泥更容易黏附在钻具上，对钻具形成强烈的黏滞作用，使得钻具活动受阻，造成严重的黏滞卡钻。

(4)地层破碎易造成孔壁超径和掉块卡钻。

(5)断裂带地层钻进钻孔遇到漏水、涌水，使钻孔压力失去平衡，钻孔坍塌缩径严重。

(6)在断裂带地层采用大直径取芯，且全孔采取不扰动岩芯，岩芯采取率必须达到 85%以上。目前尚无成熟可靠的取芯机具。

(7)断裂带破碎地层钻进须下多层套管，对钻孔保直性要求严格。

(8)深孔段下套管，小间隙套管固井及长孔段活动套管的安放、提拔和安全钻进问题。

3 主要施工设备及机具

3.1 主要设备

钻机：HXY-8、XY-8B 型；

钻塔：ZT22A 型；

泥浆泵：BW-320、ZBW600/60、BW300/12B、TBW-850/5A、BW-1200A 型；

柴油发电机：250 kW；

固控离心机：TGLW350-692T 型；

除泥清洁器：HM-100*4-C 型；

防喷器：SFZ23-21 型；

测斜仪：KXP-2D 型；

旋流振动筛、泥浆搅拌机、钻孔录井装置、动力钳、吊钳、套管头、油压千斤顶等。

3.2 主要机具

钻杆：ϕ89 mm、ϕ73 mm、ϕ60.3 mm、ϕ50 mm、ϕ73 mm 反丝钻杆；

钻铤：ϕ159 mm、ϕ121 mm、ϕ105 mm；

钻具：半合管钻具（WX150、SDB150、KZ150、SDB122、KZ122、SDB100、SDB77）、S77 绳索取芯钻具；

液动潜孔锤等其他工具。

4 钻探工艺技术

4.1 钻孔结构与套管程序

一开：ϕ150 mm 取芯钻具钻进至孔深 26.01 m，用 ϕ311 mm 钻具扩孔至 23.5 m，下入 ϕ273 mm 套管至孔深 23.50 m 并固井；

二开：ϕ150 mm 取芯钻具钻进至孔深 450.07 m，用 ϕ256 mm 钻具扩孔至 407.5 m，下入 ϕ219 mm 套管并固井；

三开：ϕ150 mm 取芯钻具钻进至孔深 1186.77 m，用 ϕ202 mm 钻具扩孔至 816.26 m，下入 ϕ168 mm 套管至孔深 815.29 m，固井；

四开：ϕ122 mm 取芯钻具钻进至孔深 1202.57 m，用 ϕ152 mm 钻具扩孔至 1186.87 m，下入 ϕ127 mm 套管至 1180.66 m，固井；

五开：ϕ100 mm 取芯钻具钻进至孔深 1404.53 m，下入 ϕ89 mm 尾管至 1404.53 m，固井；

六开：ϕ77 mm 取芯钻具钻进至孔深 1502.3 m，下入 ϕ73 mm 筛管到底，换浆洗井。

钻孔结构如图 1 所示。

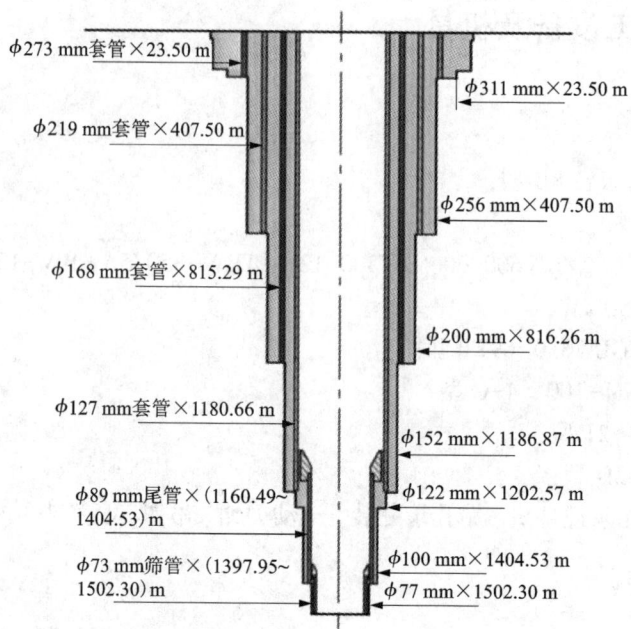

图1　WFSD-3孔实际钻孔结构和套管程序

4.2　钻进方法与取芯技术

钻孔在不同孔段分别采用 ϕ150 mm、ϕ122 mm、ϕ100 mm 金刚石、复合片和合金钻具钻进，取芯采用半合管钻具，ϕ77 mm 口径采用金刚石绳索取芯钻具钻进。

扩孔：一开、二开、三开用带导向牙轮钻头或带导向复合片钻头加 ϕ159 mm 钻铤加压钻进，四开用 ϕ152 mm 带导向合金钻头加 ϕ121 mm 钻铤扩孔、划眼钻进，五开、六开用原钻具扫孔。部分取芯、扩孔钻头如图2、图3所示(由中国地质科学院勘探技术研究所和北京探矿工程研究所提供)。

图2　部分取芯钻进用钻头

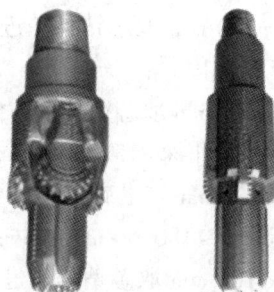

图3　扩孔用钻头

4.3 钻具组合

取芯钻进钻具组合从下至上分别为：

ϕ150 mm 取芯钻头+半合管钻具+ϕ121 mm 钻铤+ϕ73 mm 钻杆；

ϕ122 mm 取芯钻头+半合管钻具+ϕ105 mm 钻铤+ϕ73 mm 钻杆；

ϕ100 mm 取芯钻头+半合管钻具+ϕ60.3 mm 钻杆；

ϕ77 mm 取芯钻头+绳索取芯钻具+ϕ50 mm 钻杆；

扩孔钻具组合：

ϕ150/ϕ311 mm 牙轮扩孔钻头（ϕ150/ϕ350 mm 合金扩孔钻头）+ϕ159 mm 钻铤+ϕ73 mmAPI 钻杆；

ϕ150/ϕ256 mm 牙轮扩孔钻头+ϕ159 mm 钻铤+ϕ73 mmAPI 钻杆；

ϕ150/ϕ202 mm 牙轮扩孔钻头或 ϕ150/ϕ202 mm 复合片扩孔钻头+ϕ200 mm 扶正器+ϕ159 mm 钻铤+ϕ200 mm 扶正器+ϕ73 mmAPI 钻杆；

ϕ110/ϕ152 mm 硬质合金扩孔钻头+ϕ121 mm 钻铤+ϕ150 mm 稳定器+ϕ105 mm 钻铤+ϕ150 mm 稳定器+ϕ73 mm 钻杆。

4.4 泥浆护壁与堵漏技术

4.4.1 对泥浆的要求

WFSD-3 孔所钻遇地层异常复杂，遇水膨胀、缩径、坍塌掉块、漏失等情况皆有，钻进、取芯及扩孔作业泥浆护壁是技术关键。针对地层特点结合 WFSD-3 孔施工工艺，现场泥浆体系必须满足以下要求：

(1)能形成薄而致密的泥饼，并且韧性好，失水量低，具有优良的防塌性能；

(2)能具有足够的悬浮力，适于配制高密度泥浆以平衡地层应力，防止高地应力造成的缩径和孔壁坍塌；

(3)具有良好的保护岩芯作用，以满足地层特殊取芯质量要求；

(4)具有优良的流变性能，能很好地携带和悬浮岩屑，减少循环压力损失，减轻泥浆造成的压力激动和对井壁的冲刷，防止井塌和井漏的发生；

(5)具有一定的抑制作用，避免泥页岩、断层泥孔段等水化膨胀造成缩径，以及地层造浆致使泥浆黏度切力急剧增大；

(6)具有优良的润滑性能，减小管材机具的磨损、满足大口径钻探钻机施工能力要求。

4.4.2 不同地层泥浆处理的方法

(1)松散破碎地层：针对该地层(图4)在泥浆配方及处理上，采用人工优质钠质膨润土加 CMC 与植物胶方法，使泥浆具有较强的抑制性和一定降滤失能力，提高了泥浆防塌能力、悬浮能力。植物胶与 CMC 同时还具有良好的增黏作用和较强的润滑性，能起到保护岩芯、减小钻具磨损、降低泥浆循环流动阻力的作用，取得了良好的效果。其泥浆性能为：密度 1.06~1.16 g/cm³，黏度 27~51 s，失水量 7~14 mL/30 min，泥皮厚度 0.4~0.5 mm，含砂量 ≤0.7%。

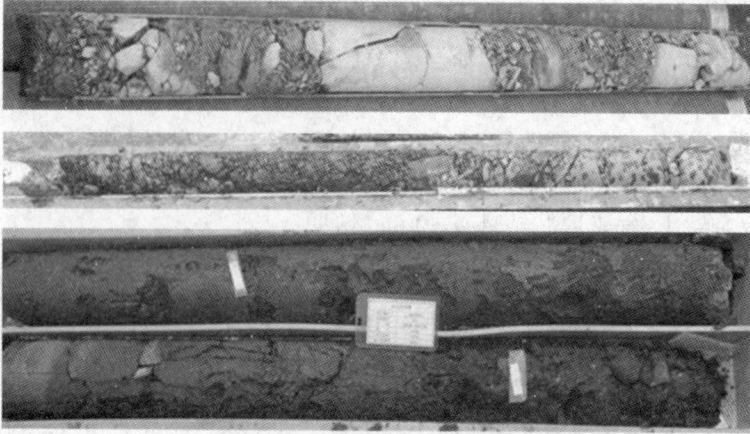

图 4 WFSD-3 孔破碎砂岩及煤线岩芯

（2）缩径地层：缩径地层（图 5）主要为泥岩及断层泥等，具有较强的膨胀性和黏滞性，针对该类地层，在泥浆处理上主要以平衡强地应力、控制失水量、提高抑制能力为主，在泥浆配制上，主要以添加 CMC、SAS、SMC、KHm、S-1、重晶石、T 型润滑剂为主。泥浆性能为：密度 1.55~1.57 g/cm^3；黏度 40~60 s；失水量 4~6 mL/30 min；泥饼厚度 0.3~0.5 mm；含砂量<0.9%。

（3）漏失地层：在泥浆配制上，主要以添加惰性材料（核桃壳与木屑）、SZ 随钻堵漏王为主，泥浆密度控制在 1.39 g/cm^3，黏度>60 s。

图 5 强膨胀、强黏滞性泥岩及断层泥岩芯

4.5 钻孔事故与侧钻技术

WFSD-3 孔由于地层破碎严重，超径、缩径、坍塌掉块及施工周期长等原因，施工过程中共发生过三次较大事故，分别为钻铤脱扣、试下套管坍塌掉块卡钻、断层泥吸附包钻事故。第一次事故孔深位于 1186.77 m 处，第二次事故孔深位于 938.50 m 处，第三次事故孔深位于 1175.4 m 处。3 次事故主要处理方法如下。

第一次钻铤脱扣事故处理是采取先大直径扩孔至事故头位置，进行逐根套铣钻铤及钻具，再逐根反出事故钻具。

第二次试下套管卡钻事故因孔径局限，无法套铣，在事故套管头位置用油井水泥封孔至 677.16 m，采用先扫孔后取芯钻进至 788 m，出现新孔，自然侧钻成功，恢复正常钻进。

第三次断层泥吸附包钻事故处理，先将孔内钻杆套铣反至粗径钻具位置后，从孔深 1097.76 m 处用油井水泥封孔至 895.82 m，再采用液动螺杆钻造斜钻具进行侧钻至 1096 m 出新孔，侧钻成功。

WFSD-3 孔钻孔侧钻及钻孔轨迹示意图如图 6 所示。

造成上述 3 次较大事故主要原因有以下几个方面：

（1）为了保证岩芯采取率，提钻频繁，个别钻铤丝扣磨损厉害；

（2）钻孔超径严重，钻具工作失稳使钻铤松扣；

（3）孔内掉块、局部孔段泥皮塌落；

（4）钻孔事故位置基本都在断层泥和煤线地层，地应力较大，造成钻孔严重缩径；

（5）钻孔裸眼钻进周期太长，钻孔超径严重，扫孔时孔内超径孔段泥皮、岩屑、碎块脱落，出现"脱裤子"现象，导致埋钻。

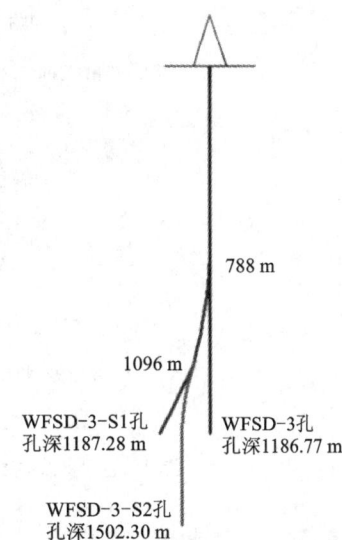

图 6　WFSD-3 孔钻孔轨迹示意图
（注：WFSD-3-S1 为第一次侧钻钻孔轨迹；
WFSD-3-S2 为第二次侧钻钻孔轨迹）

5　质量、经济技术指标与成果

5.1　钻孔质量指标

（1）岩芯采取率：WFSD-3 孔进尺 1502.30 m，全孔平均岩芯采取率 92.5%，岩芯采取质量均为不扰动原状样，完全满足地学研究要求。

（2）孔斜：WFSD-3 孔终孔顶角 7.6°、方位角 203°，最大顶角 9°，钻孔狗腿度小于 2°/30 m，完全符合汶川地质断裂带科学钻探钻孔质量指标要求。

（3）固井：钻孔共下 6 层套管（2 层尾管，其中 1 层为筛管），5 层套管进行了固井，固井质量完全达到设计要求。

5.2　主要经济技术指标

WFSD-3 孔施工周期 805 天，总取芯进尺 1545.82 m（含两次侧钻后新孔衔接取芯进尺），全孔平均岩芯采取率 92.5%。平均机械钻速 0.74 m/h，平均回次长度 1.99 m。钻月效率 57.3 m，纯钻时间利用率为 10.5%。WFSD-3 孔作业时间分析如图 7 所示。

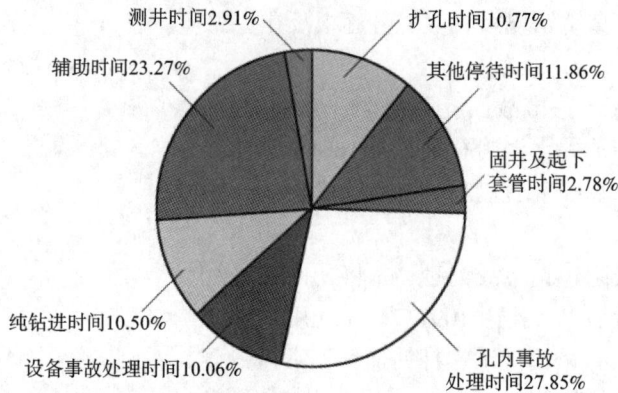

图 7 WFSD-3 作业时间分析图

（其他停待时间包含自然灾害停待时间、法定假日停待时间、等待方案与机具等停待时间）

5.3 主要成果

5.3.1 钻探技术方面

（1）半合管取芯技术的研究与应用。WFSD-3 孔在罕见的复杂地层情况下，使钻孔超过设计孔深延伸至 1502.30 m，下入六层护壁套管（ϕ273、ϕ219、ϕ168、ϕ127、ϕ89、ϕ73 mm），采用不同口径的半合管取芯技术，保证了全孔不扰动岩芯原状性，岩芯平均采取率达到 92.5%，为地学研究提供了高质量的实物样品。

（2）高分子聚合物泥浆护壁及平衡地压钻进技术的应用。由于 WFSD-3 孔设计在汶川龙门山前缘断裂带上，所钻遇地层 80% 出现破碎、松散、缩径、坍塌和部分层位涌、漏水等异常复杂情况。在该孔施工过程中成功合理地针对不同地层选择泥浆体系，采用泥浆具"四高一低"（即高黏度、高密度、高抑制、高切力和低失水）的性能，实现平衡地压钻进，解决了孔壁稳定性和岩芯的原状性问题。

（3）钻孔活动套管下入与提拔技术。由于 WFSD-3 孔钻孔结构较复杂，上部孔段的护壁套管口径较大，为了安全钻进，必须下入活动套管。活动套管下入后的稳定性和安全起拔是十分关键的，WFSD-3 孔施工设计采用了活动套管弹塑性扶正器及外套管与活动套管上下部连接密封和防回扣装置，有效解决了活动套管折断和内外套管间隙被沉渣卡死，难以提拔等技术难题。

（4）小直径尾管下入与固定技术。WFSD-3 孔根据地学部要求，达到设计孔深后需要延伸至 1500 m，所以钻孔结构就要相应改变，分别下入 2 层尾管（ϕ89 mm 尾管 1160.49～1404.53 m 和 ϕ73 mm 尾管 1397.95～1502.30 m），施工中设计了尾管下入和固定装置，解决了小直径套管中下入尾管难题。

（5）在施工过程中，对不同地层选择不同结构的钻头和现场设计采用自锐式合金钻头以及在钻孔事故处理等方面均积累了很好的经验。

5.3.2 施工管理方面

WFSD-3 孔施工项目，不同于一般概念的岩芯钻探施工，其特殊性：地层异常复杂，岩芯采取质量要求高、直径大，无现成的技术可借鉴，所以当施工思路(设计)确定之后，组织施工队伍和管理也是施工成败的关键之一。该项目实施过程中，在施工管理上做了以下几个方面具有成效的工作：

(1)实行项目管理，组成精干的施工队伍。安徽 313 地质队中标后，组建了"汶川地震断裂带科学钻探 3 号孔施工 313 地质队项目部"，实行项目管理责任制，确定一名钻探副队长直接管项目。该项目抽调 2 名研究生、2 名高级工程师、9 名大专以上钻探技术人员和管理人员。同时与中国地质大学、成都理工大学、中国地质科学院勘探技术研究所、中国地质科学院探矿工艺研究所、北京探矿工程研究所等单位横向联合，作为技术支撑。在施工操作上，全队优选了技术熟练的机班长，以保证钻探质量和安全作业。

(2)认真编写了钻探施工组织设计，制定了针对性现场管理制度。如项目经理制、质量管理制、安全生产制、岗位责任制、现场操作规程、交接班制、泥浆管理制、施工过程日汇报制、待遇分配制及劳动纪律等。在施工过程中规范管理，以确保项目的实施。

(3)根据现场工程需要，实行关键节点上项目经理、机长跟班制，班长作业定时制。如遇孔内异常、处理孔内事故、下套管、固井等作业时，实行现场经理和机长轮流跟班。为保持精力充沛，实行正副班长工作 1 小时换班制，这种方法在后期钻孔施工中起到了重要作用。

(4)实行钻进小指标考核制与经济效益挂钩。例如，以小班岩芯采取长度计算进尺指标，超过额定指标给予奖励。出了人为事故给予惩罚，奖罚统一，以提高职工的责任心和积极性。

(5)通过该项目的施工，锻炼了队伍，培养了一批专业技术人才，为钻探技术的可持续发展奠定了基础。

5.3.3 安全生产方面

WFSD-3 孔施工口径大，钻机及辅助设备多，钻杆、钻铤和钻具笨重，不同于小口径岩芯钻探。同时，又是"5.12"大地震震后不久，余震不断，施工人员住在山谷处，山洪泥石流时常发生，给施工安全生产带来严峻的考验。项目施工过程中，针对该项目施工特点，制定了严密的安全生产制度，项目部确定安全负责人，班组设立了安全员，坚持安全生产现场例会，定期检查维护施工装备。塔上人员操作实现了视频化，泵压表引入钻机操作台，发现安全隐患做到及时整改。对特殊的不安因素(如泥石流、有害气体等)编制了安全预案，并进行现场演练。两次山洪泥石流均未造成大的损失。对钻孔发生事故时强力顶拔和反孔内事故钻具等非正常操作状态，制定了针对性安全操作规程。由于施工中坚持抓安全生产不松懈，该项目在历经 805 天的施工及设备安装、拆卸和长途搬迁运输过程中，均未发生一起安全生产责任事故和轻伤以上安全事故，保证了该项目安全顺利完工。

6 体会与认识

(1)要进行项目风险性、技术性评估。承接较大型的特殊工程，务必进行详细、系统的调研，对经济效益、社会效益、风险性、技术性、装备的可行性进行全面评估是非常重要的，要量力而行，没有金刚钻，不揽瓷器活，否则会造成被动，承担很大的风险。

(2)对国家重点科学钻探项目，在管理模式上要进行探讨。汶川地震断裂带科学钻探项目，是一项很复杂的综合性工程。施工技术经验较少，带探索性，不能以工程全承包的模式实施，一个地勘单位从技术到装备都是有限的，很难独自完成项目实施，往往造成施工上困难。应集中全国部分技术专家进行攻关，聘用施工人员，实行统一管理(含技术、装备、人员和资金协调等)的项目实施模式，有利于项目的顺利开展。

(3)提倡钻探设备"大马拉小车"理念，才能事半功倍。WFSD-3孔属大直径、复杂地层取芯钻孔，如采用HXY-8B钻机及配套设备，其施工能力明显不足，尤其钻孔发生异常情况，无能力及时处理，造成孔内事故复杂化。

(4)复杂地层中试下长套管串风险大，易造成孔内重大事故，以后施工过程中应禁止采用试下套管的办法。

(5)地表泥浆净化及固控系统必须规范，要配备适应取芯钻进的固控设备。

(6)复杂地层采用泥浆护壁，护壁周期最长不超过3个月，超期的孔壁易失稳，泥皮易坍塌，造成孔内事故，应采取其他护壁措施。

7　结语

汶川地震断裂带科学钻探WFSD-3孔历经两年多的施工，攻克了罕见的复杂地层钻进、原状样取芯、高地应力情况下护壁等多项技术难题，圆满地完成了施工任务。经验收，各项质量、经济技术指标完全满足合同要求，达到了地学研究和工程目的。

参考文献

[1] 王达，张伟."科钻一井"钻探施工技术概览[J].中国地质，2005(2)：35-36，4-6.

[2] 朱恒银，蔡正水，王幼凤，等.2706.68 m试验孔施工关键装备与技术.第十六届全国探矿工程(岩土钻掘工程)技术学术交流年会论文集[M].北京：地质出版社，2011.

[3] 樊腊生，贾军，吴金生，等.汶川地震断裂带科学钻探一号孔(WFSD-1)钻探施工概况[J].探矿工程(岩土钻掘工程)，2009，36(12)：5-8.

[4] 李之军，陈礼仪，贾军，等.汶川地震断裂带科学钻探一号孔(WFSD-1)断层泥孔段泥浆体系的研究与应用[J].探矿工程(岩土钻掘工程)，2009，36(12)：13-15，19.

[5] 胡时友，宋军，张伟，等.汶川地震断裂带科学钻探(WFSD)项目钻探和测井课题的组织实施与管理[J].探矿工程(岩土钻掘工程)，2009，36(12)：1-4.

赣州科学钻探 NLSD-1 孔施工技术研究与实践

朱恒银　蔡正水　王　强　曾载淋　程红文

摘要：赣州科学钻探 NLSD-1 孔是大陆科学钻探选址预研究项目 6 个钻孔之一，该孔地层复杂，自然弯曲严重，采用高黏度、高密度泥浆绳索取芯钻进，全孔轨迹实现人工受控，施工难度大。本文详细介绍了该孔施工技术及创新成果，对施工过程中的经验与教训进行了总结，并提出了对深部钻探施工技术的体会与认识。

关键词：科学钻探；深部钻探；NLSD-1 孔

Study and Practice of Construction Technology for Scientific Drilling Hole NLSD-1 in Ganzhou

ZHU Hengyin，CAI Zhengshui，WANG Qiang，

ZENG Zailin，CHENG Hongwen

Abstract：Scientific drilling hole NLDS-1 in Ganzhou is one of the 6 boreholes in the pre-research project on the location for CCSD. Because of the complex formations and serious natural bending, the wire-line core drilling was used with high viscosity and high density mud and the drilling trajectory was manually controlled for this borehole. The paper introduces the hole construction technology and innovation achievements, summarizes the experiences in the construction process and expounds the understandings from the technology in dccp drilling.

Keywords：scientific drilling；deep drilling；drilling hole NLSD-1

1　项目背景及概况

受中国地质科学院和江西省地质矿产勘查开发局赣南地质调查大队的委托，安徽省地质矿产勘查局 313 地质队承担了"华南于都—赣县矿集区科学钻探选址预研究"NLSD-1 孔科学钻探工程任务。

"华南于都—赣县矿集区科学钻探选址预研究"为"深部探测技术与实验研究专项"第五项目"大陆科学钻探选址与钻探试验"项目下属课题"大陆科学钻探选址与钻探实验综合研

基金项目："国家深部探测"项目(SinoProbe-05)；安徽省科技攻关项目："深部矿体勘探钻探技术方法及设备研究"。

刊登于：《探矿工程(岩土钻掘工程)》2014 年第 41 卷第 6 期。

注：曾载淋作者工作单位：江西省地质局赣南地质调查大队。

究"的子项目(编号：201011064)。研究重点主要是在于都—赣县矿集区的银坑地区，结合项目三之课题三(SinoProbe-03-03)高精度重磁面积测量和骨干剖面的大地电磁、反射地震和CSAMT/AMT等探测研究，以及矿田构造、岩浆岩和成矿研究等成果，通过钻探揭露验证和相关研究工作，揭示与成矿有关的岩体、基底、盖层的空间分布，建立地壳结构模型和异常解释"标尺"，推断深部地质构造环境，探讨成矿物质迁移—富集机制，总结成矿规律，为深部找矿指明方向并提供技术方法组合，为进一步进行更深层次(5~50 km)地球物理探测和科学超深钻实施奠定基础。

NLSD-1孔设计孔深为3000 m，2011年6月25日正式开钻，至2013年7月22日终孔，实际终孔孔深2967.83 m，终孔直径97 mm，全孔岩芯采取率97.80%。经中国地质科学院组织专家验收，钻孔质量完全满足地质科学研究要求。

2 施工目的与条件

2.1 钻探目的

NLSD-1孔的目的任务：完成3000 m孔深的钻孔施工；配合完成与孔内相关的各项测试研究工作；探讨高效率钻进技术与设备改良；锻炼队伍，培养深部钻探施工与研发综合人才。

2.2 地理位置及井场布置

NLSD-1孔位于江西省赣州市于都县银坑镇银坑矿田内，距赣州市120 km，位于319国道和224省道(于银线)交汇点，距于都县城、兴国县城、宁都县城约40 km。钻孔施工现场距银坑镇4 km，由矿山专用线水泥路通至孔位附近约300 m，并在山间修有通往钻孔位置的道路，交通较为方便。

根据井场情况及施工需求，NLSD-1孔的井场布置平面图如图1所示。

2.3 主要地层情况

NLSD-1孔属银坑地区，位于矿集区中北部，本区域出露地层以前寒武纪褶皱基底和晚古生代褶皱盖层为主，中生代地层多为断陷盆地沉积；岩浆活动时期为志留纪、侏罗—白垩纪，尤以侏罗—白垩纪为主；区域构造主要发育一系列北东向、北北东向深大断裂或推覆构造。所钻地层破碎、软硬不均，钻孔自然弯曲严重，最大弯曲率可达1°/10 m。

2.4 施工质量要求

(1)设计孔深3000 m；

(2)钻孔设计开孔顶角0°；

(3)钻孔终孔直径≥ϕ76 mm；

(4)全孔岩芯平均采取率≥85%；个别特殊地层连续2回次和单层采取率≥70%；

(5)钻孔弯曲度<2°/100 m，钻孔终孔顶角≤30°，钻孔弯曲度每100 m测一次，每25 m提供一个实测孔斜数据；

(6)孔深校正、水文观测、封孔、岩芯编号摆放及装箱均按照国家规范要求执行。

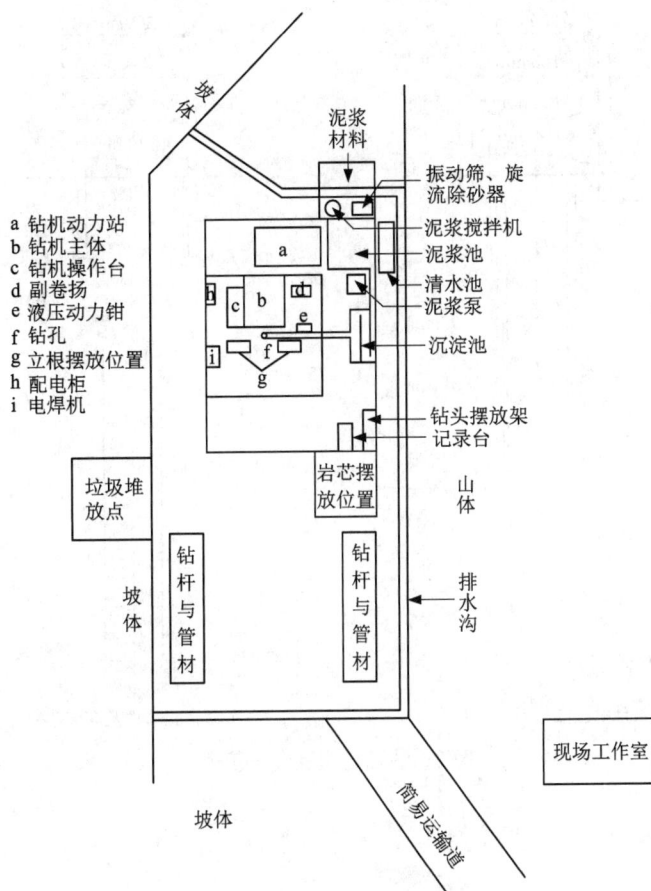

图 1　NLSD-1 孔井场布置平面图

3　钻探设备及配套机具

FYD-2200 型分体塔式全液压动力头钻机；现场工作室；SG-24A 型四角塔，允许承重 55 t；BW-300/12B 型泥浆泵；绳索取芯绞车；振动筛、泥浆搅拌机及制浆装置；SQ114/8 型液压动力钳；NY-1 型泥浆性能测试仪、DLA-Ⅱ型六速旋转黏度计；KXP-2D 型测斜仪、LHE2000 型有线随钻测量仪；LF-65、5LZ73、YF-65、LF-54 型孔底螺杆马达。

4　钻进工艺方法

4.1　钻孔结构及下入套管程序

NLSD-1 钻孔结构设计为 4 层套管，因为全孔地层均较为复杂，如下套管，层数较多，风险及费用较大，所以施工中主要以泥浆护壁为主，该孔实际下入两层套管（即 φ168 mm 套管下至 96.24 m，φ127 mm 活动套管下至 96.70 m）。NLSD-1 设计钻孔、实际钻孔结构及下入套管程序如图 2 所示。

287

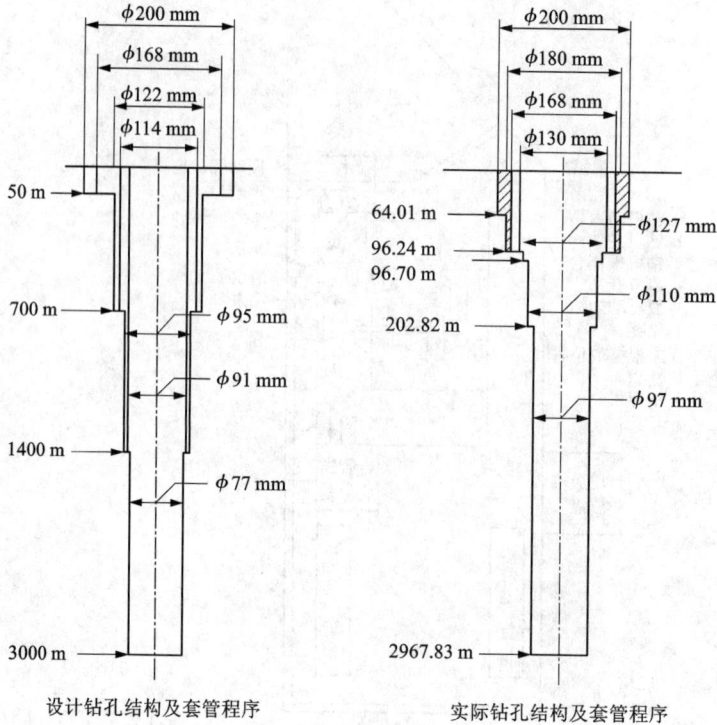

设计钻孔结构及套管程序   实际钻孔结构及套管程序

图 2　钻孔结构及套管程序

4.2　钻进方法

4.2.1　取芯钻进及扩孔方法

0~96.70 m 采用 ϕ110 mm 硬质合金、金刚石和复合片钻头取芯钻进，后用 ϕ200 mm/ϕ110 mm 金刚石钻头扩孔至 64.01 m，换 ϕ130 mm/ϕ110 mm 金刚石钻头扩孔至 96.70 m，然后用 ϕ180 mm/ϕ130 mm 金刚石钻头扩孔至 96.24 m，下入 ϕ168 mm 套管固孔，并在 ϕ168 mm 套管中下入 ϕ127 mm 活动套管至 96.70 m；96.70~202.82 m 采用 ϕ110 mm 金刚石半合管/单动双管取芯钻进；202.82~1461.69 m 采用 ϕ97 mm 金刚石绳索取芯钻进；1461.69~1764.36 m 换 ϕ77 mm 金刚石绳索取芯钻进，后用 ϕ97 mm/ϕ77 mm 金刚石导向钻头扩孔至 1764.36 m；1764.36 m 至终孔采用 ϕ97 mm/ϕ77 mm 金刚石塔式绳索取芯钻进。塔式绳索取芯钻具如图 3 所示。

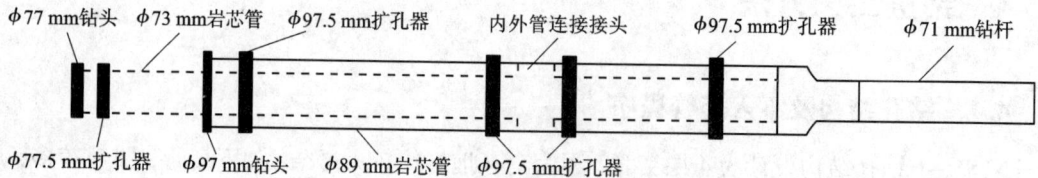

图 3　TSZ 型塔式绳索取芯钻具组合示意图

4.2.2 钻进参数的选择

NLSD-1 孔取芯钻进参数见表 1。

表 1 取芯钻进参数

钻进方法	钻压/kN	转速/(r·min⁻¹)	泵量/(L·min⁻¹)
ϕ110 mm 硬质合金/金刚石/复合片单动双管钻进	3~4	180~220	96
ϕ97 mm 绳索取芯钻进	8~12	100~180	96
ϕ77 mm 绳索取芯钻进	6~10	80~140	96/149
ϕ97 mm/ϕ77 mm 塔式绳索取芯钻进	10~14	80~120	149

上部地层为防止钻孔弯曲,采用轻压、慢转、小泵量钻进;202.82 m 换 ϕ97 mm 绳索取芯钻进,适当增加钻压,以提高机械钻速;钻至 1461.69 m 时,换 ϕ77 mm 绳索取芯钻进,由于钻头底唇面积减小,钻压和转速值也相应减小,而环状间隙增大,增加泵量可提高泥浆上返速度,利于岩粉的携带;1683.34~1764.36 m 处二叠系煤系地层连续出现,钻孔坍塌、缩径现象较为严重,选用小泵量,降低冲洗液对孔壁的冲蚀;随着孔深继续增加,钻杆回转阻力增大,选用低转速,可减少钻杆断裂情况的发生;孔深超过 2000 m 以后,受螺杆钻工作性能的限制,纠斜钻进效率较低,主要以预防孔斜为主,因此钻进时仍然严格控制钻压和转速。

4.3 钻头选择和使用

0~96.70 m 风化层、破碎层及上部岩层钻进选择金刚石复合片钻头,扩孔钻进选用金刚石带导向钻头;96.70~202.82 m 选择金刚石单动双管取芯钻头;202.82~2967.83 m 绳索取芯钻进选用孕镶金刚石钻头。

钻孔上部采用硬质合金和金刚石复合片钻头钻进。钻孔 202.82~1461.69 m 孔段采用 ϕ97 mm 金刚石绳索取芯钻进,累计进尺 1266.21 m(含侧钻孔进尺,不含纠斜、稳斜进尺),平均时效 1.10 m,钻头平均寿命 60.30 m;1461.69~1764.36 m 采用 ϕ77 mm 金刚石绳索取芯钻进(后采用 ϕ97 mm 口径扩孔),累计进尺 297.97 m(不含纠斜、稳斜进尺),平均时效 0.78 m,钻头平均寿命 99.32 m;1764.36~2967.83 m 采用 TSZ 型塔式绳索取芯钻进,累计进尺 1349.93 m(含侧钻孔进尺,不含纠斜、稳斜进尺),平均时效 0.55 m,平均寿命 122.72 m。在松散破碎地层,采用隔水式金刚石钻头;在硬岩层中选择异型金刚石钻头。同时在该孔中进行了高效长寿命金刚石钻头的试验与研究。选用的特殊唇面金刚石钻头如图 4 所示。

NLSD-1 孔不同形状金刚石钻头选择和使用情况表明:

(1)在风化破碎地层选择阶梯底喷隔水式复合片和金刚石钻头,配合单动半合管取芯,可以保证岩芯采取率。

(2)同心圆尖齿钻头与圆弧形钻头相比,具有时效高、寿命长等特点。主要原因是减少了钻头唇部剀取岩石工作面面积,增加了单位面积钻压和破碎岩石的自由面,使钻头产生挤压、剪切破碎岩石的效果,使岩屑颗粒变粗,有利于金刚石出刃,从而提高钻进效率;另外,钻头唇部有多环形同心圆,利于钻头钻进过程中排粉和冷却,从而增加钻头使用寿命。

| 同心圆尖齿型 | 圆弧形 | 直角梯形齿 | 隔水式 |

图 4　特殊唇面金刚石钻头

（3）在浅孔中硬性地层钻进时，可选择高转速，在钻压可控情况下，选择圆弧状钻头具有良好保径性能，亦可达到较好的使用效果。

（4）使用 TSZ 钻具钻进时，由于稳定性较好，可延长钻头寿命。

（5）通过岩样测试，针对地层情况，由 313 地质队探矿工程技术研究所钻头研究室研制的部分钻头在该孔中进行了试验，取得了较好的效果，最高寿命可达 261.90 m，平均寿命为 146.62 m。

4.4　钻进冲洗液

4.4.1　冲洗液类型选择

NLSD-1 孔钻进冲洗液以聚合物低固相泥浆和无固相聚合物冲洗液为主。

根据地层条件及钻探工艺调配冲洗液。当地层较完整时，选用聚合物无固相冲洗液，冲洗液不仅要有很好的携粉能力，还要具有良好的剪切稀释性能，可增加流动性以提高机械钻速；地层较复杂时，选用膨润土泥浆，具有低失水性及良好的护壁性能，确保钻孔孔壁稳定；纠斜钻进时要求泥浆含砂量尽可能低，以延长螺杆钻寿命及保证螺杆钻在孔底正常工作；绳索取芯钻进时，要求泥浆固相含量低、泥皮质量好，以防钻杆内壁结垢，造成内管投放不到位或打捞岩芯失败，同时应有良好的润滑性能，降低钻杆回转阻力。

4.4.2　现场冲洗液配方及性能

现场冲洗液配方及性能如表 2 所示。

表 2　冲洗液配方及性能

孔段 /m	配方	密度 /(g·cm⁻³)	黏度 /s	失水量 /(mL·30 min⁻¹)	泥饼厚度 /mm	含砂量 /%	pH
0~96.70	清水+5%膨润土+4%膨润土重量的 Na_2CO_3+500 ppm PHP+1% KHm+0.5% 植物胶+0.5%LV-CMC	1.05~1.13	20~25	8~14	0.3~0.5	<0.1	7.5~9

续表2

孔段 /m	配方	密度 /(g·cm⁻³)	黏度 /s	失水量 /(mL·30 min⁻¹)	泥饼厚度 /mm	含砂量 /%	pH
96.70~ 1399.50	水+300~500 ppm PHP+3‰~5‰皂化油+1%GSP-1	1.01~1.03	15~17	12~16	0.3~0.5	<0.1	8.5~9
1399.50~ 2967.83	清水+5%膨润土+4%膨润土重量的 Na₂CO₃+3‰HV-CMC+1%GSP-1+1%KHm+5‰皂化油/特效润滑剂	1.06~1.15	25~35	8~15	0.3~0.5	<0.1	7.5~8.5

5 钻孔轨迹控制技术

NLSD-1 孔由于地层促斜强烈，钻孔自然弯曲严重，在钻进过程中进行了钻孔轨迹控制，其意义主要体现在：纠正孔斜，使其满足地质设计要求，使地质情况反映更加准确；增加钻孔垂直度，减小钻具回转阻力，延长钻杆寿命。

5.1 钻孔自然弯曲情况

NLSD-1 孔钻遇地层主要为风化岩、沉凝灰岩、变质凝灰岩、粉砂岩、含碳质砂岩、煤系地层和灰岩。由于部分地层岩石片理构造发育，节理面光滑、倾角大，以及软硬互层频繁出现，自开孔以来钻孔便呈现顶角上漂、方位小范围变化状态，钻孔自然弯曲度最大处达 0.5°~0.8°/10 m，如 1120~1140 m 孔段。

部分孔段由于钻孔自然弯曲严重，若不采取纠斜措施，钻孔轨迹不符合设计要求，若多次纠斜，又容易造成岩芯损失，不能保证岩芯采取率，只能采取先取芯钻进，后封孔、侧钻纠偏的方案，如 1589.90~1764.36 m 孔段。强促斜地层岩芯见图 5。

图 5　强促斜地层岩芯图片

由于地层促斜强烈，在采取各种防斜措施仍然无法控制钻孔轨迹的情况下，共计进行了

96 次纠斜,2 次水泥封孔、侧钻。

5.2 钻孔轨迹控制方法

NLSD-1 孔纠斜施工采用的是以孔底液动螺杆马达作为动力,运用随钻测量技术进行人工受控定向钻进的钻孔轨迹控制方法。

5.2.1 纠斜工具的选择

孔底动力工具:LF-54、YF-65、LF-65、5LZ73 型液动螺杆马达;1.0°和 1.25°螺杆钻弯外管。

定向仪:LHE2000 型随钻测斜仪。

另有稳斜钻具、扩孔钻具、磨孔钻具、校验台、无磁钻杆、弯接头、造斜钻头等其他工具。

5.2.2 钻孔轨迹控制工艺

5.2.2.1 钻孔纠斜及侧钻工艺流程
钻孔纠斜及侧钻工艺流程见图 6。

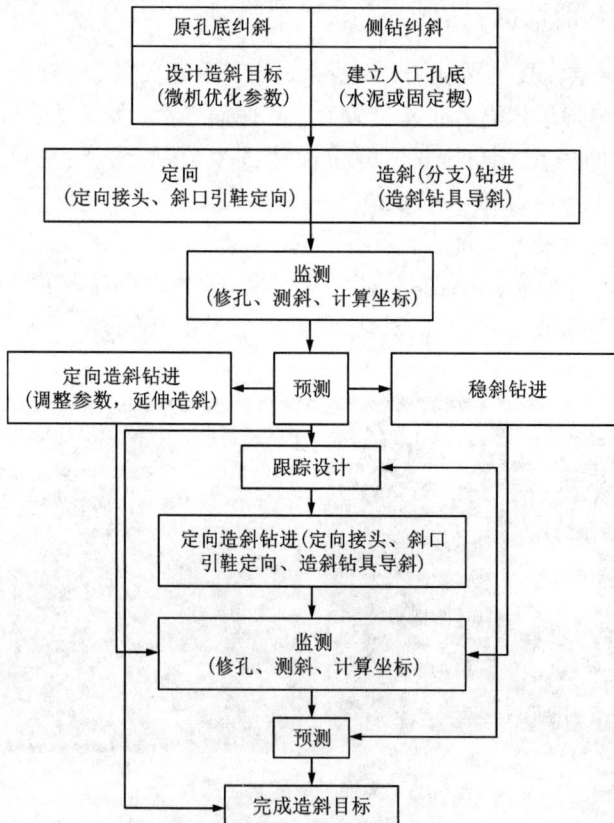

图 6　钻孔纠斜及侧钻工艺流程图

5.2.2.2 钻孔纠斜强度的选择

钻孔轨迹控制过程中，造斜强度的选择对钻孔轨迹控制的成败起到关键作用。若造斜强度过大，钻具回转阻力大，不仅降低钻进效率，而且容易造成钻具断裂，引起孔内事故；若造斜强度过小，不易控制钻孔轨迹，或增加造斜长度，造成岩芯损失，不能保证岩芯采取率。

NLSD-1 孔采用液动螺杆钻进行纠斜，其纠斜强度主要受螺杆钻弯外管度数的影响，度数越大，纠斜强度越大，反之越小。考虑到该孔为深孔，又主要进行绳索取芯钻进，且钻孔自然弯曲严重，需要多次、频繁地纠斜，为保证钻进安全及满足岩芯采取率，纠斜强度控制在 $(0.2°\sim0.3°)$/m。

5.2.2.3 钻孔定向纠斜系统

NLSD-1 孔定向纠斜系统为有缆式随钻测量系统如图 7 所示，所使用的随钻仪器为 LHE2000 型有线随钻测斜仪，最大随钻深度 2500 m。

当螺杆钻造斜时，在地面可通过随钻测量系统观察钻孔顶角、方位、工具面角等测量数据，并进行钻孔轨迹监控。

5.2.3 钻孔轨迹控制成果

5.2.3.1 NLSD-1 钻孔轨迹

NLSD-1 钻孔轨迹见图 8。

5.2.3.2 钻孔纠斜成果

NLSD-1 孔共进行 96 次纠斜，其中 52 次在强促斜地层中用螺杆钻定向钻具稳斜(即纠斜机具纠斜力与地层促斜力相等，钻孔顶角无变化)，42 次为有效纠斜(指能有效降顶角)。有效纠斜总进尺 105.82 m，累计降顶角 25.8°(不含定向稳斜值)，平均纠斜回次进尺 2.52 m，平均回次降顶角 0.61°，纠斜段平均纠斜强度 0.244°/m。

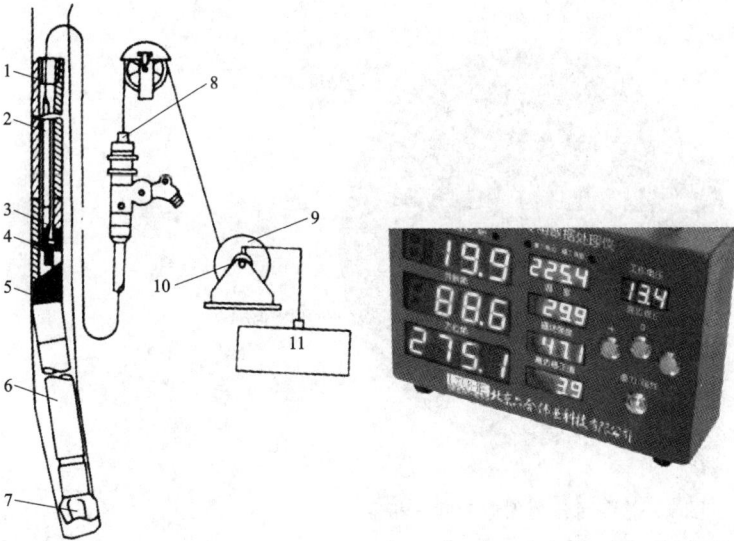

1—绳索取芯钻杆；2—孔内随钻仪探管；3—斜口管鞋；4—键；5—定向弯接头；
6—螺杆钻；7—钻头；8—通缆水龙头；9—电缆卷筒；10—集流环；11—地面仪表。

图 7　NLSD-1 孔使用的有缆式随钻测量系统

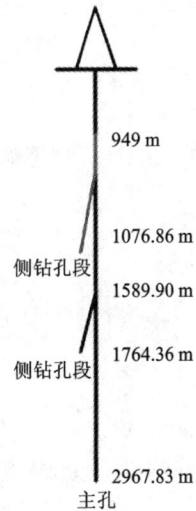

图 8　NLSD-1 钻孔轨迹图

由于钻孔轨迹控制合理，纠斜段平均弯曲强度控制在 0.244°/m，平均回次降顶角 0.61°，平均曲率半径 234.94 m，基本满足绳索取芯硬岩钻进钻孔弯曲半径的要求。

6 钻孔质量与主要技术指标完成情况

6.1 钻孔质量指标完成情况

NLSD-1 孔全孔连续取芯钻进，孔深 2967.83 m，实际取芯钻进深度 3270.15 m（含侧钻取芯），采取岩芯长度 3198.18 m，主孔岩芯采取率达到 97.80%，超过全孔岩芯采取率≥85% 的设计要求。钻孔终孔顶角 21.25°。钻孔各项质量指标完全满足科学钻探要求。

6.2 钻孔主要经济技术指标与效率分析

6.2.1 主要经济技术指标完成情况

NLSD-1 孔于 2011 年 6 月 25 日正式开钻，于 2013 年 7 月 22 日终孔，孔深达 2967.83 m。钻孔钻探工作总台时为 20119.09 h，其中计入台月的时间为 18922.42 h，占总台时的 94.05%，平均台月效率 112.93 m。φ97 mm 绳索取芯钻进平均时效 1.10 m，φ77 mm 绳索取芯钻进平均时效 0.78 m，TSZ 型塔式绳索取芯钻进平均时效 0.55 m，全孔平均时效 0.72 m。

6.2.2 钻孔施工时间与效率分析

NLSD-1 孔各项作业时间利用率分析见图 9。

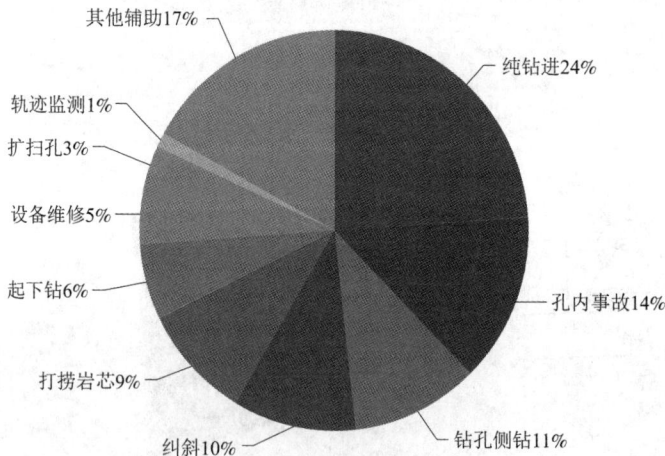

图 9 总台月各项作业时间分析图

注：其他辅助包括采取岩芯、冲孔、加接单根钻杆、设备定期保养、钻进中漏水处理等。
　　起下钻时间没有计入纠斜、侧钻、处理孔内事故的起下钻时间。

由图 9 可以看出：NLSD-1 孔纯钻进时间利用率只有 24%，而孔内事故时间率为 14%，钻孔侧钻时间占 11%，纠斜时间占 10%。通过对 NLSD-1 孔作业时间分析，表明影响钻探效率的利弊因素主要有以下几个方面：

（1）提高效率的有利因素

①采用绳索取芯钻进，提高了纯钻进时间利用率；

②根据岩石的可钻性、硬度、强度、研磨性和完整度，选择高效长寿命金刚石钻头，提高了钻进效率，减少了提钻次数，缩短了辅助时间；

③采用 TSZ 型塔式绳索取芯钻进，防斜效果良好，减少了纠斜次数，增加了纯钻进时间利用率。

（2）影响效率的不利因素

①地层复杂是影响施工效率低下的最主要因素。地层促斜，钻孔弯曲严重，纠斜和侧钻时间共占总台月时间21%；地层破碎，掉块卡钻，断钻杆次数多，最后还造成埋钻事故，孔内事故处理时间占14%；

②内管总成质量对效率的影响。因绳索取芯内管总成悬挂系统设计及元件质量问题，造成内管打捞失败或投放不到位，增加了提钻次数；

③提钻间隔与孔深对效率的影响。该孔绳索取芯孔段共计提钻 305 次，平均提钻间隔9.07 m，起下钻时间占总台月时间的6%（不包括纠斜、侧钻过程的起下钻时间）。孔深与台月效率关系见图10。

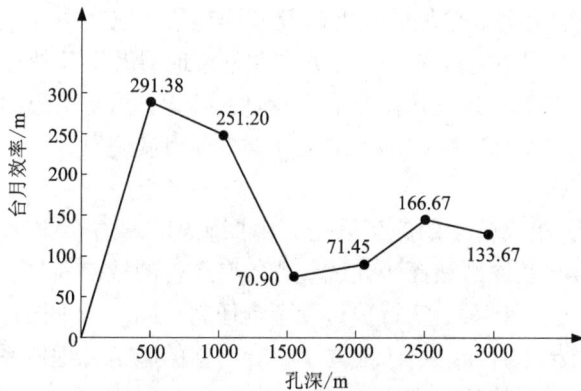

图 10　孔深与台月效率关系曲线

由图10可以看出，由于1000~2000 m 孔段进行了两次侧钻纠斜，纠斜次数也较多，导致台月效率下降明显；随着孔深的增加，台月效率降低，此外，台月效率还受侧钻、纠斜、提钻次数等因素影响。

7　技术成果与经验

7.1　主要成果

NLSD-1 科学钻探孔施工所获得的深孔钻探主要经验和成果如下：

（1）钻孔孔深 2967.83 m，全孔轨迹实现人工受控且用绳索取芯钻进，终孔口径为

ϕ97 mm，属国内首创；

（2）NLSD-1 钻孔采用自行研制的分体塔式全液压动力头钻机及绳索取芯钻杆完成 2967.83 m 孔深，属国内首例；

（3）运用定向钻进、随钻测量技术成功地实现了深孔强促斜地层的钻孔轨迹控制，并在深孔硬岩侧钻、钻孔防斜与纠斜等方面积累了宝贵的经验；

（4）研制出 TSZ 型塔式绳索取芯钻具，成功地解决了钻孔防斜及深孔破碎地层绳索取芯钻进时不能使用高稠度泥浆进行护壁的难题；

（5）运用深部钻探钻井液与护壁堵漏技术，解决了深孔长孔段连续破碎地层的护壁、深孔泥浆抗高温、悬粉、携粉、护壁等方面的技术难题；

（6）研制出适合深孔钻进的长寿命高效金刚石钻头，减少了提下钻时间，提高了钻进效率；

（7）设计采用弹塑性扶正器及活动套管防回扣技术，解决了活动套管回扣，失稳折断事故问题，保证了钻孔安全钻进。

7.2 经验与体会

7.2.1 主要经验

NLSD-1 孔钻遇地层为国内罕见的强促斜及破碎地层，施工中克服了种种困难，采用了多种新技术、新方法，顺利地完成了施工任务。在复杂地层及全孔轨迹受控钻进情况下进行 3000 m 孔深钻孔施工，具有一定的风险性和探索性。所以，当施工思路（设计）确定之后，组织施工队伍和加强管理也是施工成败的关键之一。该项目实施过程中，在施工技术与管理上做了以下几个方面的工作：

（1）实行项目管理，组成精干的施工队伍。由探矿副队长主管负责，抽调曾施工汶川地震断裂带科学钻探 3 号孔及深部钻探研究试验孔的有经验的技术人员、钻探机班长及工人组建"南岭 NLSD-1 孔施工项目部"，实行项目管理责任制。同时与中国地质大学（武汉）、无锡钻探机具厂等单位横向技术合作。由于建立了一套严格的施工管理体系，所以保证了钻探质量及安全作业及施工全过程的顺利实施；

（2）认真编写了 NLSD-1 孔科学钻探施工组织设计，并请专家进行了评审。制定了针对性现场管理制度，如项目经理制、质量管理制、安全生产、岗位责任制、现场操作规程、交接班制、泥浆管理制、施工过程日汇报制、待遇分配制及劳动纪律等。规范了施工过程中的管理，做到有章可循，严格执行，定期检查，发现问题及时整改；

（3）根据现场工程需要，实行关键节点项目经理、技术负责和班长跟班制，遇到关键的施工技术问题及时组织技术人员攻关。抓技术骨干、抓关键问题在深部钻探中起到了重要作用；

（4）实行钻进指标考核制并与经济效益挂钩。如钻孔施工分段承包考核，承包内容主要为：规定时间内完成钻探工作量、质量、安全等指标，完成或超额完成指标给予奖励，完不成定额指标或出了人为事故给予惩罚，做到奖惩统一，以提高职工的责任心和积极性；

（5）通过该项目的施工，锻炼了队伍，积累了深部钻探的经验，培养了一批专业技术人才，为我国深部岩芯钻探技术的可持续发展奠定了一定的基础。

7.2.2 问题与体会

通过深部钻探施工实践，我们认识到还存在一些问题仍需继续完善和改进。

(1)由于钻孔轨迹全孔跟踪控制，钻孔轨迹多处呈"S"状，造成绳索取芯钻杆后期疲劳损坏、钻杆脱口、折断等孔内事故，深孔处理事故耗时较多，占总台月时间的14%，严重地降低了后期施工效率；

(2)地质钻孔纠斜程序过于烦琐，施工效率低下；

(3)深孔和特深孔钻探，钻孔结构设计中，2500 m 以上孔段钻孔直径设计偏小，若孔内出现事故时，处理回旋余地小，同时不利于使用孔底马达造斜及液动冲击器；

(4)深孔钻探中，目前仍无法准确测得孔底钻进钻压(现常用钻具称重的方法)，影响钻进效率及易发生孔内事故；

(5)深孔钻探处理孔内事故工具单一。例如孔底出现卡埋钻事故，目前均采用反丝钻杆逐根反正丝的处理方法，费工费时，成本较大。钻塔钻杆靠架无法满足钻杆摆放要求(如3000 m 钻孔，需摆放 6000 m 钻杆)；

(6)钻探现场缺少钻杆柱快速检测探伤系统，现场部分钻杆带伤下孔钻进，存在不安全隐患；

(7)适用于小口径绳索取芯钻孔的螺杆钻具输出扭矩过小，造成纠斜钻进效率低；

7.3 关键技术的展望

根据目前深部钻探所存在的问题，提出以下几点认识和研究思路：

(1)研究深孔钻探孔底压力测量系统；

(2)进一步完善深孔钻探事故处理机具；

(3)加强对绳索取芯孔底液动马达的研究；

(4)进一步研究轻型高强度铝合金钻杆；

(5)研制钻杆柱微损伤现场快速检测仪器，并能在提下钻时随机检测。

参考文献

[1] 朱恒银."华南于都—赣县矿集区科学钻探选址预研究"NLSD-1 孔施工技术报告[R].安徽省地质矿产勘查局 313 地质队.2013.

[2] 朱恒银.深部岩芯钻探钻进工艺方法研究[R].安徽省地质矿产勘查局 313 地质队.2012.

[3] 江天寿，周铁芳.受控定向钻探技术[M].北京：地质出版社，1994.

[4] 朱恒银，朱永宜.汶川地震断裂带科学钻探项目 WFSD-3 孔施工技术与体会[J].探矿工程(岩土钻掘工程)，2012，39(9)：12-17.

[5] 陈师逊.中国岩金第一深钻施工情况介绍[J].地质装备，2013(6)：21-24.

[6] 张金昌，刘凡柏.2000 米地质岩芯钻探关键技术与装备[J].探矿工程(岩土钻掘工程)，2012，39(1)：3-8.

浅谈深部钻探工程质量管理

王幼凤　朱恒银　王　强

摘要：本文对深部钻探工程质量管理进行了探讨，包括质量管理体系建立、施工质量管理与控制方法、工程施工质量验收与评定等，提出了关于深部钻探工程质量管理的方法，以利于提高质量管理水平，确保钻探工程质量满足地质或工程合同规定的标准和要求。

关键词：深部钻探；工程；质量管理

Discussion on Quality Management of Deep Drilling Engineering

WANG Youfeng, ZHU Hengyin, WANG Qiang

Abstract：In this paper, the deep drilling project quality management are discussed including the quality management system established, the construction quality management and control method, engineering construction quality acceptance and evaluation, etc., and puts forward the method of quality management of deep drilling, help improve the quality management level, to ensure the quality of drilling engineering geology or engineering standards and requirements stipulated in the contract.

Keywords：deep drilling; engineering; quality management

钻探工程质量管理是指为保证和提高钻探工程施工质量所进行的计划、组织、实施、控制、处理及信息反馈、总结、评价的系列活动。其主要任务是通过有效的质量监督工作体系来确保工程质量达到地质或工程合同规定的标准和等级要求。钻探工程质量好坏直接影响到地质找矿与地质科研成果。因此，钻探工程施工质量管理是工程施工管理中的重点，贯穿于工程设计、施工、验收全过程。本文主要结合近年来所施工的深部钻探工程，对深部钻探工程质量管理进行了分析探讨，以供同行参考。

1　建立工程施工质量管理体系

自加入世界贸易组织以来，我国工程施工企业在质量管理上逐步走向规范化，引入了

刊登于：《地质装备》2015 年第 16 卷第 2 期。

ISO 国际质量认证体系，以完善工程施工质量管理，增加企业的竞争力。ISO9000 标准是国际标准化组织(ISO)在 1994 年提出的概念，是指由 ISO/TC176(国际标准化组织质量管理和质量保证技术委员会)制定的国际标准。这套标准已成为影响最大的质量管理国际标准。目前，我国大多数地质勘查单位工程质量体系主要执行了 ISO9001：2008 国际标准和 GB/T19001—2008、GB/T50430—2007 国家标准的质量体系认证工作。

工程质量管理体系的工作流程包括建立质量体系和实施该体系两部分内容。

1.1 工程质量体系的建立

主要包括质量体系建立准备、结构设计和文件编制等工作。这个过程主要是对质量标准的学习、培训，制定质量管理方针和目标，建立质量管理组织机构、管理方法程序、管理制度和章程等。

钻探工程质量管理体系一般为大队(公司)、工程处(分队)、工程项目部(机台)三级管理模式。主要管理制度有：钻探工程施工技术设计会审及技术交底制度；设备安装质量验收制度；钻孔开孔、终孔质量验收制度；设备、仪器、材料、机具质量检验制度；施工质量例会制度；施工质量定期检查(含自检、互检、专检)制度；施工、管理人员岗位质量职责制度；施工质量奖惩制度等。

1.2 工程质量体系的实施运行

主要包括质量体系实施教育、组织指挥协调、信息反馈系统、质量体系审核和评审、质量体系改进等环节。其任务和目的是监控工程质量管理体系的执行效果。

2 工程施工质量管理与控制方法

钻探工程实行施工前、施工中和施工后的全过程质量控制。

2.1 工程施工前质量控制

(1)熟悉地质设计，尤其要详细了解质量技术要求；
(2)审核施工技术方案、施工组织设计；
(3)查看现场施工环境及施工条件；
(4)检查施工设备及保质工具等。

2.2 工程施工过程质量控制

钻探施工过程质量控制就是对施工质量的薄弱环节进行预先控制，使每钻进 1 m 都能达到质量要求，以防"亡羊补牢"。施工过程质量控制包括计划(plan)—执行(do)—检查(check)—处理(action)，即简称 PDCA 循环管理方法。针对施工特点、难题设置、质量控制点开展 QC 小组活动以达到质量控制目的。

2.2.1 PDCA 循环质量管理

PDCA 循环程序针对工程质量目标计划分 4 个阶段 8 个步骤进行闭合式循环质量管理。

下面以钻孔质量六项指标中的孔斜超差为例进行说明,参见图1。

P区(即计划中):

(1)分析现状:钻孔孔斜超差。

(2)分析原因:产生超差的原因很多,如设备安装不平,机上钻杆弯曲,立轴晃动,轴压过大、转速快,钻具短而弯,换径时未带导向,因扫脱落岩芯遇到空洞和严重造斜地层等。

(3)找主要原因:假设是在松散地层扫脱落岩芯而出现孔斜。

(4)制订计划:针对主要原因拟定措施,如加长粗径钻具导正,在导正过程中,钻进技术参数控制在什么范围,由谁去操作等。

图1 PDCA质量管理循环图

D区(即执行中):

(5)实施措施和执行计划:在纠斜的过程中应准备好粗径钻具并检查测量其是否达到要求的长度和同轴度,操作者是否选派得当等,接着就是执行计划。

C区(即检查与调查效果中):

(6)调查效果:调查(5)中的实施措施执行情况,验证其可行性。

A区(即处理中)

(7)标准化和巩固成绩:一般有了上述6项措施后应能取得防斜成绩。这时应使这些采取的措施标准化,当然也会有失败的时候。

(8)遗留问题转入下期:遗留问题转入第二个PDC区域,找出问题,总结经验,肯定成绩,以利再战。

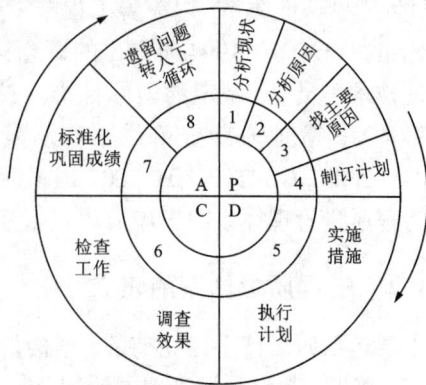

2.2.2 施工质量控制点设置

钻探工程施工关键的质量控制点主要有以下几个方面:

(1)设备安装与开孔:设备安装周正与稳固,孔口管的垂直度与坚固性;

(2)钻进工艺:保直机具、钻进方法、钻进参数、钻进钻头类型、套管下入工序方法,事故防治等;

(3)护壁与堵漏:泥浆类型及性能、钻孔堵漏材料及堵漏方法等;

(4)钻孔岩矿芯采取:采岩矿芯机具的质量、适应性、岩矿芯采取质量等;

(5)钻孔弯曲测量:测斜仪类型,测量精度校验,测斜间距,钻孔轨迹中靶预测及纠偏等;

(6)丈量、测试器具:直尺、卷尺,泥浆性能测试仪的精度校正等。

2.2.3 开展QC质量小组活动

群众性的QC质量小组活动在机台或班组质量管理中起到了很好的作用。

(1)组织形成:QC小组通常有三种形式:一是以生产小组为单位;二是由有关联工序的人员组成;三是根据特定专题组成。QC小组由职工自愿组合并经上一级质量管理部门批准。机台以班组QC小组比较合适。

(2)主要任务:QC小组以统计方法为基本手段,抓住本班的质量问题,结合质量攻关、技术改造、降低成本等问题加强质量管理并努力取得效果。

（3）活动方式：QC 小组应严格按照"PDCA"循环管理方法进行工作，做到目标明确，现状清楚，对策具体，措施落实。

（4）总结成果：及时总结成果并争取发表，交流经验，是 QC 小组活动的重要环节。反映成果的材料要文字精练，条理清楚，强调效果、用数据说话。

上级有关部门应对成绩突出的 QC 小组及成果及时给予表彰和物质奖励。

2.3 施工结束后质量控制

钻孔结束后质量控制的主要内容有：全孔测量（孔深、顶角、方位角）；钻杆孔深误差校正；封孔、透孔验证；现场岩矿芯整理入库；原始记录资料的完整性检查等。上述检查若出现质量问题可在施工钻机拆离现场之前进行补救。

3 工程施工质量验收与评定

钻探工程施工质量验收与评定主要按钻探工程有关质量规范进行。地质岩芯钻探以《地质岩芯钻探规程》六项质量指标为标准，特殊矿种、特殊钻探工程项目以国家及行业质量指标和建设方工程设计质量要求为依据。矿区勘探质量验收分为大队（企业）、工程处（分队）、机台三级；科研项目或市场项目分为投资建设单位、项目承担单位（企业）、项目经理部（或课题组）和生产机台四级。

3.1 工程质量验收层次的划分

3.1.1 生产机台验收

由上一级质量主管部门（或项目部）组织专业技术人员及工程监理对机台所承担的单孔施工质量进行野外现场验收。

3.1.2 工程处（分队）或项目部验收

由该层次质量主管部门组织项目管理、施工机台、工程监理等专业技术人员对所承担的竣工部分或全孔施工质量进行初步验收。

3.1.3 大队（企业）或建设方验收

项目建设方（投资方）组织由项目承担单位、施工单位、工程监理单位等参加的验收组，对已竣工的钻探工程施工质量进行全面验收和评价。

3.1.4 科研项目主管部门验收

省部级以上的钻探工程科研项目除接受上述三级验收外，最终还需由科研项目主管部门主持验收后方可结题。

特殊钻探工程只是单孔施工，一般验收层次可以简化，组织钻探现场验收和建设方验收两个层次即可。

3.2 工程质量验收内容与步骤

3.2.1 实物资料检查

检查验证与质量相关的钻探施工实物资料。如钻孔的岩矿芯,封孔取出的水泥样、所用测斜仪(用氢氟酸测斜的刻痕玻璃管)、现场孔口标志桩及坐标等。

3.2.2 原始记录文字资料查阅

查阅验证钻探施工中形成的与质量相关的原始记录资料。如原始班报表、测斜记录、孔深校正记录、岩矿芯登记表、简易水文观测记录、钻孔封孔透孔检查记录及特殊质量要求的文字记录等。

3.2.3 工程质量指标完成情况综合验收

在上述检查基础上即对工程质量报告各项质量指标完成情况进行综合验收。

3.3 工程施工质量评定

钻探工程施工质量评定是在资料验收后对质量指标完成结果的综合评价,在由建设方主持的最后一级验收时完成。

工程施工质量评定包括单孔和矿区(项目)钻探施工质量评定,前者是后者的基础。单孔施工质量分为优质孔、合格孔、基本合格孔和报废孔 4 级;矿区(项目)钻探施工质量分为优良工程、合格工程、不合格工程 3 级。它们的质量验收评定报告格式如表 1 和表 2 所示。

一般质量评定原则:单孔验收各项质量指标均在合格级以上,无不合格项可定为优质孔;合格率≥80%定为合格孔;60%≤合格率<80%定为基本合格孔;合格率<60%定为不合格孔。矿区(项目)的优质孔率≥95%定为优良工程;报废孔率≤5%定为合格工程;报废孔率≥15%定为不合格工程。质量评定过程中要考虑指标的重要程度,有些指标一项不合格就不能评为优质孔,一个孔不合格就不能评为优良工程。

表 1 钻孔施工质量验收评定报告

矿区(项目)名 称:_____   建设单位:_____

钻 孔 编 号:_____   施工单位:_____

设计孔深/m		实际孔深/m		设计方位角/(°)		设计顶角/(°)		
施工目的				施工结果				
机号		开孔日期			终孔日期			
岩矿芯采取率		岩芯采取率			矿芯采取率			质量评定
	总厚度/m	岩芯长/m	采取率/%	总厚度/m	矿芯长/m	采取率/%		
钻孔弯曲度测量	应测次数	实测次数	终孔顶角/(°)		终孔方位角/(°)			质量评定
			实际值	超差值	实际值	超差值		

续表1

孔深校正	应丈量数		实丈量数	超差次数	是否消除	质量评定

简易水文观测	孔内水位	应测次数	实测次数	合格率/%		质量评定
	冲洗液消耗情况					

封孔	封孔层数	封孔材料	取样情况	透孔质量	质量评定
	水泥封孔参数				

原始记录	规范应记次数	实记次数	合格次数	合格率/%	质量评定
	记录是否清晰				

孔内遗留物	孔内遗留物件情况	
分队(项目部)验收意见	验收组长(签字):	日期:
大队(建设方)验收评定意见	建设方(签章)　　　监理方(签章)　　　施工方(签章)	日期:

表2　　××　矿区(项目)钻探施工质量验收评定报告

矿区(项目)名称:＿＿＿＿＿＿＿　　　建设单位:＿＿＿＿＿＿＿

施工单位:＿＿＿＿＿＿＿

钻孔类型	孔数/个	优质孔数/个	合格孔数/个	基本合格孔数/个	报废孔数/个	优质孔率/%	报废孔率/%
勘探孔							
水文孔							
工程孔							
特殊孔							
⋮							
验收评审意见	建设方(签章)　　　日期:						

验收组长(签字):　　监理(签字):　　建设方代表(签字):　　施工方代表(签字)

4 结语

深部钻探工程质量管理必须成为一项日常性的工作，把已经出现或可能出现的问题及早解决，到竣工验收时才讨论质量问题，往往造成较大的经济损失，难以弥补挽救。深部钻探工程施工须采用科学的管理体系和先进的技术装备、工艺方法，通过计划、组织、协调、控制来进行施工，保证各有关环节的质量，以确保钻探工程施工质量并取得最佳的经济效益。

参考文献

[1] 朱恒银.深部岩芯钻探技术与管理[M].北京：地质出版社，2014.

[2] 朱恒银.深部矿体勘探钻探技术方法及设备研究成果报告[R].安徽省地矿局313地质队，安徽省重点科研攻关项目，2012.

[3] 肖树森.推行全面质量管理 提高探矿工程质量和管理水平[J].探矿工程(岩土钻掘工程)，1991(1)：19-20.

[4] 尹建华.关于钻探工程质量与安全管理的探析[J].四川建材，2012(2)：200-201.

[5] 周翔.钻探工程全面质量管理[J].吉林地质，1984(4)：62-69.

[6] 朱恒银.赣州科学钻探NLSD-1孔施工技术研究与实践[J].探矿工程，2014，41(6)：1-7.

第五篇

新型能源勘探钻探技术

页岩气勘探开发技术综述

朱恒银　王　强

摘要：近年来，我国越来越重视对页岩气这一非常规天然气的开发研究。国内已完工了一批页岩气试采井，这预示着页岩气资源开发已开始铺开，但是我国还处于起步阶段，尚未进入商业性开采。页岩气的勘探开发不同于常规天然气的开发，难度较大，需要综合性的勘探技术才能完成。本文主要概略介绍了目前国内外关于页岩气储藏条件与地层评价方法、钻井技术、压裂技术及固井技术等。

关键词：页岩气；勘探开发；技术综述

A Summary of Exploration and Development Techniques of Shale Gas

ZHU Henyin, WANG Qiang

Abstract：In recent years our country has paid more and more attention to development and study of shale gas, an extraordinary natural gas. A number of shale gas pilot mining shafts have been finished, signifying the start of development of shale gas resources. However, shale gas development is still in its initial stage and has not evolved into commercial mining in China. Shale gas is different from conventional natural gas in exploration and development, comparatively is more difficult and needs integrated exploration techniques to accomplish. This paper outlined storing conditions, stratigraphic evaluation methods, well drilling and completion techniques, fracturing techniques and well cementation techniques for shale gas at home and abroad.

Keywords：shale gas; exploration technique; technical summary

1　概述

随着我国经济的发展，城市化、工业化进程的加快，对能源需求急剧增加，能源的供需矛盾也越来越突出。当今世界各国纷纷寻找替代能源，以解决能源不足问题。天然气的开发生产在世界能源结构中占有极其重要的地位，尤其非常规天然气类型和赋存形式多样，分布十分广泛，潜在能源储量远大于传统天然气资源。非常规天然气主要包括：致密储层气、页岩气、煤层气等。非常规天然气能源的开发与利用越来越受到重视，将成为未来能源的接替资源。

页岩气是非常规天然气的一种。页岩气以多种相态存在，主体上富集于泥页岩及部分粉砂岩地层中，是以吸附或游离状态为主要存在方式的天然气聚集体。页岩气赋存广，储量大，生产周期较长，全球页岩气储量约为 $456×10^{12}$ m³，其主要分布在北美、中东、中国、拉美、中亚、俄罗斯和北非等国家和地区，占有量约占全球总量的 23.8%。我国页岩气资源分布面积达 $100×10^4$ km² 以上，具有广阔的开发前景，初步估计可采资源约为 $26×10^{12}$ m³（与美国相当）。按当前的消耗水平，这些储量足够我国使用 200 多年。

近年来，我国对页岩气的开发和利用也十分重视。国内目前已完工了一批页岩气试采井，这预示着页岩气资源开发已开始铺开，但是页岩气开发我国还处于起步阶段，尚未进入商业性开采。页岩气的勘探开发不同于常规天然气的开发，难度较大，需要综合性的勘探技术才能完成。本文就国内外目前页岩气勘探开发技术作一概略介绍，起抛砖引玉之用，仅供同仁们初步了解和参考。

2 储藏条件与地层评价方法

2.1 储藏条件

页岩气作为源岩排烃残余的主要产物，存在于盆地沉积层中，是非常规资源之一，是赋存于富有机质泥页岩及其夹层中，以吸附和游离状态为主要存在方式，成分以甲烷为主，与煤层气、致密气同属一类。页岩气有机成因来源种类多，既有生物气、未熟的低熟气、热解气，又有原油、沥青解气。

页岩气主要特点是储藏于暗色泥页岩或高碳泥页岩中，页岩气主体上是以吸附或游离状态存在于泥岩、高碳泥岩、页岩及粉砂质岩类夹层中的天然气，它可以形成于有机成因的各个阶段。天然气主体上以游离相态存在于裂隙、孔隙及其他储集空间。以吸附状态存在于酪根、黏土颗粒及孔隙表面，极少量以溶解状态存在于酪根、沥青质及石油中，属自生自储，连续聚集的天然气藏。页岩既是天然气的源岩，也是聚集和保存天然气的储层和盖层。因此有机质含量高的黑色页岩、高碳泥岩等常是最好的页岩气发育条件。

2.2 地层评价方法

页岩气是在特定的地质构造环境的地层条件下产生赋存的。页岩气的开发前期要对地层进行必要的评估，如对页岩裂隙的成因类型、识别特征、基本参数（宽度、张开度、长度、间距、密度、产状、充填情况、溶蚀情况等）、孔渗性、地质控制因素及其对页岩气聚集和产出等方面进行较详细的研究。页岩储气地层评价是通过地质、物化探及钻探等多种方法进行的综合研究成果。主要程序和方法包括五个方面。

2.2.1 野外地质调查

在页岩气赋存条件区域进行实地地质调查，对野外出露的页岩及以往钻探的岩芯样进行观察分析，如图 1 所示。初步了解裂隙成因类型以及分布规律，确定页岩范围和埋藏深度，为下步勘探提供依据。

图 1　野外出露的页岩及岩芯样本

2.2.2　物探地震勘探

通过三维地震解释、识别页岩的构造、裂隙发育带及储层非均质性，提高页岩气勘探的成功率。由于地震波在页岩地层与上下围岩中的传播速率不同，在页岩层的上下界面会产生较强的波阻抗界面，与测井、录井等资料结合，可对页岩进行解释识别与结构描述。地震反射特征的变化可以用来识别预测裂隙。

2.2.3　钻探勘查

在页岩气赋存区域进行钻探勘查是必要手段，通过钻探取芯了解页岩的层厚、产状、页岩强度、发育及裂隙充填等情况，为测井、录井、井中物探提供通道，通过钻探井中压裂试验，了解页岩气藏特性，为下步开采获得经验，提供开采优化设计方案。

2.2.4　录井与现场测试

钻探勘查井施工过程中，要进行跟踪录井与测试。由于在钻进过程中，游离态的页岩气会进入井中，现场主要是测定所取岩芯的吸附气含量。在录井过程中，应对页岩气含量进行测定并录取页岩解吸等重要资料，以作为页岩气储量评价的重要依据。

2.2.5　测井解析

页岩的性质是通过测井来进行评价的，一般情况下与普通地层相比，含气页岩电阻率大、自然伽马高、地层光电效应和体积密度低。由测井资料亦可确定页岩矿物组分与游离气体积，并可通过确定有机含碳量来计算吸附气的体积含量。

由此可见，页岩层气藏评价是一套综合技术，气藏丰富的页岩层的产生主要表现为："五高、二低、一体"，即高孔隙度、高基质渗透率、高有机质含量、高热成熟度和高的水力压裂裂缝接触范围；低岩石敏感性、低压裂后颗粒产出；大范围的均质连续体。通过对所取的岩芯、测井资料进行综合分析，可评价钻井围岩的非均质性；通过对岩石的力学分析，可以确定页岩类型；再结合井眼 TOC 测定结果与测井资料分析，可初步评估页岩气储层的潜力。

3 勘探开采技术

在确定页岩气开采区域后，勘探开采技术是页岩气获得工业性开采的关键，直接关系到页岩气的采取率。页岩气勘探开采技术主要分钻井技术、完井技术和压裂技术三大方面。

3.1 钻井技术

3.1.1 钻井轨迹类型

页岩气钻井分勘探井和开采井，勘探井一般设计为直井，主要目的是探测地层及用于开采前期试验，了解页岩气藏特性。开采井是用于正式的工业性开采，多设计为"L"型水平井和单支、多分支、羽状定向井，如图2、图3所示。这样就可以使钻井轨迹尽可能地与页岩层裂隙接触，提高页岩气采收率。

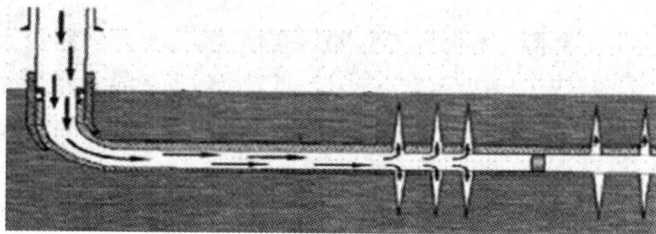

图2 "L"型水平井示意图

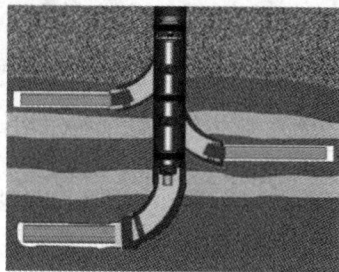

图3 多分支水平井示意图

3.1.2 钻井口径

页岩气钻孔口径与石油钻井、水资源井、地热井基本相似，终井实际口径一般要求在 $\phi150$ mm 以上，钻井深度从几百米到几千米不等。

3.1.3 钻井方法

勘探井一般要求全取芯钻进，开采井要求部分取芯或取钻屑。勘探井钻井方法一般采用常规法钻进；开采井直孔段采用常规方法钻进，分支段及水平段采用受控定向钻井方法钻进。

开采井水平段钻进是从直孔段转变为水平井段钻进，为了利于钻井轨迹控制和井眼安全，通常采用孔底液动马达（螺杆钻或涡轮钻）导航钻具钻进，钻杆不回转，只是孔底液动马达带动钻头回转剋取岩石。页岩气开采井是一项综合技术，需要与测井、录井、随钻监测等多学科结合起来。在钻进过程中,需要采用随钻测量技术(MWD)与随钻测井技术(LWD),精确定位钻井轨迹,对地层做出评价,使钻井轨迹沿地质目的层(靶区)钻进延伸。

3.1.4 钻井液选择

由于页岩地层裂隙发育、岩层破碎、水敏性强,钻进过程中易出现坍塌、井漏、缩径等复杂情况,尤其钻进较长水平段会带来岩屑运送、摩擦阻力以及地层污染等问题,会增大钻井难度。因此,在钻井过程中,如何解决井壁稳定、悬浮携带岩屑、降低摩阻和减少对藏气地层污染堵塞等问题是选择钻井液的关键。根据页岩地层特性,目前国内外多选择油基钻井液为页岩气地层钻进钻井液。油基钻井液特点:井壁稳定性好、抑制能力强;润滑性好,卡钻趋势低;热稳定性好,在高压、高温条件下失水量低;抗污染能力强(盐、膏、固相以及 H_2S、CO_2 气体污染),容易处理与维护;无腐蚀性;有利于保护储气层。在地层不很复杂的情况下,也可使用合成基钻井液和具有较强抑制性的无固相或低固相水基钻井液,原则上以确保井壁稳定、防卡、润滑、井眼干净为前提。在漏水量较大的页岩地层钻进亦可采用空气和泡沫钻井液欠平衡钻井技术。

3.2 完井技术

当页岩气钻井完成之后,下步即进行完井工作,为开采储气层做准备。一般情况下,钻井之后主井非储气层井段下入护壁套管固井。页岩储气层段完井方法主要有裸眼尾管不固井完井、尾管固井完井、水平井与分支水平井完井等。尾管固井完井是利用组合式桥塞将井段分隔并分别进行射孔,

图4　膨胀式封隔器完井示意图

是较好的完井方法;裸眼尾管不固井完井方法是用可膨胀式封隔器完井,如图4所示,其作用是通过自动坐封裸眼封隔器来封隔井壁,这种类型的封隔器可根据实际的温度、井眼尺寸、压力等条件定制,这种方法多用于水平井和分支水平井完井中。

3.3 压裂技术

由于页岩气储层致密,渗透率非常低,气流阻力大,一般完井后都无法直接产气,所以需要采取特殊工艺措施,方可将储层气采集出来。目前最为常见的方法是压裂法,按采用的不同压裂液可分为清水压裂、氮气泡沫压裂、凝胶压裂等;根据压裂方式的不同,可分为同步压裂、多层压裂、重复压裂与水力喷射压裂等。

氮气泡沫压裂主要在地层压力较低或深度较浅(1500 m 以浅)的页岩层中使用;凝胶压裂由于成本高,目前已经逐步被清水压裂法取代(图5);同步压裂是指同时对两口或两口以上的配对井进行压裂;多层压裂多在垂直堆叠的致密层中采用;重复压裂是指在初始压裂没有效果,或者支撑剂性能下降等情况下,在同层不同方向上进行两次或者两次以上的压裂,以产生新的裂隙,增大裂隙网络,提高生产力;水力喷射压裂常用于页岩层小薄层中定点喷砂射孔压裂,水力喷砂射孔能有效地穿透套管并在天然砂岩上射出直径大于 30 mm、深度达

800 mm 的孔眼，能解除钻井过程中近井储层的污染，水力喷砂射孔、分段压裂结合于一体，是高效增产的有效方法。

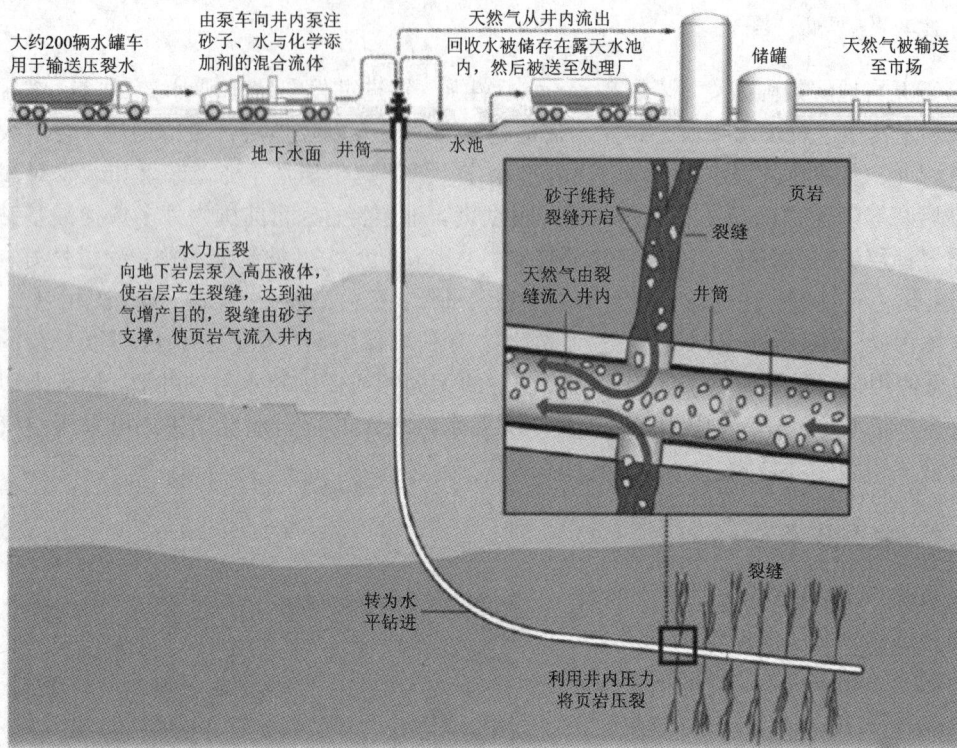

图 5　清水压裂开采施工工艺示意图

清水压裂法是目前国内外页岩气开采常用方法。清水压裂法是通过往清水中加入极少量的黏土稳定剂、减阻剂与表面活性剂，以此作为压裂液。清水压裂法开采施工工艺如图 5 所示，先注入"岩石酸"（一般为 HCl）以清洗被钻井液所封堵的近井地层；第二步是注入"减阻水"段塞，由于添加了降阻剂，水能以大排量方式快速地进入地层；然后开始注入大量的减阻水和低浓度的细砂（70 目左右），其间逐渐提高加砂浓度；加砂即将结束时注入减阻水和粗砂（40 目左右）作为支撑剂于裂缝中，使裂缝延伸撑开，以获得近井高导流能力；最后采用减阻水冲刷，将井内支撑剂从井眼中返排至井上。洗井后，将井下工具移到另一层段，开始下一级压裂施工。清水压裂法成本低，污染小，是页岩气田主要开采手段。

4　开采关键技术要点

页岩气藏是一种超低渗透非常规储藏，它的开采不同于常规天然气的开采，需要特殊的技术措施才能完成气体的采集过程。除钻井、完井和压裂三大技术外，施工过程中还应注意以下关键技术的应用。

4.1　水平井下管技术

页岩气开采井单井采用"L"型轨迹形式，由直井逐渐转变成水平井，水平井段（或分支水平井)下入套管(或尾管)难度较大,主要原因:钻井从直井段至水平段需人工造斜,曲率半径较小,水平井钻进中易造成井眼不规则,呈椭圆状,导致下套管时摩阻较大,同时由于重力作用,水平段套管基本处于井壁下帮,靠套管自重难以下到预定位置,可采取以下措施:

(1)下管前用刚性满眼钻具认真划眼通井,彻底清除孔内岩屑;

(2)套管下部接锥形引(浮)鞋,引鞋接在一个 $1\sim2$ m 刚性扶正器上,使引鞋翘起离开井壁,起到导引作用,利于套管下入;

(3)采用套管漂浮技术,以降低上提拉力和下放阻力,提高下套管的施工安全性;

(4)套管接入刚性螺旋扶正器,以保证套管居中,提高固井质量。水平井中不易采用钢制弹性扶正器,因为钢制弹性扶正器会增加下套阻力。

4.2 固井技术

含页岩气地层的孔隙度、渗透性一般较低,90%以上都要进行压裂,因此对固井技术要求很高,施工过程中固井质量好坏直接影响后期压裂生产和开采效果。如何提高页岩气井固井质量,主要措施有以下几个方面:

(1)固井之前需采用 SCW 新型高效驱油冲洗液冲刷清洗井壁和套管壁因油基钻井液所形成的井壁、套管壁上油膜及滤饼,以提高水泥与套管壁和井壁的界面胶结质量;

(2)在固井之前先对钻井液性能进行调整,做到"三低一薄",即低剪切、低黏度、低失水与薄滤饼,从而提高替浆顶替效率;

(3)因页岩气开采条件与常规天然气开采不一样,所以对固井水泥的要求也不一样。普通固井水泥是脆性材料,其抗拉强度远低于抗压强度。水泥抗拉强度与韧性在冲击荷载下会降低,在固井后压裂(多级)时井壁水泥环易破碎,影响固井质量。因此,要求页岩气井固井水泥应满足弹性模量较低、泊松比较高与抗压强度适中等条件。目前,页岩气井固井所使用的水泥类型主要有:酸溶性水泥、泡沫水泥、泡沫酸溶性水泥及火山灰+H 级水泥等。泡沫水泥浆体稳定、渗透率低、失水量小、抗拉强度高,具有良好的防窜效果,能解决复杂井段的固井难题,且侵入地层距离较短,可减轻对储层的损害。在确保层位封隔的同时又抵制了高的压裂力。目前也采用了固井水泥新型产品,该水泥具有低弹性模量和高韧性系数的 SFP 弹韧性,也获得了良好的固井效果,可满足页岩气井固井要求。

4.3 欠平衡压力钻井技术

为了减少对页岩气储层的污染和堵塞,采用低密度钻井液、泡沫钻井液、空气钻进等欠平衡压力钻井技术,以解决页岩层遇水膨胀、缩径、漏失问题,同时有利于页岩气后期开采。

4.4 气动潜孔锤钻井技术

直井段钻进应采用气动潜孔锤钻井技术,以提高钻井效率,同时也减小对储气层的污染。

4.5 超临界 CO_2 开采页岩气技术

超临界 CO_2 开采页岩气技术是一种创新技术。超临界 CO_2 与气体、液体均不相同,具有独特的性质,如密度与液体接近,可为井底马达提供扭矩,且溶剂化能力较强;黏度与气体接近,易流动、摩阻系数低;表面张力几乎为零,容易进入到狭小空间。超临界 CO_2 技术特点：喷射碎岩的效率较高、门限压力低，该方法钻井速度快、建井周期短、钻井费用低；无固相颗粒，不会封堵裂缝；不属于液相，不会使地层黏土膨胀，可降低井内事故发生率。该方法是提高气井单井产量和采收率的先进工艺方法。

4.6 多种组合开采技术

众所周知页岩气分布范围广、储量大，但开采难度大。为了增加页岩气开采的成功率，应采用多种组合技术并举，如开采井设计水平井、分支井，运用酸化、水力喷射、多级(层)压裂、重复压裂、同步压裂、超临界 CO_2 碎岩技术等，尤其在致密页岩层开采中可发挥更好作用。

5 结语

页岩气作为非常规能源已经引起了全世界的广泛关注，其拥有巨大的资源量，是世界上最有潜力的替代能源之一。我国也具有较丰富、广泛的页岩气资源。近年来，我国对页岩气的勘探开发也给予了高度重视，已启动了页岩气勘探开发工作，但才刚刚起步，尚未进入商业开采阶段。由于页岩气赋存条件特殊，从而给开采带来很大难度。目前，我国在页岩气勘探开采方面尚缺乏相关技术经验，还需要进一步加强对页岩气勘探开发关键技术研究，以便加快我国页岩气勘探开发步伐。

参考文献

[1] DAN J, Brian B, Mark L. Evaluating implications of hydraulic fracturing in shale gas reservoirs [C]//SPE Americas E&P Environmental and Safety Conference, 2009, San Antonio, Texas. New York：SPE

[2] Adams M. Mitchell honored for contribution to shale gas rebolution[N]. OGFJ, 2010-08-01.

[3] Curtis J B. Fractured shale-gas systems[J]. AAPG Bulletin, 2002, 86(11)：1921-1938.

[4] Bertard C, Bruyet B, Gunther J. Determination of desorbable gas concentration of coal(direct method)[J]. International Journal of Rock Mechanics and Mining Science, 1970, 7(1)：51-65.

[5] 肖钢、唐颖. 页岩气及其勘探开发[M]. 北京：高等教育出版社, 2012.

[6] 黎红胜、汪海阁. 美国页岩气勘探开发关键技术[J]. 石油机械, 2011, 39(9)：78-83.

[7] 郑军卫、孙德强. 页岩气勘探开发技术进展[J]. 天然气地球科学, 2011, 22(3)：511-517.

[8] 刘洪林、王莉. 中国页岩气勘探开发适用技术探讨[J]. 油气井测试, 2009, 18(4)：68-71, 78.

[9] 龙鹏宇, 张金川. 泥页岩裂缝发育特征及其对页岩气勘探和开发的影响[J]. 天然气地球科学, 2011, 22(3)：525-532.

[10] 肖洲, 邓虎. 页岩气勘探开发的发展与新技术探讨[J]. 钻采工艺, 2011, 34(4)：18-20+2.

[11] 刘伟, 陶谦. 页岩气水平井固井技术难点分析与对策[J]. 石油钻采工艺, 2012, 34(3)：40-43.

[12] 吕选鹏、周承富. 连续油管技术在页岩气勘探开发中应用前景[J]. 石油矿场机械, 2012, 41(2)：67-70.

[13] 王中华. 页岩气水平井钻井液技术的难点及选用原则[J]. 中外能源, 2012, 17(4)：43-47.

[14] 崔思华、班凡生. 页岩气钻完井技术现状及难点分析[J]. 天然气工业, 2011, 31(4)：72-75, 129.

页岩气勘探钻探关键技术方法研究综述

朱恒银　王　强　蔡正水　张　正　张文生　程红文

摘要：本文介绍了页岩气勘探钻探关键技术方法研究项目主要内容、创新点及生产应用效果，通过应用，取得了良好的技术经济效果。对地下新型清洁能源的勘探钻探技术研究起到了重要的支撑及引领作用。

关键词：页岩气勘探；钻探技术；研究与实践

Review on Key Techniques and Methods of Shale Gas Exploration and Drilling

Zhu Hengyin, WANG Qiang, CAI Zhengshui,
ZHANG Zheng, ZHANG Wensheng, CHENG Hongwen

Abstract：This paper introduces the main contents, innovation points and production and application effects of shale gas exploration and drilling key technology research projects. Through application, good technical and economic effects have been achieved. It plays an important supporting and leading role in the exploration and drilling technology of new underground clean energy.

Keywords：shale gas exploration; drilling technology; research and practice

　　能源是现代社会发展的动脉。纵观人类社会进步的历程，人类利用能源经历了高碳、中碳到低碳的过程，并将发展到无碳时代。煤炭、石油的大规模利用已经成为现实；氢气资源从技术和成本上来说目前还不具有优势；随着低碳能源时代的到来，天然气的利用是实现低碳能源的最佳选择。随着石油资源的大量消耗及可采资源量的减少，能源供给已进入了后石油时代，全球能源供给将由以煤炭和石油为主转变为更清洁、更环保的天然气，从而进入人类利用能源的天然气时代。

　　页岩气是从黑色泥页岩或者碳质泥岩地层中开发出的非常规天然气，我国资源潜力较大，该新型清洁地下能源的开发和利用受到了国家的高度重视，也是国家的长期战略方针。从"十二五"期间开始，我国已进入大范围的页岩气地质勘探阶段及试开采阶段。为了提高页岩气地质勘探质量与效率，安徽省地质矿产勘查局313地质队于2014年提出了《页岩气勘探钻探关键技术方法研究》项目立项建议书，由安徽省国土资源厅组织专家评审，并通过了项

基金项目：安徽省重点科技攻关项目"页岩气勘探钻探关键技术方法研究"（项目编号：1604a0802119）。

刊登于：《探矿工程（岩土钻掘工程）》2017年第44卷增刊，《第十四届全国探矿工程（岩土钻掘工程）学术交流年会论文集》。

目论证。2014 年和 2016 年分别被列入安徽省国土资源科技项目和安徽省重点科技攻关项目。该项目由安徽省地质矿产勘查局 313 地质队主持承担，项目主要参加单位有：安徽省页岩气开发有限公司、中国地质调查局南京地质调查中心、唐山市金石超硬材料有限公司、北京探矿工程研究所等。项目历经 2 年多的研究与生产试验，已完成了项目任务书的全部内容，并取得了良好的技术与社会经济效果。

1 项目研究主要内容与创新点

1.1 项目研究主要内容

页岩气勘探阶段钻探不同于普通地质岩芯钻探，因为页岩岩芯采取后需要进行气体总量和多项参数实验测定分析及井眼含碳量(TOC)测定等。它有其特殊质量要求，如需要页岩层密封取芯、页岩岩芯的保压保存；要求冲洗液不污染、不侵入储层及岩芯，同时还要有良好的护壁性能，保证孔壁的稳定性；页岩气勘探孔口径大，孔较深，要求页岩层岩芯采取率高，取芯速度要快，以减少页岩岩芯的气体释放量等。根据页岩气勘探钻探特点及存在的技术问题，进行针对性研究，研究主要内容有：大直径(取芯口径 $\phi122\sim152$ mm)绳索不提钻取芯工艺技术研究、页岩层不扰动保气密封绳索取芯钻具研制(含密封液及配方的研制)、大直径厚壁低转速金刚石取芯钻头的研究、不污染页岩储层及岩芯的环保水基冲洗液研究。

页岩气勘探钻探关键技术方法研究主要目的是解决页岩气勘探阶段钻探工程质量、精度和准确性的特殊工艺技术难题，为页岩气的开采提供可靠的第一手实物资料和依据。

1.2 关键技术及创新点

1.2.1 大直径绳索不提钻取芯机具及工艺技术研究

(1)大直径组合式孔底加压绳索取芯钻具的研制；
(2)大直径深孔绳索取芯配套机具及钻杆柱强度的可靠性；
(3)钻孔轨迹的保直防斜作用与钻进效率。

1.2.2 页岩层保气密封绳索取芯技术研究

(1)密封绳索取芯钻具的研制；
(2)密封液研制及配方；
(3)密封取芯技术的可靠性。

1.2.3 大直径厚壁金刚石取芯钻头研究

(1)大直径低转速条件下金刚石钻头碎岩理论；
(2)低转速高效、长寿命金刚石取芯钻头的研发；
(3)不同地层情况下取芯钻头结构的适应性。

1.2.4 环保水基冲洗液护壁技术研究

(1)环保水基冲洗液材料护壁机制；

（2）环保轻型水基冲洗液的配方研发；

（3）环保水基冲洗液对剥落、缩径泥页岩地层的护壁效果；

（4）深孔钻进环保水基冲洗液的适应性和可靠性。

2 主要研究成果

2.1 大直径加重管组合绳索取芯钻具研究

大直径绳索取芯钻具的设计主要以页岩气勘探对钻探技术的特殊要求为依据，在研究思路上整合石油钻井大直径孔底钻铤加压提钻取芯钻进技术和地质小口径绳索不提钻取芯钻进技术的优点，在现有的地质钻探绳索取芯钻进技术的基础上进行创新性的研究，以达到页岩气勘探钻探高效、安全钻进之目的。

2.1.1 钻具设计思路

页岩气勘探大都在沉积岩和海相地层中钻探，钻孔设计较深，地层条件较为复杂，稳定性差，钻孔易出现缩径、超径、坍塌、掉块、剥落、吸附、卡钻等现象。钻进时，主要选择较高黏度的冲洗液，以大排量、大钻压、低转速为主要特征。大直径绳索取芯钻具设计思路如下。

（1）钻具系统设计要有较大的钻孔环状间隙，以减少冲洗液上返阻力及环空压力，减小对地层的破坏；

（2）钻进过程中钻具的稳定性要好，具有较强的防斜效果；

（3）实现孔底加压，改变孔上加压钻杆柱受力状态；

（4）钻杆柱体要轻便、强度高、柔性好、减少钻机回转负荷，减少钻杆折断事故；

（5）取芯钻具内外管间隙过水断面要大，且钻孔口径、岩芯直径满足页岩气勘探要求；

（6）金刚石取芯钻头底唇面要排粉通畅，剥取岩石的接触面积要小，具有良好的内外保径性能。

2.1.2 钻具结构

大直径绳索取芯钻具结构设计，以 ϕ152 mm 钻进口径、ϕ122 mm 口径绳索取芯钻具结构为基础，采用加重管孔底加压组合钻具方式。钻具结构主要由外管总成、内管总成、加重管组合系统等组成，钻具结构如图 1 所示。

2.1.3 组合钻具钻进作用原理

大直径加重管组合绳索取芯钻具作用原理：将常规的绳索取芯钻具外管 5~7 mm 的壁厚，设计为在内径不变情况下，只是增加外管外直径，变成壁厚增至 18~20 mm 的加重管，置于外管总成上部若干根（其长度视钻进岩石所需压力而定），再连接常规薄壁绳索取芯钻杆，从而实现钻进过程中，以加重管自重作为孔底加载（加压）方式的一种特殊绳索取芯组合钻具。钻进时，不需地表钻机对钻杆施加压力传递至钻头以剥取岩石。加重管上部连接的薄壁绳索取芯钻杆只承受悬吊力，处于拉伸状态，以减少钻杆的弯曲和折断现象。底部钻具和加重管之间设置与钻头同径的扶正器来保证钻具回转时的稳定性。同时，本组合钻具具有良好钻孔防斜及增大钻杆与孔壁环状间隙，减小冲洗液上返阻力之效果。作用原理见图 2 所示。

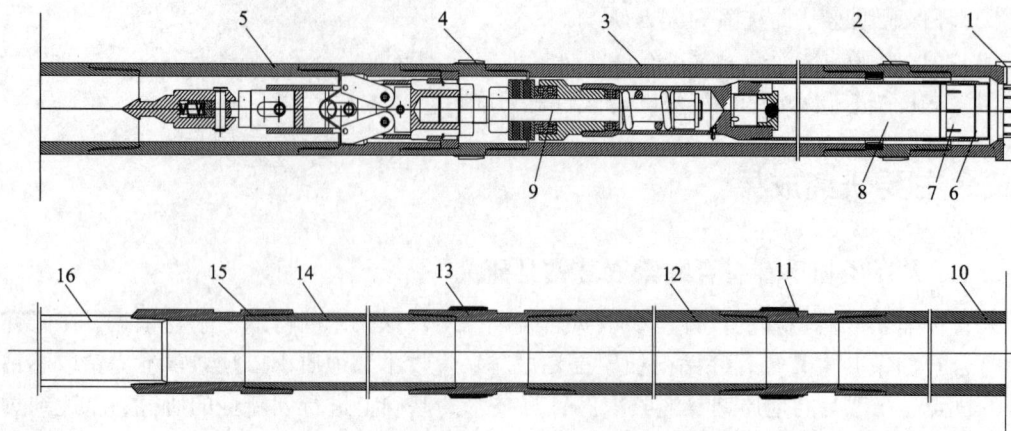

1—钻头；2—下扩孔器；3—外管；4—上扩孔器；5—外管短节；6—卡簧座；7—卡簧；8—内管；9—内管单动岩芯打捞装置；
10—加重管；11—第一扶正器；12—加重管；13—扶正器；14—过渡加重管；15—过渡加重管扶正器；16—绳索取芯钻杆。

图1 大直径加重管组合绳索取芯钻具结构

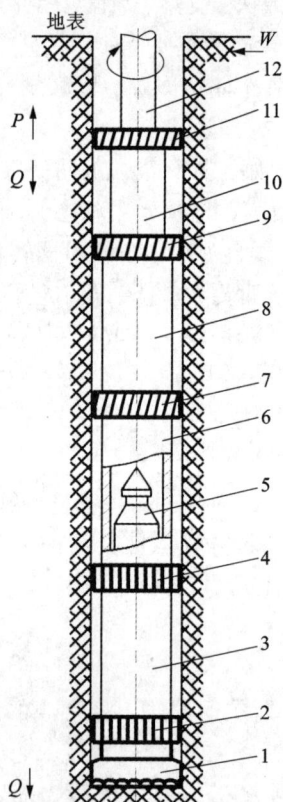

1—钻头；2—下扩孔器；3—外管；4—上扩孔器；5—内管单动岩芯打捞装置；6—加重管；7—第一扶正器；
8—加重管；9—扶正器；10—过渡加重管；11—过渡加重管扶正器；12—绳索取芯钻杆；
P—向上悬吊力；Q—加重管自重力；W—钻孔壁。

图2 大直径加重管组合绳索取芯钻具作用原理

2.2 保气密封绳索取芯技术研究

密封取芯技术是通过专用密封取芯工具和密封液的共同作用来实现的一种特殊钻进取芯工艺方法。密封取芯获取的岩芯基本不受冲洗液污染，能真实反映原始地层孔隙度、渗透率和油气水饱和度等信息。

传统的石油、天然气勘探的大直径钻井的密封岩芯都要进行提钻采取。深井提下一趟钻具，要耗费大量的时间，影响钻探工作效率，使成本上升；地质岩芯钻探虽然实现了不提钻绳索取芯钻进工艺方法，但尚不能进行密封取芯与绳索取芯相结合。上述两种传统取芯方法均存在诸多不足。另外，传统的石油、天然气钻井密封取芯钻具结构复杂，用途单一。为克服上述传统钻探密封取芯和绳索取芯钻具所存在的不足之处，研制了一种密封液绳索取芯钻具，它具有密封取芯与绳索取芯双重作用功能，提高了钻探密封取芯速度及工作效率，节约了钻探成本。

2.2.1 钻具结构

密封液绳索取芯钻具，是在常规绳索取芯钻具结构的基础上，将内管单动悬挂打捞装置下部设计为密封液取芯结构，如图3所示。主要由外管总成和密封取芯内管总成构成。

外管总成：由特种钻头、下扩孔器、外管、上扩孔器、外管短节、钻杆等部件组成，均以螺纹连接，主要是起传递钻进轴向压力和回转钻进、修整孔壁及打捞岩芯、循环冲洗液的通道作用，密封取芯内管总成放置其中。

2.2.2 钻具作用原理

将组装好的钻具，外管总成下孔后，若选择密封取芯钻进时，将密封取芯内管总成中分水接头与内管接头丝扣连接处卸掉，再把限位挡头、上活塞取出，钻具垂直放置，将密封液灌满内管中，然后，按顺序把上活塞、限位挡头及分水接头组装好，将上活塞处于下死点位置，下入外管总成内，通过上、下活塞形成密封腔，由浮动上活塞实现自动平衡内管内外液体压力，分水接头和底喷隔水钻头系统，将钻进过程中内、外管间冲洗液与岩芯隔离开；钻进开始时，在加载轴压条件下，先打开自锁装置，岩芯进入钻头后，推动下活塞上移，此时，下活塞的密封线被打开，释放出内管中的密封液，使所钻的岩芯外围全部包裹黏附密封液体，防止岩芯污染，减少气体外泄，达到密封岩芯之目的；钻进取芯终了时，不需提钻，从孔上将钢丝绳打捞器下入外管总成内，即把密封取的岩芯打捞出地面；若进行第二回次取芯，则重复上一回次工序；若转为常规绳索取芯，将密封取芯内管总成下活塞卸掉即可。密封取芯钻具作用原理见图4。

2.2.3 密封液研制及配方

研制的密封液性能满足中华人民共和国石油天然气行业标准《钻井取芯密封液基本技术要求》(SY/T5437—2000)规定的要求，具有黏度高、流动性好、防水性强、附着力强、抗温能力强等优点，从而改善了密闭效果，达到提高密闭率的目的。

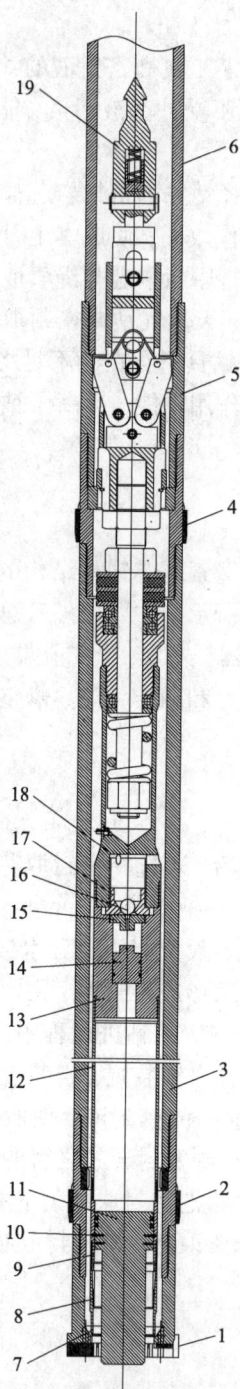

1—特种钻头；2—下扩孔器；3—外管；4—上扩孔器；5—外管短节；6—钻杆；7—卡簧座；8—卡簧；9—内管短节；10—自锁装置；11—下活塞；12—内管；13—内管接头；14—上活塞；15—限位挡头；16—钢球；17—球阀座；18—分水接头；19—内管单动悬挂打捞装置。

图3　密封液绳索取芯钻具结构图

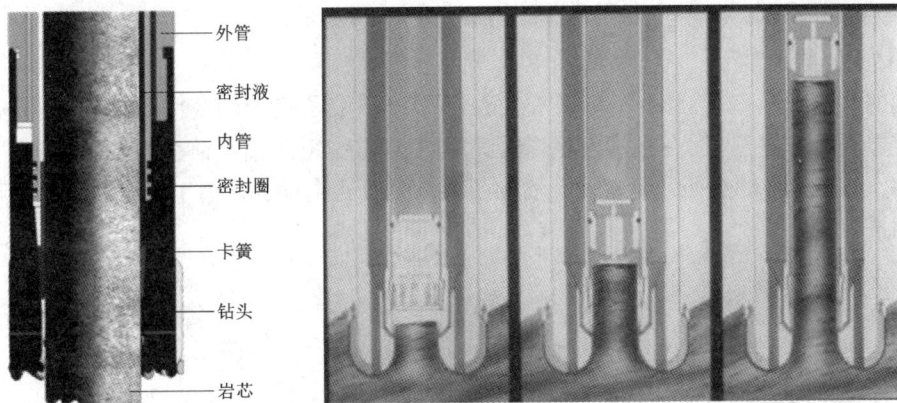

图 4 密封取芯钻具工作原理示意图

2.3 大直径厚壁低转速金刚石钻头的研究

2.3.1 大直径取芯钻进对金刚石钻头的要求

地质岩芯钻探一般是小口径居多,金刚石取芯钻头唇部均较薄,唇厚 10~15 mm,采用高转速、小压力、低泵量钻进参数。而大直径金刚石钻探,钻进采用的是低转速、大压力、大泵量参数,金刚石取芯钻头唇部相对较厚,一般在 30 mm 以上,用传统理念所设计的金刚石钻头,钻头唇部接触岩石面积过大,钻进时需要加很大的钻压,才能满足剥取岩石要求,而压力加大,钻柱扭矩增大,钻杆易折断;在低转速条件下,钻进效率低;同时钻头唇部壁厚,钻头底唇中心部位往往水不畅通,易造成金刚石微烧、碳化,钻头使用寿命较低。因此,必须设计特种类型的钻头唇部形式,才能满足大直径取芯钻进要求。

2.3.2 钻头结构设计及碎岩原理

(1)钻头结构

针对大直径绳索取芯钻进特点,研发了螺旋齿阶梯底喷式金刚石钻头、交错式底喷金刚石钻头等大直径异型金刚石钻头,具有钻头工作层底唇面积小(仅为同内外径钻头底唇接触岩石面积的 40%),中心部位水路通畅,排岩粉冷却效果好,钻进时,金刚石能自磨出刃,在低转速情况下,钻进效率高,钻头使用寿命长等特点。

螺旋齿阶梯底喷式金刚石钻头的设计是一种新型的厚壁钻头底唇部结构设计,其结构主要由钻头钢体和金刚石工作层两部分组成,如图 5 所示。金刚石工作层设计有若干个阶梯扇形螺旋块,均匀分布在钻头底唇圆周上,扇形螺旋块工作面上等分设有若干个

图 5 螺旋齿阶梯底喷式金刚石钻头

同心圆环形齿,扇形螺旋块之间设有主、副水口,水口中心设有底喷水孔,解决钻头中心部

位冷却、排粉难等技术难题。

（2）钻头碎岩原理

研制的大直径厚壁螺旋齿阶梯底喷金刚石钻头，改变了传统的金刚石钻进钻头高速回转磨削破碎岩石的方式，变成钻头低转速磨削和切削双重作用模式。钻头工作层与孔底岩石接触面积小，具有较高的比压，同时设计增加了剥取岩石自由面，有利于实现岩石的体积破碎，提高了钻进效率。

2.3.3 适用于不同地层的典型钻头结构形式

针对不同地层，研制了不同结构形式的大直径厚壁低转速金刚石钻头，如图6所示。

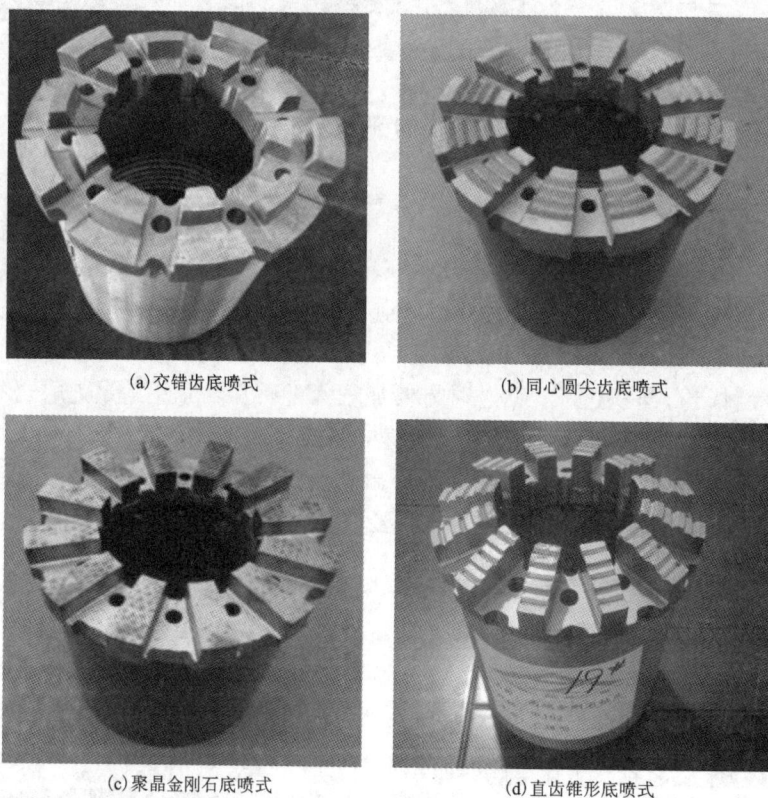

(a) 交错齿底喷式

(b) 同心圆尖齿底喷式

(c) 聚晶金刚石底喷式

(d) 直齿锥形底喷式

图6 不同结构形式的金刚石钻头

2.4 钻探环保轻型冲洗液

页岩气主要富集于泥页岩及部分粉砂岩地层中，该类地层具有泥质含量高、层理发育、微裂缝发育、吸水后易分散和剥落等特点。钻探施工时，孔壁稳定周期短，易出现坍塌、掉块、缩径现象。钻探冲洗液承担着冷却钻头、清洁孔底、悬浮和携带岩屑、润滑钻头和钻具、保护孔壁稳定等重任，尤其对勘探页岩气地层的施工效率、施工成本、取芯质量、勘探成果的优劣起到很重要的作用。另外，页岩气勘探对冲洗液的无污染环保性能也要求很高，国家提出了"绿色勘探"要求，所以开展了对钻探环保水基冲洗液研究。

2.4.1 环保冲洗液处理剂优选

环保、轻型低固相水基冲洗液主要由钠基膨润土、抑制剂、降滤失剂、流型调节剂、包被剂、封堵剂及高温保护剂等组成。通过对冲洗液关键处理剂优选与实验，为冲洗液体系的配方研发提供依据。实验优选出的环保冲洗液处理剂如表1所示。

表1　环保冲洗液处理剂优选

处理剂名称	主要成分	毒性	作用
华潍土-2	二氧化硅、三氧化二铝	无毒	造浆材料，提高黏度，降低滤失量
KHm	褐煤、氢氧化钾	无毒	抑制泥岩水化
GPNH	水解聚丙烯酰胺-丙烯腈共聚物	无毒	降低滤失量，抑制泥岩水化
GFD-1	无机矿物	无毒	封堵裂隙或孔隙，强化孔壁
GLX	多糖-丙烯酰胺共聚物	无毒	调节流型
GBBJ	水解聚丙烯酰胺类	无毒	包被与絮凝岩屑
GHP	Na_2SO_3	无毒	去除冲洗液中的氧气，提高聚合物的高温稳定性
GCMJ	低分子量成膜树脂	无毒	抑制岩芯分散、强成膜
GPNA	水解聚丙烯酰胺-丙烯腈共聚物	无毒	降低滤失量
PAC-LV	纤维素衍生物	无毒	降低滤失量

2.4.2 环保轻型冲洗液配方实验

利用优选出的无毒性、环保处理剂，通过正交法实验，研制出不同性能的冲洗液配方，并对冲洗液生物降解、悬浮岩屑能力进行了试验，得出了两种适用于页岩气钻探的轻型环保冲洗液配方。

环保、轻型低固相聚合物冲洗液配方为：3%~4%华潍土-2+2%~2.5% KHm+1.5%~2% GPNH+1.5%~2%GFD-1+0.3%~0.4% GLX+0.1%~0.3% GBBJ+0.5%~1% GHP。

环保、轻型成膜防分散冲洗液最佳配方为：6% GCMJ+1%华潍土-2+2%~2.5% GPNA+0.5%~1% PAC-LV+1.5%~2% GFD-1+0.2%~0.4% GLX+0.5%~1% GHP。

上述两种配方不仅具有无毒、生物降解性好的特点，还具有密度低、抑制性强、降滤失效果好、悬浮能力强的优点以及良好的高温稳定性，满足了页岩气勘探对冲洗液的要求。

2.4.3 地表废弃冲洗液无害化处理

钻探施工必然存在钻进岩屑及冲洗液废弃物，尤其深孔和大口径钻探产生的地表废弃残渣就更多。如不处理好对地表也有一定的污染。钻探施工对废弃冲洗液及残渣的无害化处理方法主要从物理、化学原理等方面进行研究，通过加入一定的化学剂或采用特定工艺处理方法来实现无害化处理。本项目研究是结合钻探施工的实际情况对地表废弃冲洗液残渣进行针对性的无害化处理。

(1)废弃冲洗液固液相分离方法主要有：絮凝沉淀法、清水稀释法、固化法、机械分离法。

(2)无害化处理方法主要有：基坑深埋、集中处理、转化(耕土)处理、钻孔回灌等。

通过对废弃冲洗液现场无害化处理，基本达到了环保勘探要求。

3 生产试验及效果

3.1 生产试验概况

"页岩气勘探钻探关键技术方法研究项目"结合安徽省页岩气开发有限公司所属的浙江临安页岩气勘探区块进行了生产性试验与应用，于2014年下半年至2015年间，先后在临安页岩气勘查参数孔LCO2和LCO1孔中对项目所研究的内容进行了全面性的生产试验，其目的是验证项目研究成果的适用性、科学性和经济性，并取得了预期的良好效果，为页岩气勘探钻探提供了技术示范。生产试验照片见图7、图8。

该项目在浙江临安页岩气勘探区块 LCO2 和 LCO1 勘查参数孔生产试验中，2个钻孔累计完成钻探工作量 3224.71 m，最深孔深为 2328.18 m，终孔口径 ϕ152 mm。大直径加重管绳索取芯完成工作量 2341.38 m，页岩气密封绳索取芯试验工作量 50.96 m，环保轻型冲洗液试验工作量 3224.71 m，大直径厚壁低转速金刚石取芯钻头对比试验40个，累计进尺 2295.49 m。

图7 页岩气勘探参数井生产试验现场

LCO2 勘探参数孔终孔深度 896.53 m，取芯口径 ϕ122 mm，扩孔口径 ϕ152 mm，全孔岩芯平均采取率 98.7%，关键孔段页岩芯采取率 99.4%，钻孔终孔顶角 8.5°。LCO1 勘查参数孔终孔深度 2328.18 m，终孔口径 ϕ152 mm，全孔岩芯平均采取率 98.55%，钻孔终孔顶角 7.4°。生产试验2个勘查参数孔各项技术经济指标完全满足设计要求，经验收评为优秀等级。

3.2 主要应用成果

通过 LCO2、LCO1 孔钻探施工，对大直径加重管孔底加压绳索取芯、绳索封闭取芯、大直径低转速厚壁金刚石取芯钻头、环保轻型水基冲洗液等研究内容进行了全面的生产试验，取得了以下钻探施工技术效果：

(1)所研制出的大直径加重管组合绳索取芯钻具，解决了深孔大直径薄壁绳索取芯钻杆孔底加压、大流量冲洗液孔内背压高、孔斜、钻杆内壁结垢等技术难题，避免了二次扩孔(LC01 孔与 LC02 孔相比，一次成孔比二次成孔节约时间约40%)，钻探施工时间利用率大幅度提高，钻探成本下降，工人劳动强度降低。组合钻具具有结构简单、加工方便、适用性强、

图 8　密封取芯试验

工作稳定等特点。

（2）所研制出的绳索密封取芯钻具及密封液，解决了页岩气层取芯气体外泄和污染及快速取芯问题，同一层位密封取芯与常规取芯相比，现场解析气体含量明显增加。所研发的取芯钻具及配套的密封液钻具有加工方便，制造成本低廉的优点。本技术与石油钻井同类技术相比密封取芯成本降低 90％。

（3）运用新的金刚石碎岩理论，提出了大直径厚壁低转速金刚石取芯钻头结构设计和制造方法，解决了大直径低转速条件下，金刚石钻头高效、长寿命碎岩技术难题，与常规钻头相比提高小时效率 43％，提高钻头寿命 2.63 倍。

（4）所研发的环保轻型冲洗液，选用无毒、无害、易生物降解的化学高分子材料作冲洗液配方处理剂，对页岩层钻进具有良好的防坍、防剥落、保护孔壁和增强岩屑悬浮能力的作用；冲洗液密度小对页岩地层渗透小、污染少，同时总结了野外钻探对废弃冲洗液及岩屑残渣分离和处理的技术方法，为环保绿色地质勘探奠定了研究技术基础。

4　结论

页岩气勘探钻探关键技术方法研究项目历经近 2 年的研究与生产试验，首创国内大直径加重管孔底加压绳索取芯钻进 2328.18 m 孔深纪录，被评为 2016 年"全国探矿工程十大新闻"，取得了良好的技术经济效果，获得 3 项国家专利，发表论文 3 篇。其研究成果不仅对页岩气勘探钻探技术有示范作用，而且可用于科学钻探、水资源钻探、油气钻探、地下能源钻探及矿山特种钻探中，具有良好的应用前景。

参考文献

[1] 朱恒银.页岩气勘探钻探关键技术方法研究项目成果报告[R].安徽省地质矿产勘查局 313 地质队，2017.

[2] 朱恒银.大直径加重管组合绳索取芯钻具研究与应用[J].地质与勘探，2016，52(6)：1159-1166.

[3] 朱恒银，王强，张正，等.大直径加重管绳索取芯技术在页岩气勘探中的应用研究[J].探矿工程(岩土钻掘工程)，2016，43(10)：160-164.

[4] 单文军.页岩气钻探冲洗液体系的研究与应用[J].探矿工程(岩土钻掘工程)，2016，43(10)：176-181.

[5] 蒋国盛，王荣璟.页岩气勘探开发关键技术综述[J].探矿工程(岩土钻掘工程)，2013，40(1)：3-8.

[6] 宋继伟，李勇.贵州省页岩气调查井施工工艺[J].探矿工程(岩土钻掘工程)，2013，40(8)：26-30.

[7] 朱恒银.深部岩芯钻探技术与管理[M].北京：地质出版社，2014.

[8] 朱恒银.深部地质岩芯钻探金刚石钻头研究与应用[M].武汉：中国地质大学出版社，2014.

[9] 卢予北，吴烨，陈莹.页岩气钻探关键技术问题分析研究[J].探矿工程(岩土钻掘工程)，2012，39(Z1)：27-31.

[10] 小康，田智生.页岩气井钻遇破碎地层的井身结构优化设计[J].探矿工程(岩土钻掘工程)，2016，43(7)：89-91.

大直径加重管组合绳索取芯钻具研究与应用

朱恒银　王　强　田　波　王久全

摘要：新型能源勘探与常规矿产资源勘探的要求有所不同，其主要特征是孔深、直径大、地层复杂、工程精度要求高，而小口径绳索取芯钻进工艺技术已难以满足新型能源勘探的要求。为了解决这一问题，本次研究在小口径绳索取芯钻具的基础上加以改进，研发了一种大直径加重管组合绳索取芯钻具，并在浙江临安页岩气勘探区块钻探中应用，解决了大直径深孔取芯效率问题，取得了良好的效果。该钻具具有孔底加压、工作稳定、保直防斜、冲洗液上返阻力小，一次性成孔等特点，对深孔大直径绳索取芯钻探技术的探索研究具有一定的指导和启迪作用 。本文重点介绍了该钻具设计思路和方案，钻具结构、作用原理和主要技术参数及应用情况。

关键词：大直径；加重管；绳索取芯钻具；研究与应用

Research and Application of a Combined Large-Diameter Wireline Drilling Tool with a Heavy Pipe

ZHU Hengyin, WANG Qiang, TIAN Bo, WANG Jiuquan

Abstract：Compared with the conventional mineral resource exploration, new energy resource exploration owns different characteristics such as deeper boreholes, large diameters, complex formations, and high engineering precision required. The existing small-diameter wire line coring drilling technology cannot meet these requirements. In order to solve this problem, we have developed a combined large-diameter wireline drilling tool with a heavy pipe to improve the small diameter wire-line drilling tool. This new drilling tool has been applied to shale gas exploration in Lin'an City, Zhejiang province, which solved the efficiency problem of large-diameter deep hole coring, and achieved good results. This drilling tool has a series of advantages, such as pressurized at the bottom of the hole and working steadily, ensuring drilling perpendicularity, smaller drilling fluid return resistance, and completing the borehole one time. This new drilling tool can shed light on further development of large-diameter wire-line coring drilling technology. This paper presents the design

基金项目：安徽省重点科技攻关项目"页岩气勘探钻探关键技术方法研究"（编号：1604a0802119）、安徽省国土资源科技项目(项目编号：2014-k-14)资助。刊登于：《地质与勘探》2016 年第 52 卷第 6 期。

注：田波、王久全作者工作单位为唐山市金石超硬材料有限公司。

idea and scheme, the structural principle and main technical parameters of the drilling tool and its application situation.

Keywords: large-diameter; heavy weight pipe; wire-line coring drilling tool; research and application

引言

我国从 20 世纪 70 年代初开始研究金刚石绳索取芯钻进技术,发展至今已有 40 多年的历史,小口径($\phi 56 \sim 96$ mm)金刚石绳索取芯钻进技术已形成了拥有国家标准的规范化和系列化,并在地质岩芯钻探中被广泛地推广应用,取得了瞩目的社会和经济效益(刘广志,1991;王达等,2008;张佳文等,2013;张伟,2013)。近年来,随着矿产资源勘探的战略调整,对地下新型清洁能源(天然气,煤层气、页岩气、干热岩、天然水合物)的勘探、开发和利用,受到了国家的高度重视(蒋国盛等,2013;董大忠等,2011)。能源是现代社会发展的命脉,寻找新型能源也是国家长期的战略方针(汪民,2012)。新型能源勘探与常规矿产资源勘探要求有所不同,其主要特征是孔深、直径大、地层复杂、工程精度要求高(肖钢等,2012),而小口径绳索取芯钻进工艺技术已难以满足新型能源勘探的要求,钻探技术又面临着新的挑战。所以,大直径绳索取芯钻进技术的探索研究是当务之急,为了解决这一问题,近年来,我们研发了一种大直径加重管组合绳索取芯钻具(朱恒银等,2016),在页岩气勘探钻探中应用,取得了显著的经济技术效果。

1 钻具设计依据及思路

大直径绳索取芯钻具的设计主要是以新型能源勘探特殊技术要求为依据,在小口径绳索取芯钻具的基础上加以改进而提出的设计方案。

1.1 新型能源勘探对钻探技术要求

寻找地下能源资源,基本上分为三个阶段(固体矿产地质勘查规范总则,2002):第一阶段是地质调查,第二阶段是勘探评价,第三阶段是商业开采。地质勘探阶段,必须钻探先行,这个阶段一般情况下钻探需要全孔取芯,并同时进行录井、测井和现场岩芯解析等工作,对钻探工程要求(常子恒,2001;页岩气钻井技术规程,2014)主要有以下几点:

(1)要满足现场解析和实验测试要求,所采取的岩芯直径应≥60 mm,目的层岩芯采取率≥90%;

(2)要满足测井要求,钻探口径≥150 mm;

(3)要满足含气层岩芯现场解析要求,2000 m 孔深岩芯采集至地表时间≤40 min;

(4)钻孔孔斜率≤0.5°/100 m;

(5)钻孔最大弯曲度≤2°/30 m;

(6)孔口要设置防喷装置;

(7)钻孔施工过程中,控制对含气层的污染和破坏。

1.2　钻具设计方案选择

众所周知，常规的地质岩芯钻探，所采用的小口径绳索取芯钻进方法，其钻具一般设计为薄壁形式，钻杆钻具壁厚为 5~7 mm，钻杆外径与钻头外径相差 5~7 mm，其特点是整个钻杆钻具组合是同径到底，由于钻杆内需要打捞内管岩芯，钻杆内径较大，钻孔环状间隙小，钻进岩石时，主要靠地表钻机对钻杆施加及调节压力，传递至孔底钻头剥取岩石，钻进时，以高转速、低钻压、小泵量为主要特征(王达，2009；孙建华，2008；姜光刃等，2009)。其缺点：其一，在钻探过程中，浅孔时钻头处压力靠地表钻机给整个钻杆柱施加压力，由钻机对钻杆加压，必然引起钻杆柱弯曲，钻杆柱回转中与钻孔壁摩擦阻力增大，钻杆磨损加剧，钻杆容易折断；其二，在钻探过程中，深孔钻探(超 1000 m 以深)时，钻杆柱重量超过钻头所需压力，也是靠钻机地表进行调节，由于钻杆与孔壁的摩擦，难以判断孔底钻头的真实压力，另外钻杆在加压段也会产生弯曲和磨损；其三，在钻探过程中，由于地表钻机加压，钻杆柱回转中稳定性较差，对钻孔孔斜有一定的影响，另外钻具组合是一径式，孔壁间隙相应较小，深孔钻探冲洗液上返阻力较大，影响孔壁稳定性和钻进效果。因此，上述小口径绳索取芯钻具组合结构在较大口径钻探中存在诸多不足。

新型能源勘探，除干热岩钻探外，其余能源勘探大都在第四系、新近系、古近系及海相地层中钻探，钻孔孔深设计一般较深，地层条件较为复杂。钻进时，主要以较高黏度的泥浆作为冲洗液，以大排量、大钻压、低转速为主要特征(朱恒银等，2014；陈师逊等，2014)。所以在大直径绳索取芯钻具的结构设计上是以已成熟的小口径绳索取芯结构为基础，扬长避短，并结合新型能源勘探大直径钻探的特点，力求选择适用性强，性价比高的总体设计思路。设计方案主要考虑到以下几个方面的因素：

(1)钻具系统设计要有较大的钻孔环状间隙，以减少冲洗液上返阻力及环空压力，减小对地层的破坏；

(2)钻进过程中钻具的稳定性要好，具有较强的防斜效果；

(3)实现孔底加压，改变孔上加压钻杆柱受力状态；

(4)钻杆柱体要轻便，强度高，柔性好，减小钻机回转负荷，减少钻杆折断事故；

(5)取芯钻具内外管间隙过水断面要大，且钻孔口径、岩芯直径满足地质要求；

(6)金刚石钻头底唇要排粉通畅，剥取岩石的接触面积要小，具有良好内外保径性能。

2　钻具设计及主要技术参数

2.1　钻具结构设计

大直径绳索取芯钻具结构设计，钻进口径为 ϕ152 mm，以 ϕ122 mm 口径绳索取芯钻具结构为基础，采用加重管组合钻具方式，具体钻具设计如下。

2.1.1　钻具结构

大直径加重管组合绳索取芯钻具结构主要由外管总成、内管总成、加重管组合系统等组成，钻具结构如图 1 所示[图 1(a)、(b)实质是一整体，图 1(b)的右端与图 1(a)左端是相连的]。外管总成由下列部件构成：外管(3)连接于外管上下两端的上扩孔器(4)、下扩孔器(2)，上扩孔器(4)上端连接外管短接(5)，下扩孔器(2)下端连接钻头(1)等。外管总成主要是起传递钻进轴向压力，回转钻进和修整孔壁作用，内管总成放置管中。

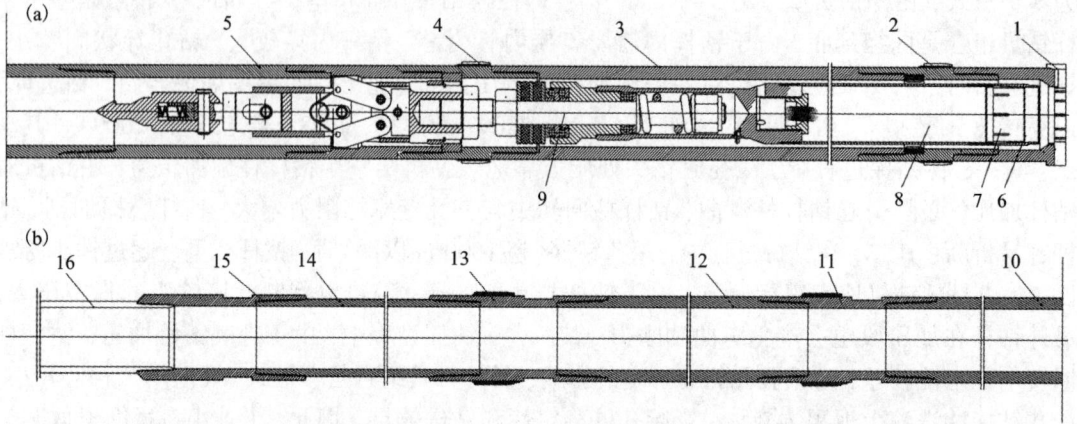

1—钻头；2—下扩孔器；3—外管；4—上扩孔器；5—外管短节；6—卡簧座；
7—卡簧；8—内管；9—内管单动岩芯打捞装置；10—加重管；11—第一扶正器；12—加重管；
13—扶正器；14—过渡加重管；15—过渡加重管扶正器；16—绳索取芯钻杆。

图1　大直径加重管组合绳索取芯钻具结构

内管总成由内管(8)、连接于内管下端的卡簧座(6)、连接于上端的内管单动岩芯打捞装置(9)构成，与常规绳索取芯内管总成基本相同，内管总成主要起容纳岩芯及打捞岩芯之作用。

加重管组合系统由加重管(10)、扶正器(11)、加重管(12)(注：加重管可根据孔底钻头压力需要连接若干根，每根长约9 m，扶正器连接在加重管之间)、扶正器(13)、过渡加重管(14)(注：长度设计为6~9 m，外径要小于加重管，大于绳索取芯钻杆，外径级差为10~15 mm)，过渡加重管扶正器(15)、绳索取芯钻杆(16)等部件组成。加重管与扶正器呈交替设置，在外管短节上端依次连接加重管及扶正器，加重管上扶正器连接过渡加重管(14)，过渡加重管上端连接过渡加重管扶正器(15)，绳索取芯钻杆(16)连接于过渡加重管扶正器(15)上。若干根加重管、扶正器接至外管总成上部，起到通过自重向孔底加压的作用(主要是通过加重管组合系统自重对孔底钻头施加钻进压力)。各扶正器起到钻具回转过程中减振稳定作用，过渡加重管起到粗径钻具和细径钻杆连接处的应力分解，以增加强度及稳定性作用。

2.1.2　钻头结构

大直径加重管组合绳索取芯钻具，所用金刚石钻头有其特殊性，钻头底唇很厚，一般大于35 mm，比常规钻头唇厚增加约1.3倍。所以要设计特种类型的唇部形式，才能满足钻进要求。金刚石钻头结构设计主要应做到以下几点(朱恒银等，2014)：

(1)钻头底唇部接触岩石的面积尽量减少，原则上与同口径普通单动双管钻具薄壁取芯钻头底唇接触岩石面积相近；

(2)钻头底唇中心部位通水、排粉冷却功能应良好，避免中心部位金刚石微烧，出现拉槽现象，要加深加大钻头水口、水槽，以增加过水断面；

(3)钻头内外径保径要加强；

(4)钻头的其他参数选择要适应地层条件。

大直径加重管组合绳索取芯钻具用金刚石钻头典型结构如图2、图3所示。

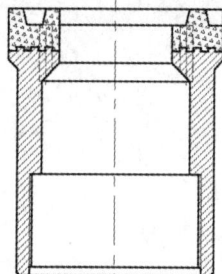

图2　交替式底喷金刚石钻头　　　　　　图3　螺旋齿阶梯底喷式金刚石钻头

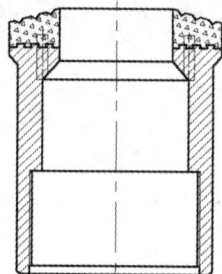

2.2　组合钻具作用原理

大直径加重管组合绳索取芯钻具作用原理：将常规的绳索取芯钻具外管5～7 mm的壁厚，设计为在内径不变情况下，只是增加外管外直径使壁厚增至18～20 mm的加重管，置于外管总成上部若干根(其长度视钻进岩石所需压力而定)，再连接常规薄壁绳索取芯钻杆，从而实现钻进过程中，以加重管自重作为孔底加载(加压)方式的一种特殊绳索取芯组合钻具。钻进时，不需地表钻机对钻杆施加压力至钻头。加重管上部连接的薄壁绳索取芯钻杆只承受悬吊力，处于拉伸状态，以减少钻杆的弯曲和折断。底部钻具和加重管之间设置与钻头同径的扶正器来保证钻具回转时的稳定性。同时，本组合钻具具有良好钻孔防斜功能及增大钻杆与孔壁环状间隙，减小冲洗液上返阻力之效果。作用原理见图4。

2.3　钻进工艺及钻具设计技术参数

2.3.1　钻进工艺设定技术参数

钻进工艺技术参数设定，主要是以岩芯钻探规程等有关规范为依据(地质岩芯钻探规程，2010；王达等，2014)，推算以下参数：

(1)钻孔深度：3500 m以内；

(2)钻孔口径≥ϕ152 mm；

(3)钻进机械转速：180～200 r/min(线速度：1.43～1.59 m/s)；

(4)孔底钻压20～30 kN；

(5)冲洗液排量：300～525 L/min；

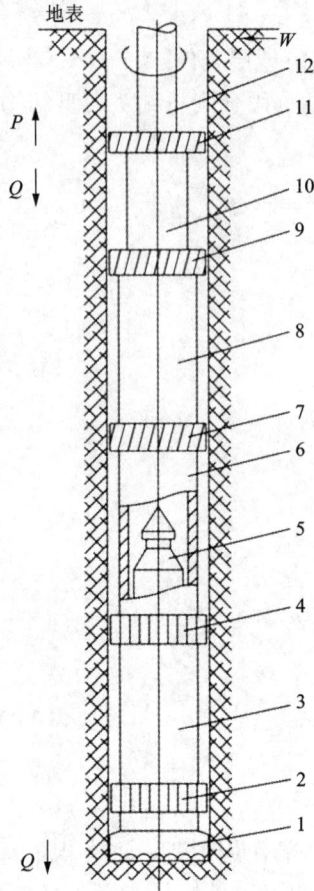

1—钻头；2—下扩孔器；3—外管；4—上扩孔器；5—内管单动岩芯打捞装置；6—加重管；7—第一扶正器；
8—加重管；9—扶正器；10—过渡加重管；11—过渡加重管扶正器；12—绳索取芯钻杆。

P—向上悬吊力；Q—加重管自重力；W—钻孔壁

图4　大直径加重管组合绳索取芯钻具作用原理

2.3.2　钻具设计技术参数

组合钻具连接方式：ϕ152 mm 钻头+绳索取芯双管钻具总成+ϕ140 mm 加重管+ϕ127 mm 过渡钻杆+扶正器+ϕ114 mm 绳索取芯钻杆。钻具设计主要技术参数为：

（1）ϕ114 mm 绳索取芯钻杆主要技术参数（钻探应用无缝钢管，2008；张丽君等，2012；梁健等，2011）如表1所示。

表1　ϕ114 mm 绳索取芯钻杆主要技术参数

材质	外径/mm	内径/mm	抗拉强度/MPa	屈服强度/MPa	延伸率/%	钻杆加强	热处理方式	连接方式	螺纹形式	每米重量/kg	钻杆定长/m	抗扭强度/(kN·m⁻¹)
DZ60（45Mn MoB）	114.3	101.6	866	689	15	两端加厚	调质（HRC 30±1）	公母接头	负角大螺矩	16.7	4.5	27.5

（2）φ127 mm 过渡钻杆：选择 G105 钢，壁厚 12.5 mm，定尺每根长度 6 m，1 根；

（3）φ140 mm 加重管：选择 ZT850(42CrMo) 钢，壁厚 19 mm(内径 φ102 mm)，定尺每根长度 9 m，重量 56.7 kg/m，13 根，总长 117 m，总重量 6.63 t；

（4）加重管扶正器：外径 φ150 mm，长度 300 mm，设计为螺旋水槽，合金或聚晶保径，每根加重管之间连接一个；

（5）扩孔器：外径 φ152.5 mm，采用聚晶保径；

（6）钻头：金刚石或复合片作磨料，公称外径 φ152 mm，内径 φ80.5 mm，内外保径采用粉末金刚石或聚晶；

（7）钻具螺纹：加重管过渡钻杆连接螺纹，采用 API 石油钻铤规格(石油钻杆接头螺纹，1999)；φ114 mm 绳索取芯钻杆选择梯形负倒角螺纹(孙建华等，2011)，螺纹连接抗拉强度 1150 kN，抗扭强度 27.5 kN·m。采用接头连接方式，接头为 42CrMo 钢，调质处理；

（8）内管总成：与 SP(φ122 mm 口径系列)绳索取芯内管总成结构基本一致。内管外径：φ91 mm，内径：φ84.4 mm，回次取芯长度：3 m、6 m。

3 钻探工程应用效果

3.1 应用情况概述

大直径加重管组合绳索取芯钻具研制，是安徽省重点科技攻关项目"页岩气勘探钻探关键技术方法研究"的内容之一，由安徽省地质矿产勘查局 313 地质队主持承担。该组合钻具于 2014 年 9 月开始在页岩气勘查参数孔浅孔中试验，后于 2015 年投入浙江临安页岩气深孔勘查参数井 LC01 孔中进行施工应用。

LC01 参数孔设计孔深为 2520 m，终孔口径不小于 φ150 mm，全孔取芯，岩芯直径≥80 mm，并进行录井、测井、现场岩芯解析等工作。所钻地层主要为钙质泥岩、碳硅质页岩、花岗岩等。钻孔结构及地层柱状图如图 5 所示。该孔于 2015 年 4 月 9 日正式开钻，至 2016 年 2 月 1 日完钻，历时 298 天，实际终孔孔深 2328.18 m(因达到地质目的提前终孔)，终孔口径 φ152 mm，岩芯平均采取率为 98.55%，终孔顶角 7.4°，各项质量及技术指标完全满足地质设计要求，评定为优质钻孔。

钻孔最高台月效率 517.24 m/台月，平均台月效率 257.54 m/台月，孔深与台月效率关系如图 6 所示。

该孔纯钻进时间占 54.24%，孔内事故时间占 5.1%，提下钻时间占 12.59%，设备检修时间占 4.22%，内管投放与取芯时间占 20.13%，其他辅助时间占 3.72%，钻孔施工作业时间分析如图 7 所示。

3.2 主要应用成果

大直径加重管组合绳索取芯钻具在 LC01 参数孔中的应用，取得了以下方面的成果：

（1）钻杆与钻孔环状间隙大，大幅度减小了大直径深孔钻进冲洗液上返阻力和对地层的压力。在 2328 m 孔深中钻进，选用 525 L/min 泵量，实际泵压只有 3.0 MPa，如果采用 φ122 mm 口径绳索取芯常规满眼钻具，同为 φ114 mm 钻杆在 2000 m 孔深中钻进，选用 120 L/min

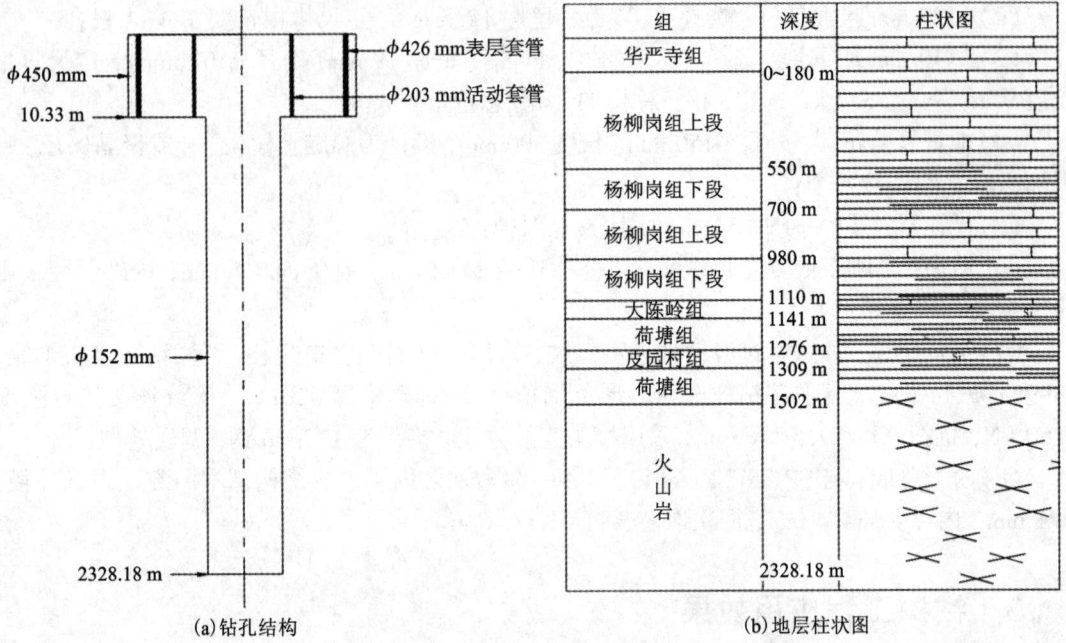

图 5　LC01 孔钻孔结构及地层柱状图

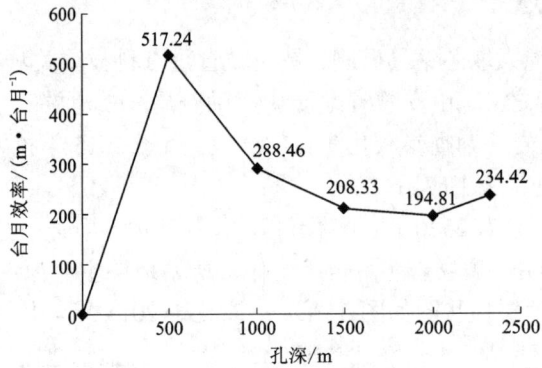

图 6　台月效率与孔深关系曲线

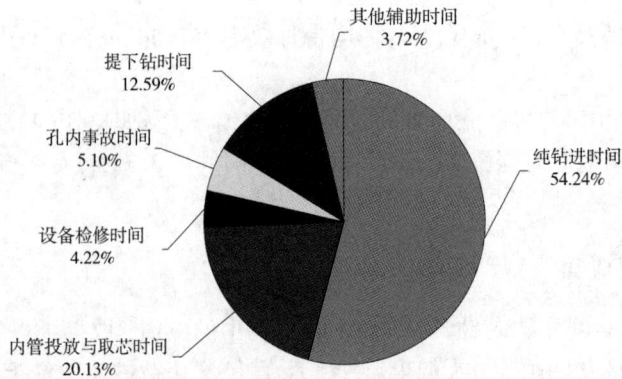

图 7　LC01 孔施工作业时间分析图

的泵量，实际泵压就达 6.5~7.0 MPa；

（2）实现了加重管孔底加压，钻具孔内受力改善，减少了断钻杆事故；

（3）实现了孔底加压，钻具稳定性好，降低了钻孔的孔斜率。如在同一区块施工的钻孔与 LC02 孔相比，钻孔的孔斜率由 1.1°/100 m 降低至 0.32°/100 m；

（4）解决了深孔大直径厚壁金刚石钻头在低转速条件下钻头效率与寿命及钻头唇部中心部位冷却等技术难题。在转盘钻机低转速（100~160 r/min）情况下，钻进页岩和花岗岩地层，钻头最高时效达 1.86 m/h，单钻头最高进尺 283.56 m；

（5）避免了因测井需要而二次扩孔的重复工作；

（6）创国内 ϕ152 mm 直径加重管组合绳索取芯钻进 2328.18 m 最深纪录。

4 结语

大直径加重管组合绳索取芯钻具的研究及应用，基本解决了大直径深孔取芯效率问题。具有钻具孔底加压工作稳定，改善钻具孔内受力状态，减少钻杆折断事故，保直防斜，冲洗液上返阻力小等特点，满足了深孔低转速条件下厚壁金刚石钻进、取芯、测井等技术要求，对我国新型能源勘探以及科学钻探深孔大直径系列绳索取芯技术的探索与研究具有重要启迪和指导作用。

参考文献

[1] 刘广志.金刚石钻探手册[M].北京：地质出版社，1991：1-6.

[2] 王达，孙建华.我国钻探工程技术标准现状与展望[J]探矿工程（岩土钻掘工程），2008，35（1）：4-8.

[3] 张佳文，张林霞.我国深部矿产勘察设计与钻探技术进步[C]//第十七届全国探矿工程（岩土钻掘工程）学术交流年会论文集，北京：地质出版社，2013：7-11.

[4] 张伟.深孔岩芯钻探技术问题探讨和发展展望[C]//第十七届全国探矿工程（岩土钻掘工程）学术交流年会论文集，北京：地质出版社，2013：1-6.

[5] 蒋国盛，王荣璟.页岩气勘探开发关键技术综述[J].探矿工程（岩土钻掘工程），2013，40（1）：3-8.

[6] 董大忠，邹才能，李建忠，等.页岩气资源潜力与勘探开发前景[J].地质通报，2011，30（3）：324-336.

[7] 汪民.页岩气知识读本[M].北京：科学出版社，2012：10-15.

[8] 肖钢，唐颖等.页岩气及勘探开发[M].北京：高等教育出版社，2012：6-10.

[9] 朱恒银，王强，王久全，等.绳索取芯加重管孔底加压组合钻具[P].中国，C，201520824660.1，2016.2.24.

[10] GB/T13908—2002.2002.固体矿产地质勘查规范总则[S].北京：中国标准出版社

[11] 常子恒.石油勘探开发技术[M].北京：石油工业出版社，2001：90-98.

[12] DB43/T971—2014.2014.页岩气钻井技术规程 [S].北京：中国标准出版社

[13] 王达.深孔岩芯钻探的技术关键 [J].探矿工程（岩土钻掘工程），2009，36（S1）：1-4.

[14] 孙建华.大深度复杂地层绳索取芯钻探技术[J].地质装备，2008（4）：19-21.

[15] 姜光忍，李忠，王献斌.绳索取芯钻探施工中钻杆折断原因分析及应对措施[J].探矿工程（岩土钻掘工程），2009，36（3）：15-17.

[16] 朱恒银，王强，杨凯华，等.深部岩芯钻探技术与管理[M].北京：地质出版社，2014：260-268.

[17] 陈师逊，杨芳.深部钻探复合钻杆的研究与应用[J].地质与勘探，2014，50（4）：772-776.

[18] 朱恒银，王强，杨展，等.深部地质钻探金刚石钻头研制及应用[M].武汉：中国地质大学出版社，

2014：102-109.

[19] DZ/T0227—2010.地质岩芯钻探规程 [S]北京：中国标准出版社，2010.

[20] 王达，何远信.地质钻探手册[M].长沙：中南大学出版社，2014：360-365.

[21] GB/T9808—2008.钻探应用无缝钢管[S].北京：中国标准出版社，2008.

[22] 张丽君，彭莉，吕红军.深孔绳索取芯钻杆质量控制措施[J].探矿工程(岩土钻掘工程)，2012，39
(11)：33-36.

[23] 梁健，彭莉，孙建华，等.地质钻探铝合金钻杆材料研制及室内试验研究[J].地质与勘探，2011，47
(2)：304-308.

[24] GB/T 9253.1—1999.1999.石油钻杆接头螺纹(NEQ API Spec 7(第39版))[S].北京：中国标准出版社

[25] 孙建华，张永勤，梁健，等.深孔绳索取芯钻探技术现状及研发工作思路[J]地质装备，2011，11(6)：
11-14.

大直径加重管绳索取芯技术在页岩气勘探中的应用

朱恒银　王　强　张　正　蔡正水

摘要：根据页岩气、煤层气勘探对钻探技术的特殊要求，进行了大直径绳索取芯技术的探索研究。本文重点介绍了加重管组合式绳索取芯钻具的结构、作用原理及特点，以及施工试验效果。通过施工实践的启示，对大直径绳索取芯技术的发展提出了几点认识。

关键词：大直径，绳索取芯技术，页岩气勘探

Application of Large Diameter Wire-line Coring Technology for Shale Gas Exploration

ZHU Hengyin, WANG Qiang, ZHANG Zheng, CAI Zhengshui

Abstract：Based on the special requirements of drilling for shale gas and coalbed gas exploration, the research is carried out on large diameter wire-line coring technology. This paper mainly introduces the structure, action principle, characteristics and drilling experiment effects of weighted combined wire-line coring drilling tools. Through the construction practice, the paper gives out some ideas on the development of large diameter wire-line coring technology.

Keywords：large diameter; wire-line coring technology; shale gas exploration

引言

能源是现代社会发展的动脉。人类利用能源经历了高碳、中碳到低碳的过程，并将逐步发展到无碳时代。当今已进入了低碳能源时代，而天然气的利用是实现低碳能源的最佳选择[1]。全球能源供给将由以煤炭和石油为主，转变为清洁环保的天然气。天然气主要来源于地下页岩、煤层、含碳质岩层、天然气水合物等地层中，其资源潜力很大[2~3]。近年来，我国对清洁能源的勘探开采利用十分重视，尤其对页岩气的勘探开发方兴未艾。页岩气属于非常规天然气，它赋存于页岩和致密砂岩中，通过压裂等方法才能释放气体[4~5]。

页岩气勘探阶段，一般都需要取芯钻探，对所取的岩芯进行气体总量和多项参数实验测

基金项目：安徽省重点科技攻关项目"页岩气勘探钻探关键技术方法研究"（编号：1604a0802119）。

刊登于：《探矿工程（岩土钻掘工程）》2016 年第 43 卷第 10 期。

试分析及井眼含碳量(TOC)测定,以获取天然气储层的厚度、储量及开发方法等信息。页岩气勘探与普通钻探相比,对钻探技术要求较严,要求岩芯采取率高,岩芯直径大,采取岩芯速度快[6~7]。针对页岩气勘探钻探的特殊要求,我们进行了大直径绳索取芯技术的探索与研究,并在浙江临安页岩气勘探区块 LC01 参数孔中试验,钻孔深度达到了 2328.18 m,取得了良好的应用效果。

1 问题的提出

页岩气、煤层气勘探大多在沉积岩和海相地层中,该类地层稳定性差,钻孔易出现缩径、超径、坍塌、掉块、剥落、吸附卡钻等现象[8~9]。在该类地层钻进,一般选择提钻取芯工艺。若选择目前常规满眼绳索取芯工艺,易造成钻具卡埋、缩径抱钻、超径钻杆折断等事故;高黏度泥浆的使用在钻孔小环空间隙条件下,提下钻时易引起抽汲作用,破坏孔壁的稳定性;同时,钻孔小环空间隙制约了大泵量钻进工作条件,且冲洗液上返阻力大、流速慢,加剧钻杆内壁泥垢的形成,不利于内管投放和打捞[10]。由此可见,按照小口径绳索取芯钻探技术理念,难以实现页岩气、煤层气勘探钻探的特殊要求。

页岩气、煤层气钻探过程中,需要测井、录井、岩芯现场解析等,实验测试项目繁多,页岩气钻井技术规程要求[11]:岩芯直径≥60 mm;目的层岩芯采取率≥90%;钻探口径≥150 mm(主要满足测井口径);钻孔孔斜率≤0.5°/100 m;钻孔最大弯曲度≤2°/30 m;2000 m 孔深岩芯采集至地表时间≤40 min(满足现场岩芯解析要求)。如果要满足上述要求,必须对现有的绳索取芯钻进技术进行改进和创新性研究,才能达到目的。

2 钻具设计思路和方案

2.1 设计思路

页岩气、煤层气勘探钻孔设计较深,一般在 2000 m 以深,地层条件较为复杂,钻进时,主要以较高黏度泥浆作为冲洗液,以大排量、大钻压、低转速为特征[12~13]。所以在大直径绳索取芯钻具的设计上,要充分考虑到这些因素。设计总体思路:以成熟的小口径绳索取芯钻具结构为基础,扬长避短,优化钻具设计,做到有较大的钻孔环空间隙,以减小冲洗液上返阻力;采用孔底加压方式,增加钻具的稳定性,改变钻具受力状态,以减少钻杆折断事故;钻杆柱要轻便、强度高、柔性好,以减少钻机回转负荷;金刚石钻头唇部具有接触岩石面积小,排粉通畅,内外保径强等特点,以便提高钻进效率和钻头寿命等、达到大直径绳索取芯技术工艺要求。

2.2 钻具设计方案

2.2.1 钻具结构设计

大直径绳索取芯钻具结构设计:钻进口径为 $\phi152$ mm,以 $\phi122$ mm 口径绳索取芯钻具结构为基础,采用 $\phi114$ mm 绳索取芯钻杆+加重管钻具组合方式。其结构与作用原理如图 1

所示。

组合钻具连接方式(自下而上):ϕ152 mm 钻头+绳索取芯双管钻具总成+ϕ140 mm 加重管+ϕ127 mm 过渡钻杆+扶正器+ϕ114 mm 绳索取芯钻杆。

钻具设计主要技术参数:

(1)绳索取芯双管钻具总成:外管为 ϕ140 mm×19 mm,内管总成与 SP(ϕ122 mm 口径系列)绳索取芯内管总成结构基本一致。回次取芯定尺长度为 3 m、6 m;

(2)加重管:ZT850 钢,ϕ140 mm×19 mm,定尺每根长度 9 m,重量 56.7 kg/m,13 根,总长 117 m,总重量 6.63 t;

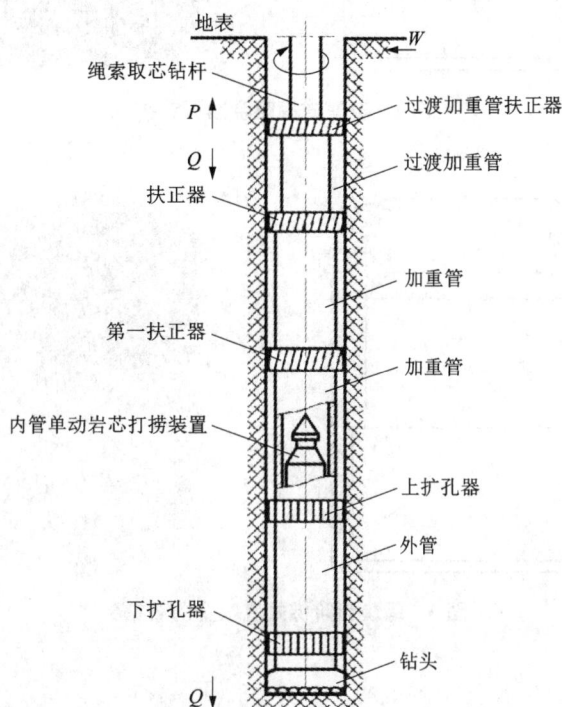

图 1 大直径加重管组合绳索取芯钻具结构及作用原理

(3)加重管扶正器:外径 ϕ150 mm,长度 300 mm,设计为螺旋水槽、合金或聚晶保径,每根加重管之间连接一个;

(4)过渡钻杆:G105 钢,ϕ127 mm×12.5 mm,定尺长度 6 m,1 根;

(5)ϕ114 钻杆:45MnMoB 合金钢,ϕ114 mm×6.35 mm,定尺长度 4.5 m;

(6)钻具螺纹:加重管、过渡钻杆及扶正器连接螺纹采用 API 钻铤规格接头螺纹,ϕ114 mm 钻杆采用梯形负倒角螺纹;

(7)钻头与扩孔器:钻头公称外径 ϕ152 mm,内径 ϕ80.5 mm,钻头磨料为金刚石或复合片,内外保径采用粉末金刚石或聚晶。钻头结构如图 2、图 3 所示。扩孔器外径 ϕ152.5 mm,采用聚晶保径。

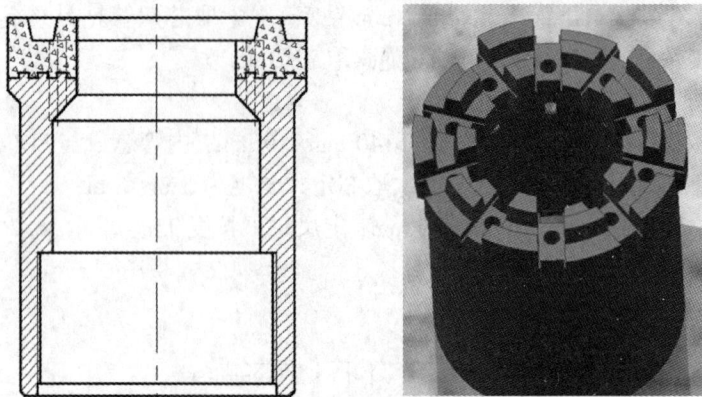

图 2　交替式底喷金刚石钻头

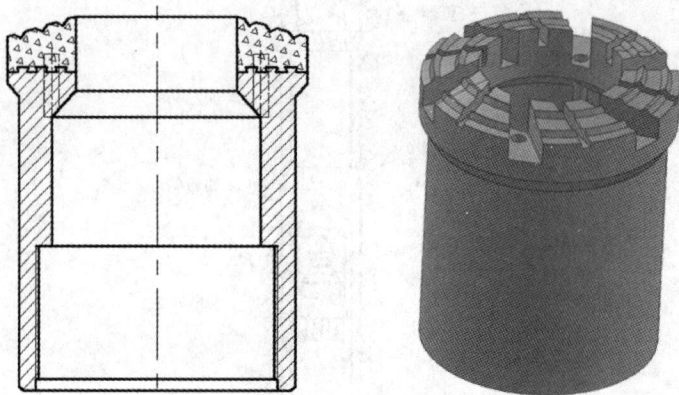

图 3　螺旋齿阶梯式底喷金刚石钻头

2.2.2　钻进设定技术参数

（1）钻孔设定深度：3500 m 以浅；

（2）钻孔终孔口径：ϕ152 mm，岩芯直径 80.5 mm；

（3）钻进机械转速：180~300 r/min（线速度：1.43~2.39 m/s）；

（4）孔底钻压：30~35 kN；

（5）冲洗液排量：400~500 L/min。

3　生产试验

大直径绳索取芯技术研究，是安徽省重点科技攻关项目"页岩气勘探钻探关键技术方法研究"内容之一，由安徽省地矿局 313 地质队主持承担。该项目于 2014 年 9 月开始在页岩气勘查参数孔浅孔中试验，后于 2015 年 4 月开始在浙江临安页岩气深孔勘查参数孔 LC01 中进行生产试验。

3.1　LC01 孔施工要求与地质条件

3.1.1　钻探施工要求

钻孔设计孔深 2520 m；终孔口径 ≥150 mm；全孔取芯，岩芯直径 ≥80 mm；钻孔孔斜率 ≤0.5°/100 m；钻孔进行录井、测井及现场岩芯解析等工作。

3.1.2　施工地质条件

LC01 孔钻进所穿入地层较为简单，上部 0~1506 m 主要为灰色钙质泥岩，下部为碳硅质页岩，钻入的地层局部有超径和缩径、掉块现象，可钻性 6~7 级；1506~2328.18 m 为花岗岩，地层较为完整，可钻性 8~9 级，部分含石英可达 10 级。典型岩芯如图 4 所示。

(a) 灰色钙质泥岩

(b) 含碳硅质页岩

(c) 花岗岩

图 4　LC01 孔典型岩芯图

3.2　主要设备选择

钻机：TDQ-3000 型变频永磁电动直驱式顶驱钻机（北京探矿工程研究所研制初试钻机），如图 5 所示。钻塔：40 m 高，K 型。泥浆泵：TWB-850/5A 型。现场泥浆净化系统一套及录井设备。

3.3 钻探施工工艺

3.3.1 钻孔结构

LC01 孔一开口径 φ450 mm，钻进孔深 10.33 m，下 φ426 mm 表层套管固井，φ426 mm 套管内下入 φ203 mm 活动套管；二开采用 φ152 mm 口径到底。考虑后期扩孔 φ216 mm 的预留口径，视钻孔取芯情况，决定是否下技术套管进行射孔压裂试验。钻孔结构如图6所示。

图 5　TDQ-3000 型变频永磁电动直驱式顶驱钻机

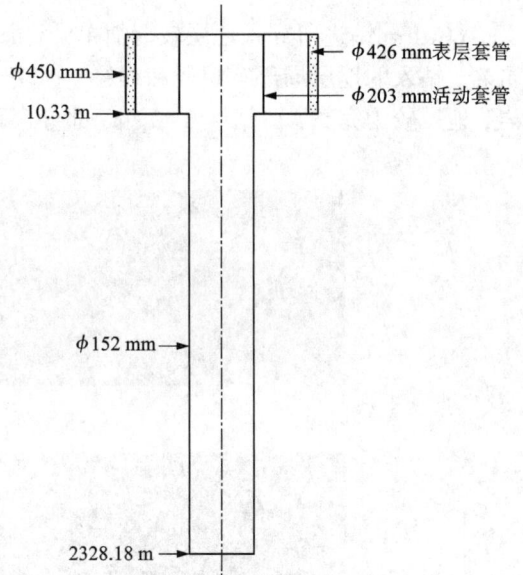

图 6　LC01 孔钻孔结构图

3.3.2 钻进方法

一开采用 φ190 mm 牙轮钻头钻进至 5.69 m，换 φ152 mm 金刚石钻具取芯至 14.74 m，以了解风化层深度，后采用 φ450 mm/φ152 mm 导向牙轮钻头扩孔至 10.33 m 孔深，下入 φ426 mm/φ203 mm 表层套管及活动套管。二开 10.33～2328.18 m 采用 φ152 mm 金刚石绳索取芯钻进。二开钻具组合方式见图1。

3.3.3 钻头选择

钻孔一开后，进行全取芯钻进至终孔。钻头选择热压孕镶钻头，钻头胎体硬度 HRC20～30。由于钻头唇部厚度达 36 mm，比常规钻头底唇厚度增加 1.3 倍以上，为了提高钻头钻进效率和寿命，对钻头唇部形状进行特殊设计，主要以减小钻头底唇面积，增加中心部位排粉、冷却性能，增强钻头内外径保径等措施，φ152 mm 钻头底唇形状参见图2。

3.3.4 钻进泥浆选择

根据所钻岩层的复杂程度，LC01 孔钻进与护壁主要选择低固相高分子聚合物类泥浆，加入

GLUB 润滑剂。泥浆密度控制在 $(1.05\sim1.07)\,\mathrm{g/cm^3}$，黏度 $25\sim30$ s，滤失量 $(7\sim10)\,\mathrm{mL/30\ min}$。

3.3.5 钻进参数

$\phi152$ mm 绳索取芯钻进各孔段钻进参数选择如表 1 所示。

表 1　$\phi152$ mm 取芯钻进各孔段钻进参数表

孔深/m	钻压/kN	转速/(r·min⁻¹)	泵量/(L·min⁻¹)	泵压/MPa	地层
0~1000	20~30	162	525	0~1.5	钙质泥岩
1000~1500	20~30	120~162	525	1.5~2.5	碳质页岩
1500~2328.18	25~35	90~110	525	2.5~3.0	花岗岩

注：施工选用的 TDQ-3000 型变频永磁顶驱钻机，由于顶驱系统存在问题，实际钻进采用钻机转盘钻进，转盘转速变速范围设计在 0~162 r/min 之间，所以钻进最高转速只能选择 162 r/min。

3.4　生产试验应用效果

3.4.1　主要技术经济指标完成情况

LC01 参数孔于 2015 年 4 月 9 日正式开钻，至 2016 年 2 月 1 日完钻，历时 298 天，实际终孔孔深 2328.18 m（因达到地质目的提前终孔），终孔口径 $\phi152$ mm，岩芯平均采取率为 98.55%，终孔顶角 7.4°，各项质量及技术指标完全满足地质设计要求，评定为优质钻孔[14]。

钻孔最高台月效率 517.24 m/台月，平均台月效率 257.54 m/台月，孔深与台月效率关系如图 7 所示。

该孔纯钻进时间率 54.24%，事故率 5.1%，提下钻时间率 12.59%，设备维护率 4.22%，内管投放与取芯时间率 20.13%，其他辅助时间率 3.72%，钻孔施工作业时间分析如图 8 所示。

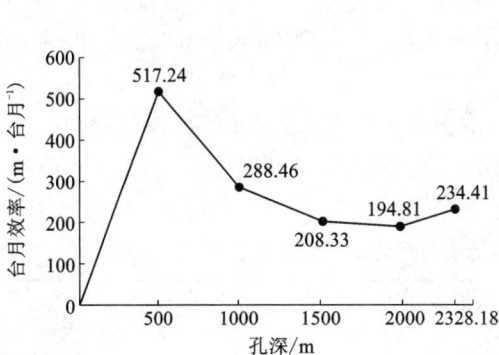

图 7　孔深与台月效率关系曲线

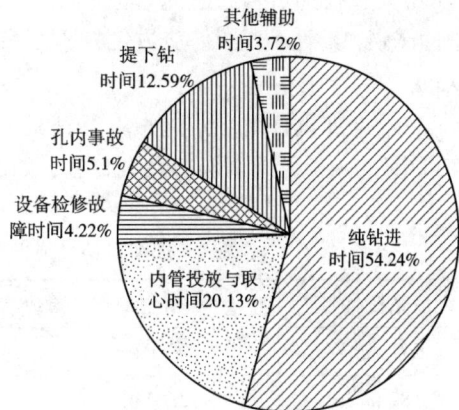

图 8　LC01 孔施工作业时间分析图

3.4.2　主要应用成果

大直径加重管组合绳索取芯技术在LC01参数孔中的应用，取得了以下方面的成果：

（1）钻杆与钻孔环状间隙大，大幅度减小了大直径深孔钻进冲洗液上返阻力和对地层的压力。在2328 m孔深中钻进，选用525 L/min泵量，实际泵压只有3.0 MPa，如果采用φ122 mm口径绳索取芯常规满眼钻具，同为φ114 mm钻杆在2000 m孔深中钻进，选用120 L/min的泵量，实际泵压就达6.5~7 MPa[15]；

（2）实现了加重管孔底加压，钻具孔内受力状况改善，减少了断钻杆事故，同时钻具稳定性好，降低了钻孔的孔斜率。例如在同一区块的钻孔与LC02孔施工相比，钻孔的孔斜率由1.1°/100 m降低至0.32°/100 m；

（3）解决了深孔大直径厚壁金刚石钻头，在低转速条件下钻头效率与寿命及钻头唇部中心部位冷却等技术难题。在转盘钻机低转速（100~160 r/min）情况下，钻进页岩和花岗岩地层，钻头最高时效达1.86 m/h，单钻头最高进尺283.56 m；

（4）避免了因测井需要而二次扩孔的重复工作；

（5）首创国内φ152 mm直径加重管组合绳索取芯钻进2328.18 m的最深纪录。

4　启示与认识

φ152 mm口径加重管绳索取芯钻进技术，在浙江临安页岩气勘探区块LC01参数孔中进行试验，试验结果表明：加重管组合式绳索取芯钻具设计思路可行，完全满足页岩气、煤层气的勘探要求，为大直径绳索取芯钻进技术的研究与发展奠定了基础。通过施工实践及有关钻进技术资料分析，同时得到了以下几点启示和认识。

（1）φ114 mm×6.35 mm钻杆体系，选用45 MnMoB合金钢，两端镦粗调质处理，以锁接头负角度梯形螺纹连接形式，经强度试验，在抗拉力1250 kN，抗扭力27 kN·m情况下没有出现断裂和脱扣现象。所以，φ114 mm钻杆与φ140 mm加重管组合的φ152 mm口径绳索取芯钻具在垂直孔条件下可以满足3500~4000 m孔深钻进要求；

（2）大直径加重管组合绳索取芯钻杆单根定尺长度不宜过短。钻杆接头间距越小，钻杆的刚性越强，柔性不足，易造成钻杆折断事故，建议单根定尺长度应≥4.5 m为好，最好达到6~9 m。

（3）根据加重管组合式绳索取芯钻具设计理念的启示，现有系列的同种直径绳索取芯钻杆均可衍生3~4级绳索取芯系列口径，如表2所示，以减少二次扩孔工序。

表2　加重管组合绳索取芯钻具衍生的系列口径推荐表

绳取钻杆型号	衍生的加重管组合绳索取芯系列口径（钻进口径/加重管外径）/mm			
φ71 mm	96/91	112/108	122/114	
φ89 mm	122/114	130/122	146/133	
φ114 mm	136/127	146/133	152/140	165/152

表2中 ϕ71 mm、ϕ89 mm、ϕ114 mm 钻杆型号，相对应的绳索取芯系列口径分别为 ϕ76 mm、ϕ96 mm、ϕ122 mm，衍生的加重管组合绳索取芯钻具，其岩芯直径保持原系列不变。

（4）大直径加重管组合绳索取芯钻具势必增加了钻头的唇部壁厚，改变了钻头的工作环境，导致钻头钻进效率和寿命降低，所以对钻头的结构及工作性能应进行深入的研究，以推动大直径绳索取芯钻进技术的推广应用。

（5）大直径加重管组合绳索取芯钻具的应用，一般是以低转速、大泵量、大钻压为主要钻进特征。在钻探中观察发现，在较高泥浆黏度的条件下钻进，钻杆内壁结垢现象较少。分析认为，由于钻进转速低，钻杆的离心力小，降低了钻杆内壁泥垢的形成，同时泵量大，流速高，冲刷钻杆内壁，也破坏了泥垢的聚积。所以大直径加重管组合钻具结构有利于高黏度泥浆条件下钻进、内管打捞和投放。

（6）深孔大直径全孔取芯钻进，在钻机的选择问题上，通过 LC01 参数孔的施工情况表明，选用的钻机只要提升能力及回转扭矩满足要求，对钻机机械转速要求不高，变速在 0～300 r/min 之间即可。受到这一启发，建议在大直径钻机的研发上，为了降低制造成本，适应野外队的需求，可以研发中转速变频式转盘钻机，钻机的操作系统（工作室）、孔口拧卸装置、送钻系统等可参照动力头顶驱钻机设计理念，省去动力头顶驱装置。这样不仅在大幅度降低制造成本的同时，又可节约施工用电和维修、安装、运输成本，提高钻机的性价比，施工单位也能乐于接受。

参考文献

[1] 肖钢，唐颖.页岩气及勘探开发[M].北京：高等教育出版社，2012.

[2] 董大忠，邹才能.页岩气资源潜力与勘探开发前景[J].地质通报.2011，30(2)：324-336.

[3] 贾承造，郑民，张永峰.中国非常规油气资源与勘探开发前景[J].石油勘探与开发.2012，39(2)：129-136.

[4] 肖洲，邓虎.页岩气勘探开发的发展与新技术探讨[J].钻采工艺，2011，34(4)：18-21.

[5] 赵杰，罗森曼.页岩气水平井完井压裂技术综述[J].天然气与石油.2012，30(1)：48-51.

[6] 蒋国盛，王荣璟.页岩气勘探开发关键技术综述[J].探矿工程(岩土钻掘工程).2013，40(1)：3-8.

[7] 汪民.页岩气知识读本[M].北京：科学出版社，2012.

[8] 孙赟东、贾承造.非常规油气勘探与开发[M].北京：北京石油工业出版社，2011.

[9] 张金川，金之钧等.页岩气成藏机理和分布[J].天然气工业，2004，24(7)：15-18.

[10] 卢予北，吴烨；陈莹.绳索取芯工艺在大口径深部钻探中的应用研究[J].地质与勘探，2012，48(6)：1221-1228.

[11] DB43/T971—2014,页岩气钻井技术规程[S].

[12] 朱恒银，王强.深部岩芯钻探技术与管理[M].北京：地质出版社，2014.

[13] 孙建华.大深度复杂地层绳索取芯钻探技术[J].地质装备.2008(4)：19-21.

[14] 朱恒银.浙江临安页岩气勘查参数井 LC01 钻探施工竣工报告.[R].安徽省地质矿产勘查局 313 地质队，2016.

[15] 刘晓阳，李大昌，叶雪峰.中国铀矿第一科学深钻施工概况[J].探矿工程(岩土钻掘工程)，2013，40(增刊)：297-304.

深部地热能钻探施工若干问题的探讨

朱恒银　王　强　刘　兵

摘要：我国进入新时代，地质勘探行业发生了战略性的改变，地质勘探已从较单一的地质找矿向更广泛的自然资源和生态、绿色环保地质领域方向发展。尤其在新型能源勘探利用方面已成为社会的焦点。本文阐述了深部地热能开发机遇与远景，浅析了深部地热能勘探面临的挑战因素，并对深部地热能钻探设备及关键技术进行了探讨。

关键词：深部地热能；钻探；问题探讨

Discussion on Some Problems of Deep Geothermal Drilling Construction

ZHU Hengyin, WANG Qiang, LIU Bing

Abstract：Since China entered a new era, geological exploration industry has undergone a strategic change, evolving from a single area of geological prospecting toward development in a broader range of natural resources, ecology, green environmental protection, especially becoming a focus in the society for new energy exploration and utilization. This paper expounds the opportunity and prospect of deep geothermal energy development, analyzes the challenges facing the development, and discusses the drilling equipment and key technologies of deep geothermal energy.

Keywords：deep geothermal energy；drilling；problem discussion

引言

我国已进入了新的历史时期，地质勘探行业也发生了战略性的改变，国土自然资源系统针对行业特点提出了"三深一土"科技发展战略，地质勘探已从较单一的地质找矿向更广泛的自然资源和生态、绿色环保地质领域方向发展。新型能源勘探利用方面(如页岩气、干热岩、深层地热、煤层气、天然气水合物等)逐渐成为社会关注的焦点。国家十分重视，投入较大。钻探是地下新型能源的勘探与开发不可或缺的科学技术手段。这给我们地质勘探行业带来了新的机遇。下面就深部地热能开发钻探施工方面的若干问题浅谈几点认识，供同仁们参考。

刊登于：《安徽地质》2019年第29卷第2期。

1 机遇与挑战浅析

1.1 深部地热能开发机遇与愿景

1.1.1 地热能资源储量丰富

地热能是一种新型清洁能源，在当今人们的环保意识日渐增强和石油、天然气、煤炭等化石能源可采储量减少且日趋紧缺的情况下，对地热资源的合理开发利用已愈来愈受人们的青睐。我国是地热资源相对丰富的国家，地热资源总量约占全球 7.9%，可采储量相当于 4626.5 亿吨标准煤。全国地热可采资源量为每年 68 亿 m^3，年产出热量约为 5 万 MWh。在地热利用规模上，近年来位居世界首位，并以每年 10% 的速度稳步增长，世界各国年产出热量比较如图 1 所示。

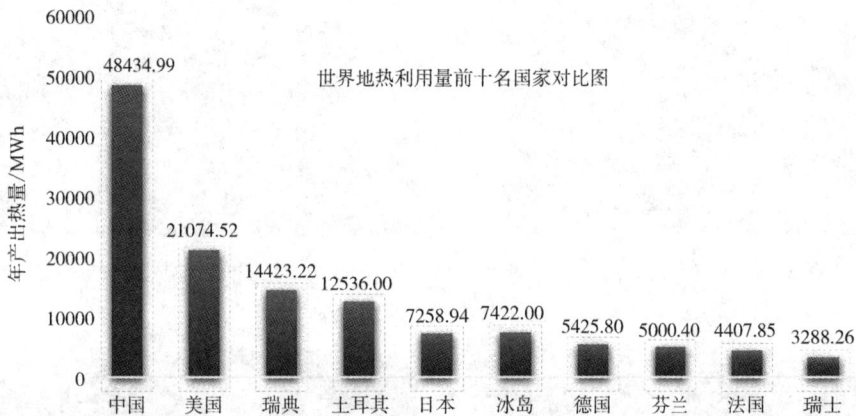

图 1　世界各国年产出热量比较图

1.1.2 地热能资源分布广泛

根据目前已探明的地热资源储备以及区域分布特点来看，我国中高温地热资源主要分布在西部及西南部地区（如藏、青、滇、川西等地）；中低温地热资源主要分布在华北、东北以及东部和东南沿海地区。我国近年来，同时加大了干热岩型地热资源的调查，如青海、广东、福建、山东和辽宁等地均发现了干热岩地热资源。

1.1.3 地热能的开发利用

地热能资源根据温度高低分为：高温地热、中温地热和低温地热。地热资源温度分级如表 1 所示。

表 1　地热资源温度分级表

温度分级		温度 t/℃
高温地热资源		$t \geqslant 150$
中温地热资源		$90 \leqslant t < 150$
低温地热资源	热水	$60 \leqslant t < 90$
	温热水	$40 \leqslant t < 60$
	温水	$25 \leqslant t < 40$

　　根据地热能的温度高低进行合理的利用,主要有以下领域的应用,如图2~图7所示。

　　(1)高、中温地热能:用于发电、烘干、工业制造。

　　(2)低温地热能:用于采暖、制冷、洗浴、医疗、温室培育、农业灌溉、养殖、种植等。

图 2　羊八井地热电站

图 3　地热烘干海藻

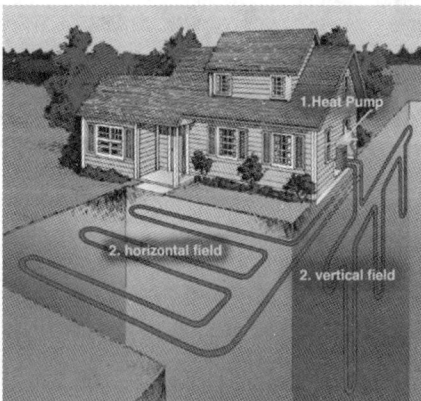

图 4　地热供暖示意图

图 5　地热洗浴

图 6 地热养殖

图 7 地热种植

1.1.4 地热能的开发拉动了地勘业的发展

地热能是一种新型清洁、可再生能源，可降低大气层二氧化碳的排放，减少雾霾，对改善环境、减少污染具有重要的社会、经济意义和广阔的发展前景。"十三五"期间，据有关资料报道，国家在京津冀地区将投入数千亿元资金开发地热能，在西部及北部其他省份投资力度也逐年增大。众所周知，深部地热能的勘探开发是靠钻探工程来实现的，所以，深部地热能的开发给地勘行业也带来了新的机遇。

1.2 深部地热能勘探开发面临着众多挑战

深部地热能勘探开发虽给我们地勘行业带来了良好的机遇，但又面临着新的众多挑战，主要有以下几个方面。

1.2.1 市场的竞争对象的改变

国务院已取消了地质勘探行业的相关资质，去掉了行业的准入门槛，削弱了国有地勘单位的资质优势，这就意味着个体及民营企业均可进入地勘竞争市场。同时，石油勘探系统也纷纷进入地热能勘探市场。在这种形势下，地勘市场竞争对象有了较大变化，加剧了地勘深井钻探市场竞争的残酷性和激烈性。另外，地勘单位在大直径深井施工业绩方面较少，也给进入该市场竞争增加了难度。

1.2.2 钻探设备能力和功能的改变

地勘单位原有的"小而轻"的地质岩芯钻探设备已不能满足深部地热钻探"大而深"的设备需求。

1.2.3 技术与人才结构需求的改变

由于新时代赋予地勘行业的新使命、新任务，现有的地勘单位技术人员知识面及专业结构不适应新形势的需求，例如，大直径深井钻探施工经验少，对新型的机械化、智能化程度较高的钻探设备操作不熟练,缺乏大型的现场装备安装,电路、电器、自动化操作控制系统的调试,故障排除与维修等专业技术人员和工匠,与石油勘探系统相比有较大差距,尤其大直径深井钻探专业技术结构(如机械、工艺、钻井液、事故预防与分析、固井等)配置不规范,缺少人才。

1.2.4 现场管理方法模式的改变

大直径深井地热钻探施工,钻孔深度一般均大于2000 m,甚至达到5000 m以深,单井施工费用可达数百万元至数千万元,钻探的工作内容与地质找矿钻孔相比有较大区别,钻探施工风险增大。所以地勘单位以往粗放型、以包代管的现场管理方法、模式已不适应大直径深井地热钻探施工需求。

总之,深部地热能资源勘探还面临着诸多方面难题,需要进一步探索与研究。

2 钻探关键设备的选择及优化配置

深部地热能资源钻探主要是以"深、大、尖"(即钻孔深、口径大、设备技术精良)为特色。钻探设备是保证钻孔施工的必要条件,如何优化选择和配置深部钻探设备是直接影响钻探质量、安全、效率及工艺方法的重要因素。

2.1 关键设备的选择原则

钻探设备通常是指钻机、泥浆泵、钻塔(井架)、泥浆固控四大系统,如图8所示。

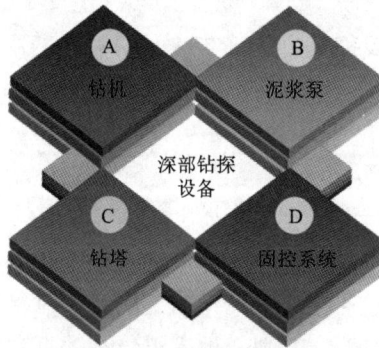

图8 钻探设备四大系统

根据深部地热能资源钻探特点,对钻探关键设备的选择基本原则有以下几点。

2.1.1 钻机的选择

大直径深井钻探钻机选择应提倡"大马拉小车"的理念。钻机能力在满足相应井深、井径的前提下,必须留有余地。钻机的提升能力和扭矩应增加1.3~1.5倍,不提倡"小马拉大车"超负荷来创造井深纪录的做法。避免钻进过程中井内发生异常时,因钻机能力不足,无法及时处理而造成井内重大事故。

钻机的类型优先选择大通径($\phi \geqslant 500$ mm)转盘钻机或转盘+顶驱钻机。钻机要求有较宽的调速范围、钻机参数显示和安全控制系统。

2.1.2 泥浆泵的选择

泥浆泵的选择应根据钻井深度，环状间隙(井径和钻具级配)、冲洗液上返流速等要素来确定。同时也要考虑施工中采用的工艺方法，如潜孔锤钻进、孔底液动马达(螺杆钻、涡轮钻)钻进等对泥浆泵的特殊要求。深部地热钻探多采用高压力、大排量钻进工艺，以提高上返流速和有效携带岩屑能力。一般选择流量为 $1000 \sim 2000$ L/min，额定泵压 3000 m 井深以内泵压应大于 20 MPa，5000 m 井深以内泵压应大于 35 MPa 的泥浆泵。钻进冲洗液上返流速应大于 0.4 m/s。

2.1.3 钻塔的选择

深部地热勘探目前钻塔类型主要有：A 型、K 型、KZ 型三种，如图 9 所示。A 型钻塔一般适应于 3000 m 以浅钻井，3000 m 以深钻井需选择 K 型、KZ 型钻塔，钻塔基本参数选择如表 2 所示。

| A型钻塔 | K型钻塔 | KZ型钻塔 |

图 9　三种类型的钻塔

表 2　深部地热勘探钻塔基本参数选择表

井深范围	钻塔类型	钻塔净高 /m	底座尺寸 (长×宽)/m×m	底座高 /m	额定负荷
3000 m 以浅	A 型	27	≥17×8	≥2	≥钻杆柱总重 2 倍
3000~5000 m	K 型、KZ 型	31~41	≥20×10	≥5	≥钻杆柱总重 2 倍

钻塔的配套设备(如：天车、游动滑车、大钩、吊环、吊钳等)承载能力应与钻塔额定负荷相匹配。

2.1.4 泥浆固相控制系统的选择

深部地热勘探井口径大，一般采用局部取芯和全面钻进，岩屑量大，对泥浆性能要求和有害固相含量控制和净化较严格，钻探泥浆性能的优劣是钻井施工成败的关键。

泥浆固控系统配套设备主要有：振动筛、旋流除砂器、除泥器、离心机等。泥浆固控系统有：整体组装式和模块组合式，如图

图 10　整体组装式泥浆固控系统

10 和图 11 所示。井深 3000 m 以浅的钻井，建议选择模块组合式较方便，易搬迁、造价低。井深大于 3000 m 的钻井，有条件的单位，可选择整体组装式。固控系统处理能力应根据泥浆泵输送排量而选择。

(a)振动筛

(b)旋流除砂器

(c)除砂除泥一体机

(d)离心机

图 11　模块组合式泥浆固控系统

泥浆固控循环系统作业流程, 如图 12 所示。

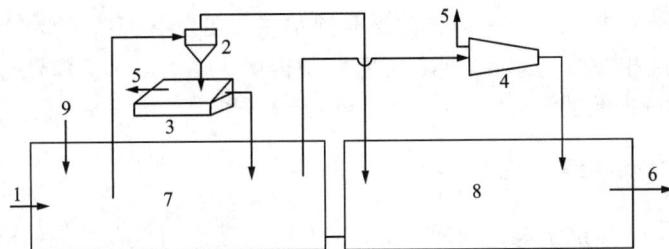

1—井内返回泥浆; 2—旋流器; 3—振动筛; 4—离心机; 5—废弃物; 6—进入井内泥浆;
7—沉淀池; 8—泥浆池; 9—补充新浆、处理剂等。

图 12　泥浆循环及固控系统示意图

2.1.5　关键附属设备

深部地热能勘探施工设备除上述四大件外, 钻杆拧卸和井口防喷设备是不可缺少的关键附属设备。

钻杆拧卸设备: 一般选用液气拧管钳, 拧管扭矩最大为 100 kN·m, 适应拧管直径范围 $3\frac{1}{2}$~8 in(1 in=25.4 mm), 即可满足日常地热钻探拧管要求。

井口防喷设备: 根据井深、含气、液层压力、井口套管和钻杆(或主杆)直径等因素, 选择井口防喷器的规格。防喷器压力级别共五级, 即 14 MPa、21 MPa、35 MPa、70 MPa、105 MPa。防喷器作业方式有手动式和自动液压式两种, 如图 13 所示。中低温地热钻探, 一般可以选择 14~21 MPa 手动作业防喷器; 高温地热钻探应选择 35 MPa 以上的自动液压式防喷器。

(a)手动单闸板防喷器　　　　　　　　　　(b)自动液动单闸板防喷器

图 13　手动和自动闸板防喷器

2.2　关键设备优化配置

深部地热勘探钻探设备一次性投入较大, 一般需要千万元以上, 所以设备的优化配置很重要。应以"满足施工需要、功能先进适用、配置合理、利用率高"为原则, 主要从以下几方面考虑。

2.2.1 设备功能的先进性

深部地热钻探设备投入大,在购置设备时须慎重,在设备选型上要有前瞻性,机械化、自动化、智能化程度相对要高,能保持在一定年限内的先进性,不会淘汰。设备配置尽量考虑能满足多工艺钻进方法的需要。

2.2.2 设备主件具有模块化结构形式

设备模块化结构,可便于拆卸搬迁,设备主件可以互换与组合。如钻机升降系统有互换性,能调节升降能力;钻进驱动形式(转盘、顶驱和转盘+顶驱),可根据施工需要进行选择及配置。

2.2.3 钻塔优选直升及高度可调试

钻塔配置要考虑场地的局限性,宜优选液压直升式结构,塔高根据设计井深安装时可调节,如设计 3000 m 井深,塔高可调节为 27 m;大于 3000 m 井深,塔高可调节为 31 m 或 41 m。塔座高亦可配置 2~3 层可调式,如单层分别为 2 m、3 m、4 m,根据需要进行组合。

2.2.4 钻探设备优选电动直驱式

钻探主要设备驱动应优选交流或直流变频电机直接驱动,以减少电能消耗,便于设备自动控制及工作参数信息采集。

3 钻探工艺技术拓展创新

深部地热钻探钻进不同于地质岩芯钻探,其特点是钻井深、口径大、地温高、地层多变、钻井结构复杂、工艺流程烦琐。如何提高钻探效率和质量,实现安全钻进,是钻探技术探索和研究永恒的主题。下面就地热钻探工艺拓展与创新略谈几点认识。

3.1 钻进技术方法

3.1.1 采用多工艺钻进技术

改变单一常规的回转钻进方法,在同一钻井,不同地层及井段选择不同的钻进工艺技术,如浅井段(1000 m 以浅)较软地层及超大口径中,可采用全孔反循环或者潜孔锤+回转同径钻进,以减少扩井工序,提高钻进效率,降低井斜率。

3.1.2 应用液动孔底马达钻进技术

利用地热钻探口径大的条件,应用液动孔底马达(螺杆钻、涡轮钻)钻进技术,尤其在3000 m 以深的钻井中钻进,优势更为突出,可降低钻机动力消耗和地表噪声,钻杆柱不回转,钻杆磨损少,避免井内断钻杆事故。

3.1.3 拓展绳索取芯技术的应用

深井地热钻探是以无岩芯全面钻进为主,一般情况下,只要求间断取芯或目的层连续取芯,钻井取芯率只占钻进工作量的 5%~10%。大口径深井钻探,虽然取芯工作量少,但取芯难度大,3000 m 井深每取一回次岩芯一般需要 2~3 个台班,提下钻劳动强度大,工作效率低。目前小口径地质岩芯钻探绳索取芯技术应用已十分广泛。可是在大口径中绳索取芯技术尚不成熟,处于摸索研究阶段。安徽省地质矿产勘查局 313 地质队研发出深井大口径(ϕ152~216 mm)系列绳索取芯钻具,成功地在页岩气参数井中应用,取得了良好的效果,如图 14 所示[图 14(a)、(b)实质是一整体,图 14(b)的右端与图(a)左端是相连的]。研发了 ϕ216 mm 以上口径的绳索取芯和全面钻进孔底互换钻具,可应用于深井大口径钻探中,为不提钻井内间断取芯和全面钻进互换技术提供了一种新方法。

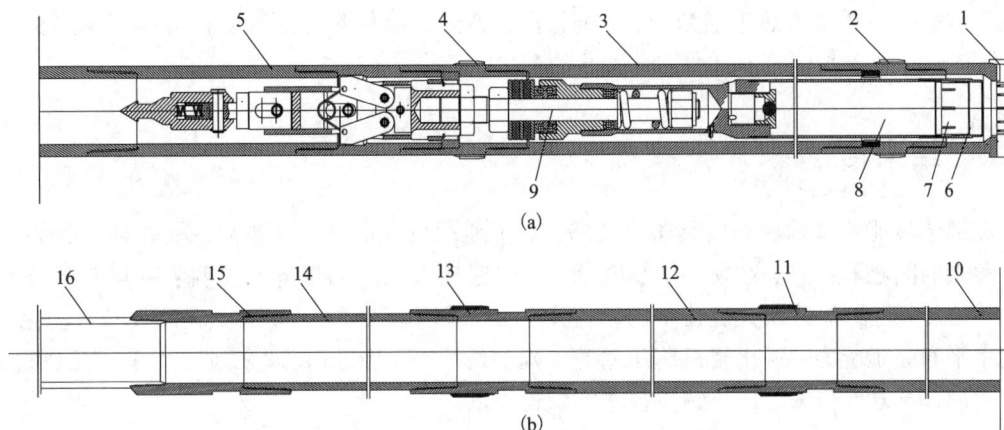

(a)

(b)

1—钻头;2—下扩孔器;3—外管;4—上扩孔器;5—外管短节;6—卡簧座;7—卡簧;8—内管;
9—内管单动岩芯打捞装置;10—加重管;11—第一扶正器;12—加重管;13—扶正器;
14—过渡加重管;15—过渡加重管扶正器;16—绳索取芯钻杆。

图 14　大直径孔底加压绳索取芯钻具

3.2　钻探泥浆技术

常言道:泥浆是钻探的"血液",说明泥浆技术在钻探中的重要性。深部地热钻探由于在高温、高压条件下钻进,往往使泥浆中的各种组分发生降解,处理剂失去原有作用功能,导致泥浆絮凝、固化,胶体率和黏度下降,滤失量增大,流变性丧失。如何保持泥浆性能,满足地热钻探要求,应加强以下几个方面研究和新技术的推广应用。

3.2.1 优选研发耐高温、低污染泥浆材料

推广使用凹凸棒土、海泡石等耐高温材料替代普通黏土粉;优选腐殖酸类、聚丙烯酸类、磺化多元共聚物类、水解聚丙腈铵盐类等作为泥浆处理剂。这些处理剂抗温能力可达 200℃以上且具有无毒性、对环境污染小的优点。要进一步研发耐高温(大于 300℃)的泥浆材料。

3.2.2　推广应用压力平衡钻探技术

在中低温地热井钻探中，推广低密度($0.0012\sim0.85\ \mathrm{g/cm^3}$)欠平衡压力钻进技术，如采用空气、泡沫泥浆、充气泥浆等来进行钻进。该方法具有可减少泥浆对含水储热层的封闭作用，有利于增加地下流体产能，提高钻进效率，缩短后期洗井时间等优点。

在高温地热井钻探中，推广应用高密度、耐高温泥浆技术，平衡高温情况下气体和地层压力，以防止井喷和保持井壁的稳定性。

3.3　地热开采井增产技术方法

深部地热开采井日产热能量，是衡量成井质量与成果的重要指标。增加地热能开采产量，目前主要应用技术有：水力压裂、多分支及水平对接、地下水回灌等技术。

上述技术其原理主要是在开发井中的地热能含水层位、高温储热层位(干热岩段)中，用人工强制措施以扩大采热地层断面；疏通松散、破碎带层位裂隙通道；补给地下水热交换水源，保持原有地下水位等；以增加开采井的产量。

4　结束语

深部地热能资源勘探开发是国家战略，对于地勘行业而言，机遇与挑战并存。我们必须正视存在的问题和困难，在新的历史时期，应加速技术人才的培养与交流；调整专业技术结构；开展大直径深部钻探关键技术创新；积极推广应用新技术、新方法；提高设备自动化、智能化水平和施工能力；强化规范施工管理，提高综合管理人员管理素质和水平。抓住机遇，迎接挑战，强力推动深部地热钻探技术的快速发展。

参考文献

[1] 朱恒银，王强，田波，等.大直径加重管组合绳索取芯钻具研究与应用[J].地质与勘探，2016，52(6)：1159-1166.

[2] 朱恒银，王强，杨凯华，等.深部岩芯钻探技术与管理[M].北京：地质出版社，2014.

[3] 胡郁乐，张惠.深部地热钻井与成井技术[M].武汉：中国地质大学出版社，2013.

[4] GB/T11615—2010，地热资源地质勘查规范[S].

[5] 许刘万，伍晓龙，王艳丽.我国地热资源开发利用及钻进技术[J].探矿工程(岩土钻掘工程)，2013，40(4)：1-5.

[6] 马伟斌，龚宇烈，赵黛青，等.我国地热能开发利用现状与发展[J].中国科学院院刊，2016，31(2)：199-207.

[7] 张金华，魏伟.我国的地热资源分布特征及其利用[J].中国国土资源经济，2011，24(8)：23-24，28，54-55.

浙江页岩气参数井 LC02 施工工艺

张　正　朱恒银

摘要：本文简要介绍了浙江临安区块页岩气 LC02 井的施工工艺情况，对施工中遇到的难点以及存在的问题进行了分析总结，希望为同类工程提供借鉴。

关键词：页岩气；参数井；施工工艺

Construction Technology of ZHEJIANG Shale Gas Parameter Well LC02

ZHANG Zheng, ZHU Hengyin

Abstract：This paper briefly introduces the construction technology of shale gas LC02 well in Lin'an block, Zhejiang Province, and analyzes and summarizes the difficulties and existing problems encountered in the construction, hoping to provide reference for similar projects.

Keywords：shale gas；parameters of the well；the construction technology

引言

目前我国的四川、重庆、贵州、陕西等地页岩气勘探已经处于勘探启动阶段，以部署实施探井（预探井，详探井）为主，部分处于开采阶段的已经实施一部分生产井（水平井或井组）。而在湖南、湖北、江西、安徽等多地则还处于资源评估阶段，大部分实施的是页岩气的参数井（也叫地质浅井、勘查地质井）。这类参数井主要是为了了解其地质构造，某些区域地层资料不详，要求全井取芯[1]。

近几年，浙江某页岩气区块也成功实施了多口此类页岩气参数井。其目的是以建立剖面、了解地层及埋深，了解储层岩性、物性、厚度，主要目的层页岩气指标及变化情况，了解本区的含页岩气情况，对本区含页岩气层位进行评价。

基金项目：安徽省重点科技攻关项目"页岩气勘探钻探关键技术方法研究"（编号：1604a0802119）和安徽省国土资源科技项目（项目编号：2014-k-14）。刊登于《地质装备》2017 年第 18 卷第 2 期。

1 主要地层情况

岩性主要为灰色钙质泥岩、灰色碳质泥岩以及泥质粉砂岩，岩石致密坚硬，大部分地层较为完整，局部破碎漏失。

2 工程质量要求

(1)终井设计井深 800 m，终井口径≥165 mm。

(2)取芯要求：全井连续取芯钻进，取芯口径≥120 mm，全井岩芯采取率≥85%，对地质研究起关键作用孔段(主要页岩气层段)的岩芯采取率不得低于85%，岩芯保持原状，不扰动封闭取芯。

(3)井斜：钻井倾角90°(直井)，钻井顶角变化率最大不超过1°/100 m，终孔顶角≤8°，最大弯曲度2°/30 m；钻井顶角测量(测斜)：一般每钻进100 m测量一次钻井顶角，钻井顶角大于5°时，每钻进50 m测一次顶角和方位角，另外目标层厚度≥30 m时各测量一次钻井顶角和弯曲度。

(4)钻井液要求：采用无污染、不堵塞页岩层裂隙，且具有防塌性能的泥浆，满足地层特殊取芯质量要求；页岩层位钻进须采用欠平衡钻井技术，保护储气层。

(5)常规岩芯出筒后，及时清理、装箱、编号、存放；封闭取芯的页岩岩芯要求 2 h 内出筒并取样完毕，同时要求取出的页岩岩芯须要现场保压封闭保存，并及时送样测试。

(6)做好简易水文观测工作。

(7)终井后按封井设计封井，井口要埋设水泥桩作标志。

3 施工工艺

3.1 主要钻探设备

钻机：FYD-2200 型全液压钻机；泥浆泵：BW-320 泵，TBW-850/5A 泵；泥浆设备：SDB-1 泥浆搅拌机、HM-100＊4-C 除泥清洁器、旋流振动器 2B；钻杆钻具：ϕ114 mm 绳索取芯钻杆，ϕ122 mm、ϕ152 mm 绳索取芯钻具。

3.2 钻井工艺

3.2.1 钻井结构

钻井下有一层表层套管和一层活动套管，钻进至 800.21 m 后，起出 ϕ146 mm 活动套管，下入 ϕ180 mm 活动套管扩孔；加深钻进至 896.53 m 后，起出 ϕ180 mm 套管。钻井结构及套管数据见表1，终孔后钻井结构见图1。

表 1　钻井结构和套管程序表

开钻次序	钻进直径/mm	钻达深度/m	扩孔直径/mm	扩孔深度/m	套管直径/mm	套管下深/m	活动套管下深/m	备注
一开	122	194.65	340	9.80	273/146	9.8	9.8	固井，水泥用量 0.5 t
二开	122	883.33	165	800.00	180	—	9.8	—
			152	883.13	—	—	—	—
	152	896.53	—	—	—	—	—	—

3.2.2　钻进方法

开孔 0~1.05 m 为便于安装防喷器，采用人工开挖→1.05~194.65 m 使用 ϕ122 mm 金刚石绳索取芯钻进→0~9.80 m 换 ϕ340 mm 合金钻头扩孔→下入 ϕ273 mm 表层套管，固井→下 ϕ146 mm 活动套管→194.65~800.21 m 使用 ϕ122 mm 金刚石绳索取芯钻进→9.80~800 m ϕ165 mm 口径扩孔→800.21 m~883.33 m 使用 ϕ122 mm 金刚石绳索取芯钻进→ϕ152 mm 扩孔自 800 m 至 883.13 m→883.33~896.53 m 使用 ϕ152 mm 金刚石绳索取芯钻进。

3.2.3　钻具组合与钻进参数

取芯钻进组合：①ϕ122 mm 金刚石钻头+扩孔器+ϕ120 mm 岩芯管+ϕ114 mm 绳索取芯钻杆；②ϕ152 mm 金刚石钻头+扩孔器+ϕ140 mm 岩芯管+ϕ140 mm 钻铤+ϕ127 mm 过渡钻杆+ϕ114 mm 绳索取芯钻杆。扩孔钻进组合：ϕ340 mm 四翼合金钻头+变丝+ϕ73 mmAPI 钻杆+主动钻杆。钻进参数见表 2。

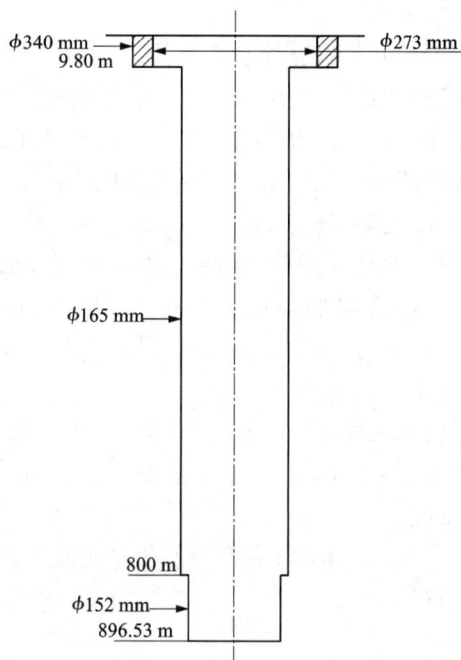

图 1　钻井结构示意图

表 2　钻进参数表

钻具	钻压/kN	泵量/(L·min^{-1})	转速/(r·min^{-1})
ϕ122 mm 绳索取芯钻具	4~17	118	200~360
ϕ152 mm 绳索取芯钻具	12~14	540	120~160
ϕ340 mm 扩孔钻具	5	230	100~160
ϕ165 mm 扩孔钻具	4~10	165~460	110~120
ϕ152 mm 扩孔钻具	2~5	480	110

3.2.4 钻头的选择与使用

0~883.33 m采用φ122 mm金刚石绳索取芯钻头，主要类型为锯齿形和齿轮形；883.33~896.53 m采用φ152 mm复合片绳索取芯钻头。全孔平均机械钻速为1.12 m/h，岩芯采取率高达98.7%。

0~9.8 m扩孔采用φ340 mm四翼合金钻头，9.8~800 m扩孔采用φ165 mm带导向金刚石钻头、φ165 mm带导向复合片钻头，800 m以深采用φ152 mm带导向金刚石钻头、φ152 mm带导向复合片钻头。在使用中，复合片扩孔钻头时效明显优于金刚石扩孔钻头。

3.2.5 钻进泥浆

（1）取芯钻进泥浆

现场取芯钻进时主要采用低固相的聚磺泥浆体系，该体系泥浆对泥页岩地层抑制性强，具有较好的护壁性能，同时又有良好的润滑性和流变性，固相含量低，携带岩粉能力强。常规泥浆配方：水+0~3%膨润土+5%纯碱+2%KHm+1%~3%SAS+0.5%CMC+0.3%K-PAM。泥浆性能参数：密度1.03~1.10 g/cm³，黏度18~24 s，pH 8.5~9.5，滤失量7~10 mL/30 min，泥饼厚度0.4~0.5 mm。

日常加强对泥浆的维护工作，确保泥浆性能稳定，出现问题及时进行调整，并定期由孔口添加适量GLUB润滑剂及T-80表面活性剂，提高泥浆润滑性，有效降低摩擦阻力，减小回转阻力，减少钻具结垢，有效提高了绳索取芯钻进效率。

（2）扩孔泥浆

常规泥浆配方：水+3%膨润土+5%纯碱+2%KHm+3%SAS+0.5%CMC。泥浆性能参数：密度1.15~1.19 g/cm³，黏度28~65 s，pH 8.5~10，滤失量7~11 mL/30 min，泥饼厚度0.5~0.7 mm。

扩孔时，增加了循环槽长度，加强除砂工作，同时加入磺化沥青、护壁剂等泥浆材料保证孔壁稳定。

4 技术难点

4.1 破碎地层漏失

由于上部地层破碎严重，自开钻起便出现漏失，漏失量约0.8 m³/h，补泥浆，配方：水+3%膨润土+5%纯碱+3%广谱护壁剂+3%~5% 803堵漏剂。加入堵漏剂后，漏失量有所降低，但循环不久，漏失仍然明显；将CMC、PHP用热水泡开与膨润土混合搅拌至黏糊状，将混合后的惰性材料填堵漏失孔段，静止约6 h，再次钻进，发现基本不再漏失。

4.2 钻具结垢

钻井液中固相颗粒在钻杆高速旋转所形成的离心力作用下，有可能沉积于钻杆壁上，形成"泥垢"，使钻杆实际内径缩小，影响内管打捞[2]。而且通常绳索钻具的外径和钻孔的间隙只有2~3 mm，内外管两者间隙只有1.5~2 mm，卡簧座和钻头的内台阶两者间隙只有3~5 mm[3]，因此一般绳索取芯钻进要求使用无固相或低固相钻井液。由于该井上部井段破碎，考虑到保持井壁稳定与防漏失问题，必须提高泥浆密度，但固相含量增多后钻杆内壁结垢现象明显。

钻具内壁结垢，会影响过水，引起泵压增高，逐渐不能建立循环，不但影响内管正常打捞，而且此时如果提钻和下钻以及打捞内管，钻具相对于井筒、内管相对于钻具就犹如活塞，形成抽吸，可能引起井壁坍塌等事故。

现场针对钻杆内壁结垢采取了以下防治措施：

(1)停止在泥浆中加入膨润土；

(2)改造泥浆循环槽，加长沉淀池长度，并增加槽中挡板；

(3)向槽中洒 PHP 干粉，增加絮凝能力，降低泥浆比重；

(4)在保证钻进效率的前提下，尽可能降低钻杆转速，减小离心力，并适当增加泵量。处理后泥皮结垢现象有所改善。

5 结论

LC02 参数井全孔岩芯平均采取率达到 98.7%，其中对地质研究起关键作用的孔段采取率达到 99.4%，完全满足设计要求。对于绳索取芯钻进的页岩气参数井，把握好泥浆密度，配制出既起到护壁效果又不影响绳索取芯钻进效率的泥浆是一大难题，还需做进一步的研究工作。从 883.33 m 至 896.53 m 使用的 ϕ152 mm 金刚石绳索取芯效果来看，大直径的绳索取芯虽然对进尺效率有一定的影响，但节省了扩孔环节，而且大直径绳索取芯转速相对降低，对防止泥皮结垢也有一定好处。

参考文献

[1] 彭粲璨，吴聪，李奋强.浅析页岩气钻井井别分类及井号命名[J].江西煤炭科技，2014(4)：129-132.
[2] 杨亿.绳索取芯钻进钻杆内壁结垢及其泥浆体系的选型分析[J].科技信息，2011(12)：797-803.
[3] 吕利强，刘兵.涌水孔的绳索取芯钻进技术[J].内蒙古煤炭经济，2016(3-4)：110-112.

宁国凹陷复杂工况关键钻井工艺

刘　兵　朱恒银　蔡正水　王　强　芦文成

摘要：为探索下扬子地区海相沉积地层油气钻探的关键技术，结合皖油地 1 井的钻井施工情况，讨论了宁国凹陷的复杂地质情况，特别是在易坍塌地层、石膏层和裂隙漏失层交互存在，钻井液密度窗口窄等情况下的施工工艺。通过对复杂工况钻井工艺的研究，形成了一套适宜的井壁稳定性控制方法、石膏层钻头泥包处理方法和钻井液密度窗口窄等条件下的钻进方法，保障了本井的顺利完井，为该地区的下一步钻井作业提供参考。

关键词：宁国凹陷；复杂工况；钻井液技术；钻井工艺

Key Drilling Technology for Complex Working Conditions in Ningguo Depression

LIU Bing, ZHU Henyin, CAI Zhengshui, WANG Qiang, LU Wencheng

Abstract：In order to explore the key technology of oil and gas drilling in marine sedimentary strata in lower Yangtze area, the drilling technology of well 1 of Wanyoudi is discussed. Especially the interactive existence of collapse prone strata, gypsum layer and fracture leakage layer, and the construction technology under the condition of narrow drilling fluid density window. Through the study of drilling technology under complicated working conditions in this area, a set of suitable wellbore stability control method, gypsum layer bit balling treatment method and drilling method under the condition of narrow drilling fluid density window were formed to ensure the completion of this well. It provides reference for the next drilling operation in this area.

Keywords：Ningguo depression; complicated working conditions; mud technology; drilling technology

近年来，上、中扬子地区的页岩气勘探取得了重大突破[1-7]，下扬子地区的油气页岩气资源调查工作已成为中国地质调查局的重点保障工作[8]。中国地质调查局南京地质调查中心在下扬子地区做了大量的工作，取得了阶段性的进展[8-13]，特别是皖油地 1 井、港地 1 井

基金项目：安徽省重点科技攻关项目"页岩气勘探钻探关键技术方法研究（项目编号：1604a0821198）"和安徽省科技重大专项"5000 米新型能源勘探钻探智能装备与技术（项目编号：201903a05020012）"。

刊登于：《科学技术与工程》2020 年第 20 卷第 22 期。

实现了安徽宁国凹陷的油气发现[14]，对下扬子油气资源勘探具有重要意义。

截至目前，下扬子页岩油气勘探主要是以小口径地质调查井为主，多采用绳索取芯钻井技术，终孔直径一般介于 73~122 mm[13, 15-16]，不能满足试油试气等下一步工作的需要。皖油地 1 井是大口径地质调查井，终孔直径 215.9 mm，区域内无此类口径的钻井，可利用的钻井资料少[17]，因此安徽省地质矿产勘查局 313 地质队在皖油地 1 井钻井工程实施过程中开展了适用于该区域地层的大口径钻井技术研究，为宁国凹陷大口径钻井工程奠定了工程技术基础。

1 地质特征

皖油地 1 井位于江苏皖南坳陷宁国凹陷水东向斜，自晋宁期下扬子褶皱基底形成以来，下扬子区经历了多期复杂的构造演化。区域内构造行迹复杂，多褶皱和断层，形成了一套复杂的构造格局，这一现象导致了本区的地层完整性差[18]。裂隙发育容易导致钻孔漏失等事故，大大增加了钻井施工的难度。

根据钻探揭示，钻井自上而下钻遇的地层情况见表 1。

表 1　地层划分及岩性特征表

系	组	底深/m	岩性
第四系		6	棕黄、灰黄色含砾、砂质黏土
白垩系	赤山组	608	棕红色砾岩、棕红色含砂砾岩为主
三叠系	南陵湖组	832	灰白色、浅红色白云质灰岩、灰色灰岩为主
	和龙山组	1028	大段灰色灰岩为主
	殷坑组	1169	深灰色泥灰岩、灰色灰岩不等厚互层为主
二叠系	大隆组	1208.05	黑色泥岩、深灰色含砂泥岩为主
	龙潭组	1333.4	上部岩性主要以灰色砂质泥岩，黑色、灰黑色、灰色泥岩，煤夹少量灰色泥质砂岩，细砂岩为主；中部岩性主要以灰白色、浅灰色中砂岩夹少量灰色砂质泥岩为主；下部岩性主要以深灰色泥岩、砂质泥岩夹少量泥质砂岩、砂岩为主
	孤峰组	1403.2	上部岩性主要以灰黑色、深灰色硅质泥岩为主，下部岩性主要以灰黑色、深灰色硅质泥岩夹薄层灰岩，深灰色泥灰岩为主且灰岩含角砾
	栖霞组	1543	灰色灰岩为主且含燧石结核，构造较为发育
	船山组	1556	浅灰色生屑灰岩夹数层薄层白色石膏
石炭系	黄龙组	1675	上部岩性主要为浅灰色、灰白色生屑灰岩，下部岩性主要为浅灰色、灰白色生屑灰岩，灰色含泥灰岩
	高骊山组	1725	上部岩性为棕红色砂质泥岩，下部岩性为灰色泥岩
泥盆系	五通组	1950	白色石英砂岩，灰褐色、灰色泥质粉砂岩，褐色、灰褐色砂质泥岩，灰白色、浅灰色石英砂岩，灰色泥质砂岩，杂色砾岩
志留系	茅山组	2012.70（未完）	浅灰绿色细砂岩、灰色泥质粉砂岩

2　施工设计

2.1　井身结构

皖油地1井钻井井身结构如表2所示。根据钻井工程设计，一开及二开上部井段采用磨盘回转钻进；二开非取芯井段采用螺杆钻具孔底液动钻进；取芯井段采用了大口径不提钻取芯钻进和KT-194钻具[19]联合螺杆两种钻进方法。

表2　钻井井身结构数据

开钻次序	井段/m	钻头尺寸/mm	套管外径/mm	套管下深/m
导管	0~47.88	ϕ430	339.7	47.88
一开	47.88~815.23	ϕ311.2	244.5	814.74
二开	815.23~2012.16	ϕ215.9	/	/

导管钻具组合为ϕ311.2 mm牙轮钻头+ϕ177.8 mm钻铤+ϕ114.3 mm钻杆，钻进至72.14 m，后采用ϕ430 mm牙轮钻头扩孔至47.88 m。下入ϕ339.7 mm套管（钢级J55）至47.88 m，封固第四系和松散层，固井，水泥返至地面。

一开592 m以浅井段采用ϕ311.2 mm牙轮钻头+ϕ177.8 mm钻铤+ϕ114.3 mm钻杆钻进，592 m以深采用ϕ311.2 mm牙轮/PDC钻头+ϕ172 mm螺杆+ϕ177.8 mm钻铤+ϕ114.3 mm钻杆钻进。下入ϕ244.5 mm套管（钢级N80S）至814.74 m。固井，水泥返至地面。

二开非取芯井段采用ϕ215.9 mm PDC/牙轮钻头+ϕ172 mm螺杆+ϕ177.8 mm钻铤+ϕ114.3 mm钻杆钻进。钻遇泥岩、灰岩（非顶底板）等可钻性好的地层时采用PDC钻头，硬地层及顶底板地层采用牙轮钻头。

三开取芯井段采用了两种取芯钻具，不提钻取芯钻具（口径215.9 mm，岩芯直径ϕ80 mm）和KT-194钻具。

2.2　主要设备

主要钻井设备见表3。

表3　主要钻井设备

主要设备名称	规格型号	数量	性能参数
钻机	TSJ3000/660转盘钻机	1台	3000 m
钻塔	A27	1部	90 t, 27 m
钻井液泵	F-800	1台	/
	3 NB-350Z	1台	备用
防喷器	液动双闸板 2FZ35-35	1台	35 MPa

续表3

主要设备名称	规格型号	数量	性能参数
固控离心机	LW 450-642 N	1台	40 m³/h
振动筛	/	2台	
测斜仪	LHE1000	1台	多点式测斜仪

2.3 钻井液

2.3.1 钻井液性能

根据地质设计和钻井工程的需要,皖油地1井非目的层的钻井液性能见表4。

表4 钻井液性能

开次	比重 /(g·cm^{-3})	黏度 /s	失水量 /(mL·30 min^{-1})	泥饼 /mm	含砂量 /%	pH
一开	1.06~1.13	35~45	8~11	≤0.5	≤0.5	8.5~9.5
二开	≤1.16	35~60	3.5~6	≤0.5	≤0.2	8~10

2.3.2 钻井液净化与维护

钻井液净化以机械净化为主,化学絮凝为辅。根据分离颗粒的尺寸,采用振动筛、除泥器和离心机等三级系统固控除砂、除泥,控制钻井液固相含量。

钻井液循环系统合理设置,采用钻井液罐防止雨水、污水渗入钻孔破坏钻井液性能和防止钻井液污染环境。

3 关键工艺技术

皖油地1井完井井深2012.16 m。为缩短施工周期和保证工程的顺利完成,主要采用了大口径不提钻取芯技术、井壁稳定方法、石膏层钻头泥包处理方法和窄钻井液密度窗口条件下的钻进方法等工艺技术。

3.1 井壁稳定方法

皖油地1井主要目的层段为二叠系大隆组、龙潭组和孤峰组,其中龙潭组岩石破碎严重,如图1所示。但为了保证油气显示,根据中国地质调查局南京地质调查中心要求,目的层井段取芯钻进时钻井液密度须保持在1.07 g/cm³及以下。低密度钻井液形成的液注压力不能平衡地层压力,致使井内发生坍塌掉块,如图2所示。

图 1 龙潭组(1356.16~1358.46 m)岩芯图

图 2 井内坍塌掉块图

为此，通过研究不同钻井液黏度时的井内掉块尺寸(振动筛处取样)，优选适宜的钻井液黏度。如图 3 所示。

在目的层段，钻井液密度不能升高的情况下，加入高—中黏羧甲基纤维素(CMC)/高效增黏剂提高钻井液黏度至 30 s 以上，增大了钻井液切力，提高了钻井液悬浮能力，使其携带出大量沉渣，降低了钻井液含砂量，且 CMC 还具有一定的润滑性，减小钻具和井壁之间的摩擦和降低钻井液循环流动阻力。

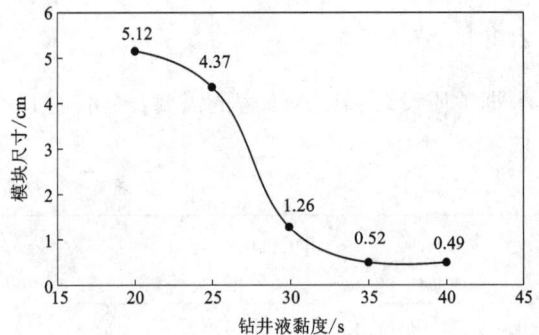

图 3 掉块尺寸随钻井液黏度变化图

同时加入腐殖酸钾(KHm)/磺化褐煤(SMC)使钻井液失水量降至 4.5 mL/30 min 以下，减小自由水向井壁的渗透，提高了钻井液防塌能力，起到稳定井壁的效果。处理后钻井液性能参数见表 5。

表 5 处理后钻井液性能参数表

钻井液性能	比重/(g·cm⁻³)	黏度/s	失水量/(mL·30 min⁻¹)	泥饼/mm	含砂量/%	pH
	≤1.07	30~45	3.5~4.5	0.3	≤0.15	9~10

调整钻井液参数适宜后，再多次短起划眼和循环钻井液清洗井底，待新井段应力释放至达到新的平衡后继续钻进。钻穿龙潭组后，完成了主要目的层的钻进工作，达到了地质目的。在保护储层的同时，申请将钻井液密度调整至设计密度(1.16 g/cm³)，保持地层压力和液注压力的近平衡状态。

3.2 漏失地层的处理方法

皖油地 1 井钻进至 1544 m 时发现地层漏失，测井数据显示 1523.4~1631.1 m 井段存在三层裂缝层，如表 6 所示。

表6　漏失位置表

漏失层位置	裂缝类型	地层时代
1523.4 m	Ⅱ类裂缝层	栖霞组
1555.5 m	Ⅲ类裂缝层	船山组
1631.1 m	Ⅲ类裂缝层	黄龙组

由于上部井段井壁不稳定，大泵量的钻进可能导致钻井液严重冲刷井壁造成井壁失稳，施工中采用低泵量顶漏作业。但是低泵量条件下螺杆转速降低，不利于快速钻进。为此主要通过以下技术方法进行控制：①控制失水量，钻井液失水量最低控制至 3.5 mL/30 min；②提高钻井液的抑制能力，加入多种强抑制剂（如 K-PAM），抑制剂也具有一定降低滤失量的效果；③增加钻井液的黏度和加入暂堵性堵漏材料。加入多种增黏剂（如 CMC、PAM），并加入锯末、核桃粉等堵漏材料。

3.3　石膏层钻头泥包处理方法

皖油地1井钻进石膏层井段时钻头发生泥包，石膏层的厚度约 2 m，图4为振动筛除出的石膏层岩屑样。

图4　石膏层岩屑样

钻进至石膏层，钻头发生泥包，主要现象有：①钻时明显变长，钻时由 60 min 增加至180 min，甚至更高；②改变钻压时电流表波动小，对钻进效率无明显影响。

结合地层情况，研究认为：①泥页岩虽成岩，但易于水化分散，使井眼内泥质或固相含量增大；②地层中含有纯石膏井段，分散石膏造成钻井液污染后，钻井液中的有害固相难于清除；③为防止地层漏失而减小排量，但排量小又不能有效清洗井底及钻头，同时上返速度不足，岩屑在井内滞留时间长，黏附于井壁形成厚泥饼，三种原因的叠加作用造成了钻头的泥包。

针对钻头泥包，结合地层情况，主要的处理方法如下：①调整钻井液性能：加碱和增加离心机工作时间，降低钻井液固相含量；降低钻井液黏度、切力，及时清除劣质固相，增加无荧光润滑剂投入量，使钻屑不易黏附到钻头上；加大钻井液中聚合物含量，控制失水，提高泥饼质量。②下钻中途进行循环，冲洗钻头，防止下钻时钻头不断刮削井壁，使井壁上的泥饼或滞留于井内的钻屑会在钻头下堆积。③下钻到底后，充分循环钻井液，清洗井眼，防止起钻后滞留在井眼的钻屑继续水化分散。④精细操作，均匀加压；发现钻头泥包时，上提钻头脱离井底，提高转速增加离心力去除泥块。

3.4 窄钻井液密度窗口条件下的钻进方法

皖油地 1 井钻进过程中，进入黄龙组以后发生漏失(表 6)。由于上部龙潭组地层存在坍塌、黄龙组地层存在漏失(上塌下漏)，使用的钻井液密度窗口窄。钻进过程中积极探索了适宜的钻井液密度。

为保持龙潭组井壁稳定，钻井液密度需保持在 1.20 g/cm³ 以上。钻井液密度为 1.20 g/cm³ 时，需保持钻井液泵频率≤40 Hz(泵量为 27.58 L/s)，泵压≤8.5 MPa。实测螺杆压降为 5.5 MPa，因此环空压降为 3 MPa。结合式(1)计算 ECD。

$$ECD = ESD + \frac{\Delta P}{0.052 \times H} \tag{1}$$

式中：ECD 为当量循环密度；ESD 为当量静态密度；ΔP 为环空压降；H 为井深。

经计算，龙潭组钻井液当量密度 ECD 的窗口为 1.18~1.22 g/cm³。

4 结论

(1)通过皖油地 1 井的施工，为区域类油气钻探提供了宝贵的地层资料和钻井经验。

(2)安徽宁国凹陷二叠系龙潭组泥页岩地层易坍塌，低密度的钻井液不能稳定保持钻井液液注压力和地层压力平衡，易造成井壁失稳。

(3)安徽宁国凹陷栖霞组、船山组和黄龙组存在裂缝性地层，地层漏失；船山组存在纯石膏层，易造成钻头泥包，应当提前防范。

(4)通过窄钻井液密度窗口条件下的钻进方法的研究，为本地区钻井工程积累技术经验，有利于区域内下一步钻井工艺的优化。

参考文献

[1] 马新华, 谢军. 川南地区页岩气勘探开发进展及发展前景[J]. 石油勘探与开发, 2018, 45(1): 161-169.

[2] 刘忠宝, 高波, 张钰莹, 等. 上扬子地区下寒武统页岩沉积相类型及分布特征[J]. 石油勘探与开发, 2017, 44(1): 21-31.

[3] 赵文智, 李建忠, 杨涛, 等. 中国南方海相页岩气成藏差异性比较与意义[J]. 石油勘探与开发, 2016, 43(4): 499-510.

[4] 邹才能, 董大忠, 王玉满, 等. 中国页岩气特征、挑战及前景(二)[J]. 石油勘探与开发, 2016, 43(2): 166-178.

[5] 董大忠, 高世葵. 论四川盆地页岩气资源勘探开发前景[J]. 天然气工业, 2014, 34(12): 1-15.

[6] 郑和荣, 高波, 彭勇民, 等. 中上扬子地区下志留统沉积演化与页岩气勘探方向[J]. 古地理学报, 2013, 15(5): 645-656.

[7] 梁狄刚, 郭彤楼, 陈建平, 等. 中国南方海相生烃成藏研究的若干新进展(一) 南方四套区域性海相烃源

岩的分布[J].海相油气地质,2008(2):1-16.

[8] 中国地质调查局.中国地质调查局召开长江下游油气调查研讨会[DB/OL].(2019-03-15)[2019-11-25].http://www.cgs.gov.cn/xwl/ddyw/201903/t20190315_477351.html.

[9] 周道容,徐振宇,黄正清等.上、下扬子区下寒武统页岩气成藏条件对比[J].中国石油和化工标准与质量,2016(10):99-103.

[10] 徐菲菲,张训华,黄正清,等.下扬子地区宁国凹陷大隆组—孤峰组泥页岩储层特征[J].成都理工大学学报(自然科学版),2019,46(2):180-190.

[11] 黄正清,周道容,李建青,等.下扬子地区寒武系页岩气成藏条件分析与资源潜力评价[J].石油实验地质,2019,41(1):94-98.

[12] 黄正清.下扬子盆地构造演化特征与页岩气主要富集层位[J].上海国土资源,2017,38(1):87-92.

[13] 方朝刚,殷启春,滕龙,等.萍乐拗陷区中二叠统茅口组南港段页岩气基本特征——以 ZK01 井为例[J].科学技术与工程,2018,18(28):26-36.

[14] 中国地质调查局.科技创新引领能源资源新发现新突破——港地 1 井"三气一油"重大发现[DB/OL].(2017-02-28)[2019-11-25].http://www.cgs.gov.cn/ddztt/jqthd/wannan/cgz/201702/t20170228_423474.html.

[15] 刘文武,赵志涛,翁炜,等.页岩气基础地质调查皖南地 1 井钻探施工技术[J].探矿工程(岩土钻掘工程).2018,45(10):66-70.

[16] 潘建生,杨彦鹏,朱涛,等.皖江页岩气勘察港地 1 井事故处理与分析[J].科技展望,2017(11):110,112.

[17] 刘兵,安徽巢湖—宁国地区页岩油气大口径地质调查井 DKJZK-1 井(皖油地 1 井)钻测工程完井报告:2386[R].313 地质队,2019.

[18] 朱光,刘国生,李双应,等.下扬子地区盆地的"四层楼"结构及其动力学机制[J].合肥工业大学学报(自然科学版),2000,23(1):47-52.

[19] 朱芝同,伍晓龙,董向宇,等.松辽盆地页岩油勘探大口径取芯技术[J].探矿工程(岩土钻掘工程),2019,46(1):45-50.

浅谈破碎泥岩地层的钻进工艺

芦文成　朱恒银　张文生　刘　兵　王　强

摘要：随着社会对清洁能源的迫切需求，以页岩气为代表的清洁能源愈来愈受重视。不同于常规油气的开发，页岩气的勘探钻探难度大，技术要求高。本文从钻具组合、泥浆体系和工程技术操作方面，浅谈了破碎泥岩地层全取芯钻探的几点认识。

关键词：页岩气；破碎泥岩；钻探

Discussion on Drilling Technology of Broken Mudstone Formation

LU Wencheng, ZHU Hengyin, ZHANG Wensheng, LIU Bing, WANG Qiang

Abstract：With the urgent demand of society for clean energy, clean energy represented by shale gas has been paid more and more attention. Unlike conventional oil and gas development, shale gas exploration and drilling is difficult and requires high technology. The paper is briefly discussed from the aspects of drilling tool combination, mud system and engineering technology.

KeyWord：shale gas；broken mudstone formation；drilling

1　概述

页岩气是从黑色泥页岩或者碳质泥岩地层中开发出的非常规天然气，我国资源潜力较大。近年来，我国越来越重视对页岩气这一非常规天然气的开发研究[1]。在页岩气赋存区域进行钻探勘查是必要手段，通过钻探取芯了解页岩的层厚、产状、页岩强度、发育及裂隙充填等情况，但页岩气的存储条件决定了页岩气的钻井施工难度大，特别是页岩油气地质调查井[2]。原因是缺乏可参照的地层资料，破碎泥岩地层对钻井施工技术要求高。如安徽含山地区的页岩气基础地质调查井皖含地1井，由于地层产状特别陡峻，有的近似垂直，地层容易掉块和构造运动造成地层破碎，施工难度大。

皖含地1井井身结构如图1所示。

基金项目：安徽省重点科技攻关项目"页岩气勘探钻探关键技术方法研究（项目编号：1604a0821198）"。刊登于：《内蒙古石油化工》2019年第45卷第1期。

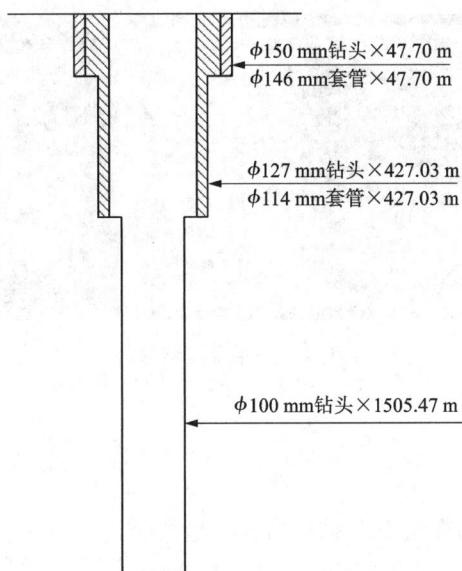

ϕ150 mm钻头×47.70 m
ϕ146 mm套管×47.70 m

ϕ127 mm钻头×427.03 m
ϕ114 mm套管×427.03 m

ϕ100 mm钻头×1505.47 m

图1　皖含地1井井身结构图

2　钻遇地层情况

皖含地1井工区构造位置位于扬子陆块区下扬子地块的中部,属沿江隆凹褶断带。由于燕山期(晚三叠世—早侏罗世至晚白垩世早期)是安徽大陆边缘活动带盆山发展阶段,工区构造特点是在早中侏罗世陆相盆地内上叠了火山盆地建造,构造运动以断裂构造为主,兼有褶皱、推覆构造和多期次岩浆活动。每次构造活动都给地层岩石带来了极大的破坏,岩石破碎严重。

根据皖含地1井实际钻进资料可知,钻遇地层岩性主要为深灰色泥岩和粉砂质灰色泥岩,如图2所示。其中上部深灰色泥岩,粉砂质泥岩呈互层分布,中下部为深灰色泥岩夹深灰色泥质粉砂岩,砂岩与泥岩互层,砂岩泥质含量高,粉砂质分布不均匀,地层产状较陡,局部近直立,呈逆断层构造分布。主要岩石有如下特点:

图2　破碎泥岩岩芯

(1)破碎泥岩:由于构造的作用使泥岩发生脆性破坏,钻探取芯困难,如图2所示。

(2)水敏地层:该类地层具有强膨胀性和黏滞性,常常使岩芯黏在岩芯管中很难退出岩芯且易发生缩径。

(3)断层泥:断层运动使断层附近破碎的岩石在摩擦滑动时引起高温形成断层泥,断层泥具有强黏滞性和膨胀性,容易缩径导致孔内黏钻卡钻事故。如图3所示。

图 3　强膨胀、强黏滞断层泥岩芯

3　钻进工艺

皖含地 1 井施工中采用绳索取芯钻进方法，地层破碎、坍塌、缩径严重，采用优质泥浆护壁。

0～47.70 m 采用 φ150 mm 绳索取芯钻具取芯钻进，47.70～427.03 m 采用 φ127 mm 绳索取芯钻具取芯钻进，427.03～751.58 m 采用 φ96 mm 绳索取芯钻具取芯钻进，在 751.58 m 钻遇断层泥地层后缩径严重，后采用 φ100 mm 钻头扩孔、钻进。751.58～1505.47 m 采用 φ100 mm 绳索取芯钻具取芯钻进。取芯钻具组合如表 1 所示。

表 1　取芯钻具组合表

钻具	组合形式
φ150 mm 绳索取芯钻具（一开）	φ150 mm 金刚石取芯钻头+φ150.5 mm 扩孔器+绳索取芯钻具总成+φ150.5 mm 扩孔器+φ114 mm 加重钻杆+φ114 mm 绳索取芯钻杆
φ127 mm 绳索取芯钻具（二开）	φ127 mm 金刚石取芯钻头+φ127.5 mm 扩孔器+绳索取芯钻具总成+φ127.5 mm 扩孔器+φ114 mm 绳索取芯钻杆
φ100 mm 绳索取芯钻具（三开）	φ100 mm 金刚石取芯钻头+φ100.5 mm 扩孔器+绳索取芯钻具总成+φ100.5 mm 扩孔器+φ89 mm 绳索取芯钻杆
φ96 mm 绳索取芯钻具（三开）	φ96 mm 金刚石取芯钻头+φ96.5 mm 扩孔器+绳索取芯钻具总成+φ96.5 mm 扩孔器+φ89 mm 绳索取芯钻杆

由于地层情况复杂，皖含地 1 井施工周期长，纯钻进时间利用率低。总结钻进工艺，主要从如下几点认识提高钻进效率。

3.1　适当增加钻头尺寸

皖含地 1 井施工过程中，因为地层遇水膨胀严重，于 751.58 m 处遇严重缩径事故。事故发生时，采用了 φ96 mm 绳索取芯钻具组合（表 1）。φ89 mm 绳索取芯钻杆与 φ96 mm 钻头钻进形成的井壁之间环空间隙小，井壁泥岩遇水膨胀后同时包紧钻杆和钻头，事故处理难度大。采用 φ100 mm 钻头钻进（钻具组合见表 1），增加了井壁和钻杆之间的环空间隙，缩径时只有钻头被井壁包住，上提钻具难度明显得到改善。

增加井壁和钻杆的环空间隙，增大环空空间，同时，可减小泥浆上返的流速，减轻泥浆对井壁的冲刷和保护泥皮，有利于井壁的稳定。

3.2 采用优质护壁泥浆

针对破碎松散、水敏性强的泥岩地层，现场泥浆体系必须具有如下作用：

(1)能形成薄而致密的泥饼，并且韧性好，失水量低，具有优良的防塌性能；

(2)具有足够的悬浮力，能防止高地应力造成的缩径和井壁坍塌；

(3)具有良好的保护岩芯作用，以满足地层特殊取芯质量要求；

(4)具有优良的流变性能，能很好地携带和悬浮岩屑，减少循环压力损失，减轻泥浆造成的压力激动和对井壁的冲刷，防止井塌和井漏的发生；

(5)具有一定的抑制作用，避免泥页岩、断层泥孔段因水敏性膨胀造成缩径，以及造浆致使泥浆黏度、切力急剧增大；

(6)具有优良的润滑性能，能减小管材机具的磨损、满足大口径钻探钻机施工能力。

针对松散地层，皖含地 1 井采用如下配方：清水+6%~10%钠土+4%~5%纯碱(黏土含量)+0.8%植物胶+8%烧碱(植物胶含量)+0.6%~0.8%CMC+1%KHm。其性能参数如表 2 所示。

表 2　泥浆性能参数表

钻井液性能	比重 /(g·cm⁻³)	黏度 /s	失水量 /(mL/30 min)	泥饼 /mm	含砂量 /%	pH
参数	1.06~1.10	26~35	6.5~9	0.5	0.2~0.3	9~10

针对缩径地层，通过以下方法处理泥浆：

(1)控制失水量。减小自由水向井壁的渗透，主要通过向泥浆中同时添加大量 KHm，CMC 等降滤失剂，控制泥浆失水量最低至 6.5 mL/30 min；

(2)提高泥浆的抑制能力。加入多种强抑制剂(诸如 KHm，K-PAM)，通常抑制剂也具有一定降低滤失量的效果。

由于地层条件异常复杂，一些孔段在钻进过程中，受泥浆材料在井壁或岩屑的吸附消耗，或者泥浆材料的变质影响等导致泥浆黏度逐渐降低，携带岩粉能力降低，极易造成孔内事故。故此需要对泥浆体系进行提黏处理。在调浆时，主要以增黏为主，加大 CMC 加入量，同时加入水解度为 30%的聚丙烯酰胺(PHP)以絮凝泥浆中的颗粒固相。

3.3 下套管封堵松散层

下套管可有效地封堵松散地层，防止上部地层的坍塌和掉块。产状陡而破碎井段的地层井壁容易坍塌和掉块，形成"鼓肚子"和砂桥。皖含地 1 井通过下套管封堵地层，有效地解决了上部地层的坍塌问题(套管程序见图 1)。

3.4 严格要求工程技术操作

由于地层情况复杂，工程技术操作对井壁稳定性的影响非常重要。主要有：

（1）提下钻操作中，引起井内瞬时抽汲和激动压力变化大。当井内泥浆压力大于井壁岩石的破碎压力，井壁表面会产生许多微裂缝，降低整个井壁岩石的强度，加剧井壁失稳。因此，针对地层特点，严格控制提下钻速度，尽量减轻抽汲和激动压力，防止过高的激动压力造成地层破裂。

（2）为保持井壁稳定，起下钻过程中，严格按规定回灌，防止因井内液面下降造成压力降低过多致使井壁失稳。

（3）严格控制泵量。过高的泵量可能造成泥皮和井壁表面破碎岩屑被冲刷脱落。但泵量过低，泥浆不能有效地携带岩屑，容易导致烧钻等问题发生。

4　结论与认识

（1）由于泥岩地层水敏性强，并且地层破碎，对钻井工程的技术要求高；

（2）优化泥浆体系，控制失水量和工程技术操作有利于保持井壁稳定性，预防井内事故的发生；

（3）优选合适的钻具组合，可减低井内事故的处理难度，有利于工程的顺利进行。

参考文献

［1］朱恒银，王强.页岩气勘探开发技术综述［J］.安徽地质，2013，23（1）：21-25.

［2］朱恒银.深部岩芯钻探技术与管理［M］.北京：地质出版社，2014.

5000 m 新型能源勘探智能钻探装备与技术研究

朱恒银　王　强　刘　兵　陈云召　冯建宇　乌效鸣

摘要：结合我国地下新型能源勘探工作的重大需求，开展了"5000 m 新型能源勘探智能钻探装备与技术"的研究，取得了成功研制 5000 m 多功能交流变频电动钻机、多参数孔底自动监测装置、耐高温环保泥浆及泥浆性能自动测量装置、取芯和无芯钻进不提钻互换钻具等系列成果，填补了国内空白，推动了新型能源深部钻探技术向智能化方向发展。

关键词：新型能源勘探；智能钻探装备与技术；交流变频电动钻机；多参数孔底自动监测装置；耐高温环保泥浆；泥浆性能自动测量装置；不提钻互换钻具

Research of 5000 m New Energy Exploration Intelligent Drilling Equipment and Technology

Zhu Hengyin, Wang Qiang, Liu Bing, Chen Yunzhao,
Feng Jianyu, Wu Xiaoming

Abstract：Combined with the great demand of underground new energy exploration in China, through the research of the major science and technology special project of Anhui Province "5000 m intelligent drilling equipment and technology for new energy exploration", the paper has made a series of achievements such as 5000 m multifunctional AC frequency conversion electric drilling rig, multi-parameter hole bottom automatic monitoring device, high-temperature environmental protection mud and mud performance automatic measurement device, coring and coreless drilling without lifting drill interchangeable drilling tools, which fill the domestic blank and promote the development of new energy deep drilling technology to the direction of intelligence.

Keyword：new energy exploration; intelligent drilling equipment and technology; AC frequency conversion electric drill; multi-parameter hole bottom automatic monitoring device; high temperature resistant and environmental friendly mud; automatic measuring device for mud properties; never mind the exchange of drill tools

基金项目：安徽省科技重大专项"5000 米新型能源勘探智能钻探装备与技术"（项目编号：2019a05020012）。刊登于：《钻探工程》2022 年第 49 卷第 1 期。陈云召、冯建宇、乌效鸣作者工作单位分别为：河北永明地质工程机械有限公司、北京六合伟业科技股份有限公司、中国地质大学（武汉）。

引言

随着我国科技和经济高速发展，国家工业化和城市建设的不断推进，对能源资源的需求更加凸显，尤其地下新型清洁能源的开发和利用受到了国家的高度重视，寻找地下新型能源是国家的长期战略[1-2]。由于地质勘探单位过去从事固体矿产勘探工作，以小直径取芯轻便钻探设备、技术为主，而新型能源勘探钻探技术特点是"深（钻孔深度超 3000 m）、大（钻探口径大，一般钻孔口径≮215.9 mm）、精（钻孔施工精度高，需要进行水平孔、对接孔钻进）"，目前的地质勘探钻探装备与技术难以适应新型能源勘探需求，如深孔钻探装备能力与自动化水平、大直径不提钻连续取芯、孔底真实钻进参数监测和超 200℃环保耐高温泥浆等均存在技术"瓶颈"[3-5]。因此开展 5000 m 新型能源勘探智能钻探装备与关键技术研究，具有很重要的现实意义。

1 项目研究概况

"5000 m 新型能源勘探智能钻探装备与技术"研究项目由安徽省地质矿产勘查局 313 地质队主持承担，协作单位有河北永明地质工程机械有限公司、安徽理工大学、北京六合伟业科技股份有限公司、中国地质大学（武汉）等。该项目主要是进行大口径 5000 m 深部勘探钻探装备、机具及关键技术的系统研究。通过研究，以提高钻探装备与技术自动化、信息化水平，推动我国钻探向智能化方向迈进。

项目研究主要的指导思想：结合我国新型能源勘探的重大需求，进行针对性的研究，充分集成国内外成熟的先进技术，吸收同领域宝贵经验，实行产、学、研、用相结合机制，研究内容紧贴生产实际，以钻探施工亟待解决的关键技术为目标，开展适用性、前瞻性的创新和攻关，以促进深部钻探高质量、高效率地发展。

项目研究主要内容分为以下几个方面：
(1)5000 m 多功能交流变频电动钻机的研发；
(2)地质岩芯钻探多参数孔底自动监测装置的研发；
(3)高温环保泥浆体系的研发；
(4)泥浆性能参数自动测量系统的研发；
(5)取芯和无芯钻进不提钻互换钻具的研发。

2 项目研究主要创新技术

2.1 5000 m 多功能交流变频电动钻机

5000 m 多功能交流变频电动钻机（ZJ50/3150-ZDB 型）的研发是以石油 ZJ50/3150 标准机型施工能力参数为基础[6-8]，在结构和操作软件系统设计上进行改进创新，钻机采用模块化结构设计，采用交流变频电机驱动，钻机设计更人性化，其智能化程度和作业安全性大大提高，可满足 5000 m 孔深 ϕ215.9 mm 钻孔的钻探工艺要求[7]。钻机及布局如图 1 所示。

ZJ50/3150-ZDB 型钻机主要技术创新点综述如下。

2.1.1 钻机井架大跨度自动平衡升降系统

钻机井架设计为 K 型自动升降结构(图 2)。

井架由基段、中段和顶段 3 段组成,井架(一层以上)高度 46 m。基段固定在井架底座上(底跨度 8 m),中、顶段坐在基段上,中段有 5 节(中间开档 6.6 m),顶段 1 节(中间开档 2.2 m),安装天车。井架设计有顶驱滑道,井架升降系统设计液压装置、导向滚轮和自动平衡系统,如图 2 所示。

井架大跨度平衡升降结构设计,解决了井口操作空间狭小、高塔安装安全、施工场地限制等难题。

图 1　ZJ50/3150-ZDB 型钻机

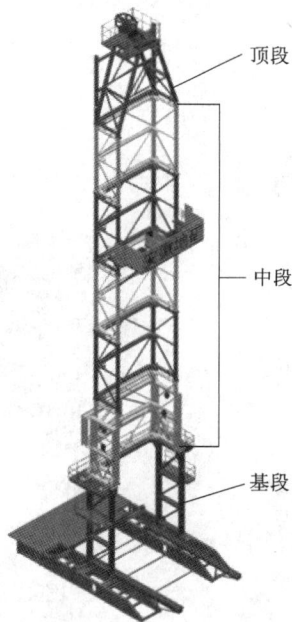

图 2　井架结构示意图

2.1.2 钻机整体移位系统

钻机底座下端设计滑道和液压油缸驱动装置,钻机可整体移动,解决了丛式井、对接井短距离搬迁耗时多的难题,以节约大量的孔间搬迁时间,如图 3 所示。

2.1.3 井架作业台防寒防暑系统

在钻机井架二层工作台人工作业区域设计可调温度的保暖片状发热体和防雨遮阳装置,解决了钻井高空作业工人防寒防暑难题,改善了人工高空作业环境,如图 4 所示。

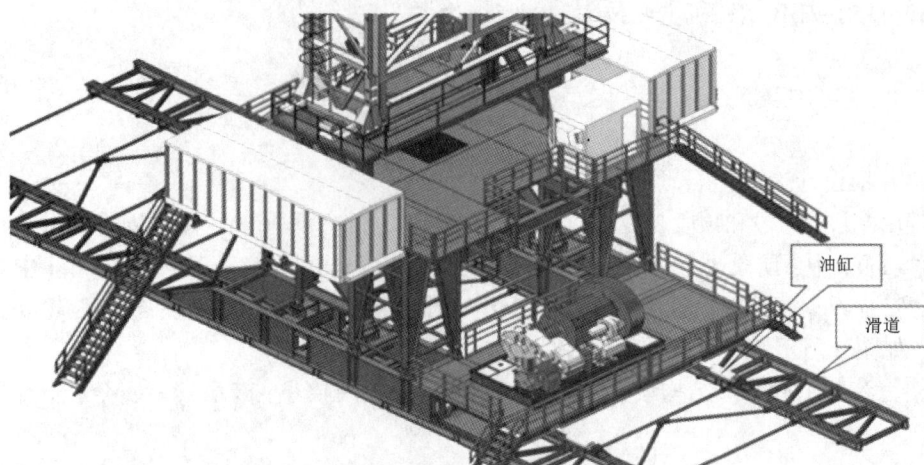

图 3　钻机整体移动结构示意图

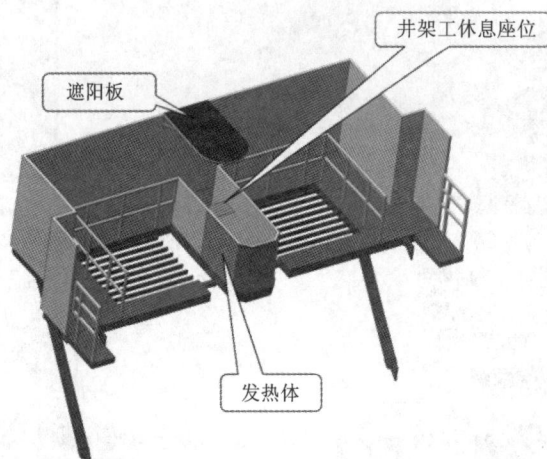

图 4　塔上作业台防寒防暑装置示意图

2.1.4　钻杆提升自动洗刷系统

钻杆提升自动洗刷系统安装在钻机转盘下方，以转盘中心为基点，四周设计若干个高压水喷头和气体喷头，提钻过程中采用高压气水完成钻杆、钻具表面的清洗工作。解决了提钻时钻杆、钻具的自动清洗难题，改善了过去人工清洗的恶劣的工作环境，同时减轻了人工劳动强度，如图 5 所示。

2.1.5　多功能安全帽

多功能安全帽的设计是在普通安全帽的基础上增加了智能系统模块，具有高清现场视频采集、语音通讯、对讲、视频存储等功能。解决了司钻房（或作业间、工作室）操作和指挥者对钻探现场的各岗位实时调度指挥及现场作业工况的监控难题，提高了现场人机管理和安全作业的水平，如图 6 所示。

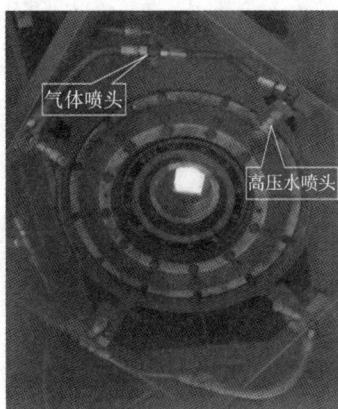

图 5 钻杆提升自动洗刷装置

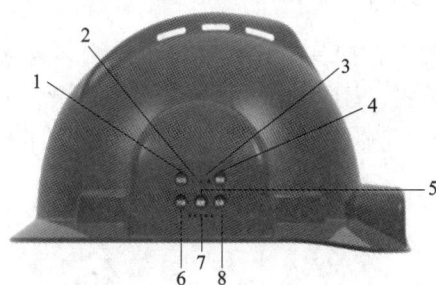

1—SOS 键(紧急呼叫键);2—复位键;3—降噪麦;4—照明灯键;
5—调度键;6—对讲键;7—电源指示灯;8—拍录键。

图 6 多功能安全帽功能键示意图

2.1.6 钻进参数采集、预警与处理多功能化

钻机操作控制系统的设计,采用先进的全数字交流变频控制技术和参数采集、计算机编码及网络等技术。具有钻进参数(钻压、转速、泵压、排量、扭矩、钻进速度)集中显示、异常参数预警、分析处理及钻机钩载限幅、大钩防碰撞、冲顶、钢丝绳寿命控制等功能。实现了集钻进参数采集、预警、控制、分析处理于一体的数字化、视频化,数据储存、远程传输并与手机 APP 互联等一体化智能操作,如图 7、图 8 所示。

图 7 司钻房显示与操作系统

图 8 远程实时监控 App 登录显示

2.2 地质岩芯钻探多参数孔底自动监测装置

地质岩芯钻探多参数孔底自动监测系统吸收了国内外钻探孔底信息传导及随钻测量先进技术[9],创新地将钻探钻进参数由地表采集变为孔底近钻头部位采集,可获取更准确的钻头部位的钻进参数,孔底钻进参数可自动储存和随钻传输,为钻探作业者优化钻进参数提供依据。

2.2.1 主体结构设计

地质岩芯钻探多参数孔底自动监测装置主要由测量短节本体、主控发射系统、孔斜模块、转速模块、温度模块、钻压与扭矩模块、外环空压力模块、内环空压力模块、通信接口、电池仓、随钻测量系统等部件组成。装置结构及实物如图9、图10所示。

图9　地质岩芯钻探多参数孔底自动监测装置

(1)各参数测量模块、主控发射系统、电池仓等均安装分布在无磁短节本体上；

(2)孔斜、转速、温度、钻压与扭矩、内外环空压力参数测量模块组件中，分别设有不同功能的传感器、芯片和数据采集信息系统，各参数模块将测量信息传递给主控发射系统；

(3)主控发射系统主要承担通讯、实时时钟、储存、传感器数据采集与处理、无线发射等功能；

(4)电池仓内装电池，为整个孔底测量装置提供电源；

(5)随钻测量系统包括地面设备和井下总成。地面设备(图11)包括脉冲信号传感器、无线收发主机、无线传感器主机、司钻显示器、数据处理仪；井下总成包括脉冲发生器短节(内置接收短节)、探管短节(主控)、电池筒短节等。井下总成安装在孔底测量装置上端的无磁钻杆(或钻铤)内环中，接收和向地面发射参数信息。

(6)短节本体内孔直径选择与绳索取芯内管外径相匹配，可连接一起实现绳索取芯钻进。

2.2.2 工作原理

测量装置采用了存储和随钻式一体化设计，在不下入 MWD 仪器时，测量数据存储在装置主控发射系统中，待出井后可以导出数据进行查看。主控发射系统带有无线发射电路和发射天线磁棒，在下入 MWD 仪器时，发送电磁波信号，接收短节中接收电路和天线磁棒接收到信号转换成电信号进行处理转换，然后通过 MWD 仪器再将数据通过泥浆正脉冲方式进行数据的无线传输至地面，进行数据的解码显示。

2.2.3 主要技术指标

(1)孔底自动监测装置基本尺寸：长度<1100 mm，外径 178 mm，内径 96 mm。

(2)测量主要参数：温度 0~150℃，±1℃；钻压：−300~+300 kN；扭矩 0~30 kN·m；环空压力 0~140 MPa；转速 0~500 r/min；井斜 0~90°。

(3)性能参数：工作环境 0~150℃；连续工作时间≥200 h；测量时间间隔 2~120 s(可人工调节)，默认 60 s；孔底参数存储工作时间 200 h，存储间隔≥2 s；随钻测量采用泥浆正脉冲方式无线传输。

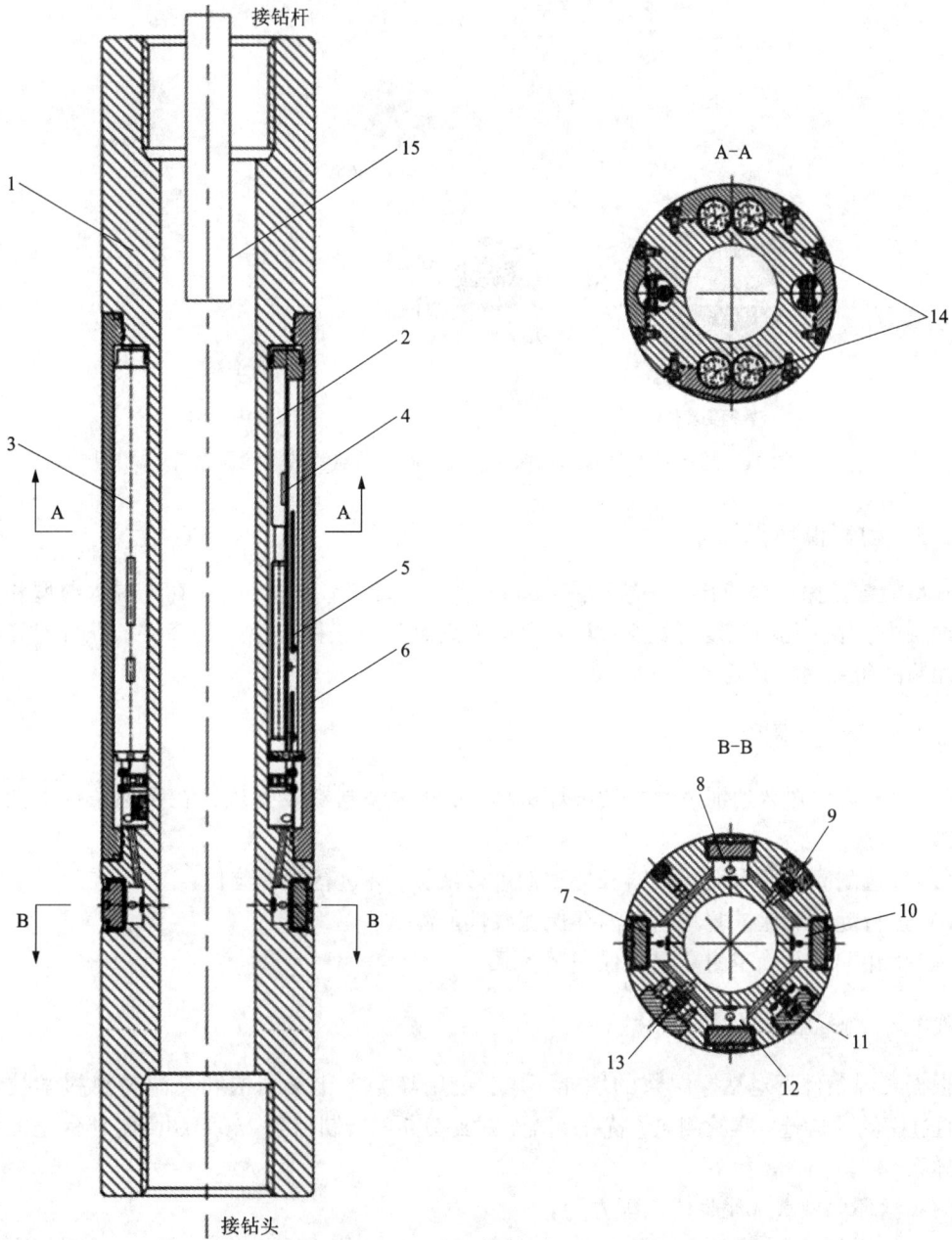

1—短节本体；2—主控发射系统；3—孔斜模块；4—转速模块；5—温度模块；
6—盖板；7，8—钻压与扭矩模块；9—外环空压力模块；10—钻压与扭矩模块；11—通信接口；
12—钻压与扭矩模块；13—内环空压力模块；14—电池仓；15—随钻测量系统。

图 10　地质岩芯钻探多参数孔底自动监测装置结构示意图

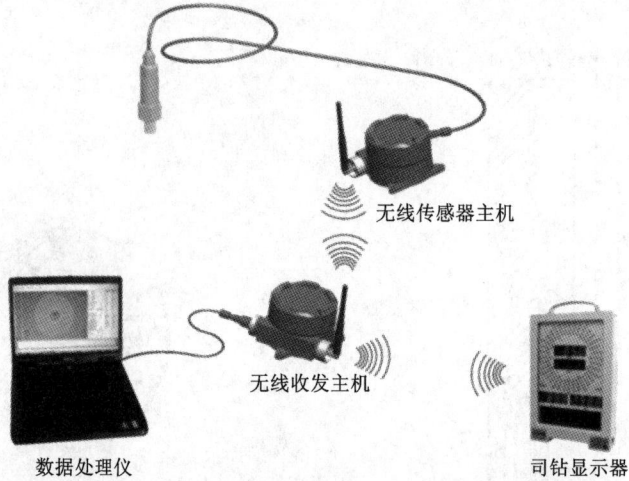

图 11　随钻式地质岩芯钻探多参数孔底自动监测装置地面系统

无线传感器主机

无线收发主机

数据处理仪　　　司钻显示器

2.3　耐高温环保泥浆

新型能源勘探钻探的孔深一般都在 3000 m，孔内温度都较高，尤其在高温水源型和干热岩型地层中，钻探孔内温度可达 200℃ 以上。为满足高温条件下钻探的需要，进行耐高温及环保泥浆的研究很有必要[10-18]。

2.3.1　研发的思路

(1)分析高温对普通泥浆性能的破坏机理，找出泥浆材料及处理剂在高温条件下性能变化的内在因素；

(2)优选耐高温环保泥浆材料和处理剂进行试验，并进行机理分析；

(3)进行配方对比试验和耐高温环保泥浆性能测试；

(4)优化配方并确定耐高温环保泥浆体系。

2.3.2　耐高温环保泥浆体系

根据高温条件下对钻探泥浆的性能要求，运用高分子化学结构和高温材料科学技术理论，通过广泛地遴选、实验测试、优化调配、对比分析，研制出耐 260℃ 超高温环保型的水基泥浆体系。

耐高温环保型水基泥浆体系配方为：

3%~5%复合型造浆黏土+0.1%~0.2%耐超高温聚合物增黏剂+0.6%~0.8%耐超高温聚合物降失水剂+3%~5%耐高温降失水剂+2%~4%耐高温防塌剂+3%~5%高温保护剂+2%~4%高温抑制剂+2%~4%抗高温减阻润滑剂+0.4%~0.6%缓蚀剂。

2.3.3　耐高温水基泥浆钻井液体系的特性

试验表明，研发的耐高温水基泥浆体系经试验具有如下特性。

(1)高温稳定性好，在温度 260℃ 时，泥浆密度 1.05~1.50 g/cm³，塑性黏度(12~40)MPa·s，切力 3~20 Pa，失水量≤23 mL/30 min，该性能指标达到了同领域高温泥浆研究的最高水平，满足了高温钻进的护壁要求[10]。

(2)抑制性和润滑性好,对泥质层和松散地层能有效抑制水化分解,孔壁的稳定性好,有较强深孔钻进的携屑能力和减阻能力,具有良好的流变性;

(3)抗污染能力强,在泥浆中加入一定的污染物(如 NaCl、$CaSO_4$、岩屑等)后,在高温情况下,未发现胶凝和固化现象;

(4)有良好的环保性能,对所优选的泥浆处理剂进行了化学毒性、生物毒性、生物降解性测试,均达到环保指标要求。

2.4 泥浆性能多参数自动测量装置

泥浆性能多参数自动测量装置的研发,主要解决钻探施工现场泥浆性能监测中人工手动逐项测量工序烦琐,易造成人手腐蚀、环境污染和监测不及时、测量数据人为误差等难题[19-21],实现了泥浆性能多参数一体化自动测量。

2.4.1 主体结构设计

泥浆性能多参数自动测量装置由黏度密度测量模块、含砂量测量模块、滤失量测量模块、酸碱度(pH)测量模块及注浆泵、水源增压泵、气源泵、主机、显示控制屏等组成。将各模块整合组装于一体,安装在一个测试箱内,其供浆、清洗、排污等部件、管路可共用共享。给自动测量装置供浆可采用人工取浆,或选配电动球阀及软管,实现泥浆流动过程中在线取样测量。箱体下部设有排污槽及共用排污口。泥浆性能多参数自动测量装置如图 12 所示。

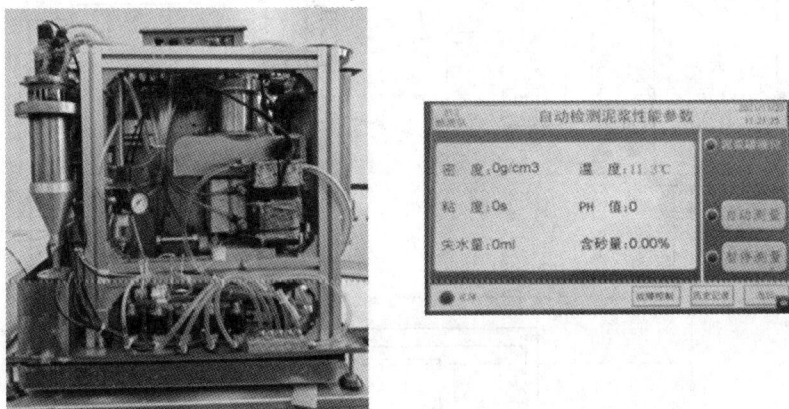

图 12 钻探泥浆性能多参数自动测量装置

2.4.2 测量工作原理

泥浆性能多参数自动测量装置设计了 4 大模块系统和软件控制系统,各模块设计有自动阀和参数测量传感器,自动阀控制进出浆、气、水及清洗过程;参数测量传感器计算读取测量数值;各模块系统与主机相连接,控制各测量模块动作程序、收发信号、操作指令及数据储存、打印功能,实现多参数自动联测或单参数测量;显示屏与主机相连以作为操作界面和测量数据显示;测量系统的清洗采用增压泵送入清水实现自动清洗,清洗后并有自动复位测量状态的功能,自动测量装置工作原理如图 13 所示。

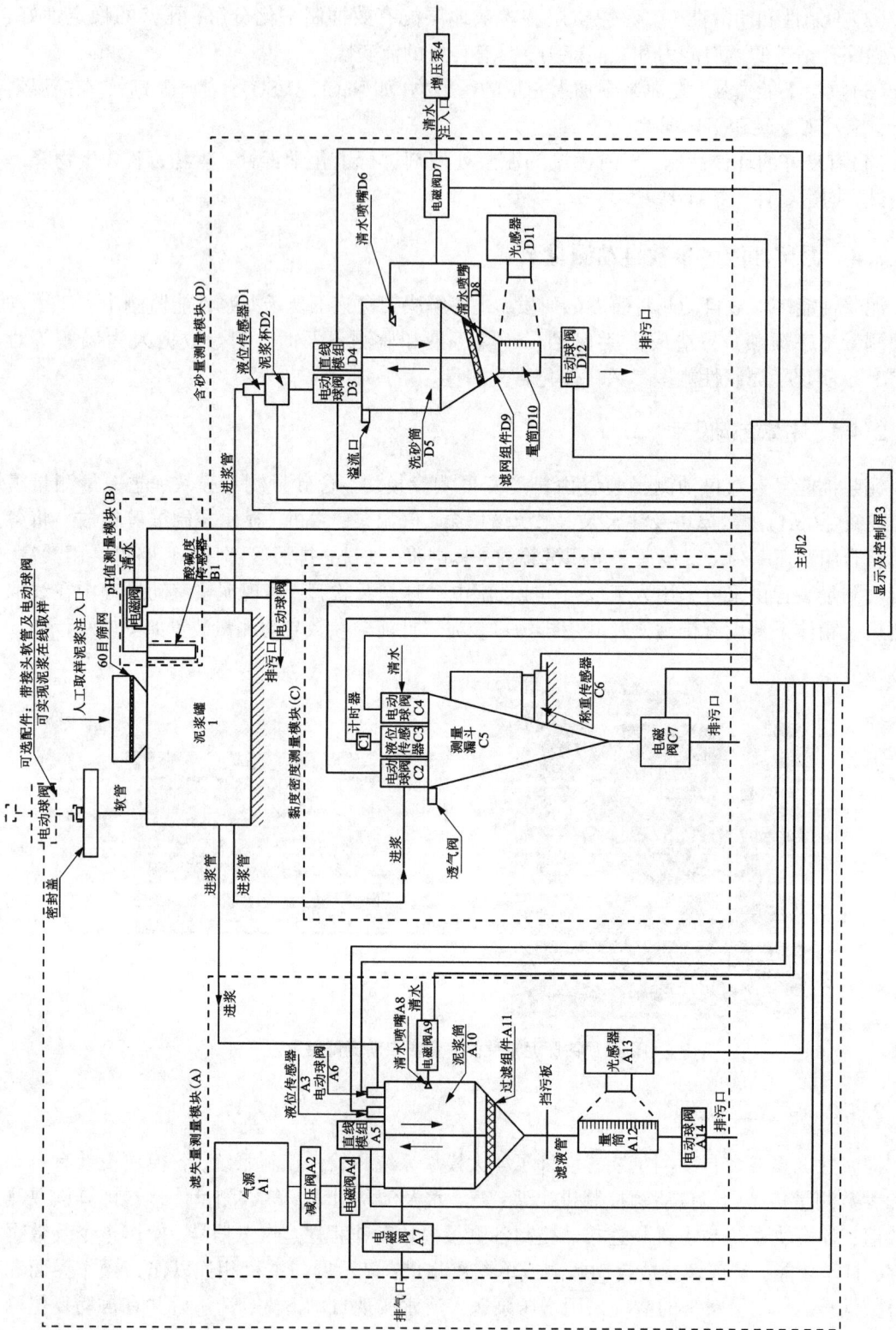

图13　钻探泥浆性能多参数自动测量装置布置示意图

2.4.3　主要参数技术指标

（1）主要测量参数：

①黏度：测量范围 15~100 s（苏式漏斗黏度），精度±1 s；

②密度：测量范围 0~3.00 g/cm³，精度±0.01 g/cm³；

③滤失量：测量范围 0~50 mL/30 min（0.69 MPa），精度±0.1 mL/30 min；

④含砂量：测量范围 0%~20%，精度±0.1%；

⑤酸碱度（pH）：测量范围 5~14，精度±0.1。

（2）工作方式：

自动清洗、单参数与多参数自动测量、数据存储、视频显示。

（3）外观参数与供电方式：

①外观尺寸：长×高×宽 = 670 mm×650 mm×320 mm；

②整机重量：66.50 kg；

③供电方式：采用 220 V 交流电压，测量系统变压 36 V 安全电压。

2.4.4　主要功能特点

泥浆性能多参数自动测量装置主要功能特点有如下几点：

（1）可多参数自动测量亦可单参数自动测量，数据准确、精度高；

（2）实现了自动测量，清洗、参数显示、储存一体化；

（3）滤失量测量滤纸可重复使用、不变形、不破损；

（4）泥浆测量装置防腐、抗震、轻便、易操作。

2.5　取芯和无芯钻进不提钻互换钻具

新型能源勘探（如页岩气、煤层气、油气、地热、干热岩等）勘探，一般都是要求间断取芯或钻进目的层局部取芯，其余孔段均为无岩芯钻进。以往取芯和无芯钻进时，都需要提钻换钻具，深孔提钻和放下一趟钻需要 20 h 左右，影响钻探效率，工人劳动强度大、成本高，且易造成孔壁失稳和其他孔内事故[22-26]。为此，研发了取芯和无芯钻进不提钻互换钻具技术。

2.5.1　主体结构设计

取芯和无芯钻进不提钻互换钻具技术，主要在绳索取芯技术的基础上，将下部钻具结构进行创新设计，使之能够实现取芯和无芯钻进不提钻互换钻具的目的[27]。钻具的结构如图 14 所示。主要由绳索取芯系统总成和钻具互换系统总成组成。

绳索取芯系统总成主要由弹卡室、捞矛头、弹卡与轴向压力短节、单动机构等组成。

钻具互换系统总成主要由外管、扶正器（扩孔器）、外钻头、内管、传扭短节、内钻头、岩芯容纳管、卡心机构等组成。

2.5.2　工作原理

取芯和无心钻进不提钻互换钻具设计为三重管结构，即外管、内管、岩芯容纳管。外管

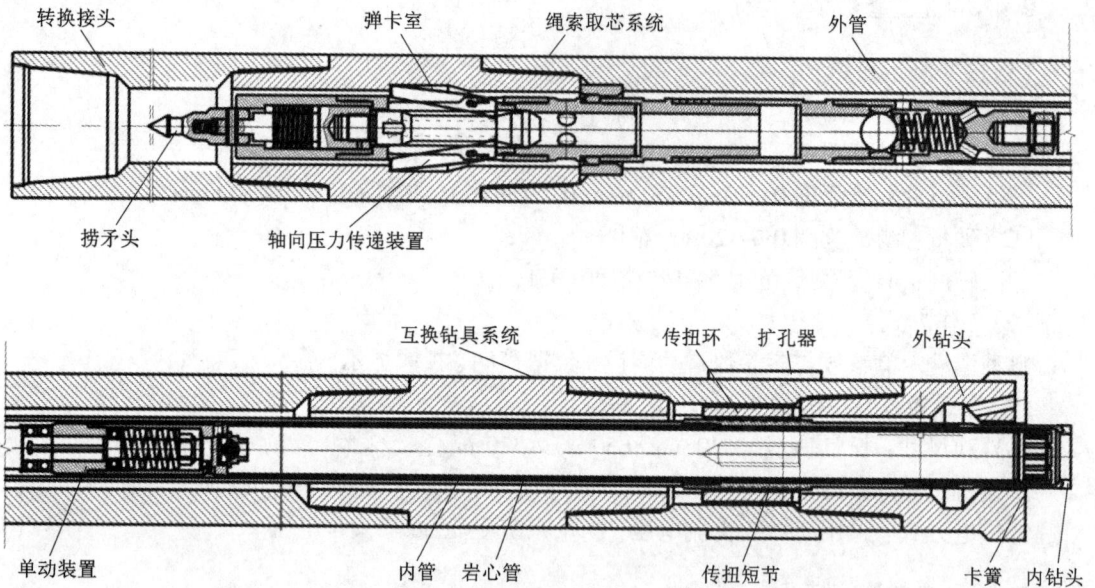

图 14　钻具结构示意图

上端与钻杆(或钻铤)相连,下端连接扶正器和钻头;内管上端与绳索取芯系统轴向压力传递短节相连,下端连接传扭短节与内钻头;岩芯容纳管上端与绳索取芯系统的单动接头相连,下端与岩芯卡取装置连接,实现单动,以保护岩芯。钻具的内外管及内外钻头通过钻杆和传扭机构实现同步回转钻进;内管与内钻头通过轴向压力系统实现轴压的传递。

在钻头结构设计上,加强外钻头磨料质量品级,尤其内外钻头接触部位加强内外保径,以提高钻头的寿命;无岩芯钻进内钻头设计要避开中心零转速死点,与外钻头磨耗比一致[28]。

该钻具通过绳索取芯钻具结构系统,将内管及钻头打捞出孔口,可实现不提钻完成取芯钻进和无岩芯钻进2种钻进工艺的互换,可提高钻探效率,稳定孔壁,降低工人的劳动强度。

2.5.3　钻具的特点

取芯和无芯钻进不提钻互换钻具的特点:

(1)钻具结构简单,绳索取芯系统总成下接互换钻具系统即可实现取芯和无心钻进的工艺;

(2)取芯钻进根据地层的复杂程度,钻具组合可多样化,以满足取芯质量的要求;

(3)内外钻头磨料和形状可为金刚石或复合片,外钻头可用空心(取芯牙轮)牙轮结构,亦可根据岩石的可钻性设计不同的钻头类型;

(4)可在口径≥130 mm 的钻进中实现该技术工艺方法。在较大口径的深孔钻进情况下,可实现绳索取芯加钻铤的孔底加压方式,以改善钻具孔内受力状况。

(5)在复杂地层条件下应用该钻具,可减少提钻次数,减轻对钻孔的抽汲作用,保证孔壁稳定性,有利于孔内的安全快速钻进。

3　项目成果的推广应用

5000 m 新型能源勘探智能钻探装备与技术研究项目的目的是解决深孔钻探"瓶颈"技术难题,通过产、学、研、用相结合,研发的成果已在新疆克拉玛依油田,安徽页岩气勘探,河南、河北煤层气及地热勘探等施工项目中进行了推广应用,历经 2 年多时间,完成了钻探工作量 5 万余米,完成钻孔 15 个,其中在新疆克拉玛依油田完成 >4000 m 孔深钻孔 10 个,最深钻井深 4359 m,单井(井深 4208 m)最短施工周期 37.75 天,最高日进尺 1082 m,水平段平均长度 2200 m,取得了显著的社会与技术经济效益,具有良好的推广应用前景。

项目研究成果获国家发明专利 8 项,实用新型专利 13 项,计算机软件著作权 5 项。研究项目通过安徽省科学家企业家协会科技成果评价中心组织的院士专家评价委员会的鉴定,评价认为该项目研究成果总体达到国际先进水平,其中泥浆性能多参数一体化自动测量系统达到国际领先水平。

4　结论

通过对 5000 m 新型能源勘探智能钻探装备与技术的研究,取得了系列标志性成果,推动了我国地质钻探技术向智能化方向高质量地发展,其主要创新成果综述如下:

(1)研发了 5000 m 新型多功能交流变频电动钻机,创新了自动平衡起降直升式井架、钻机整体自移、高塔防寒防暑、钻杆提升自动洗刷、集视频与通讯多功能的安全帽、钻进参数自动采集、预警、控制与处理技术,改善了人机工作环境,显著提高了钻探工作效率和安全性。

(2)开发了钻探数据、技术资料、实时传输 APP 软件,实现了现场资料、工况的远程实时监控,提高了钻探工程现代化管理水平。

(3)研发了泥浆性能多参数一体化自动测量装置,实现了泥浆黏度、密度、滤失量、含砂量、酸碱度(pH)5 项参数的自动化测量,研发了耐 260℃高温环保型水基泥浆体系,填补了该领域的技术空白,为地下深部新型能源勘探开发提供了技术支撑。

(4)研发了多参数孔底自动监测系统,实现了近孔底钻压、扭矩、转速、内/外环空压力、孔斜、温度等参数的测量,解决了获取孔底真实钻探工况的重大技术难题。

(5)研发了一种取芯和无芯钻进不提钻互换钻具技术,实现了取芯和无芯钻进工艺高效切换,极大提高了钻探效率,填补了国内空白。

参考文献

[1] 朱恒银,王强,杨凯华,等.深部岩芯钻探技术与管理[M].北京:地质出版社,2014.

[2] 王达,赵国隆,左汝强,等.地质钻探工程的发展历程与展望——回顾探矿工程事业 70 年[J].探矿工程(岩土钻掘工程).2019,46(9):1-31.

[3] 董树文,李廷栋,高锐,等.地球深部探测国际发展与我国现状综述[J].地质学报.2010,84(6):743-770.

[4] 薛倩冰,张金昌.智能化自动化钻探技术与装备发展概述[J].探矿工程(岩土钻掘工程).2020,47(4):

9-14.

［5］朱江龙，刘跃进，潘飞，等.我国深孔钻探装备的发展与展望［J］.地质装备.2013，14（6）：9-14.

［6］刘凡柏，高鹏举.4000 m交流变频电驱动岩芯钻机的研制及其在地热井的工程应用［J］.探矿工程（岩土钻掘工程）.2018，45（10）：40-46.

［7］朱恒银，王强，陈云召，等.5000 m多功能变频电动钻机研发综述［A］.中国地质学会探矿工程委员会——第二十届全国探矿工程（岩土钻掘工程）学术交流年会［C］.北京：地质出版社，2019：12-19.

［8］宋志亮，孙卫娜，何磊，等.XD-12R型多工艺自动化钻机电液控制系统的设计［J］.地质装备.2020，21（3）：17-21.

［9］汤凤林，Чихоткин А В，Есауленко В Н，等.深井钻进时井底参数自动遥控系统研究与探讨［J］.探矿工程（岩土钻掘工程）.2020，47（5）：36-45.

［10］Zheng W L, Wu X M, Huang Y M, et al. Research and application of high-temperature drilling fluid for scientific core drilling project［C］// Society of Petroleum Engineers-SPE Abu Dhabi International Petroleum Exhibition and Conference 2017, Abu Dhabi.

［11］许洁，朱永宜，乌效鸣，等.松科二井取芯钻进高温钻井液技术［J］.中国地质，2019，46（5）：1184-1192.

［12］付帆，陶士先，李晓东.绿色勘查高温环保冲洗液研究［J］.探矿工程：岩土钻掘工程，2020，47（4）：129-133.

［13］刘畅，冉恒谦，许洁.干热岩耐高温钻中派的研究进展与发展趋势［J］.钻探工程，2021，48（2）：8-15.

［14］田志超，翟育峰，林彬，等.耐高温环保型冲洗液体系在西藏甲玛300 m科学深钻中的应用研究［J］.钻探工程，2021，48（11）：15-22.

［15］Ghazali Nurul Aimi, Naganawa Shigemi, Masuda Yoshihiro, et al. Eco-friendly drilling fluid deflocculant for drilling high temperature well：A review［C］// ASME 2018 37th International Conference on Ocean, Offshore and Arctic Engineering, OMAE 2018.

［16］Wang S, Li Z J, Chen Q, etal. Rectorite drilling fluid：high-temperature resistance for geothermal applications［J］. Geothermics, 96.

［17］尹达，叶艳，李磊，等.超微高密度试油工作液UDM-T1在塔里木油田超深井的现场应用［C］//中国石油学会.全国钻井液完井液技术交流研讨会论文集（2013年）.北京：石油工业出版社，2013：533-541.

［18］陈强.渤海油田抗高温防塌型钻井液体系的研究与应用［J］.长江大学学报（自科版），2015，2（17）：50-53.

［19］Zamora M, Lai D T, Dzialowski A K. Innovative Devices for Testing Drilling Muds［J］. Spe Drilling Engineering, 1990, 5（1）：11-16.

［20］Vajargah A K, Oort E V. Automated Drilling Fluid Rheology Characterization with Downhole Pressure Sensor Data［C］// SPE/IADC Drilling Conference and Exhibition. 2015.

［21］Gonzalez M, Thiel T, Swett D, etal. Electromechanical Tuning Fork Resonator For Drilling Fluid Viscometry and Densitometry［C］// 2019 IEEE SENSORS. IEEE, 2019.

［22］孙建华，张永勤，梁健，等.深孔绳索取芯钻探技术现状及研究工作思路［J］.地质装备.2011，12（4）：11-14.

［23］何远信，赵尔信.难钻进地层用新型钻头、钻具及泥浆的研究［J］.探矿工程（岩土钻掘工程），2005，32（11）：41-43.

［24］姚彤宝，张春林，刘晓刚.大口径绳索取芯钻具在特厚软煤层中的取芯应用［J］.探矿工程（岩土钻掘工程）.2012，39（12）：25-28.

［25］李鑫淼，刘秀美，尹浩，等.深孔复杂地层绳索取芯钻具优化设计思路［J］.探矿工程（岩土钻掘工程）.2017，44（11）：56-59.

[26] 王年支，谢文卫，冯起赠，等.绳索取芯钻探技术的新发展——三合一组合钻具[J].探矿工程(岩土钻掘工程).2007,34(9)：70-72,74.

[27] 朱恒银，王强，田波，等.大直径加重管组合绳索取芯钻具研究与应用[J].地质与勘探.2016,52(6)：1159-1166.

[28] 朱恒银，王强，杨展，等.深部地质钻探金刚石钻头研究及应用[M].武汉：中国地质大学出版社，2014.

第六篇

安徽探矿工程技术发展历程

安徽省探矿工程科学技术回顾与发展

朱恒银

编者按：*受《安徽省地质学史》编委会的委托，编写了我省探矿工程科学技术回顾与发展这篇文章。主要收集新中国成立以来我省探矿工程技术的发展概况资料，编写材料主要以安徽省地质矿产勘查局、安徽省煤田地质局、华东冶金地质勘查局所提供的部分事记资料等为主，由于时间跨度大，资料很难收集全，所以编写内容难以做到全面和完善。另外由于编者水平有限，难免存在诸多不妥之处，仅供读者及同行了解本专业发展情况。*

中国幅员辽阔，矿产富饶。中国的探矿工程科学技术历史悠久。新中国成立60多年来，探矿工程在矿产、能源与水资源勘查开发、工程地质勘查与城市建设中做出了巨大贡献。由于探矿工程的应用领域日益增多，该专业内容涵盖了钻探工程、坑探工程、基础工程等方面，已成为国家的重点学科。我省的探矿工程技术也历经了新中国成立后60多年的发展过程，主要分为探矿工程发展阶段、提高阶段、转型阶段和机遇阶段，为我省不同时期的地质找矿、经济建设起到了重要的作用。

一、探矿工程技术起源及新中国成立前（公元前255—1949年）

著名的研究中国科学技术史的英国专家李约瑟（Joseph Needham）在其《中国古代科学技术文明史》一书中认为，中国钻探技术对世界石油天然气勘探开发技术产生了巨大的启蒙、奠基与推动作用，在国际上领先1100年。

中国古代钻探简史中将古代钻探发展历史分为三个阶段：

第一阶段：大口径浅井时期，自秦至宋初（公元前255—公元1040年），持续近1300年；

第二阶段：小口径深井—卓筒井发展与推广时期，自宋庆历年间（1041—1048年）至明初（1368年），持续达320余年；

第三阶段：小口径（卓筒井）深井钻探工艺的完善与提高时期（1368—1900年），持续532年。

古时称四川自贡市为自流井，它是我国古代钻探科学技术的重要发祥地之一，是孕育着这项中国古代科学技术第五大发明的摇篮。自贡市拥有为全世界钻探工程界日益瞩目的"盐业历史博物馆"，其展示的主要内容是围绕我国古代西南地区紧随盐业发展起来的钻井、固井、修井、打捞、防止钻孔弯曲以及卤水集输等全套技术和工具（参见图1~图3）；自贡市还

刊登于：《安徽地质》2013年第23卷（增刊）。

拥有我国古代钻探绝无仅有的丰富古籍和档案资料；还拥有一批多年从事古钻探史研究的专家；更值得骄傲的是整个自贡市就是一个古代钻探的大型展览场，竖立着高达 50~100 m 各式各样的古钻塔群和建于 1835 年的世界最深的燊海井（深度 1001.42 m）。这口井持续生产卤水与天然气达 150 多年（1835—1989 年），堪称世界之最。所以钻探科技的这一伟大发明及对石油天然气、井盐开采和其后固体矿产探采技术的巨大贡献与影响，被誉为继指南针、火药、造纸、印刷术之后中国古代的第五大发明。

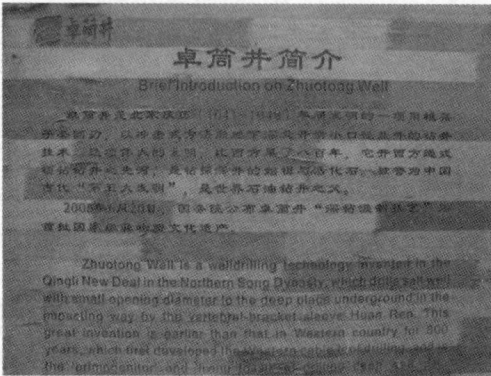

图1 我国古代卓筒井简介

图2 我国古代的钻探平台

图3 我国古代发明的钻探专用工具

安徽省历史记载的探矿工程是始于 20 世纪早期。清光绪 28 年（1902 年），英国人凯约翰首次在铜陵大通使用冲击钻找煤。民国 10~14 年（1921—1925 年），瑞典人丁格兰受开滦矿务局委嘱，于马鞍山凹山、南山使用人力钻头试锥机和浅井勘查铁矿。此间，据农商部地质调查所刘季辰调查，普益公司于民国 12 年（1923 年）由杨树诚带人在淮北烈山施工钻孔 27 个，发现雷家沟煤田和烈山煤矿。10 年后，实业部委托山东绎县中兴煤矿公司，于淮北杨庄（闸河煤田）进行钻探，寻找炼焦煤。日本侵华期间，日本华中矿业股份公司于民国 28 年（1939 年）在马鞍山向山和铜陵狮子山实施钻探工程，发现硫铁矿及铜矿。民国 35~36 年（1946—1947 年），资源委员会矿产测勘处谢家荣等在淮南、凤台进行钻探，发现八公山煤田和凤台磷矿。

二、探矿工程技术发展期(1949—1956年)

中华人民共和国成立之初1950年6月28日,华东军政委员会工业部矿产勘察处组建了安徽铜官山测探队,这个队也是新中国成立后我国成立的第一个地勘队伍。同年在铜官山打下了我省新中国成立后第一个钻孔。1951年将铜官山测探队更名为321地质队,归属于中国地质工作计划指导委员会领导。1952年划归地质部领导,当时命名为"中央人民政府地质部321地质队",拥有职工203人,钻机增至8台,刘广志院士担任探矿科科长。新中国成立后,全国转入社会主义建设时期。随着工农业生产的大发展,国家对矿产资源的要求更为广泛和迫切,从而促使探矿工程工作也加快了步伐。我省从1953年至1956年,相继成立了322地质队、323地质队、324地质队、325地质队、327地质队、328地质队、373地质队、374地质队、371地质队(337地质队前身)、345地质队、326地质队及煤田、冶金系统的地质队队伍。到1956年止全省拥有各类钻机240台左右,开动钻机已达106台,其中地质系统73台,冶金系统18台,煤炭系统15台。

(一)主要探矿装备

建国初期钻机几乎全是进口的KM-2M-300型、KM-500型、B-3型等手把式钻机和砂矿钻探的"班加钻"。钻塔主要为三脚、四脚木质塔。水泵为200/40型和100/30型往复泵。钻机加压均采用手把和手轮给进。

(二)钻进工艺

固体矿产岩芯钻探方面,20世纪50年代初期主要使用硬质合金钻头和钢粒钻头钻进,钻进中投放铁砂,采用多次少量投砂、轻压慢转少给水方法,工作效率低;中期,废弃铁砂以钢粒代之,将以前的"多次少量投砂法"改为"一次投砂法"工艺,同时对钢砂钻头的材质、水口形式、热处理方法等做了改进。钻进参数:立轴转速从100 r/min加快到300~400 r/min,钻压由(1~2)MPa提高到(3~4)MPa,在硬岩层钢粒钻进中,钻进效率提高一倍以上。在此期间,325地质队在煤田勘探中,大胆改进并创造硬质合金钻头20余种,尤以仿矛式、虎爪式、回旋肋骨式、锥形刮刀式效果突出。回旋肋骨式钻头用于4级(指岩芯钻探的岩石可钻性级别,一般分12级)左右塑性岩层钻进,时效达10~12 m,比普通硬质合金钻头提高4至5倍。

钻孔冲洗液与护壁技术方面,由20世纪50年代初期使用清水钻进到50年代中期改为泥浆钻进,泥浆主要为:黄黏土加纯碱或烧碱配制而成,以高黏度泥浆为主要特征。这对减少孔内事故,顺利钻进复杂地层,起到一定的作用。在钻孔堵漏方面,除推广使用高黏度泥浆及水泥堵漏外,煤炭系统用锯末泥浆、黄豆、海带堵漏均获得了较好的效果。321地质队采用"水玻璃速效混合液",成功地堵住了用普通水泥无法堵住的漏水裂隙,同时解决了因孔壁不断掉块而发生钻杆折断事故问题。

(三)探矿管理

探矿工程是地质找矿的一种施工手段,带有一定的工业生产性质。因此,必须按照经济规律建立一些生产管理和技术管理制度,才能获得较好的经济效果。

我省各地质队,均相继设立了探矿工程科或生产科,负责探矿工程的生产和技术管理工作。1953年开始，执行我国颁发的《地质岩芯钻探操作规程》，并相应地建立了生产报表制、技术责任制、安装封孔验收制、夜间值班制、机台和坑口交接班制以及设备维修制等，使探矿工程管理工作逐渐走上正轨。

探矿生产钻机由20世纪50年代初期8台发展到50年代中期全省开动钻机106台，由钻探年进尺4000 m增至13.1万m，钻探台月效率由50 m上升到140~190 m。

三、探矿工程技术提高期(1957—1988年)

从1957年开始我国转入全面的大规模社会主义建设时期，在这个时期30多年中，我省地质工作及探矿工程出现两次较大起伏。第一次是"大跃进"期间，钻探进尺由1957年13.1万米猛增到1958年的27.6万米。从1959—1962年钻探工作量稳定在平均25万米。1963年开始国民经济调整时期，任务锐减，至1963年仅完成3.6万米钻探工作量。后一直持续到20世纪70年代初期，钻探年工作量在10万米左右。第二次是70年代中期(1976年开始)，地质部决定在安徽庐江、枞阳、马鞍山、芜湖、霍邱寿县、萧县、蚌埠等地区组织铁矿会战(参见图4~图5)，钻探工作量剧增，到1977年地质系统最高开动钻机185台，钻探年进尺35.1万米，创历史最高纪录。会战于1979年陆续结束后，钻探工作量显著下降，并渐趋稳定，至1988年，8年中，钻探年均工作量为15万米左右。

1957—1988年30余年中，我省的探矿工程处于一个提高完善阶段。地质、冶金和煤炭等系统都设立了坑探施工队伍。有资料统计，地质系统累计完成坑探5.7万米，井探22.7万米，槽探268.4万米。累计完成钻探工作量约600万米。

图4　庐枞铁矿会战场景

图5　霍邱铁矿会战场景

（一）主要探矿装备

20世纪50年代后期的地质钻探设备，将机械传动手把给进式钻机进行改造，以手轮代替手把式，改装了不停车倒杆器，皖东南队曾研制出涡轮杆式拧管机，并开始引进推广油压钻机。1957年9月地质部在华东地质局325地质队举办了油压钻机培训班。1959年初安徽地质局制定了探矿工程技术发展规划，将全局所有油压钻机和10%的手把式、手轮式钻机采用自动拧管器，5%的手把式钻机改装为油压给进式。1959年年底，省地质局326地质队成功研制出钻机扶、移、摆管装置，实现钻机作业升降工序机械化。

20世纪60年代由于我国工业制造能力的增强，也促进了探矿设备的更新和发展。我省全面推广油压钻机，淘汰手把式钻机，主要钻机类型为XU-100型、XU-300型、XU-600型、XU-1000型油压钻机，水泵主要为BW系列的双缸和三缸往复式水泵（BW-200、BW-250、BW-850）。

20世纪70~80年代中期（1970—1988年），近18年时间，这个阶段我省的探矿工程技术提高较快，处于全国领先水平。探矿设备全面推广了国产的液压立轴式钻机，地质系统为XY系列液压钻机（XY-1型、XY-2型、XY-3型、XY-4型），冶金系统主要为TK系列液压钻机，其特点是液压给进立轴式、高转速、钻进参数仪表化显示，适用性广，利于金刚石钻探需要。水泵主要为BW系列的变量泵，特点是水泵流量可以调节，耐压较高（一般5 MPa~12 MPa）。钻塔主要为12 m、18 m、24 m钢管或角钢四角塔。水文钻机主要推广应用SPJ-300型和车载SPJ-300型转盘式钻机。大直径水井主要为TSJ-2000型水文钻机，钻塔采用龙门架式。钻孔测斜仪器方面，逐渐淘汰了氢氟酸测斜方法，全面推广陀螺测斜仪和磁针式电测连续测斜仪，20世纪80年代中期引进了随钻测斜仪器。

坑探工程方面，由50年代的手工打眼、人力装岩、肩挑人抬、自然通风等落后状态到1957年后，开始向半机械化方向发展，推广了摆锤式和滑道式打眼机。宿松队使用手压风柜，解决了逾200米的井巷通风问题。皖东南队还创造了安全雷管钳，确保了火雷管加工的安全性。

由于半机械化的作用有限，从20世纪60年代开始发展单项机械化机具。我省在宁国、铜官山、歙县以及霍山等矿区坑道施工中，采用了气腿子打眼、矿车轨道运输、电灯照明、机械通风、斜井卷扬机提升等设备和方法。321地质队较早使用水泥支架，节省了大量木材，并在浅井中应用电动浅井提升机。332地质队在1966年推广内燃凿岩机进洞打眼，并做了以下改进：①试制了蜂窝式排烟冷却器，解决了接管排烟胶质软管易烧坏问题；②加工简易凿岩台车，用台架支承和丝杠推进，代替了螺杆支承和人工加压推进；③研制成功TK-25型内燃凿岩机内旋流式简单燃烧法废气净化器，为解决内燃凿岩机废气净化问题打开了局面。664地质队改进了电动凿岩机，用普通电机代替中频电机，将气腿支架换为支承架，从而使钻眼限速提高了20%~25%，工班效率增长5%~10%。

坑道的装岩作业，长期以来一直是手工操作，体力劳动繁重，占用循环时间达40%~50%。1965年，321地质队初步研制了简易电动装岩机，在国内一举打破了地质坑道手工装岩的落后状态。随后，勘探技术研究室、321地质队、合肥探矿机械厂等单位，在此基础上进一步研制成功地勘-1型装岩机。

20世纪70~80年代我省坑道凿岩装备和方法采用机械凿岩机凿岩，打眼采用风气钻、冲击钻，实现了通风机械式，出矿倒渣轨道式，浅井电动卷扬提升式等机械化、电动化作业。

(二)地质岩芯钻探技术

1. 硬质合金与钢粒钻进

20世纪50年代后期，我省硬质合金钻进工艺的革新，取得了较好的成绩，生产效率突飞猛进。325地质队当时勘探淮北煤田，在学习国内外先进经验的基础上，经广大技术人员和工人的共同努力，改进和创造了硬质合金钻头20余种，一扫过去钻头品种单一、不能适用各种岩层钻进需要的落后状态。在这些钻头中，尤以仿矛式、虎爪式、螺旋肋骨式、锥形刮刀式钻头效果最为显著。如螺旋肋骨式钻头用于四级以下的页岩等具有塑性的岩层中，时效可达10~12 m，比用普通硬质合金钻头的时效提高4~5倍。因此，325地质队的钻探生产效率得到了大幅度提高，1958年4月有四台钻机同时实现了月进千米，这对加速淮北煤田的普查勘探工作，起到了重要作用。煤田勘探公司于1958年开始采用部分不取芯钻进，配合电测井，不仅减轻了劳动强度，降低了成本，而且进一步缩短了勘探周期，效果较好。

在此期间，硬质合金钻进的操作技术有了相应的改革，总结推广了"两大、一块、一小、一好"的整套快速钻进规范。因此，在较短时间内，硬质合金钻进工艺就发展到了一个崭新的阶段。

硬岩层钻进工艺的提高，主要是废弃了铁砂、采用钢粒。由于磨料的强度增加，钻进技术参数随之发生变化，推行了强力钻进规范，把立轴转速加快到300~400 r/min，钻头压力加大到(3~4)kN，并改进钻头造型，配合应用钻杆胶箍，从而使硬岩层的钻进效率有了大幅度提高。

2. 砂矿钻进

砂矿钻进方法，长期以来均沿用老式的"班加钻"，质量差，不能反映客观地质情况。20世纪60年代，311地质队在勘探黄铺地区的金红石砂矿过程中，创造了采用冲击方法的"黄铺钻"，不仅提高了操作的机械化程度，更主要的是有效地防止了矿体的人工贫化或富集，提供了可靠的地质资料。

3. 金刚石与绳索取芯钻进

从1975年开始，我省煤炭、冶金、地质等系统，相继试验了小口径人造金刚石钻头，通过短短两年的试验，就显示出这种钻进方法的优越性。地质和冶金系统的钻探台月效率分别达到391 m和338 m；而且防斜效果比大口径好，为地质钻探提供了先进的钻进方法。

小口径金刚石钻进方法是岩芯钻探的主要发展方向，是实现钻探工程现代化的标志之一。因此，从1977年开始，加快了发展步伐，至1988年止，地质系统金刚石钻进已占开动钻机数的90%左右。工艺水平有了显著提高，如冶金机修厂用热压法生产的人造金刚石钻头，平均寿命为35 m，最高达228 m。812地质队用低温镍基电镀法孕镶人造金刚石钻头，平均寿命30 m，最高为130 m。325地质队利用回收的旧金刚石，采用无压浸渍法自制金刚石钻头，平均寿命为28 m，不仅提高了金刚石的利用率，而且降低了钻探成本。之后311地质队、地科所、664地质队、327地质队、321地质队等单位自行生产金刚石钻头，并相继掌握了电镀金刚石钻头加工技术。

积极推广绳索取芯钻进新工艺。绳索取芯钻进是一种先进的钻探技术方法，它可明显地减少起下钻次数，提高纯钻进时间。812地质队和327地质队先进行初步试验，最大提钻间隔为40~50 m，取得了一定的效果，并随后在321地质队、337地质队、326地质队和冶金系统进行了推广。到 1988 年省地质局 80% 的地质队推广应用了这一技术。

另外,冶金勘探公司完成了绳索取芯钻杆螺纹的设计与加工,该螺纹设计新颖,精度高,密封程度较好。此外,还将绳索取芯钻具内管环式悬挂改为弹卡式悬挂,使悬挂更为可靠,提高了打捞成功率。

4. 定向钻探施工技术

我省定向钻探最早始于 20 世纪 60 年代中期,由胡志楠、支秉仁、胡世彬、周锐斌等钻探专家负责研究钻孔弯曲规律,设计施工初级定向孔,并取得了很好的效果。受控定向钻探是利用人工手段使钻孔轨迹沿着设计轨迹钻进的一种高新钻探方法。1983 年 8 月开始,省地矿局 337 地质队与地矿部勘探技术研究所合作进行了科研攻关项目:螺杆钻随钻测量定向钻探施工工艺研究,该项目由 337 地质队周锐斌、朱恒银、盖相贤、范寿华、孙健等参加,在霍邱李楼铁矿区施工了全国第一个小口径受控定向钻探试验孔(ZK161 孔)。该项目于 1985 年在霍邱李楼矿区完成了国内首组小口径液动螺杆钻人工受控定向钻孔,钻孔口径 ϕ59.5 mm,主干孔(ZK161)孔深 532.96 m,分支孔(ZK162)孔深 526.10 m,标志着我省小口径人工受控定向钻探达到国内先进水平。在此期间,由 337 地质队尚元玲、朱恒银、盖相贤、陈儒德等攻破了垂直孔(零顶角)造斜纠斜仪器直接定向的国际难题。

1985 年,省地质局谢祖卓等设计的"YL-55D 型螺杆钻具"在 326 地质队、321 地质队、337 地质队进行了生产性试验,并获得成功,通过省级鉴定。

1987 年由省地矿局立项的地矿部"七五"重点科研项目"铜陵冬瓜山铜矿床应用定向钻探技术进行深部矿体勘探的方法研究",参加研究的主要人员有顾慕庆、盖相贤、朱永宜、朱恒银、李粤南等,胡世彬任领导组组长,叶冬松任常务副组长。于 1988 年 5 月顺利施工了一组伞形全方位定向钻孔,在 800 m 以下不同方位分支 6 个定向孔,该项目于 1988 年通过地矿部鉴定验收,成果达到国内领先水平。

5. 冲击回转钻探

我省 20 世纪 80 年代初开始应用这一技术,使用的液动冲击器主要有:普通金刚石钻进冲击器,如 AH-54、ZF-56(射吸式)、MT-Z-89、YS-108(双作用)型等;金刚石绳索取芯液动冲击器主要有 ZS-89、ZS-75 型两种。到 1986 年,安徽地质局相继研制出 AH-54 型液动冲击器和冲击器性能测定台,主要研制人员有王常伦,周延勋、何德成等。随后在 321 地质队、327 地质队、337 地质队等单位推广,最大孔深记录达 1001 m。在硬岩层中提高平均时效 48%,取得了良好的效果。

6. 钻孔护孔堵漏技术

20 世纪 50 年代后期至 60 年代中期钻孔护壁是以细分散泥浆为主,钻孔堵漏材料以水泥、锯末、海带、黄豆、黏土球等为主。60 年代后期,钻孔护壁除细分散泥浆外,特殊缩径地层采用粗分散泥浆(如钙处理泥浆和盐水泥浆)。

从 70 年代开始,国内研制出了新型的泥浆处理剂,如羧甲基纤维素(CMC)、铁铬木素磺酸盐等。这对顺利钻进复杂地层,起到了较好的作用。如 324 地质队应用 CMC 处理泥浆,解决了在团块状黄铁矿中钻孔缩径、埋钻问题。

由于小口径高速回转钻进的需要,随着高分子聚合物的不断发展,我省推广采用各种乳化冲洗液和非分散低固相泥浆。1977 年 325 地质队在我省较早试验了聚丙烯酰胺泥浆,成功地解决了因孔壁坍塌掉块,用普通泥浆无法钻进的问题,顺利地打成三个 1000 米深孔。这一试验的成功，为小口径金刚石钻进较深复杂地层打下了基础。该队 1978 年又与天津大学合作，承担了地质部聚丙烯酰胺低固相不分散泥浆应用试验的科研项目，钻进复杂地层成效显著。为此 1979 年地质部在淮北市召开经验交流会，并全部推广应用。在推广应用中较好地研究和解决了一系列关键技术问题，其成果处于全国领先地位。主要成果有：通过大量试验选用了粉剂大分子量，高、中、低水解度的聚丙烯酰胺产品，并研究试验了配制低固相泥浆的配方和配制工艺；试验选用了聚丙烯酰胺处理剂复配的护胶剂、乳化剂；配制了性能稳定、润滑性能好、能满足金刚石钻进需要的低固相泥浆；摸索总结了一套现场管理、性能维护调整的经验和方法；试验应用了聚丙烯酰胺的衍生产品，提高了低固相泥浆防塌、抗污染性能，基本解决了复杂地层钻进的护壁问题。

321 地质队配制成功非离子型的吐温-80 型润滑液，用于含钙镁离子较多的灰岩中，解决了用皂化溶解油作冲洗液的润滑剂而产生破乳形成"牛皮胶"，影响钻进的难题。

327 地质队与天津大学化学系合作，在硫铁矿区用磺化聚丙烯酰胺泥浆钻进，对松散破碎的孔壁防塌作用较好；并能有效地抑制凝灰岩等水敏地层以及抗钙、镁和硫酸根离子对泥浆的污染。

1982 年由安徽地质局立项，开展了"地层稳定性分类及泥浆类型研究"科研项目，项目主要参加人员有刘兆平、孟凡胜、朱效忠、董世奇、范寿华等，参加单位为省地质局各野外地质队。该项目于 1986 年 8 月结束，并通过省技术鉴定验收。通过分析不稳定地层特征和影响因素，确定分类原则；结合室内测试数据和前人经验，提出不稳定地层的 4 种分类法，拟定我省不稳定地层分类表；讨论了地层稳定性与泥浆类型的关系，以及不同类型泥浆护壁机制，总结了我省泥浆类型选择意见。

不稳定地层分类方法简明，符合我省地层复杂的实际情况，有较大的实用性；研制的岩样浸泡和转动试验装置，符合孔壁接触泥浆的状态，较好地模拟了孔内情况；创造性地应用钙处理高聚物复配泥浆，水玻璃-PHP 泥浆和 SPAM-CMC 泥浆，不仅性能好而且配制简便，有很大的推广价值。以上各类泥浆属于国内首创。

钻孔的堵漏方法在 20 世纪 60 年代前，主要采用高黏度泥浆、投放泥球或泥浆掺锯末等方式。冶金 808 队进行了深孔水泥堵漏试验，还运用了脱膜注工艺，效果很好。70 年代中期，311、326 地质队，相继用三乙醇胺水泥和"氰凝"处理钻孔坍塌、漏失，并仿制钻孔测漏仪，以便准确掌握漏失部位，实施快速堵漏。325 地质队同山东大学化学系协作，在漏失层位中试验 PHP-HPAM-ABS 泡沫泥浆钻进，取得了较好效果，地质部两次在安徽召开现场观摩推广会。

20 世纪 80 年代，新型堵漏材料有两个发展方向：一是速凝水泥；二是高分子化学浆液。

冶金和地质系统均推广了 R 或 H 型地勘专用水泥，候凝时间已缩短到 8 小时以下。337 队应用 711 水泥浆在泥浆孔中堵漏，一般灌完即可钻进，大大缩短了钻机的停待时间。

7. 钻探工程质量

钻探工程质量评价有六大指标，但主要指标是岩矿芯采取率和钻孔弯曲两项。

20 世纪 50 年代末至 60 年代，我省推广了地质部鉴定的五类六种专用取芯工具，对特殊矿种的取芯问题和提高岩矿芯采取率，有着显著作用。我省主要解决了磷矿的取芯问题。

预防钻孔弯曲，提高钻孔质量，首先是测量孔斜。20 世纪 70 年代，我省在磁性矿区测斜方面，做了许多工作。321 地质队的研究提高了环测方法的测量精度，并创造了三种孔口定向方法；337 地质队在磁性矿区使用陀螺测斜仪取得较好的经验，保证了测斜质量。在防斜方面，推广使用胶箍稳定器、厚壁岩芯管、长粗径钻具以及钻铤等，并采用了喷射式孔底反循环钢粒钻进方法。在纠斜方面，326 地质队研究试制了悬垂式纠斜钻具，适用于钻孔顶角大于 4°，岩石可钻性在七级以下的岩层，该钻具结构简单，纠斜效率较高。同时，安徽省地质研究所在钻孔弯曲与防治方面做了进一步的研究与探讨，提出了在易斜地层中，钻孔顶角增量的变化，随遇层角的大小而成"马鞍形"的观点。并研究试验了磁针式测斜仪在磁性矿区钻孔内应用的条件，提出按"磁性影响场"的分类方法，获得了一定效果，既保证了质量，也提高了效率。

20 世纪 80 年代，我省在全国率先进行了受控定向钻孔试验与推广，使钻孔轨迹可人工控制，钻孔弯曲超差问题得到了彻底的解决。

（三）水文水井钻探技术

水文水井钻探，自 20 世纪 70 年代起配备了 SPJ-300 型、SPC-300 型和 TSJ-2000 型水井专用钻机。松散沉积物钻进工艺，从采用玉米式或腰鼓式钻头分级扩孔，逐渐改为鱼尾式或刮刀式钻头大口径一次扩孔，提高工效 2 至 3 倍。岩石钻进中，省地矿局第一水文地质工程地质队采用大口径钢粒钻进工艺，为淮北市第二发电厂进行供水勘探。323 地质队在 1979 年，成功地采用大直径取芯钻进一次成井法，打出十几口大口径水井，下入 400 mm 以上井管和深井泵抽水，取得了符合客观实际的水量资料。该队在第四系地层 200 米以上的深井成井工作中，采用了二次托盘下水泥管投砾成井方法，解决了深井难以下水泥管的技术难题。进入 80 年代后，已由钢粒钻进发展到牙轮钻头一次（或分级扩孔）成井，并推广使用贴砾滤水管和玻璃钢滤水管。洗井工艺在 70 年代以前是采用压风机洗井和水泵、活塞洗井，80 年代推广了焦磷酸钠及二氧化碳等多种综合洗井方法。

（四）坑道工程技术

我省坑探工程从 20 世纪 50 年代中期至 80 年代大体经历以下发展变化阶段：一是手工作业阶段（50 年代），基本上处于手工打眼、放炮，人力出渣状况；二是半机械化阶段（60—70 年代），坑道施工中，运用气脚子打眼、轨道人力车出渣、压风机通风和卷扬机提升，改变了手工作业局面；三是综合机械化过渡阶段（80 年代），从单向机械化向综合机械化过渡，形成了机械化作业线。省地质探矿机械厂自 80 年代初，先后制造液压凿岩台车、棱式矿车牵引机工 150 台，地质部勘探技术研究室、313 地质队和浙江省地质第三大队共同研制的铂小球催化剂、涤烟剂、稀土催化剂及柴油机废气净化装置，解决了内燃无轨装运机废气净化问题。在坑道支护方面已从枕木支护的方式逐渐推广为采用水泥喷锚支护新工艺。

四、探矿工程技术转型期（1989—2004 年）

20 世纪 80 年代后期，随着国家产业结构的调整，地质勘探工作量逐年下降，至 1990 年全省国家计划内钻探工作量不足 10 万米。1991 年省地矿局计划工作量只有 1.98 万米，大部分地质队已没有地质钻探任务。此时，探矿工程技术处于转型期，由地质找矿转向地质市场服务领域。同时，探矿工程技术也进入成果推广、转化、应用、拓展期。

（一）主要探矿装备

地质岩芯钻探在 20 世纪 80 年代末至 90 年代，我省除煤田系统保留部分 XB、TXB 系列钻机外，已全部使用液压、立轴式钻机（主要类型由 XY-4 型千米钻机发展至 XY-44、XY-5、TK-1、TK-3 型等钻机），小口径钻探施工能力达到 1500 m，水泵全部采用 4 MPa 以上压力的变量泵（主要类型有 BW-250、BW-300、NBB250/40、NBB250/60 等），钻塔的允许承载力由 20 吨发展至 50 吨、60 吨、80 吨不同载荷，钻塔形式不仅有四脚式，还发展了龙门架式两脚塔和 A 式钻塔。

测斜仪器从单点测量发展至多点连续测量和随钻测量系统。1990 年 5 月 8 日，由省地矿局 313 地质队朱恒银、尚元玲、周锐斌等研制的 JSD-36 型随钻监测定向仪通过省级鉴定，并推广到 10 多个省进行应用。水文水井钻探我省由 20 世纪 80 年代的 SPJ-300 转盘钻机发展至 90 年代 SDY-600 全液压动力头钻机和 S600、SPT-600 车载转盘钻机。钻塔由 A 型发展到 II 型，钻塔负荷由 20 吨增至 100 吨。进入 21 世纪初期水文水井及地热井勘探出现了具有 2000 m、3000 m 施工能力的大功率转盘钻机 TSJ 系列用于水源井、地热井的施工。

坑探从打眼、凿岩、提升到装载出渣、通风、支护全面实现了机械化。

1989—2004 年，我省探矿工程处于转型期。由于地质市场工程需要，勘察工程、建设工程设备大幅度增加，主要有：不同类型的钻孔灌注钻机、静压桩钻机、深层搅拌桩钻机、连续墙工程钻机、旋挖钻机、顶管机、非开挖铺管钻机等。泥浆泵由小流量泵发展至适应工程需要的大流量泵，最大流量达到 1500L/min，最大工作压力达到 50 MPa。地质市场工程设备和地质市场从业人员已占各野外地勘单位的 80%。在此期间，省煤田地质局研制了不同吨位的非开挖水平钻机，并进入市场。

（二）地质岩芯钻探技术

探矿工程技术转型期，地质岩芯钻探工作量锐减，处于地质找矿低谷，对固体岩芯钻探技术的发展有较大的影响。这个时期，在岩芯钻探技术上，主要推广应用前期成果，如在铜陵冬瓜山铜矿、安庆龙门山铜矿、霍邱铁矿、两淮煤矿等矿区推广应用定向钻探技术进行分支孔施工和钻孔纠斜。省地矿局 321 地质队受控定向钻孔最大孔深达 1150.68 m，全省在部分矿区和机台推广应用了冲击回转和金刚石绳索取芯技术以提高钻进效率。同时，省地矿局 313 地质队充分发挥定向钻探技术优势，由朱恒银、尚元玲、周锐斌、周怀言等完成的"JSD-36 型随钻定向仪的研制"科研项目，通过省技术鉴定，成果推广至全国十多个省，1992 年获安徽省科学技术进步三等奖。在此期间，由省地矿局 313 地质队承担，朱恒银、周锐斌、满秉权等完成的"水库坝体垂线孔施工技术研究"科研项目，1998 年通过省技术鉴定，总体成果达到国内领先水平，解决了混凝土水库坝体位移安全监测垂线孔施工精度重大技术难题，钻孔垂直精度水平移距控制在 2.5 cm 以内，研制的"一种垂线孔多用纠斜器"获得国家专利。

（三）水文水井及大直径钻探技术

水文水井钻探除采用前期成熟技术外，还推广应用了气动潜孔锤钻进技术。如安徽省地矿局 323 地质队采用 J-80B 型潜孔锤在铜陵冬瓜山矿区完成水文孔 2 个，平均台效达 1321.75 m，回次进尺 22.03 m，最大提钻间隔 80.8 m，钻进效率比常规钻进提高 3~4 倍。另外部分地勘单位采用大直径潜孔锤进行基岩水源井和曝气井施工。如省地矿局327地质队(安徽省工程勘察院)和321地质队推广这一技术施工了凤台县化肥厂、淮南第二药厂的曝气井和越南拜尚钢筋混凝土防渗墙硬岩造孔工程,钻孔直径最大达到1.25 m,均取得了良好的效果。

1991年由省地矿局322地质队(马鞍山长江地质公司)开展的"尾矿坝辐射井施工方法研究实验"项目在井筒沉井、井底封闭及辐射孔的施工工艺方法上取得了突破,其成果获地矿部科技成果三等奖。随后,该成果推广于矿山尾矿坝排渗工程和水井工程中,以增强排水量和出水量。

1993年省地矿局313地质队朱恒银、满秉权、周锐斌等承担的"集束式多孔底水井施工技术研究"项目在合肥市义兴砖窑厂完成了一口3分支集束式水井,孔深达250 m,比单孔增加出水量2倍以上。该技术为贫水区深井增加水量提供了一项新的技术方法。

2004年省煤田地质局第一勘探队使用5000 m石油钻井设备在北京301医院施工了一口深达3750 m的地热井。

(四)岩土钻掘施工技术

在地质勘探处于转型期,我省地勘单位纷纷走向建筑业和地质服务业,成立了繁多的工勘施工企业,持有各种资质百余个,就地矿系统而言,持有各类资质的工勘施工企业证书56个,其中:勘察设计资质13个,建筑施工29个,工程测绘15个,工程物探与桩基检测11个。80年代末期至90年代中期(1994—1995年)我省工勘市场处于高速发展期。我省地勘单位涉及了10多个工程领域的岩土工程,如工业与民用建筑基础工程;冶金、有色、化工、石油、火电、大型厂房、高炉和烟囱的地基基础工程;水利水电岩土工程;航务、航道、港口基础工程;公路、铁路、各类矿山、市政、古建筑、邮电、隧道等基础工程和岩土治理工程等,地勘单位从业人数近万人,完成10余亿元产值。

岩土钻掘施工主要技术有:各类工程勘察所需的钻探技术;各种基础工程桩基施工技术,如灌注桩、振动(锤击)沉管桩、碎石桩、深层搅拌桩、插板桩、二灰桩、树根桩、预制桩、砂桩、地基置换地下连续墙等;矿山边坡治理、瓦斯排放孔、井下排水孔、矿井止水孔、冻结孔、水平排渗及基础工程轻型井点降水、注浆止水等;各种水井成井工艺,如辐射井、分支井、潜孔锤成井、泵吸和气举反循环成井成孔、超深井等施工技术;水利工程方面,如大坝位移监测垂线孔、山区水电引水隧道施工等。

安徽省地勘单位承担完成的著名工程勘察项目有:上海裕安大厦(32层)、合肥润安大厦(36层)、铜陵长江大桥、芜湖长江大桥、安庆长江大桥、徽杭高速公路、安徽佳安轮胎厂区(22万 m²);基桩施工有芜湖万达广场、合肥白天鹅国际商务中心、南京商贸广场、襄阳汉江大桥、郑州黄河大桥、上海东海商业中心(获鲁班奖)、上海新世界商城、上海肥皂厂、上海联合广场、延安路高架、美食娱乐城、上海徐汇娱乐中心、合九铁路丰乐河皖水河特大桥;地下连续墙工程有上海地铁、南京新街口、青银高速济南黄河大桥、天津靖江路等;岩土治理类有合芜高速公路软基处理、沪蓉高速公路高河—界子墩段软基处理、铅陵军械库滑坡治理、六安地下防空设施上浮治理、湖南金竹山电厂、西安金堆城铜矿、马钢南山矿、湖北武钢、首钢大石河铁矿孟家冲等尾矿坝治理等;隧道引水工程有大别山霍山爬爬岩水库、潜山雷风井水库、皖南绩溪水库等水电站引水隧洞等。城市非开挖工程主要有:上海宝钢第三期改扩建、山东济宁污水处理和合肥市政工程、中缅油气管道、大陆向金门岛海底穿越供水、上海闵浦二桥穿越黄浦江管线、上海信息港铺管、陕西咸阳世纪大道电缆穿越、厦门金尚路通讯、吴江巷华然气定向穿越工程等。特种钻探工程有：安徽省佛子岭、响洪甸、梅山、陈村、磨子潭等大型水库大坝垂线孔及铜陵冬瓜山竖井勘探、淮南谢李矿深井定向孔、两淮煤矿 1000 m 大直径(0.8 m)瓦斯抽排孔、"S"形矿山注浆孔、陕北石油钻井、南阳油田钻井、广东东莞中堂及广州龙归盐井等项目；矿山井筒冻结孔有安徽丁集矿井、河南天中煤业安里矿井、平顶山八矿井、河北唐山大贾庄铁矿井等冻结孔工程。

（五）探矿工程管理

在探矿工程技术转型期，探矿工程技术主要是为地质市场服务，设备、技术的发展基本上面向建筑业基础工程。在探矿工程管理方面打破了计划经济的管理模式，各地勘单位均先后成立了不同资质的施工公司，大部分地勘单位将探矿工程科改为工程处或经营处。根据市场工程需要，探矿工程技术人员转入建筑业基础施工，进行了执业资格证书考试，大都手持一、二级项目经理(或建筑师)等级证书。探矿工程施工实行项目管理，管理内容上由单纯技术管理变为全面管理，内容涵盖工程招投标、施工项目组织实施、安全、质量、进度管理，工程实施过程中的人、财、物管理等。在探矿工程转型期进入 2002 年以后，随着国家资源大调查的逐步开展，公益性地质工作逐年增多，此时，地勘单位管理上也发生了一些变化，即公益性地质工作与市场工程实行一个单位两块牌子，统一管理，内部分开运行(事业与公司)的模式。

五、探矿工程技术机遇期(2005—2012 年)

进入 21 世纪，随着我国工业化和城镇化步伐的加快及我国经济快速发展，国家对矿产资源的需求逐渐增大，所以，地质工作宏观环境也发生了变化，国家对地质找矿的投入逐渐加大，尤其 2006 年国务院颁布了《关于加强地质工作的决定》，地质工作迎来了新的春天。据有关资料报道，2006 年至 2010 年的 5 年中("十一五"期间)我国在矿产勘查方面总投入为 2410.81 亿元人民币，地质钻探工作量累计达到 8925 万米，钻探工作量 2010 年比 2000 年增长 38.5 倍，我省地质钻探工作量累计约 500 万米，每年岩芯钻机开动台数约 300 余台。

我国新的一轮地质矿产勘查工作主要以攻深找盲、探边摸底为重点。地质找矿的深度已从过去浅部、中深部转向深部勘探(1000 m 以深)，以寻找隐伏矿与深部矿的"第二找矿空间"为主要目标。我省的地质工作也和全国一样处于高速发展的好时期，这也给探矿工程技术的发展提供了一个良好的发展机遇，将探矿工程的技术重点又转移到地质找矿中。尤其深部找矿的需要，对探矿工程技术的发展起到了极大推动作用。

（一）主要探矿装备

"十一五"以来，我省探矿工程装备更新较快，发生了巨大变化，岩芯钻探钻机除少量的 XY-4 型、XY-44 型液压立轴式钻机外，大多数已更新为 XY-5、XY-6、XY-8、XY-8B、XY-9 型以及类似的 2000~3000 m 液压立轴式深孔钻机，N 系列口径施工能力均达到 1500 m 以深，XY-9 型钻机施工能力可达 4000 m。省地矿局 313 地质队 2008 年开始，与中国地质装备总公司合作，进行了"分体塔式全液压动力头钻机及高强度绳索取芯钻杆研制"科研项目研究，所研制的 FYD-2200 型分体塔式全液压动力头钻机(参见图6)，施工能力达到 3000 m 孔深，实现了工作参数数字化、塔上作业视频化及钻探现场网络远程监控，并获得国家专利。所研制的 N（ϕ76 mm 口径）、H（ϕ96 mm 口径）系列绳索取芯钻杆强度、防脱、密封性能可满足 3000 m 施工孔深要求。该研究项目于 2010 年 10 月通过省技术鉴定，其成果达到国际先进、国内领先水平。省煤田地质局两淮科力公司 2009 年开始研制 DX-1600、DX-2000 及 DJ2000、DJZ2000 型等 DJ 系列顶驱钻机（参见图 7），在煤田地质钻探、冻结井、煤层气井、瓦斯排井中应用取得了良好的效果，同时研制出四角管塔地面起塔装置（参见图 8），解决了四脚塔不登高安装难题。

图 6　FYD-2200 型分体塔式全液压动力头钻机及高强度绳索取芯钻杆

岩芯钻探用泥浆泵从过去的小流量、低泵压型号的泵，发展为大小流量兼顾的变量范围宽的中高压泵，可适应大直径钻进扩孔，亦可适应小直径深孔钻进需要，如 BW-300/10、BW-320/12、NBB-260/7、BW-400、BW-850 等类型；钻塔由载荷 20 吨，提高为 50 吨、70 吨、80 吨、100 吨、150 吨载荷的四脚式、龙门架式、A 式钻塔，一般塔高均在 23 m 以上。

图 7　DJ 系列顶驱钻机

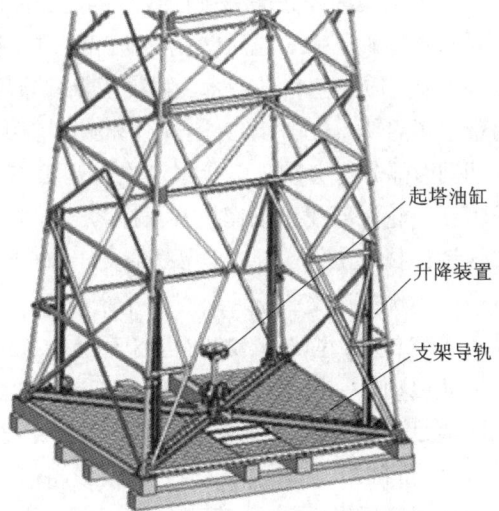

图 8　四角管塔地面起塔装置

起塔油缸
升降装置
支架导轨

钻探辅助设备较为规范化，特殊的深孔钻探基本配备了拧管机、泥浆净化系统，如旋流除砂器、振动筛、离心除泥机等；部分地勘单位配齐了定向钻探系统设备，如单点定向仪、随钻定向监测仪、液动螺杆钻及造斜器具等。

"十一五"以来，我省不仅在地质岩芯钻探设备方面有较大的提高和发展，而且在水文水井及岩土钻凿工程设备方面也更新较快，除保留上一时期优势设备外，水文水井及特种钻井方面重点向深孔、大直径钻孔及配套设备方向发展，如 TSJ-2000、TSJ-3000、TSJ-3500 转盘钻机，2000~3000 m 孔深的电动、液压顶驱钻机，逐渐淘汰轻型、小功率钻机，钻塔均达到 100 吨以上的承载力，钻杆主要以石油 API 标准系列（ϕ73 mm、ϕ89 mm、ϕ114 mm、ϕ127 mm、ϕ139.7 mm）为主导，泥浆泵一般配制流量都在 800 L/min 以上，如 BW-850、BW-1200、3 NB-1300 等型号。岩土钻凿工程设备重点向旋挖钻机、地下连续墙、大吨位非开挖钻机和顶管设备方向发展，如 BG-20、BG-15 型旋挖钻机等，法国 BH-12 型地下连续墙挖槽机；DZ90 型沉管打桩机；DDW-320、FKW200 型非开挖钻机等。

（二）地质岩芯钻探技术

由于"十一五"以来我省地质找矿工作任务逐年增长，给探矿工程技术带来了新的机遇。在新的机遇期，我省地勘单位顺应形势，调整战略，把探矿工程技术重点由浅部转向深部技术发展。在地质岩芯钻探技术上，除继续推广应用上一时期的先进技术成果外，重点推广以金刚石绳索取芯、受控定向钻探为代表的钻探工艺技术，以提高深孔钻进效率和钻探工程质量。据统计，我省地质岩芯钻探的工作量约有 90%是采用金刚石绳索取芯钻进方法完成的，绳索取芯钻探口径由原来的 ϕ56 mm、ϕ59 mm，发展至 ϕ76 mm（N 规格口径）、ϕ96 mm（H 规格口径），ϕ76 mm 终孔孔深已达 3000 m，ϕ96 mm 终孔孔深达 2500 m；受控定向钻进控制孔深已达 2500 m。在煤田钻探方面，进一步试验松软地层裸眼绳索取芯技术，采用不同类型的金刚石复合片钻头钻进，取得了很好的技术效果。

为了解决深部钻探关键性技术问题，我省在这方面的技术研究走在全国的前列。从 2005 年开始省地矿局 313 地质队就在滁州琅琊山铜矿开展了危机矿山深部勘探，采用定向钻探技术、复杂地质取芯钻进技术，解决了众多难题，在深部找到了 10 万吨铜金属储量，给危机矿山带来了希望。2007 年 9 月国土资源部在我省合肥市召开了全国深部找矿工作研讨会。会议期间，部分与会院士、专家亲临滁州琅琊山铜矿深部找矿钻机现场观摩、指导，这标志着我国新一轮深部找矿工作拉开了序幕。在此期间，由朱恒银等同志撰写发表的《深部找矿中加强钻探技术工作的几点认识》论文于 2007 年度被中国地质学会第十届全国探矿工程专业委员会评为优秀论文，随后向省国土资源厅、省地矿局提出了《深部矿体勘探钻探技术方法及设备研究》项目建议书，2008 年 5 月经专家论证通过同意立项，2008 年 10 月省国土资源厅正式批准启动这一科研项目，由省地矿局 313 地质队作为项目主持承担单位，确定由朱恒银同志为项目首席专家。2009 年 9 月该项目又被省科技厅列为安徽省科技重点攻关项目。

"深部矿体勘探钻探技术方法及设备研究"项目共分 4 个课题：分体塔式全液压动力头钻机及高强度绳索取芯钻杆研制，钻孔设计与轨迹动态监控技术研究，钻孔摄像及定向取芯技术在地质勘探中的应用研究，深部岩芯钻探钻进工艺方法研究。该项目研究目的是提高深部矿体勘探速度、勘探靶区精度、地质成果的准确性，为加速我国寻找隐伏矿与深部矿的"第二找矿空间"步伐提供技术支持。主要任务是通过钻探设备及机具的研发，钻探方法、取芯方法、钻孔护壁、高效长寿钻头等技术研究，解决深部钻探效率问题；通过受控定向钻探技术应用研究，解决深部陡矿体和异型矿体、地表障碍物下部矿体勘探技术难题；通过钻孔摄像及定向取芯技术在地质勘探中的应用研究，进行钻孔地质信息采集工作，在单孔中解析岩矿层多种参数，以指导深部找矿（参见图9）。该项目采取产、学、研结合的方式，与中国地质大学、中国科学院武汉岩土力学研究所、中国地质装备总公司、张家口探矿厂、无锡探矿工具厂、唐山金石超硬材料有限公司等院校、科研单位、企业进行项目横向合作。同时聘请国内地质、探矿、物探、机械等专业部分资深专家做项目指导。该项目经过几年来的研究与实践，已完成了 FYD-2200 型分体塔式全液压动力头钻机及配套机具的研制、高强度绳索取芯钻杆（N、H 系列，施工深度 3000 m 以内）研发、钻孔摄像及定向取芯技术在地质勘探中的应用研究、钻孔设计与轨迹动态监控技术研究（参见图10～图11）、深部岩芯钻探钻进工艺方法研究等。研究过程中完成了深部找矿 ZK1725 试验钻孔与"江淮下游新生代晚期环境变化研究""湖北神农架晚期第四纪环境研究""汶川地震断裂带科学钻探"WFSD-3 孔等技术难度大的不扰动样科学钻探孔的施工，岩芯采取率均达到 90% 以上（参见图12）。承担施工的 3000 m 科学钻探工程有："华南于都—赣县矿集区科学钻探选址预研究"NLSD-1 孔、"华东庐枞盆地科学钻探选址预研究"LZSD-1 孔等；深部矿体勘探钻探技术方法及设备研究成果已在安徽霍邱铁矿、金寨沙坪沟钼矿、庐枞铁矿、琅琊山铜矿以及山东、浙江、四川、江西、甘肃、北京、上海等地地质找矿和科学钻探中进行了应用，取得了良好的社会、经济技术效益。

"深部矿体勘探钻探技术方法及设备研究"已按项目任务书设计要求完成了全部研究内容，四个课题已全部通过国内外科技查新及安徽省科学技术厅组织的专家技术鉴定，评价认为研究成果均达到国际先进、国内领先水平。项目研究共获得 5 项国家专利（其中已授权发明专利 1 项，正在公示中的发明专利 2 项）、1 项国家计算机软件著作权，研究成果对我国钻探技术的提高起到重要推动作用。

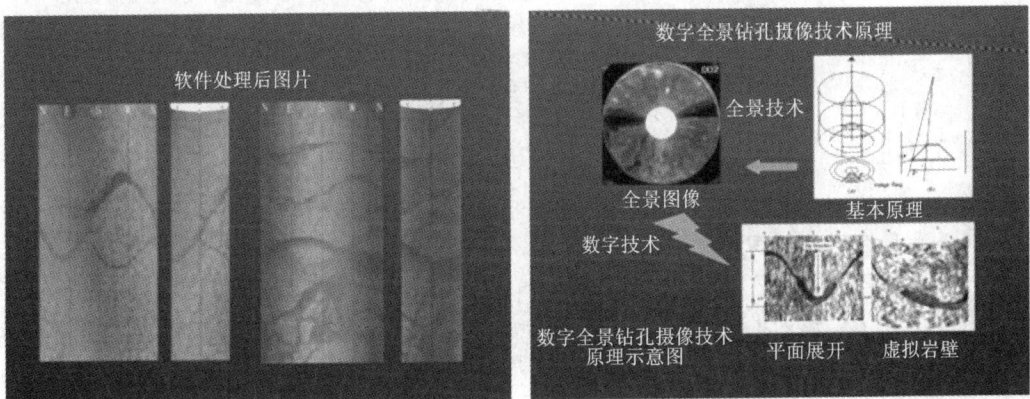

图9 钻孔摄像技术原理及孔内摄像沙坪沟钼矿模拟矿芯

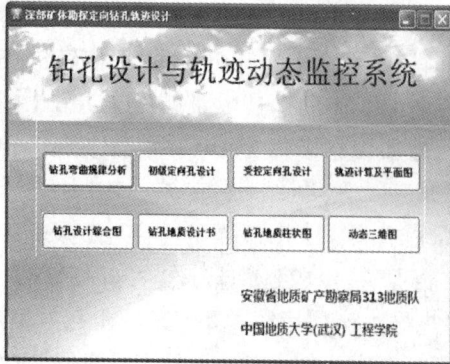

图 10　钻孔设计与轨迹动态监控系统软件界面

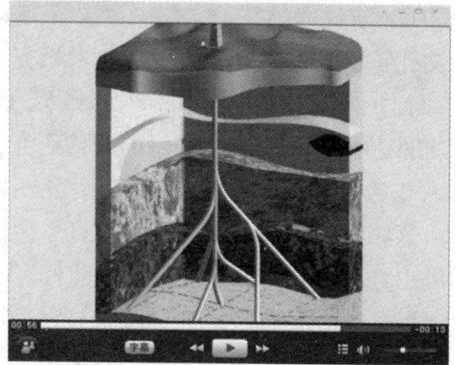

图 11　钻孔设计三维动漫显示

图 12　半合管及三重管采取的不扰动岩芯样

(三)钻孔护壁技术

在前期钻孔护壁技术成果的基础上,"十一五"以来在深孔、特种科学钻探孔的钻孔护壁技术特殊需求方面进行了重点研究。主要是由单一型钻孔护壁泥浆向复合型、聚合型多功能泥浆方向发展。泥浆的抗温性能、流变性、悬浮岩屑的能力等是泥浆性能指标的关键。市场上出现的泥浆处理剂种类繁多,如降失水剂(S-1)、钠羧甲基纤维素(CMC)、水解聚丙烯腈胺盐(NH_4-HPAN)、聚丙烯酸钾(K-PAM)、磺化沥青(SAS)、磺化褐煤(SMC)、重晶石($BaSO_4$)、GLUB 润滑剂等。在实际深孔钻探中多采用无固相和低固相复合型高分子泥浆,以满足深孔钻进护壁、悬浮岩屑的需要。省地矿局 313 地质队所承担的四川汶川地震断裂带科学钻探 3 号孔施工,钻孔位于地震主断裂带上,所钻地层 80%属于破碎、松散、缩径、坍塌漏水、涌水等异常罕见的复杂情况,施工中成功合理地针对不同地层选择复合型高分子聚合物泥浆体系,配制了"四高一低"(即高黏度、高比重、高抑制、高切力和低失水)性能的泥浆,实现平衡地压钻进,解决了孔壁稳定性和岩芯采取的原状性难题。钻孔终孔深 1502.30 m,原状样岩芯采取率达 92.5%,为此,中国地质调查局致电安徽省地矿局高度赞扬了 313 地质队为汶川地震科研所作的重要贡献。

另外,在复杂地层钻孔护壁堵漏技术方面,我省地勘单位也采用了多种新技术、新方法,均取得了很好的效果,在不同地层、不同口径、不同孔深条件下,选择钻孔护壁堵漏方法,概括起来主要有:套管隔离法、水泥灌注法、泥浆絮凝法、惰性材料充填法、化学浆液速凝法和复合堵漏法等。在深部钻探中,上部采用套管隔离法,下部采用化学浆液复合堵漏应用最为广泛。

在复杂地层中，除运用常规的钻孔护壁堵漏技术外，省地矿局 313 地质队研制出一种钻孔塑造套管技术，采用特殊浆液送至复杂孔段，使其快速固结破碎松散层及裂隙带，在孔内形成弹塑性孔壁，取得了良好的效果，并获得了国家专利。

(四)水文水井钻探技术

主要继续推广大口径潜孔锤钻进技术，2000 m 以深的地热井、水源井施工装备与施工配套技术，推广浅层钻孔地热能利用技术等，省煤田地质局在浅层钻孔地热能开发方面完成了多项工程，并取得了显著成效。

(五)岩土钻掘工程与特种钻探技术

"十一五"以来，我省岩土钻凿工程与特种钻探技术主要是向技术含量高的施工技术方向发展。地基基础工程方面：发展大直径深旋挖基础、地下连续墙、钢管桩、大直径潜孔锤嵌岩桩等技术。岩土钻凿非开挖方面：发展岩石层大直径水平爆破顶管、软层大直径非开挖成孔、大吨位顶管技术等。特种钻探方面：发展大口径瓦斯抽排孔、矿井冻结孔、"S"形注浆孔、矿山尾砂充填孔、盐田对接孔、大跨度定向水平穿越孔施工技术等。例如：省煤田地质局第一勘探队在淮南新集口孜东矿施工一口 998 m 孔深的钻孔，0~610 m 孔径为 ϕ950 mm，下入 ϕ730 mm 套管；0~998 mm 下入 ϕ530 mm 套管，单层套管总重量达 202.6 吨。该勘探队分别在淮南板集煤矿、潘北煤矿施工了一批矿山井筒冻结孔和"S"形注浆孔，最深孔深达 673 m，其中一个井筒四周施工冻结孔 84 个，总工作量达 55306 m。另外，在江西盐矿新 4 和新 5 盐井成功施工了一组盐田对接井，直井深 850 m，水平段长度 300 m。省煤田地质局两淮建设公司承担的西气东输清江河定向钻穿越工程，在江苏省甪直镇机场路施工中穿越水平长度为 1653.4 m，孔径 1.4 m，穿越管径 1.01 m，穿越深度 42 m。省地矿局 313 地质队在霍邱铁矿各大矿山施工了一批高精度的矿山尾砂充填孔，钻孔垂直精度(水平位移)控制在 1% 以内。上述特种钻探技术均处于我国领先或先进水平。在地质灾害环境治理工程方面：开展了山区滑坡体锚固工程、泥石流排挡工程、矿山复耕工程及城市地面沉降防治工程等。例如省地矿局 313 地质队和 321 地质队在上海市进行的地面沉降监测标孔和回灌井施工工程以及 313 地质队在浙江、北京等地承担的地面沉降监测标组施工孔等工程，均取得了良好的技术声誉和社会效益，该项钻探施工技术也处于国内领先水平。

(六)探矿工程管理

由于探矿工程历史机遇期的到来，我省探矿工程管理也随之发生了一定的变化，各地勘主管局设立了安全工程处，主要职能是从事探矿工程技术及工程安全管理工作。地勘单位也相应设立了安全工程科，少数单位恢复了探矿工程科。地质岩芯钻探工程质量管理恢复了"三级验收制"(即机台、工程处、大队三级验收)及钻孔资料归档管理，规范了地质岩芯钻探施工资质准入制，实行了机班长执证作业制。地质市场探矿工程施工与技术管理继续沿用了转型期的成功模式，设立项目部，实行项目管理制。公益性地质探矿工程和市场工程，地勘单位仍采用统一管理，事(业)企(业)分开运行机制。

我省探矿工程科学技术发展自新中国成立以来已经历了四个历史阶段，在国民经济建设及地质找矿中做出了重要的贡献。在几代探矿工作者的不懈努力、探索和实践中，曾创下了很多奇迹和辉煌。当今，随着我国工业化、城市化建设的发展，矿业资源、能源的勘探开发又处于历史的新时期，探矿工程科学技术也向纵深方向发展，国家的"上天入地、下海登极"的科技战略计划都与探矿工程技术息息相关，如人类月壤取样钻探，深海天然气及可燃冰、陆地页岩气的勘探开发，地球极地勘探及大陆万米科学钻探等都需要探矿工程技术去完成，探矿工程技术的发展任重道远。所以，我们探矿工作者还应继续努力开拓、创新，取得更大的科技成就，为中华民族屹立于世界民族之林做出贡献。

六、探矿工程技术主要成果事记（1949—2014 年）

1. 1950 年 7 月 11 日由安徽铜官山探测队（321 地质队前身）在安徽铜陵铜官山打下了我省新中国成立后第一个钻探孔。

2. 1959 年安徽省地质局将 10% 的手把式钻机改装为自动拧管钻机，5% 的手把式加压给进改装为油压给进。

3. 1959 年安徽省地质局推广硬岩层钻进采用钢砂钻头、厚壁钻头、连续投砂法等钻探先进器具和技术。

4. 1959 年 12 月底，安徽省地质局 337 地质队在霍邱张庄的首个验证孔 146 米处见矿视厚度达 177.6 米，为后来发现霍邱铁矿奠定了基础。

5. 1959 年 12 月底，安徽省地质局 326 地质队成功研制完成了钻机移动扶摆管系统，经试用证明，可减轻工人劳动强度，提高安全生产可靠性。

6. 1962 年安徽省地质局推广唐山式拧管机、关门闩提引器和人字形钻架、摆锤式打眼 QT-100 型浅井提升机等新技术。

7. 1974 年 2 月 18 日，安徽省启动庐枞、霍寿铁矿大会战。

8. 1974 年，华东冶金地质勘查局 812 地质队成功研制出塔上无人操作机械手。

9. 1976 年 3 月 22—27 日，国家地质总局在 311 地质队（潜山）召开复杂地层与护壁堵漏经验交流会。

10. 1977 年 9 月 24 日，安徽省地质局决定全面推广小口径金刚石钻探。

11. 1977 年，安徽省煤田地质局第三勘探队"三八"女子钻机，创全国女子钻机和全省煤田地质系统月进尺 5882.54 m 的最高纪录。

12. 1977 年 12 月 13 日安徽省地质局印发由国家地质总局编制的《金刚石岩芯钻探规程》。

13. 1978 年 12 月，安徽省地质局综合研究队由胡志楠等完成的"关于 JDP 和 JXC 型测斜仪的方位角测量误差问题"的科研项目获安徽省"科技成果奖"。

14. 1979 年，安徽省煤田地质局 108 号、315 号钻机被煤炭部命名为全国质量过得硬钻机。

15. 1979 年，安徽省华东冶金地质勘查局 812 地质队成功研制出 A-2 型千米钻机，被列入地矿部出版的国内外钻机图册。

16. 1979 年 12 月底基本完成全省铁矿会战任务。

17. 1981 年 6 月由安徽省地质局 324 地质队洪忠强等研制的"双稳滚柱式活动工作台防坠器"获安徽省"科学进步二等奖"。

18.1982 年 4 月 23 日，安徽省地质局下达《地层稳定性分类及泥浆类型》科研项目任务书，由探矿工程处刘兆平任项目负责人。

19.1983 年 8 月 10 日，安徽省地质局 337 地质队与地矿部勘探技术研究所合作进行的"六五"科研攻关项目—"螺杆钻随钻测量定向钻探施工工艺研究"，在霍邱李楼铁矿区 ZK161 孔开钻试验。

20.1984 年 5 月 17 日，安徽省地质局在 327 地质队召开金刚石绳索取芯钻探技术现场会。

21.1985 年 5 月 6 日，安徽省地质局 337 地质队在霍邱李楼铁矿区完成国内首组小口径液动螺杆钻人工受控定向钻孔，钻孔口径 59.5 mm，主干孔孔深 532.96 m，分支孔孔深 526.10 m，标志着我省小口径人工受控定向钻探达到国内领先水平。

22.1985 年，安徽省煤田地质局试验推广 DQX89 取煤器，双管单动，内管为半合管结构，保证了煤心的采取率。

23.1986 年 2 月 23 日，安徽省地质局 337 地质队与地矿部勘探技术研究所合作完成的"螺杆钻随钻测量定向钻探施工工艺研究"项目在北京通过鉴定验收，使我国固体矿产受控定向钻探进入实用阶段，填补了国内空白，达到国际先进水平。

24.1986 年 8 月 10 日，安徽省地质局完成的"地层稳定性分类及泥浆类型"研究项目通过省级鉴定。

25.1986 年 12 月底，安徽省地质局 337 地质队成功将陀螺测斜仪和磁针式测斜仪改装为垂直孔(钻孔顶角小于 3°)测斜仪，这项技术填补了国际空白。主要研究人员有：尚元玲、盖相贤、朱恒银等。

26.1987 年 12 月，安徽省地质局探矿处谢祖卓等设计的"YL-55D 型螺杆钻具"获省"科技成果二等奖"。

27.1988 年 7 月 4 日，安徽省地质局承担的地矿部"七五"重点科研项目《铜陵冬瓜山铜矿床应用定向钻探技术进行深部矿体勘探的方法研究》项目通过地矿部鉴定，在国内率先完成一组 6 个伞形定向钻孔。

28.1988 年，华东冶金地质勘查局 811 地质队 7 号机台被中国冶金地质总局评为一级机台。

29.1989 年 7 月 15 日，由安徽省地质局 337 地质队参加完成的地矿部科研项目"螺杆钻随钻测量定向钻探施工工艺研究"获地矿部重大成果一等奖。主要参加人员有：周锐斌、朱恒银、盖相贤、范寿华、孙健等。

30.1990 年 5 月 8 日，安徽省地矿局 313 地质队由朱恒银、尚元玲、周锐斌、周怀言等研制的"JSD-36 型随钻定向仪"通过省级鉴定。

31.1990 年 9 月，安徽省地矿局组织攻关的地矿部重点科研项目"铜陵冬瓜山铜矿床应用定向钻探技术进行深部矿体勘探的方法研究"获地矿部科研成果二等奖，主要研究人员有：顾慕庆、盖相贤、朱永宜、朱恒银、李粤南等。

32.1990 年，华东冶金地质勘查局 811 地质队 1 号机台、2 号机台也分别被中国冶金地质总局评为一级机台。

33.1991 年，安徽省地矿局 322 地质队开展的"尾矿坝辐射井施工方法研究试验"项目，获地矿部科研成果三等奖。

34. 1991 年，华东冶金地质勘查局 811 地质队被中国冶金地质总局评为探矿生产先进队。

35. 1992 年 9 月 14 日，安徽省地矿局 313 地质队完成的"JSD-36 型随钻定向仪的研制"项目获安徽省科学进步三等奖，主要完成人有：朱恒银、尚元玲、周锐斌、周怀言等。

36. 1996 年 8 月 8 日，由安徽省地矿局 313 地质队周锐斌、满秉权、朱恒银等完成的"一种垂线孔多用纠斜器"获国家实用新型专利，发明人：周锐斌、满秉权、朱恒银。

37. 1997 年 4 月，安徽省地矿局所属的安徽岩土工程公司(沪)承担的上海船舶大厦项目获上海市"白玉兰奖"，上海高雄花园高层住宅工程项目获上海"白玉兰奖"和"鲁班奖"。

38. 1998 年 6 月，安徽省地矿局所属的安徽岩土工程公司(沪)承接的上海香港发展中心(即东海商业中心二期)工程获上海"白玉兰奖"。

39. 1998 年 8 月 22 日，由安徽省地矿局 313 地质队朱恒银、周锐斌、满秉权、张文生、王幼凤、蔡正水等完成的"水库坝体垂线孔施工技术研究"项目通过省级鉴定，其成果达到国际先进、国内领先水平。

40. 2003 年 7 月 2 日，安徽省地矿局 313 地质队参加上海外滩董家渡地铁 4 号线地面塌陷事故抢险工程，解决了地铁内涌砂问题，被称为"安徽地质神兵"。主要参加人员有：朱恒银、张文生、许红卫等。

41. 2003 年，安徽省地矿局 313 地质队朱恒银作为主要研究人员之一，完成的"上海市地面沉降监测标技术与重大典型建筑密集区地面沉降防治研究"项目，获国土资源部"科学技术奖"二等奖。

42. 2005 年 1 月 8 日，安徽省地矿局 313 地质队朱恒银作为主要研究人员完成的"上海地面沉降监测标技术与重大典型建筑密集区地面沉降防治研究"项目获国家科学技术进步二等奖。

43. 2007 年 3 月，安徽省煤田地质局两淮科力公司生产的 FKW-200T 非开挖钻机，在武汉天然气兴州长江穿越工程中成功穿越长江，同时在上海徐浦大桥非开挖管道铺设工程中成功穿越黄浦江。

44. 2007 年 5 月，由安徽省地矿局 313 地质队承担的科研项目"特殊复杂地层取芯(样)机具及施工技术研究"，通过省级鉴定，评价认为：该成果解决了特殊复杂地层钻探取芯(样)要求采取率高、原位、保真的技术难题，实现了我国钻探取芯(样)技术的一次飞跃。

45. 2007 年 9 月 27 日，全国深部找矿工作研讨会在合肥召开，出席会议的陈毓川院士及与会代表到 313 地质队滁州琅琊山铜矿深部找矿项目定向钻探现场观摩指导。313 地质队利用定向钻探技术解决了地表密集区建筑物打钻难题，在危机矿山深部找到了铜金属量 10 万多吨。

46. 2008 年 12 月 29 日，由安徽省地矿局 313 地质队提出的"深部矿体勘探钻探技术方法及设备研究"科研项目获得立项，项目投资 1066.12 万元，该项目是我省地勘单位有史以来钻探技术科研经费投入最多的一次。该项目由朱恒银任首席专家和项目总负责人。

47. 2009 年 6 月 10 日由安徽省地矿局 313 地质队和中国地质装备总公司合作完成的"分体塔式全液压动力头钻机"获国家实用新型专利，发明人：朱恒银、刘跃进、王亚萍、应忠卿、程抱银、王正平。

48. 2009 年 6 月 10 日由安徽地矿局 313 地质队完成的"松散地层原状样取芯钻具"获国家实用新型专利，发明人朱恒银、彭智、张文生、王海洲、王幼凤、罗时如、蔡正水、漆学忠、张龙。

49. 2009 年 10 月，"深部矿体勘探钻探技术方法及设备研究"项目被列入安徽省重点科研攻关项目。

50. 2009 年 12 月 16 日，安徽省地矿局 313 地质队承担的国家重点科研项目"四川汶川地震断裂带科学钻探 WFSD-3 号孔"举行开孔典礼，中国科学院院士许志琴宣布开钻。

51. 2009 年 12 月 18 日安徽省探矿工程技术研究所成立，朱恒银任所长。

52. 2010 年 6 月 9 日由安徽两淮科力公司研制的"抗拉力正反转防松扣接头"获国家实用新型专利，发明人：宋双进、刘宪全、陆德义、张翔。

53. 2010 年 6 月 9 日由安徽两淮科力公司研制的"地质岩芯顶驱钻机上卸扣提引装置"获国家实用新型专利，发明人：宋双进、刘宪全、张随、丁金鹏、陆德义。

54. 2010 年 6 月 16 日由安徽两淮科力公司研制的"取芯器用单动卡簧提断装置"获国家实用新型专利，发明人：闵令平、刘宪全、柴宿东。

55. 2010 年 6 月 18 日，安徽省煤田地质局两淮科力公司研制的"DX-2200 型全液压顶驱深孔钻机"被评为第六届"海峡两岸职工创新成果金奖"。

56. 2010 年 6 月 30 日，安徽省地矿局 313 地质队在霍邱周集深部找矿项目中完成了一个科学钻探试验孔，孔深 2706.68 m，创我国小口径绳索取芯最深纪录。

57. 2010 年 10 月 16 日，安徽省地矿局 313 地质队承担的"深部矿体勘探钻探技术方法研究"子项目"分体塔式全液压动力头钻机及高强度绳索取芯钻杆研制"通过省科学技术厅鉴定，其成果达到国际先进、国内领先水平。

58. 2010 年 10 月 18 日，国土资源部在六安召开"特深孔关键技术装备研讨会"，中国地调局王学龙副局长主持会议。

59. 2010 年 12 月底，"安徽霍邱周集铁矿区 ZK1725 科学钻探试验孔孔深 2706.68 m，创中国小口径绳索取芯最深纪录"，入选 2010 年度全国探矿工程"十大新闻"。

60. 2011 年 6 月 22 日由安徽两淮科力公司研制的"一种钻机塔架起塔装置"获国家实用新型专利，发明人：刘宪全、陆德义、张翔、李洪丽。

61. 2011 年 6 月 25 日，安徽省地矿局 313 地质队承担的国家重点科研项目"地壳探测计划"预研究项目之一"南岭银坑 3000 m 科学钻探（NLSD-1 孔）"开孔典礼，在江西赣州市于都县银坑镇举行。中国地质科学院副院长董树文主持仪式，中国科学院院士李廷栋宣布开钻。

62. 2011 年 7 月 13 日由安徽两淮科力公司研制的"六方安全接头"获国家实用新型专利，发明人：刘宪全、闵令平、杨峰、周丽娜。

63. 2011 年 7 月 20 日由安徽两淮科力公司研制的"震击安全接头"获国家实用新型专利，发明人：刘宪全、闵令平、杨峰、周丽娜。

64. 2011 年 7 月 20 日由安徽两淮科力公司研制的"一种液压行星轮系钻机卷扬机"获国家实用新型专利，发明人：宋双进、张随、陆德义、彭桂涛、谢永一。

65. 2011 年 7 月 20 日由安徽省地矿局 313 地质队完成的"松散地层井管解卡装置"获国家发明专利，发明人：朱恒银、张文生、蔡正水、周勇前、漆学忠。

66. 2011 年 9 月 19 日，由安徽省地矿局 313 地质队和中国地质大学（北京）合作完成的"一种新型电动定向取芯器"获国家发明专利，发明人：卜长根、朱恒银。

67. 2011 年 11 月 9 日由安徽两淮科力公司研制的"冻结钻机上卸扣提引装置""钻塔电梯防坠落装置"获国家实用新型专利，发明人：刘宪全、宋双进、张翔、彭桂涛、谢永一。

68. 2011 年 12 月 21 日由安徽两淮科力公司研制的"四角钻塔地面起塔装置"获国家实用新型专利，发明人：刘宪全、宋双进、闵令平、张翔、张随。

69. 2011 年 12 月 12 日，由安徽省地矿局 313 地质队和中国地质大学（武汉）合作开发的"钻孔设计与轨迹动态监控系统"获国家计算机软件著作权。

70. 2012 年 1 月 5 日，安徽省地矿局 313 地质队承担的"深部矿体勘探钻探技术方法及设备研究"两个子项目"钻孔设计与轨迹动态监控技术研究"和"钻孔摄像及定向取芯技术应用研究"通过安徽省科学技术厅鉴定验收，并通过科技查新，其成果达到国际先进水平。

71. 2012 年 6 月 13 日由安徽省地矿局 313 地质队研制的"钻探孔壁塑造成型器"获国家实用新型专利，发明人：朱恒银、吴翔、王强。

72. 2012 年 9 月 27 日，安徽省地矿局 313 地质队承担的"深部矿体勘探钻探技术方法及设备研究"子项目"深部岩芯钻探钻进工艺方法研究"通过安徽省科学技术厅鉴定验收，并通过科技查新，其成果达到国际先进水平。

73. 2012 年 11 月 14 日由安徽两淮科力公司研制的"地质工程钻机"获国家实用新型专利，发明人：陆德义、张德民、侯洁明、曹培。

74. 2012 年 12 月 4 日，安徽省地矿局 313 地质队承担的省重点科技攻关项目"深部矿体勘探钻探技术方法及设备研究"通过安徽省科学技术厅鉴定验收，其成果达到国内领先、国际先进水平。

75. 2012 年 12 月 5 日由安徽两淮科力公司研制的"地质钻探工程领域用的卷扬"获国家实用新型专利，发明人：宋双进、陆德义、张随、张翔、王平。

76. 2012 年 12 月 19 日由安徽两淮科力公司研制的"一种顶驱钻机"获国家实用新型专利，发明人：刘宪全、宋双进、陆德义、张翔、张铭奎、张礼飞。

77. 2012 年，安徽省地矿局 313 地质队承担的省重点科技攻关项目"深部矿体勘探钻探技术方法及设备研究"，入选 2012 年度探矿工程"十大新闻"。

78. 2013 年 3 月 11 日由安徽省地矿局 313 地质队研制的"一种热压直角梯形齿孕镶金刚石钻头"获国家实用新型专利，发明人：朱恒银、王强、杨展。

79. 2013 年 3 月 11 日由安徽省地矿局 313 地质队研制的"一种孕镶碎聚晶金刚石钻头"获国家实用新型专利，发明人：朱恒银、王强、杨展。

80. 2013 年，安徽省地矿局 313 地质队承担的省重点科技攻关项目"深部矿体勘探钻探技术方法及设备研究"子课题"分体塔式全液压动力头钻机及高强度绳索取芯钻杆研制"获安徽省科学技术奖二等奖。主要完成人：朱恒银、刘跃进、蔡正水、张文生、王幼凤、高申友、余善平、田波。

参考文献

［1］刘广志. 中国钻探科学技术史［M］. 北京：地质出版社，1998.

［2］安徽省地质矿产勘查局编辑委员会，安徽省地质矿产勘查局大事记［R］. 2008.

［3］安徽省煤田地质局辉煌历程——安徽省煤田地质局 60 周年［R］. 2012.

［4］王正平，董世奇. 安徽省地矿局岩土钻掘工程技术发展的回顾与展望［J］. 探矿工程，1999（增刊）.

［5］耿瑞伦. 地质钻探技术的历史回顾与展望［J］. 探矿工程，1999（增刊）.